EIN JAHRHUNDERT DEUTSCHER MASCHINENBAU

VON DER MECHANISCHEN WERKSTÄTTE BIS ZUR DEUTSCHEN MASCHINENFABRIK

1·8·1·9–1·9·1·9

VON

CONRAD MATSCHOSS

ZWEITE ERWEITERTE AUFLAGE

1922 SPRINGER-VERLAG BERLIN HEIDELBERG GMBH

Additional material to this book can be downloaded from http://extras.springer.com

ISBN 978-3-642-93743-9   ISBN 978-3-642-94143-6 (eBook)
DOI 10.1007/978-3-642-94143-6

Das Buch wurde herausgegeben von der Deutschen Maschinenfabrik A.‑G. in Duisburg anläßlich der hundertsten Wieder‑kehr des Tages, an dem in Wetter die Mechanische Werkstätte gegründet wurde. 18. September 1919.

Den größten Teil der Bilder schnitt Theodor Schultze‑Jasmer in Holz, der auch Buch‑schmuck und Einband zeichnete. Die Bil‑der zum V. Teil zeichnete Fritz Buchholz. Den Druck besorgte C. G. Naumann G. m. b. H. in Leipzig.

VORWORT

Als mich die Deutsche Maschinenfabrik bereits 1913 fragte, ob ich geneigt wäre, im Rahmen meiner technisch geschichtlichen Arbeiten auch die Geschichte der Firma und ihrer Stammfirmen zurück bis auf Harkort und Kamp im Hinblick auf die hundertste Wiederkehr der Eröffnung der Mechanischen Werkstätte in Wetter 1819 zu bearbeiten, freute ich mich der reizvollen Aufgabe, für die mir die weitgehende freundliche Unterstützung der leitenden Männer der Firma zugesagt wurde.

Wer davon überzeugt ist, daß die hohe geistige Arbeit, die in Technik und Industrie zu leisten ist, in der gleichen Weise verdient, geschichtlich festgehalten zu werden, wie es mit den anderen menschlichen Tätigkeitsbetrieben bereits seit langem geschieht, wird sich freuen über jeden Baustein, der zu diesem Werke beigetragen werden kann. Je mehr große Firmen sich entschließen, bei Gelegenheit ihrer wichtigen Gedenktage ernsthafte geschichtliche Arbeit planmäßig zu unterstützen und zu fördern, um so schneller werden wir hier vorwärtskommen. Noch außerordentlich viel bleibt zu tun übrig. Der Arbeiter sind noch wenige auf diesem Felde. Im rastlosen Vorwärtsschreiten hat man bisher wenig Zeit gefunden, zurück zu schauen. Und doch wäre es manchmal gut gewesen, man wäre auch an Hand der geschichtlichen Entwicklung sich der großen inneren Zusammenhänge alles Geschehens bewußt geblieben. Haben wir nicht doch zuweilen allzu sehr über der Freude an unseren materiellen Erfolgen die ideelle Seite unseres Berufs vergessen? Ist es doch gerade ein großer Vorzug derer, die in der Technik und Industrie arbeiten können, daß sie nicht nur mit totem Material, sondern vor allem auch mit lebenden Menschen zu arbeiten haben. Von dieser menschlichen Seite technischer Arbeit erzählt uns jedes Blatt der Geschichte der Technik.

Damals, 1913, dachte man daran, die Geschichte der Firma bereits für die Jahrhundertausstellung in Düsseldorf 1915 bereit zu haben. In einem zweiten Band sollten hierfür berufene Fachmänner eingehend den heutigen Stand der technischen Leistungen der Deutschen Maschinenfabrik schildern. Zum Jahre 1919 wollte man gegebenenfalls noch wichtiges Urkundenmaterial aus der Zeit von Harkort und Kamp herausgeben. Der Krieg drängte alle diese Pläne in den Hintergrund. Nur soweit es neben vielen anderen Arbeiten irgendwie durchführbar war, wurden in zeitweise langen Unterbrechungen die Vorarbeiten so weit gefördert, daß nunmehr, wenn auch in wesentlich bescheidenerem Rahmen, die Fertigstellung durchgeführt werden konnte. Auf vielseitige freundliche Unterstützung war ich natürlich weitgehend angewiesen. Ich habe am Schluß des Buches in dem Abschnitt über benutzte

Quellen auch die Namen aller derer zusammengestellt, denen ich vor allem für wertvolle schriftliche und mündliche Angaben zu danken habe. Den herzlichen Dank hierfür auch an dieser Stelle nochmals auszusprechen, ist mir ein besonderes Bedürfnis.

Am Anfang der Materialsammlung 1913 erlebte ich die große Freude, bei einem Besuch in Wetter in der alten Mechanischen Werkstätte oben auf der Burg in fensterlosen Räumen, zu denen man auf gänzlich verfallenen Stufen hinaufstieg, ganze Wagenladungen Papiere aus der Zeit Harkorts und Kamps bis zur Mär= kischen Maschinenbau=Anstalt, teilweise bedeckt vom Schutt herabgefallener Decken, aufzufinden. Die Geschäftsbriefe, die, nach vielen Tausenden zählend, bis zum Jahre 1819 zurückreichen, geben ein anschauliches Bild von den Leiden und Freuden der alten Maschinenfabrik. Im Rahmen der vorliegenden Arbeit konnten natürlich nur bescheidene Teile benutzt werden. Das jetzt wohlgeordnete Material wird zweifelsohne dem Wirtschaftshistoriker, der sich in die Einzelheiten eines Unternehmens vertiefen will, wertvolle Aufschlüsse über die Arbeit längst ver= gangener Zeiten geben.

Mühevolle Kleinarbeit geschichtlicher Forschung gibt dem Menschen Einblick in die Vergangenheit. Undurchdringlich aber ist der Schleier, der uns die Zukunft verhüllt. Nur die Gewißheit kann uns die geschichtliche Erkenntnis der Ver= gangenheit geben, daß ein starker menschlicher Wille allen Schicksalsschlägen trotzen kann.

Wünschen wir, daß dieser unbeugsame Wille auszuhalten, unseren führenden Männern in Technik und Industrie erhalten bleibt, dann wird nach den schweren Zeiten, die noch vor uns liegen, auch unser Weg wieder aufwärts führen.

Berlin, den 12. Juli 1919.   CONRAD MATSCHOSS.

Vorwort zur zweiten Auflage.

Gegenüber der ersten Auflage zeigt der Neudruck dieser zweiten Auflage wenig Veränderungen. Die Zeit von drei Jahren ist zu kurz, um eine geschichtliche Um= arbeitung des Werkes zu rechtfertigen. Unsere schnellebige Zeit aber bringt auch in einer solchen kurzen Zeitspanne schon manche Weiterentwicklung mit sich. Es ist versucht worden, in knapper Form in einem Nachtrag diese neuen Tatsachen zu berichten. Ferner sind auch in der zusammenfassenden Darstellung der Deutschen Maschinenfabrik gegenüber den für das Jahr 1919 gültigen Verhältnissen einige Änderungen eingetreten, die an den betreffenden Stellen eingefügt oder richtig= gestellt worden sind.

Berlin, den 12. August 1922.   CONRAD MATSCHOSS.

INHALTSVERZEICHNIS

V

DER FUND
DER ALTEN URKUNDEN

IN WETTER AN DER RUHR
1913

I. VOR HUNDERT JAHREN.

Grundlagen der neuzeitlichen Technik. / Entwicklung in England. / Entstehung der
ersten Fabriken in Deutschland. / Deutsche Industriebegründer.

FRIEDRICH HARKORT, der Name des großen deutschen Volks=
mannes und Industriebegründers, steht über der Eingangspforte
zu dem Jahrhundert industrieller Lebensgeschichte, das wir hier ver=
suchen wollen, an Hand der Geschichte noch einmal mitzuerleben.
Im achtzehnten Jahrhundert sind in England die Grundlagen der
heutigen Technik geschaffen worden. Es gelang, im Eisenhüttenwesen die Holz=
kohle durch Steinkohle zu ersetzen und damit erst die Möglichkeit zu schaffen,
Eisen in den Mengen herzustellen, die für den Aufbau des Maschinenzeitalters
erforderlich waren. Es gelang weiterhin, die in der Kohle schlummernden Wärme=
energien längst dahingegangener Weltzeiten durch die Dampfmaschine in den Dienst
der Menschen zu stellen.

Mit der Schöpfung der ersten Wärmekraftmaschine beginnt ein neues Zeitalter
in der Geschichte der Menschen. Der rege Erfindungsgeist der damaligen Zeit
bringt es schließlich fertig, für die verschiedensten Aufgaben der Industrie Ma=
schinen zu erfinden, die, von Dampfmaschinen angetrieben, nunmehr die große
Revolution in der Industrie einleiten. Jetzt beginnen überall Fabriken zu entstehen.
Der Umsturz der alten Gewerbe mit allen seinen Folgen, die wir heute zu über=
sehen vermögen, ist eingeleitet. Dank der großen Leistungen seiner Ingenieure
und Arbeiter war England damals der ganzen Welt auf diesem Gebiet weit
voraus. Ein Strom von Bewunderung, Anerkennung, Geld und anderen Gütern
ergoß sich über das vereinigte Königreich und stärkte die überragende Macht=
stellung des Volkes, die sich in immer größerem Selbstbewußtsein auch des ein=
zelnen Engländers äußerlich zum Ausdruck brachte.

Wie Märchen aus einer fremden Welt klangen zunächst auf dem Festland
die Berichte, die über die technischen Wunderwerke von der Insel zu uns herüber=
kamen. Mit Feuer könne man Wasser heben, nicht mehr auf die alten Haspel
und Roßkünste sei man angewiesen, der Dampf, den man als den neuen Herrscher
und König des Landes bezeichnete, leiste die Arbeit von Mensch und Tier.
Auf einsam gelegenen Bergwerken waren diese Wunderwerke des Kraftmaschinen=

baues zuerst entstanden. Noch brauchte jede dieser alten Feuermaschinen, wie ein zeitgenössischer Berichterstatter etwas ironisch bemerkte, eine Eisenmine, um sie herzustellen und ein Kohlenbergwerk, um sie zu betreiben.

Da gelang es dem genialen Schotten James Watt, dessen hundertsten Todestages wir in diesem Jahre gedenken, aus der alten atmosphärischen Maschine eine wirkliche Dampfmaschine zu schaffen. Nach unsäglichen Mühen und mit großen Kosten entstand schließlich unter Mitwirkung des weitblickenden Unternehmers Boulton in Soho bei Birmingham die erste Dampfmaschinenfabrik der Welt. Hier gelang es, das Anwendungsgebiet der Maschine, das zunächst nur auf den Bergbau und hier wieder fast ausschließlich auf die Wasserhaltung beschränkt war, durch Schaffung einer eigentlichen Betriebsmaschine, die nun für alle denkbaren Zwecke ihre Kraft zur Verfügung stellte, unendlich auszudehnen.

Am Ende des 18. Jahrhunderts begann in England ein wahres Dampfkraft= fieber die Menschen zu packen; jeder wollte so modern wie möglich sein, jeder wollte die Dampfmaschine irgendwie verwenden. Eisen und Dampf wurde die Losung der neuen Zeit. Dieser Unternehmungsgeist fing auch außerhalb Englands an, sich bemerkbar zu machen. Man suchte nach den Ideen der Engländer, zum Teil auf eigenen Versuchen aufbauend, selbst Maschinen herzustellen. Viel Erfolg hatte man zunächst nicht. Die Maschinen waren mehr oder weniger Sehens= würdigkeiten ohne große praktische Bedeutung.

In Deutschland war es der große Preußenkönig Friedrich II., der auf die Dampfmaschinen aufmerksam wurde und seinen tatkräftigen Industrieminister, Freiherrn von Heinitz, darauf hinwies, diese neuen Feuermaschinen auch den preußischen Landen nutzbar zu machen. Heinitz und sein großer Mitarbeiter, Graf von Reden, der eigentliche Schöpfer der oberschlesischen Berg= und Hütten= industrie, sind diesem Befehl ihres Königs weitgehend nachgekommen. Der deutsche Kunstmeister Bückling wurde von Friedrich dem Großen nach England gesandt, und stolz konnte er bald von dorther melden, daß es ihm geglückt sei, noch sehr viel mehr von den Wunderdingen in der Sohoer Dampfmaschinenfabrik kennen zu lernen als die französischen „Akademisten", die zu gleichem Zwecke dorthin gekommen waren. Bückling, nach Hause zurückgekehrt, hat dann 1785 in Hettstedt im Mansfeldschen die erste von deutschen Arbeitern, aus deutschem Material hergestellte Dampfmaschine gebaut, deren Andenken der Verein deutscher Ingenieure an der Stelle, wo sie stand, durch ein Denkmal erhalten hat. Aber auch Bückling sah, daß er noch sehr auf England angewiesen war. Er holte zur Verbesserung der Maschine Teile aus England, und es gelang ihm auch, einen englischen Maschinisten Richard herüberzubringen, der dann in Deutsch= land weitere Maschinen erbaute. Bei dieser Hettstedter Maschine erwarb ein junger Bergbaubeflissener Holtzhausen, aus Ellrich am Harz stammend, seine ersten Kenntnisse im Dampfmaschinenbau, die er bald, nach Oberschlesien versetzt, sehr erfolgreich beim Bau eigener großer Dampfmaschinen verwerten konnte. Holtzhausen gehörte zu den großen deutschen Kunstmeistern an der Wende des 18. und 19. Jahrhunderts. Von ihm ist auch die erste Dampfmaschine für den industriell damals wenig entwickelten Westen gebaut worden, die dem Kunstmeister Franz Dinnendahl die Anregung bot, auf eigene Faust Maschinen zu erbauen.

Dinnendahl, der es fertig gebracht hatte, sich vom Schweinehirten zum hervorragenden Industriellen emporzuarbeiten, gehört zu den besonders erfrischenden Figuren in der Geschichte der Technik und Industrie jener Zeiten. Wir haben von ihm eine kurze Selbstbiographie, die uns erkennen läßt, mit welch unendlichen Schwierigkeiten ein Mann kämpfen mußte, der von seinem „technischen Genie" zwar selbst sehr stark überzeugt war, an den aber die anderen Menschen noch nicht recht glauben wollten. Dinnendahl erzählt uns von jener Gegend, in der wir heute das Herz unserer industriellen Großmachtstellung sehen, daß „nicht einmal ein Schmied zu finden war, der imstande gewesen wäre, eine ordentliche Schraube zu machen, geschweige denn andere zur Maschine gehörige Schmiedeteile, als Steuerung, Zylinderstange und Kesselarbeit usw. hätte anfertigen können oder Bohren und Drechseln verstanden hätte. Schreiner- und Zimmermannsarbeiten verstand ich selbst; aber nun mußte ich auch Schmiedearbeiten machen, ohne sie jemals gelernt zu haben. Indessen schmiedete ich fast die ganze Maschine mit eigener Hand, selbst den Kessel, so daß ich ein bis eineinhalb Jahre fast nichts anderes als Schmiedearbeiten verfertigte, und ersetzte also den Mangel an Arbeitern derart selbst. Aber es fehlte auch an gut eingerichteten Blechhämmern und geübten Blechschmieden in der hiesigen Gegend, weshalb die Platten zum ersten Kessel fast alle unganz und kaltbrüchig waren. Ebenso unvollkommen waren die Stücke der Maschine, welche die Eisenhütte liefern mußte, als Zylinder, Dampfröhren, Schachtpumpe, Kolben und dergl. Auch dieses Hindernis wurde überwunden, indem ich durch die Mitteilung eigener Ideen und durch das eigene Raffinieren des Herrn Jacobi, Eigentümers der Eisenhütte zu Sterkrade, es dahin brachte, daß diese Eisenhütte alle nötigen Stücke zu einer Maschine, anfangs freilich unvollkommen aber jetzt in der möglichsten Vollkommenheit liefert. Das Bohren der Zylinder setzte mir neue Hindernisse entgegen, allein auch dadurch ließ ich mich nicht abschrecken, sondern verfertigte mir eine Bohrmaschine, ohne jemals eine solche gesehen zu haben. So brachte ich es also nach unsäglichen Hindernissen so weit, daß die erste Maschine nach altem Prinzip fertig wurde."

Nur langsam ging es damals weiter voran. Der Westen von Preußen war politisch sehr zusammengewürfelt, ohne Zusammenhalt, von anderen Staaten noch vielfach durchsetzt. Viele Zollschranken hinderten den Verkehr. Die schweren napoleonischen Kriege hatten Handel und Gewerbe hier noch mehr geschädigt als im Osten. Als der Generalgouverneur vom Nieder= und Mittel= rhein, der als früherer Leiter des Gewerbewesens Preußens ostdeutsche Industrie genau kannte, 1814 zum ersten Mal seine Bezirke bereiste, schrieb er nach Berlin, wie er sich habe überzeugen müssen, daß „man hier sowohl in Berg= werken als in Fabriken mit dem Maschinenwesen noch zurück ist, indem alles durch einen ungeheueren Aufwand an Kosten und Kraft durch Wasser oder Pferde betrieben wird, und selbst die hier und da vorhandenen Feuermaschinen so ganz noch nach alter Art sind, daß sie mit den unsrigen in gar keinen Vergleich gebracht werden können".

Man hatte zwar von Staats wegen in Oberschlesien und auch in Berlin alles Mögliche versucht, um voran zu kommen. Aber der Staat allein konnte nicht Ersatz leisten für die fehlende Initiative des Volkes. Die einsichtigen Männer, die damals an der Spitze der Gewerbeförderung Preußens standen, erkannten deshalb, daß ihre Hauptaufgabe darin liegen müsse, tatkräftige junge Männer heranzuziehen, die bereit waren, für sich und damit gleichzeitig für das Allgemein= wohl zu arbeiten. Diesen Grundsatz befolgte vor allem Preußens großer Industrie= förderer jener Zeit, Christoph Wilhelm Beuth, der, 1781 in Cleve geboren, in rascher Laufbahn zu den obersten Beamtenstellen Preußens emporrückte. Beuth übernahm 1818 die Abteilung für Handel und Gewerbe, und damit begann ein wichtiger Abschnitt in der deutschen Industriegeschichte. Auf alle nur mögliche Weise suchte Beuth tatkräftige Talente zu fördern. Er verschaffte ihnen die Möglichkeit, aus staatlichen Mitteln Studienreisen nach England, Frankreich und Amerika zu unternehmen. Er kaufte ihnen vom Staat die Maschinen, die sie brauchten, um die Fabrikation zu beginnen. Er sorgte für das Anlage= kapital zu den Fabriken, den Grund und Boden und die Gebäude, und er war froh, wenn es den Männern dann wenigstens gelang, aus eigener Kraft auf diesen Grundlagen vorwärts zu kommen. Aber er ging weiter. Er schuf die ersten großen technischen Schulen. In Berlin entstand hieraus die Gewerbe= akademie und schließlich die heutige technische Hochschule. Beuth gründete 1820 in der vollen Erkenntnis, daß sich Ingenieure und Industrielle gegenseitig fördern müssen, den ersten großen technischen Verein in Preußen, den Verein zur Be= förderung des Gewerbfleißes. Seiner umfassenden Tätigkeit legte er das berühmt gewordene Bekenntnis zugrunde: „Der Gewerbfleiß ist die Grundlage des Reichtums einer Nation, und da wahrer Gewerbfleiß nicht ohne Tugend denkbar ist, so ist er auch die Grundlage der nationalen Kraft überhaupt. Wer in einem Lebensverhältnis, welches es sei, still steht, der steht nur scheinbar still, die Wahr= heit ist, er geht zurück. Es gibt nur Vorschreiten und Rückschreiten im Leben."

Nachdem bereits 1816 der Mechaniker Freund in Berlin eine Maschinenfabrik in Gang gebracht hatte, gelang es dem besonderen Schützling von Beuth, Egells, 1821 eine Eisengießerei zu begründen, die er bald zu einer ansehnlichen Maschinenfabrik entwickeln konnte. Im Aachener Bezirk gründete der Vater von Professor Franz Reuleaux in Verbindung mit Englerth und einem englischen Monteur Dobs eine Dampfmaschinenfabrik. In Magdeburg begann ebenfalls in den 20er Jahren der Mechaniker Aston den Dampfmaschinenbau.

Im Westen war, wie bereits erwähnt, vor allem Dinnendahl das Beispiel eines kühnen Unternehmers. Er hatte 1806 in Essen eine Maschinenfabrik begründet, aus der 1816 und 1817 schon recht bedeutsame Maschinen für den Bergbau hervorgingen. 1819 legte Dinnendahl auch eine eigene Gießerei an. Zu gleicher Zeit begannen die damaligen Besitzer der Gutehoffnungshütte, Jacobi, Haniel und Huyssen, mit dem Maschinenbau. In erster Linie dachten auch sie an Dampfmaschinen. Die erste Maschine der Gutehoffnungshütte war eine Gebläsemaschine, der Königliche Maschineninspektor Merker übernahm diese Abteilung. Im Juli 1820 kündigte die Hütte an, daß sie eine Werkstatt errichtet habe, „worin Dampf und Gebläsemaschinen jeder Dimension, nicht allein für Berg, Hütten und Hammerwerke, sondern auch für Spinnereien, Walk, Öl und Mahlmühlen, sowie für andere Gewerbe verfertigt werden . . . . Allen, die uns ihr Zutrauen schenken und Bestellungen aufgeben wollen, versprechen wir eine gute, kontraktmäßige Bedienung, und verlangen erst dann, wenn die Maschine drei Wochen im Gange ist, die erste Hälfte des übereingekommenen Kaufschillings, drei Monate später die Hälfte des Rückstandes und den Rest, nachdem die Maschine fünf Monate im Gange sein wird."

Dinnendahl selbst suchte diesen Wettbewerb dadurch zu übertreffen, daß er nun mit seinem Bruder Johann in Mülheim a. d. Ruhr und zu Huttrop bei Steele eigene Gießereien anlegte. Aus der Mülheimer Gründung ist später die heutige FriedrichWilhelmshütte hervorgegangen. In der Ankündigung, die wenige Tage nach der Anzeige der Gutehoffnungshütte erschien, heißt es: „So wie wir seit ungefähr zwanzig Jahren unsere DampfmaschinenFabrik unabhängig und mit voller Selbstständigkeit betrieben haben, so werden wir dieselbe nunmehr in einem um so vollkommeneren Zustande fortsetzen, da wir eigene Eisenschmelzen bei Essen an der Ruhr, unmittelbar bei der Spillenberg, und zu Mülheim angelegt und solche so eingerichtet haben, daß wir statt der aus Rasenerzen hiesiger Gegend gegossenen Eisentheile, deren wir uns bisher gleichsam aus Noth bedienen mußten, auf unseren eigenen Fabriken aus Eisen von Bergerzen vom Oberrhein und Siegen, gegossene MaschinenTheile liefern können". Sie empfehlen ihre neuen Fabriken daher allen Bergwerks und Fabrikbesitzern zur Lieferung aller Dampfmaschinenteile von ¼ bis zu 14 000 Pfund in einem Gusse. Aber nicht nur Maschinenteile, auch alle Arten von Maschinen selbst, „deren Zweck uns angegeben und

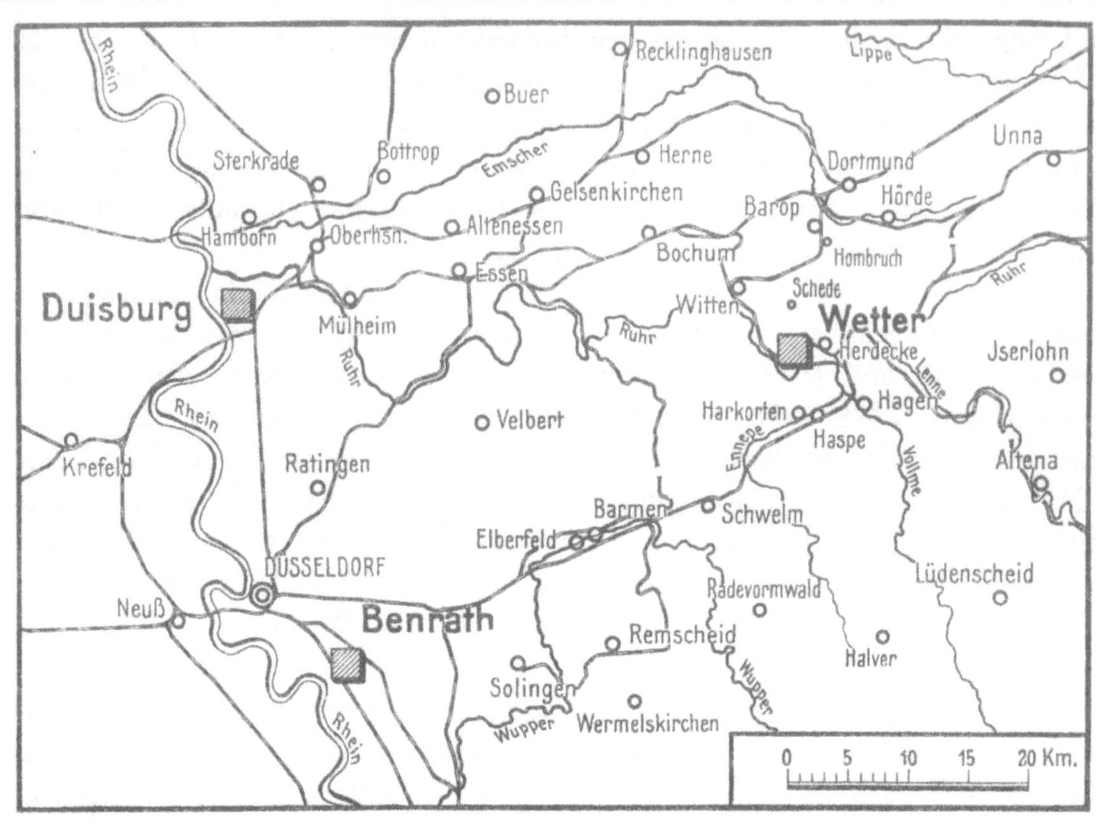

deren Konstruktion uns überlassen wird, werden wir zur vollen Zufriedenheit, in sehr billigen Preisen und unter sehr annehmlichen Bedingungen und Zah= lungsfristen liefern, es mögen dieselben nun zum Wasserwältigen, Erz= oder Kohlenfördern auf Bergwerken, oder zum Betriebe von Spinnereien, Walz= und Hammerwerken, Mahl=, Öl=, Schneide= oder jeder Art von Mühlen gebraucht werden sollen."

1812 war auch die Kruppsche Gußstahlfabrik in bescheidenstem Umfange entstanden. Wir wissen aus der Geschichte der Firma, wie unendlich viel Mühe und Arbeit es kostete, bis es schließlich nach dem Fehlschlag des Begründers Friedrich Krupp seinem großen Sohne Alfred Krupp gelang, in den 40er und 50er Jahren die Erfolge zu erzielen, auf denen es möglich wurde, das Riesenwerk zu errichten, das als Beispiel deutscher indu= strieller Kraft und Leistung weltberühmt wurde.

II. VON DEN ANFÄNGEN DER WESTFÄLISCHEN INDUSTRIE.

Die Begründung der Mechanischen Werkstätte in Wetter. / Harkort, Kamp und ihre Mit-
arbeiter, / Die ersten Lebensjahre der Firma. / Technische Leistungen. / Hoffnungen und
Erfüllungen. / Schwierigkeiten ringsum. / Angliederung bergbaulicher und hüttenmännischer
Betriebe an die Mechanische Werkstätte. / Das Ausscheiden Harkorts.
Von Harkort & Co. zu Kamp & Co. / Biographisches.

So bemerkenswert auch diese Anfänge, die hier nur kurz erwähnt werden können, sind, stellen sie doch nur einige wenige Einzelfälle dar, die umsomehr hervortreten, je rückständiger noch die gesamte Lage der Gewerbe und Industrie in diesen preußischen Landen war. Wer damals Westfalen und die Mark besuchte und etwa nach Sehenswürdigkeiten fragen wollte, dem würde man von der alten bodenständigen Kleineisenindustrie Solingens und Remscheids erzählt haben, von den Lei- stungen der alten Klingenschmiede und Messerschmiede, man würde auf die schönen Rathäuser und Kirchen aufmerksam gemacht haben, aber man hätte ihm noch nichts zu zeigen vermocht von der großen industriellen Entwicklung, die im Laufe der letzten hundert Jahre das Land so nachhaltig umgestaltet hat. Die Städte waren zumeist kleine bescheidene Ackerbürgerstädte. Essen hatte vor hundert Jahren ebenso wie Bochum nur etwa 3000, Dortmund 4300 Einwohner. Die Bewohner fingen an, sich nur langsam von dem Sturmwind der napoleonischen Kriege zu erholen. Die verantwortlichen Politiker Preußens schienen damals zu glauben, die alte Staatskunst könne tiefstes Volkserleben mit bürokratischem Radier- gummi aus den Urkunden der Geschichte tilgen. Reaktion und Völkerbundsidee im Kleid der heiligen Alliance waren die politische Weisheit der Regierenden. Für das Ausland war Deutschland höchstens ein Land mit Entwicklungsmöglichkeiten in technischer und industrieller Hinsicht. Von der ihm innewohnenden gesunden Kraft ahnte man nichts.

Aber unter der Oberfläche der politisch scheinbar wieder erstarrten Schicht be- gann in dem Volk, das die Befreiungskriege mit so großer Begeisterung für das allgemeine Ziel siegreich geschlagen hatte, sich auch technisches und industrielles Leben zu regen. Zu den genialen Vorkämpfern dieser neuen frischen, tatkräftigen Zeit gehört in erster Linie Friedrich Wilhelm Harkort. Er entstammt einem alten westfälischen Geschlecht, das sich bis ins 16. Jahrhundert in ununterbrochener Linie zurückverfolgen läßt. Als Sohn von Johann Caspar Harkort (der ursprüngliche Name war Harkott, auch Haarkotte. 1737 wurde in einem Testament die Schreibweise Harkort festgesetzt) am 22. Februar 1793 auf dem alten Familiensitz Harkorten geboren, erhielt er eine strenge, gute Erziehung. Sein Wissen vermittelte ihm die Volksschule. Er besuchte dann mit seinen fünf Brüdern die Handelsschule in Hagen, die auf Veranlassung der Familie Harkort 1799 begründet worden war. Harkort wollte Kaufmann werden. Bei dem Kaufherrn Mohl in Wichelhausen, der Teppiche fabrizierte und mit allerhand Wuppertaler Webwaren Handel trieb, ging er 1808 in die Lehre. Das Stillsitzen im Kontor hat ihm wenig behagt. Die Fabrikation interessierte ihn. Alles, was technisch neu war, erweckte seine Aufmerksamkeit, und der junge Mensch mit seinem starken Temperament, mit seiner glühenden Begeisterung suchte überall nach neuer Betätigung. Mit 18 Jahren bewarb er sich um einen von Napoleon ausgesetzten Preis zur Verbesserung der Zuckergewinnung aus Runkelrüben.

Als der Sturm der Befreiungskriege das Land durchbrauste, litt es ihn nicht zu Hause. Mit seinem Bruder Gustav, der später nach Leipzig ging und in der Geschichte der ersten großen deutschen Eisenbahn eine Rolle spielte, zog er ins Feld. Als Landwehroffizier machte er den Krieg mit, auch den zweiten Abschnitt nach der Rückkehr Napoleons aus Elba. Er wurde verwundet, kehrte dann, mit dem Eisernen Kreuz geschmückt, nach Hause zurück. Hier suchte er sich jetzt selbständig zu machen. Er machte Versuche mit dem Gerben feinen Leders und legte in Harkorten eine Gerberei an. Gleichzeitig übernahm er das Deiler Kupferhammerwerk bei Langenberg. Beide Unternehmen brachte er in guten Gang und überließ sie dann im Anfang der zwanziger Jahre jüngeren Verwandten. Er hatte größere Pläne. Eifriges Studium aller ihm zugänglichen Literatur hatte ihn auf die großen Fortschritte Englands aufmerksam gemacht. Die englischen Zeitungen und Zeitschriften, die als Original oder Übersetzung zu ihm drangen, nahm er so stark in sich auf, daß er sehr bald zu der Überzeugung kam: nur unter schnellster Benutzung der englischen Erfahrungen und Leistungen kann man in Deutschland industriell vorankommen; englische Arbeiter, englische Maschinen muß man nach Deutschland verpflanzen, um neuzeitliche Fabriken zu schaffen; jeder andere Weg dauert zu lange.

Daß sich Harkort über die außergewöhnlich großen Schwierigkeiten, die zu überwinden waren, keiner Täuschung hingab, sieht man aus seinen eigenen Worten. So schreibt er später im „Westfälischen Anzeiger" von 1830: „Wo besteht in den hiesigen kleinen Werkstätten eine gute Drehbank, ein tüchtiger Schraubenkolben, Lochmaschine, kleine Rundsäge und andere unentbehrliche Hilfswerkzeuge? Wie jämmerlich sind unsere Schleifereien eingerichtet! Hier tut Hilfe not.

Friedrich Wilhelm Harkort, geb. 22. 2. 1793.   Heinrich Daniel Kamp, geb. 8. 11. 1786.

Man kümmere nicht den fleißigen Arbeitern ihren spärlichen Lohn, nein, man unterstütze sie mit Belehrungen und guten Werkzeugen, und die Gewerbe werden sich blühend entfalten. Die Elemente liegen vor uns, und es bedarf nur des Gemeinsinnes, um sie zu ordnen. Ein allgemeines Fortschreiten tut not, um auswärtiger Konkurrenz begegnen zu können."

So reich der junge Westfale an Ideen und Tatkraft war, so sehr fehlte ihm das Geld, um seine Gedanken zu verwirklichen. Er mußte Umschau halten nach weitsichtigen, kühnen Unternehmern, die bereit waren, mit ihm das Wagnis zu unternehmen. Diesen Mann, den er brauchte, fand er in Heinrich Daniel Kamp, der, am 8. November 1786 geboren, mit einer Tochter des Elberfelder Bankiers Johann Heinrich Brink verheiratet war. Kamp, den Harkort später mit Recht als den tätigsten Mann des Gemeinwesens seiner Stadt bezeichnet hat, war ein Pastorensohn aus Baerl am Niederrhein; 1789 finden wir seinen Vater als Pfarrer in Elberfeld.

Über die Ausbildung Heinrich Kamps wissen wir wenig. Er erwähnt nur in einem Briefe an Harkort vom 26. November 1820: „Wir hatten in Glasgow eine Brahmasche Presse, gleich im Anfang, wie sie aufkamen. . ." Wahrscheinlich war er dort in Stellung und hatte mit offenem Blick die große technisch-industrielle Entwicklung auf sich wirken lassen. Nach Hause zurückgekehrt, genügte es ihm nicht, nur Teilhaber seines Schwiegervaters zu sein, alles in ihm drängte nach neuen großen Unternehmungen. Harkort war für ihn ein gleichgesinnter vorwärts streben-

der Mitarbeiter. Begeistert und Begeisterung erweckend, fanden sich die beiden
Männer schnell in dem Entschlusse, gemeinsam eine Musterfabrik in Deutschland
zu begründen. Sie beschlossen, eine mechanische Werkstätte zu schaffen, die, aus=
gerüstet mit allem, was England bieten konnte, zu einer Pflanzstätte deutschen
Maschinenbaues werden sollte. Heinrich Kamp war selbst vermögend, außer dem
Geld, das er persönlich für die mechanische Werkstätte zur Verfügung stellte,
veranlaßte er durch seinen Schwiegervater das Bankhaus J. H. Brink & Co. in
Elberfeld zu sehr wesentlicher finanzieller Unterstützung der neuen Firma.

Sobald die Möglichkeit des Unternehmens gesichert war, ging man daran, sich
nach einem geeigneten Ort umzusehen. Man entschied sich schließlich für Wetter.
Hier standen auf Bergeshöhe die Überreste einer alten Burg, die im 13. Jahrhundert
die Grafen von Altena als Trutz= und Schutzburg erbaut hatten. Später wohnten
dort die Grafen von der Mark und die Herzöge von Cleve. Nach dem Aus=
sterben der alten Geschlechter wurde die Burg Sitz der Behörden des Kreises und
des Gerichtes Wetter. Als diese nach Hagen verlegt wurden, stand die Burg fast
30 Jahre lang leer. 1783 hat dann der Staat die Gebäude für das Bergamt
nutzbar gemacht. Von hier aus hat der Freiherr vom Stein in einer fast 18jährigen
Tätigkeit ein gut Teil Vorarbeit für die Entwicklung der westfälischen Industrie
geleistet. Etwa 1810 wurde das Bergamt nach Essen verlegt, und die Gebäude
standen zum Verkauf. Sie schienen Harkort für die Anlage der mechanischen
Werkstätte geeignet, obgleich die Verkehrslage denkbar schlecht war. Vielleicht
hat der romantische Sinn, der Harkort eigen war, ihn mit dazu bestimmt, „die
alte, feudale Burg zu erobern und in ihr einen bleibenden Sitz aufzuschlagen, in
welchem Eisen und Stahl in die mächtigsten Waffen des Gewerbefleißes umge=
schaffen werden", wie er später in seiner Geschichte von Wetter schrieb. Jedenfalls
erwarb man am 28. Oktober 1818 die Burg mit allem was dazu gehörte.

Harkort hatte sich am 21. September desselben Jahres mit Auguste Mohl, der
Tochter seines Lehrherrn verheiratet. Im Juni 1819 ging er nach England, um
Arbeiter und Ingenieure zu werben und Maschinen zu kaufen. Es war das ein
außerordentlich schwieriges Unterfangen in jener Zeit, als die englische Regierung
noch bestrebt war, mit allen Machtmitteln des damaligen Staates die Monopol=
stellung, die England einnahm, rücksichtslos zu erhalten. Doch Harkort gelang es,
sein Ziel zu erreichen. Er fand vertrauenswürdige Berater und Helfer in der Firma
Jameson & Aders in London. Aders stammte aus Elberfeld und war mit
Heinrich Kamp und den anderen Inhabern des Bankhauses Johann Heinrich Brink
& Co. verwandt. Er gewann auch einen englischen Ingenieur und Unternehmer,
der bereits einige Zeit vorher nach Deutschland gegangen war und in Pempelfort
bei Düsseldorf versucht hatte, sich selbständig zu machen. Es war Eduard
Thomas, der sich mit einigen hundert Talern bei dem Unternehmen beteiligte.

Auch das Inventar der kleinen Fabrik, an der Thomas vorher beteiligt war, wurde von Harkort und Kamp für die neue Werkstätte angekauft. Ferner brachte Harkort aus England Samuel Godwin mit, der später auch seinen in den Vereinigten Staaten lebenden tüchtigen Sohn George veranlaßte, nach der Ruhr zu kommen. So konnte denn im Herbst 1819 die „Mechanische Werkstätte Harkort & Co.", so hieß die Firma, eröffnet werden.

Hier wollten Harkort und Kamp mit der Tat erweisen, wie man nach ihren Plänen deutsche Industrie fördern kann. Eine deutsche Maschinenfabrik sollte entstehen. In der alten Burg, oben auf Bergeshöhe, weit in deutsches Land hinaus= ragend, sollte das Werk zum Schirmherrn einer neuen Art deutschen technischen Schaffens werden. So sollte in der Burg zu Wetter die Deutsche Maschinenfabrik geboren werden. Das war der Plan.

Sehen wir, wie es gelang, ihn durchzuführen.

in Zufall hat uns in der alten Burg, vergraben unter herabgestürzten Decken in fensterlosen Räumen, die Briefe und Geschäftsbücher der ersten Jahrzehnte aufbewahrt und zu rechter Zeit noch finden lassen. Wer darin zu lesen versteht, erhält reizvolle Einblicke in die erste Entwicklungszeit. Hoffnungen und Versprechungen stehen da in buntem Wechsel mit Sorgen und Enttäuschungen. Freilich muß man berücksichtigen, daß nüchterne Geschäftsbriefe und =bücher im allgemeinen weniger dazu da sind, freudige Ereignisse zu registrieren, wenn sie nicht in Zahlen des reinen Gewinnes sich verkörpern lassen. Dagegen nehmen die Klagen über nicht eingehaltene Liefer= termine und unzuverlässige Arbeiten, über Mängel an den gelieferten Maschinen einen breiteren Raum ein, während das, was den Wünschen des Bestellers ent= sprechend arbeitet, nur selten in kaufmännischen Akten vermerkt wird.

Versuchen wir zunächst, uns ein Bild zu verschaffen von dem, was die Mechanische Werkstätte in den ersten Jahren alles zu bauen hatte. Es war ja klar, eine Firma, die den Ehrgeiz hatte, etwas in Deutschland noch nicht Dagewesenes darzustellen, im Lande der alten Kunstmeister eine nach englischen Erfahrungen, mit englischen Arbeitern und englischen Maschinen aufgebaute neuzeitliche Maschinenfabrik ein= zurichten. Sie konnte, wenn sie Fuß fassen wollte, sich nicht auf bestimmte Arbeits= gebiete spezialisieren, sie mußte zufrieden sein, Aufträge zu bekommen, welcher Art sie auch immer waren. In bunter Folge wurden Zahnräder und Grabkreuze, gußeiserne Walzen und Treppengeländer, Bügeleisen, Öfen und Maschinenteile zu den verschiedensten Zwecken bestimmt und ganze Maschinen geliefert. Die Firma setzte ihren Ehrgeiz darein, möglichst alles zu können, was man von ihr irgendwie verlangte. Ehre und Ruhm konnte man allerdings dabei gewinnen, Geld zu verdienen war auf diesem Wege sehr viel schwerer möglich.

Zunächst war es natürlich auch Harkorts Ehrgeiz, die Maschine zu bauen, die allen anderen Leben und Bewegung geben konnte, die Maschine, die im Begriff war, das ganze industrielle und wirtschaftliche Leben der Welt umzugestalten: die Dampfmaschine. Aus den so lange gering geschätzten Kohlen Leben spendende Kraft zu erzeugen, das war das große Meisterwerk der Technik. Noch viele Jahr= zehnte bis fast in unsere Zeit war deshalb der Ehrgeiz jeden Ingenieurs, Dampf= maschinen zu bauen, und die Lehrpläne unserer Hochschulen wissen heute noch von dieser Bevorzugung zu erzählen.

Die erste Dampfmaschine für die eigene Werkstätte hat Harkort ebenso wie seine Werkzeugmaschinen aus England bezogen. Die Firma Jameson & Aders vermittelte die ersten Maschinenankäufe in England. „Eine 6 Pferde Krafft polierte Dampfmaschiene zu £ 360.—", erbaut von Horseley Coal & Iron Co. in Tipton, wird für die Werkstätte gekauft. Ferner werden die „besten Theile einer Dampfmaschiene von 6 PK zu £ 179.4" nach Wetter geliefert. Bald aber

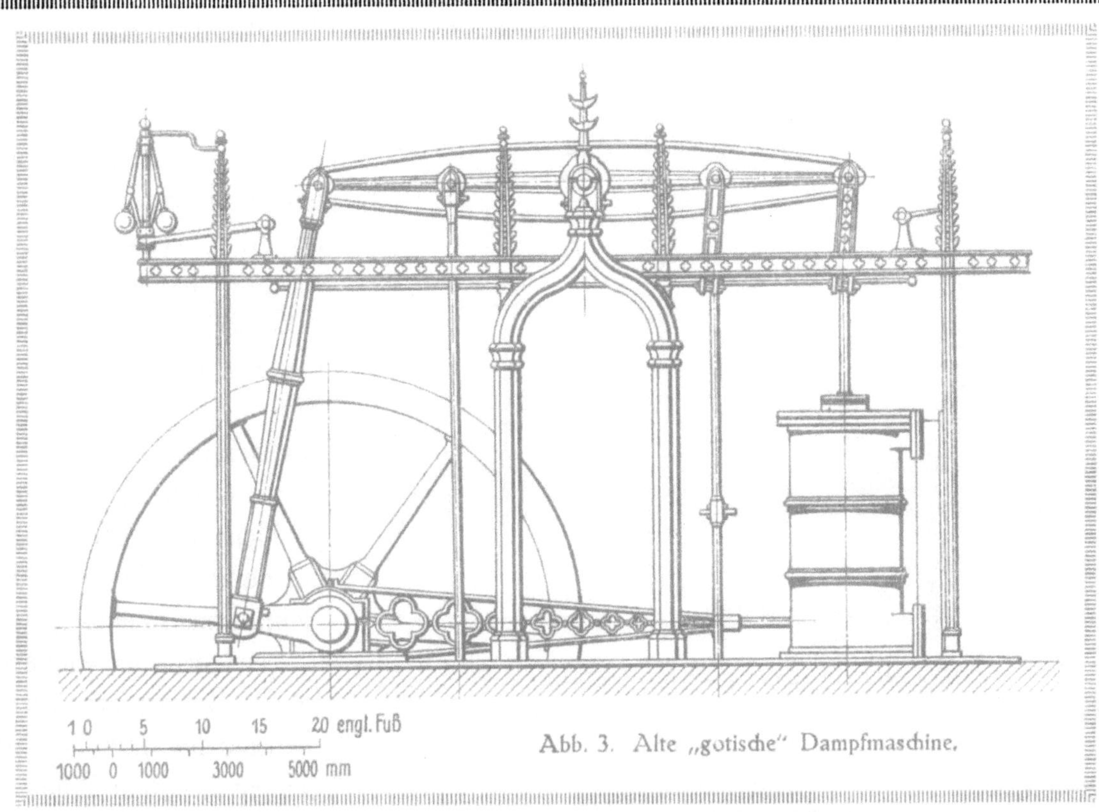

Abb. 3. Alte „gotische" Dampfmaschine.

unternahm er es mit seinen englischen Ingenieuren, Meistern und Arbeitern, solche Boultonschen Maschinen nach eigener Bauart nachzubauen. Es waren Dampf= niederdruckmaschinen, wie sie in der ersten Dampfmaschinenfabrik der Welt bei Boulton & Watt in Soho zu rühmlicher Vollkommenheit gelangt waren. Sie hatten den großen Vorzug, daß man mit sehr geringem Überdruck über die Atmosphäre auskam, wodurch die Herstellung der Kessel, deren Dichtung die größte Schwierigkeit machte, wesentlich erleichtert wurde. Natürlich kam man bei diesen Maschinen zu recht großen Abmessungen. Die Gewichte der Anlage pro Pferdekraft erreichen Zahlen, die man sich heute kaum noch vorstellen kann. Auch der Form nach waren die ersten Maschinen dem Wattschen Vorbild durchaus gleich. Es waren Balanciermaschinen in der allgemein üblichen Form. Später sucht Wetter in sehr bemerkenswerter Weise, eigene Maschinen zu bauen, und früher als die meisten anderen Firmen wendete man sich mit großem Erfolg der kon= struktiven Durchbildung der liegenden Dampfmaschine zu. Einer der damals üblichen Geschmacksverirrungen hat auch die Mechanische Werkstätte ihren Tribut zahlen müssen. Auch sie hat wenigstens Projekte entworfen von künstlerisch stilvollen Dampfmaschinen, wenn wir auch hoffen wollen, daß sie in der Form nicht zur Ausführung gekommen sind. Eine streng „gotische" Maschine, deren Zeich= nung sich noch unter den alten Akten fand, zeigt die Abb. 3.

Die ersten beiden Dampfmaschinen wurden im Jahre 1820 gebaut. Am

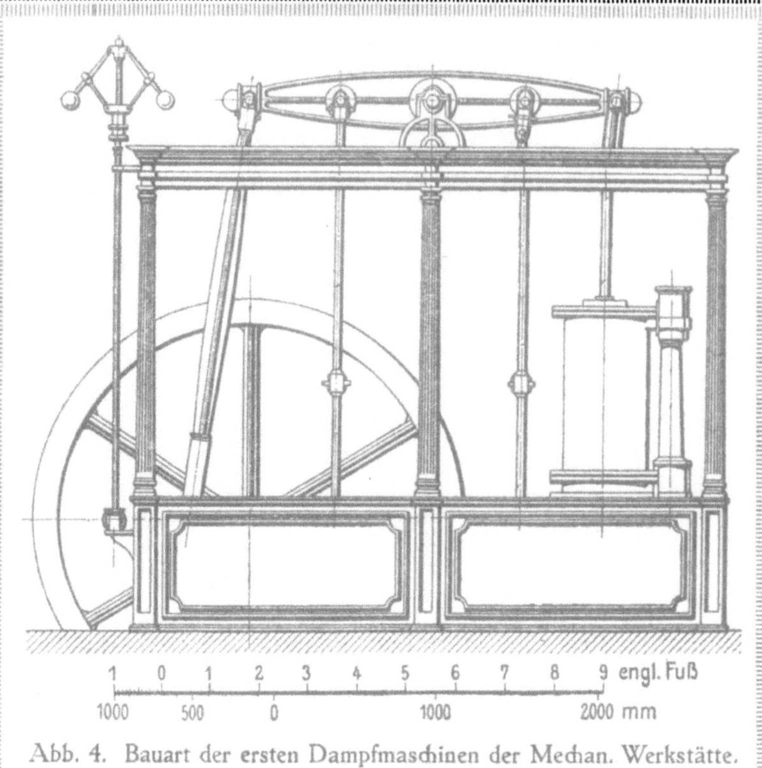

Abb. 4. Bauart der ersten Dampfmaschinen der Mechan. Werkstätte.

14. April 1820 konnte Harkort dem Elberfelder Bankhaus J. H. Brink & Co. schreiben: „Vor einigen Tagen verkaufte ich die erste fertige Dampfmaschiene für 5000 Reichsthaler". Bestellerin war die Firma Schröder & Hammacher in Dortmund, die zweite ging an eine Firma in Geldern für 4000 Taler. Seitdem kehren die Dampfmaschinenbestellungen jedes Jahr wieder. In der Bauart entsprachen sie den damals allgemein üblichen Balanciermaschinen. Die Abb. 4 gibt die Konstruktion dieser in den ersten Jahren in Wetter gebauten Dampfmaschine wieder.

Die größten und wichtigsten Aufträge gab der Bergbau. Dann kam das Hüttenwesen. Es ist aber bezeichnend, daß Harkort planmäßig auch bereits den Betriebsmaschinen für die verschiedensten industriellen Unternehmungen seine Aufmerksamkeit zuwendet. Er empfiehlt die Dampfmaschine für die gesamte Textilindustrie, für Brennereien, Ölmühlen, Zuckerfabriken, Papierfabriken.

Aus Briefen vom Jahre 1821 sehen wir, daß die Firma anfing, bereits bestimmte Bauarten von Dampfmaschinen herauszubilden. Sie baute 10 verschiedene Größen von 4 bis 22 Pferdestärken mit Zylinderdurchmessern von $12\frac{1}{2}$ bis 26 Zoll. Über den Hub wird gesagt, daß er sich nicht genau angeben lasse, „indem die verschiedenen Anwendungen der Maschiene dessen Verhältnisse ändern. Soviel wollen Sie mir indessen erlauben zu bemerken, daß meine Maschienen durchschnittlich einen bedeutenderen Hub haben wie jene der Herren Coquerill, indem diese durch die Kürze das Material zu sparen suchen." Wie wenig aber diese Abmessungen noch feststanden, sieht man dann aus dem folgenden Satz, worin darauf aufmerksam gemacht wird, daß die Durchmesser der Zylinder genau den Pferdekräften entsprechen. „Wenn Sie es indessen wünschen, so setze ich gerne $\frac{1}{2}$ Zoll zu."

Eine besonders berühmt gewordene Maschine wurde für die Zeche Sältzer und Neuack von dem Königlichen Bergamt zu Essen am 21. März 1822 in Auftrag

gegeben. Über diese Maschine berichtet der „Westfälische Anzeiger" im Jahre 1825:
„Eine 48zöllige, doppelt wirkende Dampfmaschine ⟨die größte, wirksamste auf
dem Kontinent⟩, die aus einer Tiefe von 350 Fuß rheinländisch in der Minute
100 bis 110 Kubikfuß Wasser hebt und eine Kraft von 120 Pferden besitzt, ist
von der ausgezeichneten Werkstätte Harkort ⊗ Co. in Wetter ... zur völligen
Zufriedenheit der Sachkenner erbaut." Die Lieferzeit für diese Maschine betrug
1½ Jahr. Harkort erhielt dafür „23 700 Thaler Berliner Courant". Der Vertrag
ist mit größter Vorsicht aufgestellt und enthält nicht weniger als 24 Punkte. Man
vergißt auch nicht, darauf hinzuweisen, daß nur gutes Eisen für die Hauptteile
der Maschine genommen werden darf, „so daß die Maschine im ganzen mit allen
ihren Theilen den völligen Beifall eines jeden Sachkenners unbedingt erhält".

Im Juli 1823 konnte Harkort auch dem Herrn Franz von Wendel auf der
Quint=Hütte bei Trier eine Maschine von 30 Pferdekräften anbieten, „die etwa
43 000 Pfund wiegt und frei Wetter 8600 Reichsthaler kosten sollte. 17 000 Pfund
von dem schweren Gußeisen könnten in Trier angefertigt werden". Diese Maschine
sollte augenscheinlich für ein Walzwerk dienen, denn es wird darauf hingewiesen,
daß eine Dampfmaschine, wie Harkort sich in England überzeugt habe, sehr wohl
zum Betreiben von Walz= und Schneidwerken mit herangezogen werden könne.

Ein besonders schwieriges Kapitel, das den alten Maschinenbauern viel Sorge
und Kopfzerbrechen machte, war der Dampfkessel. Die Kessel ließ Harkort noch
außerhalb seiner Fabrik bei verschiedenen Kesselschmieden anfertigen. Da gab es
vielerlei zu klagen: die Ecken seien nicht stark genug, man sehe deutlich, daß die
Arbeiter mit dem Biegen dicker Platten nicht fertig werden könnten. Demgegenüber
sähen englische Kessel aus ganz anderen Augen. Er weist darauf hin, daß er am
Ende doch dem Ausland den Vorzug geben müsse, da auch die englischen Kessel
ihm mehr Nutzen lassen. Daher mag es kommen, daß in der ersten Zeit noch viel
englische Kessel bezogen wurden. So schreibt er an einen seiner Kesselschmiede
im September 1820: „Die englischen Kessel kommen mit Transport und Zoll nicht
so hoch, wodurch ich veranlaßt worden bin, einige dort aufzugeben." Auch die
Bezieher der deutschen Dampfkessel klagen in Briefen an Harkort darüber, daß
diesen „die Egalität der Nägel und der Nieten, verglichen mit den englischen,
fehle". Manche Schmiede, bei denen Harkort anfragt, lehnen auch die Ausführung
von vornherein mit der Begründung ab, ihren Schmiede qualifizierten sich nicht dazu.

Von den Schwierigkeiten, mit denen man trotz des geringen Überdruckes zu
kämpfen hatte, geben einige Briefe ein anschauliches Bild. So klagt der Besitzer einer
Harkortschen Dampfkraftanlage im Juni 1821, „daß der Dampfkessel unten im
Boden an zwei Stellen undicht sei und rinne. Dies schiene bis jetzt auf die Dämpfe
noch keinen nachtheiligen Einfluß zu haben, außer daß vielleicht das Feuer etwas
stärker seyn mußte, um das mehrere Wasser, welches der Kessel nun bedurfte, zu

Abb. 5. Blick auf die Mechanische Werkstätte. Nach einem alten Ölgemälde im Besitz von H. Kamp=Berlin.

erhitzen. Am vorigen Mittwoch aber spürten wir einen solchen Dampfverlust, den wir an vielen Stellen vergebens suchten, bis wir so weit giengen, das Mauerwerk um den Kessel wegzunehmen, wo sich dann zwey fehlerhafte Stellen zeigten. Wir wollten Sie auf der Stelle nicht gleich beunruhigen und ließen durch einen Sach=verständigen die Fehler so weit reparieren. Nach dieser Reparatur füllten wir den Kessel mit Wasser an, und alle vier Stellen waren dicht, außer ein klein wenig Wasser kam noch durch ein Niet, welches aber im Ganzen nichts ausmachen konnte. Hierauf gebrauchten wir die Maschiene wieder in gehöriger Ordnung bis diesen Mittag, wo es aber dem Maschienenwärter nachdem bei halber Krafft trotz dem größten Feuer nicht möglich war, drei Grad Dampf zu halten. Daher müssen wir Sie jetzt ersuchen, sofort herüber zu kommen." Der Meister, der nun aus Wetter herüber kam, konnte auch nicht viel helfen. Man suchte erst mal den Kessel zu verkitten. Ferner entdeckte man, daß er sich auf einigen Stellen um zwei Zoll durchgebogen hatte.

War man damit zufrieden, endlich Dampfmaschinen und Dampfkessel einiger=maßen in regelmäßigen Betrieb bekommen zu haben, dann hatte man Zeit, sich über den allzu großen Kohlenverbrauch zu wundern. 1820 gibt Harkort Herrn Bozi in Bielefeld an, daß der Feuerungsverbrauch pro Stunde für Holz etwa 130, für Torf etwa 200 und für Kohlen etwa 30 Pfund betrage, bei einer Leistung

von 2 PS. Man wird wohl annehmen können, daß diese ersten Dampfmaschinen
kaum unter 10 kg Kohlen für die Pferdekraftstunde gebraucht haben. Zuweilen wird
man auch diese Zahlen noch erheblich überschritten haben. 1821 wird für Elberfeld
eine Maschine gebaut, die imstande sein soll, den Kraftaufwand von sechs zu=
sammen angespannten Pferden vollkommen zu erfüllen. Einschließlich der zum
Anmachen des Feuers nötigen Steinkohle sollen höchstens 60 Pfund pro Stunde
oder 800 Pfund am Tage verbraucht werden. Harkort versprach es. Wir sehen
dann aber aus späteren Briefen, daß die Maschine weit mehr Kohlen als 800 Pfund
brauchte, und daß es trotzdem gar nicht recht damit gehen wollte. „Mit dem
Verbrauch der Kohlen sieht es bei Ihrer Dampfmaschiene sehr bedenklich aus, indem
es sich aus Erfahrung jetzt befindet, daß zum langsamen Betrieb über 1000 Pfund,
zum kontraktmäßigen Betrieb, die Tummelachse 30 mal in einer Minute herum,
1300 Pfund in 13 Stunden nöthig sind, dabei habe ich die möglichst beste Kohle
genommen, überhaupt scheint die Maschiene Krafftmangel zu äußern, welchem nur
durch gewaltigen Kohlennachsatz abgeholfen werden kann, daß Herrn Thomas
Gegenwart unter diesen Umständen nöthig ist, werden Sie einsehen … Ihre Heitzer
verfahren nur nach Routine und haben keinen methodischen Unterricht genossen,
das Innere der Maschiene ist denselben ein unbekanntes Land."

Sehr interessant ist, daß Harkort, wohl angeregt durch sein eifriges Studium
englischer technischer Literatur, auch von Anfang an empfiehlt, die Abwärme der
Dampfmaschine in verschiedenster Form zu benutzen. So schreibt er im Januar
1822 an einen preußischen Ingenieur=Hauptmann in Ehrenbreitstein, der eine
Dampfmaschine zum Wasserheben haben wollte, daß man mit der, vermöge der
Injektion erzeugten, nicht unbedeutenden Menge warmen Wassers eine ansehnliche
Badeanstalt in den Kasematten Ehrenbreitsteins einrichten könne. „Beim Militär
halte ich die Vorrichtung in Hinsicht der Gesundheit für sehr nützlich. Zugleich
könnte das Wasser zur Reinigung der Wäsche gebraucht werden, ohne den geringsten
Feuerungsbedarf. Eine eigene Waschmaschine (die in England mit Vorteil an=
gewandt ist) lege ich bei meiner baldigen Überkunft vor." Ebenso empfiehlt Harkort
an anderen Stellen Abdampf= und Kondensationswasser für Heizungszwecke zu
benutzen.

Neben dem Dampf begann auch bereits das Gas als Kennzeichen technischen
Fortschrittes sich einzuführen. Harkort hatte bei seinem technischen Literatur=
studium und bei seinem Besuch in England die großen Fortschritte der neuen
Industrie kennen gelernt. In London zählte die Gasbeleuchtung zu den ersten
Sehenswürdigkeiten der Weltstadt. Meistens handelte es sich um Ölgasanlagen
für Beleuchtungszwecke. Schon am 25. Oktober 1819 wendet sich Harkort
an die „hohe königliche Regierung in Düsseldorf" und legt ihr dar, daß es sehr
vorteilhaft sein möchte, bei der neuen, im Bau befindlichen Kavalleriekaserne

die Erleuchtung durch das Gas vorzunehmen. Er will die Anlage auf eigene Gefahr und Kosten bewerkstelligen. Er könne es um so leichter tun, da er noch vor kurzem in England sich mit den neuesten und besten Vorrichtungen in diesem Fach bekannt gemacht habe. Ebenso bietet er der Regierung in Köln für die dortige Kaserne Gasbeleuchtung an. Er rühmt die neue Beleuchtungsart als besser und wohlfeiler, sie wäre auch reinlicher und gesünder, „indem der Lampen=Dunst in den ohnehin mit Menschen gefüllten Räumen leicht Augen=Übel herbeiführen oder verschlimmern kann." Es ist nicht zu ersehen, ob aus diesen Anerbietungen Aufträge geworden sind. Im folgenden Jahre erfahren wir dann, daß „der Preis eines Apparates gleich 70 Talglichtern, sechs aufs Pfund, so 16 Stunden brennen, sich auf 100 Carolin beläuft, die kleinen Leitungsröhren von Eisenblech ausgenommen…" Es wird ferner festgestellt, daß die Ruhrkohlen zur Gaserzeugung tauglich seien, daß weder Geruch noch Explosion zu befürchten sei, und daß eine warme Retorte in acht Stunden aus 200 Pfund Kohlen Gas erzeugt mit einer Leuchtkraft von 100 Talglichtern während sechs Stunden. Man gebraucht 80 Pfund Kohlen zur Heizung. Ein junger Mensch von 15 bis 18 Jahren genüge zur War=tung. Harkort garantiert sechs Monate für den Apparat.

Bemerkenswert ist in diesem Zusammenhang Harkorts Briefwechsel mit dem bekannten Bergingenieur Althaus von der Sayner Hütte, von dem wir nur die Briefe von Althaus besitzen. Althaus fragt, ob Harkort bei Gasbeleuchtungs=anlagen Erfahrungen habe sammeln können, die beurteilen ließen, ob es wirt=schaftlich möglich sei, die Gasbenutzung so allgemein zu machen, daß man Gas auch zum Heizen der Zimmer und zum Kochen usw. für jedes Familiengebäude verwenden könnte. „Dieses würde auf die Einrichtungen sehr bequemer Woh=nungen großen Einfluß haben, weil man alsdann wegen Heitzung der Zimmer und Küchen keine Schornsteine zu erbauen brauchte, welche oft große Hindernisse bei bequemen Einrichtungen sind. Die Dampfheitzung hat zwar dieselbe Bequem=lichkeit, aber diese und die Gasbeleuchtung zugleich ist für eine kleine Familien=wohnung eine zu große Anstalt, indes, wenn ein Gasapparat zum Erleuchten, zum Heitzen der Zimmer und zum Kochen benutzt werden könnte — jedoch ökonomisch —, dann würde es schon für sehr kleine Wohnungen immer noch der Mühe werth sein, eine solche Anlage zu machen. Alsdann würde die Gasbenutzung noch viel allgemeiner werden." Wir wissen, daß diese Entwicklungsrichtung, die zu kleinsten Zentralanlagen führen sollte, nicht eingeschlagen wurde, wie da=gegen der Gedanke, Gas nicht nur zur Beleuchtung, sondern auch als Heizgas zu benutzen, in neuerer Zeit größte Bedeutung gewonnen hat.

Ein wichtiger Abnehmerkreis für die Mechanische Werkstätte war naturgemäß das Berg= und Hüttenwesen. Wenn auch damals noch nicht entfernt die Entwicklung voraus gesehen werden konnte, auf die wir heute zurückblicken, so gab es doch bereits genügend bergwerkliche und hüttenmännische Unternehmungen, um eine so neuzeitliche Fabrik, wie es die von Harkort war, stark zu beschäftigen.

Der Bergbau war von jeher ein großer Auftraggeber für den Maschinenbau. Es handelte sich hier in erster Linie um Wasserhaltungsmaschinen. Wir haben bereits gesehen, welch für die damalige Zeit große Dampfmaschine für die Zeche Sältzer und Neuack in Wetter entstanden war. Mit der Maschine allein aber war es nicht getan. Es kamen die Pumpen hinzu und vor allem der Einbau in die oft recht unregelmäßig gebauten Schachtanlagen. Die gesamte Durchführung einer großen Wasserhaltung war ein sehr schweres Stück Arbeit für den damaligen Maschinenbauer. Jedenfalls schreibt Harkort in einem Brief aus dem Jahre 1821: „Die Einsetzung der Pumpe wird große Schwierigkeiten machen. Über der Erde wollen wir alles übernehmen, in der Tiefe aber ist's fürchterlich."

Ferner finden wir Anerbietungen über Grubenbewetterung. Harkort empfahl 1820 Röhren von Sturzblech drei Zoll im Durchmesser. „Mit diesen folge ich den Arbeitern und erwärme das obere Ende ungefähr 20 Fuß unter der Öffnung des Schachtes ein à zweimal täglich, wodurch die Luft gleich in Bewegung gesetzt wird."

Für das Hüttenwesen lieferte Wetter Zylindergebläse. Es wurde der Antrieb durch Dampfkraft statt Wasserkraft überall empfohlen. 1820 riet Harkort dem Bergrat Fröhlich in Bückeburg, er solle es wie die Engländer machen und mit der Hütte zu dem Eisensteine und den Kohlen rücken und das Wasser fahren lassen. Wir wissen aus der weiteren Entwicklung, wie stark dieser Rat befolgt wurde, da die kleinen Wasserkräfte bald entfernt nicht mehr ausreichten, um den stetig wachsenden Kräftebedarf der Hüttenwerke zu decken.

Die Mechanische Werkstätte hatte auch den Mut, sich schon in ihren ersten Lebens= jahren mit dem Bau von Walzwerkanlagen zu beschäftigen. Die Walzwerke hatten in England gegenüber den Hämmern bereits eine große Bedeutung gewonnen. In Deutschland fing man an, auch dieser englischen Entwicklung erhöhte Aufmerksamkeit zuzuwenden. Mit deutschen Arbeitern kam man aber nicht weit. Die Erfahrungen fehlten. Man mußte immer wieder auf England zurückgreifen. Harkort hatte die außerordentliche Bedeutung der Walzwerke für das Eisenhüttenwesen klar erkannt und deshalb bei seinen Engländern, die er für Wetter angeworben hatte, Wert darauf gelegt, daß auch einige wenigstens englische Walzwerke genau kannten. Er glaubte deshalb, wie er im Februar 1823 an die Direktion der Kupfer=, Schwarz= und Weißblechfabrik in Dillingen bei Saarlouis schreibt, „in diesem Fache gründlich arbeiten zu können. Die großen englischen Werke werden mit 1 und 2 Dampfmaschinen betrieben, wir haben in Birmingham 5 bis 6 Waltzen durch eine Maschine betrieben gesehen. Die Kraft=Bestimmung hängt übrigens von der Breite der Waltzen, deren Geschwindigkeit und der Streckung des Materials ab . . ." Zu einem Erfolg brachte es die Mechanische Werkstätte allerdings erst, als sie

selbst sich eine Walzwerkanlage für den eignen Bedarf geschaffen hatte, um
hier zugleich praktische Erfahrungen zu erwerben. Hierauf kommen wir später
zurück.

Neben der Dampfmaschine hatten in England die Erfindungen auf dem Gebiete
der Textilmaschinen die größte Bedeutung erlangt. Die Textilindustrie schnellte in
ihren Leistungen durch diese Erfindungen und ihre praktische Verwendung sehr
schnell zu großer wirtschaftlicher Machtstellung empor. Überall entstanden große
Spinnereien und Webereien, und wen der Weg nach England führte, um die Industrie dort kennen zu lernen, der mußte den Eindruck mit nach Hause nehmen, daß
gerade auf diesem Gebiet große Erfolge erzielt werden konnten. Es war deshalb
selbstverständlich, daß Harkort sowohl bei seinem eifrigen Studium der englischen
Literatur wie bei seinen Besuchen in England alles daran setzte, näheren Einblick
in diesen Zweig der Technik zu gewinnen. Mit Erfolg bemühte er sich, tüchtige
englische Mechaniker, die mit Textilmaschinen genau Bescheid wußten, für Wetter
zu gewinnen. Seine Erfahrungen erregten wiederum in Berlin Aufsehen, wo die
führenden Männer der preußischen Regierung sich sehr bemühten, die in Preußen
seit altersher blühende Textilindustrie durch Einführung englischer Maschinen
zu fördern. Es kamen damals gegen den Willen der englischen Regierung zahlreiche
neue Spinnmaschinen und andere Textilmaschinen nach Berlin und wurden von
hier aus als Prämien vorwärts strebenden Unternehmern zugeteilt. Hieran wurde
nur die Bedingung geknüpft, daß sie die Besichtigung jederzeit anderen preußischen
Industriellen gestatten müßten. Beuth ging noch einen Schritt weiter. Als er sich
selbst überzeugt hatte, was die Mechanische Werkstätte in Wetter leisten konnte,
ordnete er an, daß die neuesten Maschinen, bevor sie an die Fabriken weiter
gegeben wurden, nach Wetter kamen, damit man sie dort nachbauen lernte, so daß
jeder andere, der sie im praktischen Betrieb kennen lernte und ähnliche Maschinen
haben wollte, sie sich dort bestellen konnte.

Vom 14. Dezember 1819 datiert das erste schriftliche Angebot auf eine Maschine aus dem Gebiet des Textilmaschinenbaues. Harkort empfahl einer Firma
in Hagen, sich eine Walkmühle anzulegen. Er will diese Maschine mit drei
Hämmern und allem, was dazu gehört, sowie eine Maschine „double power poliert
völlig von Eisen, nebst Messing-Fütterung, Schwungrad, Rost und 4 Gespann"
für ungefähr 2300 Taler liefern. Er bittet den Empfänger des Schreibens, daß er
sich an der runden Summe nicht stoßen solle, „die kleinen Zahlen sind zu Ihrem
Vorteil abgeschnitten". Es scheint Harkort viel daran gelegen zu haben, diesen
ersten Auftrag zu erhalten, denn die Zahlungstermine festzusetzen, überläßt er
ganz dem Käufer. Außerdem gibt er ihm sein Ehrenwort, daß er keine zweite
Anlage zu diesem niedrigen Preise übernehmen wolle. Interessant ist für damalige
Monopolbestrebungen die Bemerkung in dem Angebot, daß Harkort sich ver-

pflichtet, „in einigen Jahren zwischen Ruhr, Lenne und der bergischen Grenze keine Walckmühle anzulegen".

Zwei Jahre später suchte Harkort bereits im sächsischen Industriebezirk Krimmit= schau festen Fuß zu fassen. Auch hier handelte es sich zunächst um Tuchfabriken. Er erbietet sich zu jeder Garantie, „indem die hiesige Anlage mit den Tuchmanu= fakturen im häufigen Verkehr steht und mit allen Einrichtungen sehr vertraut ist". 1823 hat er auch die Verbindung mit dem deutsch=böhmischen Textilindustriegebiet in Reichenberg angeknüpft. Er empfiehlt neue englische Schermaschinen, macht allerdings dabei darauf aufmerksam, daß sie das Schicksal aller Neuerungen er= fahren, „indem sie von einem Theil sehr gepriesen und von dem anderen sehr getadelt werden". Die Maschinen seien sehr gut. Man könne auf kleinem Raum eine große Menge Tuch ausgezeichnet scheren. Aber zur Bedienung der Maschine brauche man gut unterrichtete Arbeiter, die leider nicht schnell auszubilden seien.

Das Geschäft in diesem Zweig des Maschinenbaues scheint sich recht gut ent= wickelt zu haben, denn wir finden bald die Fabrik vor die Notwendigkeit versetzt, in Magdeburg, Berlin und Dresden Lager von fertigen Maschinen und Maschinen= teilen anzulegen. Auch entschließt sich Harkort, in Wetter selbst eine Versuchsab= teilung für Textilmaschinen einzurichten, um eigene Erfahrungen bei der Arbeits=

weise und Bedienung der Maschinen zu gewinnen. Auf diese Weise konnte man den vielen Besuchern in Wetter fertige Maschinen im Betriebe vorführen, was das Verkaufen wesentlich erleichtern mußte.

Aus dem Maschinenlager in Berlin entwickelte sich bald eine eigene Fabrik. Die große Textilindustrie Berlins konnte bei den schwierigen Verkehrsverhältnissen in der Zeit vor der Eisenbahn nicht darauf warten, bis Reparaturen in Wetter ausgeführt wurden. Harkorts Schwager Friedrich Mohl, der als Reisender für Textilmaschinen im Auftrage der Mechanischen Werkstätte sich große Erfahrungen erworben hatte, übernahm die Leitung der Berliner Werkstätte, die am Monbijou-Platz eingerichtet wurde und sich bald zu ansehnlicher Bedeutung entwickelte. Auch in Elberfeld wurde unter der Leitung von Julius Blank, einem Schwiegersohn Kamps, eine Fabrik in erster Linie für Textilmaschinen eingerichtet, die sich ebenfalls als Mechanische Werkstätte bezeichnete und bald auch andere Aufträge entgegennahm. Sie war von Wetter unabhängiger als die Berliner Werkstätte.

Der Bau von Dampfmaschinen mußte naturgemäß Harkort in engste Fühlung mit den denkbar verschiedensten Industriezweigen bringen. Sein Unternehmungs-geist war oft nur zu leicht geneigt, sofort auch die Lieferung der Maschinen mit zu übernehmen, die die Dampfmaschine anzutreiben hatte. Ähnlich ging es damals all den neuen Dampfmaschinenfabrikanten in Deutschland. Bei Harkort kam noch hinzu, daß er bei seinen Besuchen in England offenen Auges alle technischen Neuerungen, die ihm entgegentraten, verfolgt hatte, und daß er auch von seinen Engländern verlangte, aus ihren eigenen Erfahrungen oder angeregt durch Be-suche in ihrer Heimat Neuerungen zu entwickeln. So bietet Harkort 1820 einer Fabrik in Elbing, die ein Hagener Geschäftsfreund auf seiner Reise nach Rußland besuchte, an, ihr neue englische Vertikalsägen zu liefern. Einer anderen Firma in Hagen will er im gleichen Jahre neue englische Papiermaschinen liefern. Seine Nachforschungen in England, das Papier ohne Ende betreffend, seien sehr günstig ausgefallen. Er sei jetzt imstande, solche Maschine, für feine Papiere anwendbar, zu verfertigen und ihre Wirkung zu verbürgen.

Weiter finden wir Anerbietungen für Mühlen aller Art. Er bietet im November 1819 bereits Dampfmaschinen für Ölmühlen an, mit denen man in jeder Stunde mindestens 50 Pfund Samen bearbeiten könne. Mit dem Feuer der Dampfmaschine könne man zugleich das Öl erwärmen. „Sie dürfen versichert seyn, daß eine solche Anlage an Eleganz und Dauer ihre Erwartungen bey weitem übertreffen würde, eine Roßmühle kann nicht daneben bestehen, und der besten Wassermühle können sie die Spitze biethen."

Auch vor dem Bau hydraulischer Pressen, dem damals neuesten englischen Wunderwerk der Technik, schreckt die Mechanische Werkstätte nicht zurück. Jedenfalls sehen wir aus einem Brief von Kamp, daß sich Harkort durch einen Elberfelder

Freund eingehend nach dem Preise für eine hydraulische Presse erkundigte. Es ergab sich dabei allerdings, daß die Engländer ein großes Geheimnis selbst gegen ihre eigenen Leute aus ihrer Anlage machten, und man konnte nur vermuten, daß die Presse 9000 Francs kosten sollte. Kamp hielt ein Drittel noch für zuviel. Er wies hierbei darauf hin, daß, als er in Glasgow war, man dort auch bereits eine Brahmasche Presse gebaut habe, als sie zuerst aufkamen. Man habe damit Ballen von 1000 Pfund packen können. Sie hätte noch nicht 100 Pfund Sterling gekostet und „die ersten Kirschen kosten das Geld". Er meinte, man müsse mit 50 bis 60 Carolin für eine solche Maschine, wie sie in Wetter angefragt worden sei, auskommen können. Daraufhin bietet Harkort der Krefelder Firma, die die Presse zu haben wünschte, auch die Maschine für 2400 Reichstaler an. Der Preis sei deshalb so hoch, weil die Arbeit noch genauer sein müsse als für eine Dampfmaschine. Liefern wolle er in drei Monaten, „insofern das Bohren der Zylinder glücklich ausfällt".

Mit Rücksicht auf die überragende Bedeutung des Hebezeugbaues für die heutige Firma, in die die Mechanische Werkstätte einst als Teil aufgehen sollte, sei erwähnt, daß im März 1821 auch die erste Bemerkung über einen von Harkort gelieferten Kran zu finden ist. Allerdings heißt es darin: „Sie glauben, bey dem Krahnen meinen Beyfall verdient zu haben, ich muß Ihnen aber sagen, daß dieses nicht der Fall ist, denn so wie Sie mir denselben übersandt haben, getraue ich mir keine 50 Pfund damit zu heben". Die Ausstände, die dann näher ausgeführt werden, zeigen, daß man damals zuweilen einzelne Teile noch sehr ohne Rücksicht auf den Zusammenbau der ganzen Maschine herstellte, was natürlich dem Monteur beim Aufstellen der Maschine schwere Enttäuschungen bereiten mußte.

Interessante Einblicke in die außerordentlich großen Schwierigkeiten, die ein Maschinenbauer vor hundert Jahren zu überwinden hatte, gewähren uns diese alten Geschäftspapiere. Zunächst galt es, geeignete Arbeiter und Angestellte zu gewinnen. Das war in dem damaligen Deutschland, das gegenüber England und Frankreich industriell noch so wenig entwickelt war, eine sehr schwere Aufgabe. Wir haben gesehen, wie anknüpfend an die alten Arbeitsverhältnisse im Berg= bau und Hüttenwesen sich einige hervorragende Kunstmeister hervorgetan und so gut wie es ging, die großen hölzernen und eisernen Wasserhaltungsmaschinen, Fördermaschinen für die Bergwerke, Gruben und Hütten gebaut haben. Harkorts Ehrgeiz aber war es, eine Maschinenfabrik nach englischem Muster einzurichten. Mit deutschen Arbeitern schien ihm dies in absehbarer Zeit unmöglich zu sein. Er mußte versuchen, unmittelbar aus England geeignete Arbeitskräfte zu gewinnen. Trotz aller Auswandererverbote der englischen Regierung für Facharbeiter gelang es doch immer wieder, unternehmungslustige Engländer zur Auswanderung zu bewegen. Der Wettbewerb machte sich in England bereits stark bemerkbar.

Deutschland war damals noch unbearbeitetes Gebiet, ein Land, in dem man, mit technischen Kenntnissen ausgerüstet, große Bewegungsfreiheit finden konnte. Zunächst gelang es Harkort, wie wir bereits gesehen haben, den Engländer Eduard Thomas für die Mechanische Werkstätte zu gewinnen. Harkort fuhr dann zusammen mit Thomas nach England, und dessen gute Beziehungen unterstützten Harkorts Bemühungen, andere englische Techniker und Arbeiter für Deutschland zu gewinnen. Thomas konnte seinen Schwiegervater Samuel Godwin zur Übersiedlung nach Wetter veranlassen. Gleichzeitig wurde der Gießer Obrey und bald danach Richmond mit herüber gebracht. Diese sorgten dann ihrerseits wieder dafür, daß aus ihrem Bekanntenkreise der eine oder der andere nach Wetter kam. Allzu wählerisch durfte man hierbei nicht sein, denn die Nachfrage nach tüchtigen englischen Technikern war viel größer als das Angebot. Harkort pflegte später wohl zu erzählen, daß er manchen seiner Engländer hätte vom Galgen herabschneiden müssen, um nur welche zu bekommen. Am besten scheint sich Samuel Godwin bewährt zu haben, der später noch zwei seiner Angehörigen veranlaßte, nach Wetter zu kommen. Einer seiner Söhne übernahm mit Julius Blank zusammen die Leitung der Zweigniederlassung in Elberfeld. Harkort selbst schätzte Godwin sehr und nannte ihn einen „Gentleman sonder Tadel". Er muß auch bei der Kundschaft sehr beliebt gewesen sein, denn wenn man sonst in den alten Papieren viele Klagen über Monteure zu lesen bekommt, finden wir gerade von einem gewöhnlich besonders unzufriedenen Kunden aus Dortmund in einem Brief vom 1. Januar 1821 die Bemerkung: „Beykommendes Schwein ist Herrn Godwin geschenkt als ein kleiner Beweis unserer Zufriedenheit mit ihm".

Im ganzen kann man aber wohl sagen, daß es oft schwer war, mit den Engländern fertig zu werden. Sie kamen als Herren nach Deutschland, die sich ihrer Leistungen voll bewußt waren. Sie erhielten das Mehrfache an Gehältern und Löhnen, was man den Deutschen damals zu bezahlen brauchte und dachten natürlich nicht daran, besonders schnell deutsch zu lernen. Es wurde deshalb zuweilen in der Mechanischen Werkstätte mehr englisch als deutsch gesprochen. Harkort korrespondierte auch englisch mit seinen Engländern, und in der von ihm ausgearbeiteten Geschäftsordnung bemerkt er, daß neben der deutschen auch die englische Sprache benutzt wird. Ein packendes Bild von den Schwierigkeiten, die hier zu überwinden waren, gewinnen wir aus einem Brief Friedrich Trappens an Harkort vom 10. Oktober 1821: „... Es scheint jetzt schon wieder mit unseren Engländern nicht getroffen zu haben, besonders der Verheirathete scheint nicht so zu sein, wie man sich früher von ihm versprochen hat. Mit Obrey sind sie wieder gute Freunde, Schnaps und Bier kommt jetzt nicht aus der Gießerei, betrunken waren sie alle noch jeden Tag vom Montag an, den Verheiratheten schlug gestern seine Frau unmenschlich. Die Frau ist nun der Meinung, daß ihr Mann so böse ist, käme von den zwei Unverheiratheten und will sie nicht mehr in Kost haben. Wenn Obrey sie nun nicht nimmt, so weiß ich nicht, bei wem sie unterzubringen sind, denn keiner will die teuren Gäste in Kost haben. Herrn Thomas ist jetzt so leid, mit den Engländern umzugehen, und wäre es zu wünschen, einige ordentliche deutsche Former zu haben, damit die Engländer alle herausgepeitscht werden könnten, man muß jetzt noch dabey Piano mit sie spielen, denn sie sprechen gleich schon vom weggehen, wenn man sie nur nicht freundlich ansieht. Wie ich glaube, sind sie von Obrey aufgereizt, denn die Freundschaft mit ihnen ist jetzt gar zu auffallend, nachdem sie sich vor einigen Tagen noch so gepackt hatten."

Bei dieser Sachlage war es natürlich doppelt erwünscht, möglichst bald deutsche technische Kräfte heranzuziehen, um so nach und nach von den englischen Gästen unabhängig zu werden. Niemand erkannte deutlicher als Harkort, wie notwendig die Erweiterung der Volksbildung für ein Land ist, das technisch vorankommen will. Er hat deshalb mit weitschauendem Blick später auch unabhängig von seinen industriellen Unternehmungen alle Bestrebungen, die darauf ausgingen, Schulen zu fördern, tatkräftig unterstützt. Bekannt ist sein starkes Eintreten für die preußische Volksschule und ihre Lehrer. In der Mechanischen Werkstätte sucht er praktisch sein Ziel dadurch zu erreichen, daß er bereits in den ersten Jahren eine Werkschule einrichtete. Dem Techniker Sudhaus übertrug er den Zeichenunterricht. „Die Zeichenstunde soll täglich von 1 bis 2 Uhr stattfinden, weil die Schüler alsdann rein und sauber erscheinen können. Jeder Schüler nimmt wöchentlich 3 Stunden, Sie erhalten also 2 Abteilungen. Drei beschäftigen Sie mit Linearzeichnen, die übrigen mit freien Entwürfen oder Handzeichnen, Schattierungen sind vorläufig überflüssig. Am 18. ds. soll der Kursus beginnen. Ordinaires Zeichenpapier und andere Materialien haben Sie in nächster Woche zu fordern. Wer weder Fleiß noch Anlage zeigt, wird ohne weiteres ausgeschlossen, und werden wir mit Vergnügen Sie bei jeder der Sache entsprechenden Maßregel unterstützen. Die Zeichnungen werden Eigenthum der Arbeiter und halten Sie bloß einige von Zeit zu Zeit zurück, um die Fortschritte würdigen zu können. Durch täglich belehrende Mittheilung erwerben Sie sich ein wirkliches Verdienst um die so nöthige Ausbildung unserer Handwerker." Auch sonst wird für das Wohl der Lehrlinge gesorgt. So finden sich in den Büchern Ausgaben für das „Instandsetzen der Kleidung der Fabriklehrlinge" eingetragen.

Doch die Arbeiten warteten nicht, bis die Ausbildung vom Lehrling bis zum fertigen Techniker erreicht war. Deshalb mußte Harkort sehen, neue Kräfte heranzubekommen, und er hatte Glück hierbei. Unter die ersten hervorragenden Mitarbeiter rechnet Harkort selbst den Böhmen Kunisch. „Er war als Werkführer der ausgezeichnetste Bankarbeiter, welcher je eine Werkstatt betreten." Als hervorragender Techniker bewährte sich Treviranus. Er stammte aus Bremen und hatte bei Fraunhofer in München und bei Herschel in London gearbeitet. In Wetter wurde er zu den verschiedensten Arbeiten herangezogen. So hat er die Vorarbeiten für die Aufstellung der großen Maschine der Zeche Sältzer und Neuack in Essen geleitet. Er wurde dann später nach dem Abgang von Thomas vielfach bei den Aufstellungen der für Schlesien und Böhmen bestellten Maschinen verwendet.

Zu den berühmten ersten deutschen Ingenieuren zählt Tischbein, der bei Harkort einige Jahre gearbeitet hat. Er kam von Roentgen aus Fijenoord und hatte hier auch die ersten Verbundmaschinen ausgeführt. Von Wetter ging Tischbein nach Magdeburg und wurde dort Leiter der Buckauer Maschinenfabrik. Von Magde=burg führte sein Weg nach Rostock, wo er die noch heute bestehende Schiffswerft und Maschinenfabrik „Neptun" gründete. Der Buchhalter der Mechanischen Werkstätte in den ersten Jahren war Rethel, ein feinsinniger, zuverlässiger Beamter. Er ist der Vater des Malers Alfred Rethel, der den Aachener Rathaussaal mit unvergänglichen Bildwerken aus der deutschen Geschichte geschmückt hat.

Die Leitung der Mechanischen Werkstätte hatte vertraglich Friedrich Harkort übernommen. Seine vielen Reisen und seine vielseitige Tätigkeit auch auf anderen Gebieten ließen ihn nicht ständig in Wetter weilen, vor allem aber verhinderte ihn auch seine jetzt schon einsetzende, sehr umfassende politische und militärische Tätigkeit, sich ausschließlich der Fabrik zu widmen. Er mußte deshalb für ständige Vertretung sorgen. In kaufmännischer Beziehung übernahm Friedrich Trappen, der Bruder eines Schwagers von Heinrich Kamp, die Vertretung Harkorts. Technisch hatte die Leitung im Werk selbst Samuel Godwin. Thomas war sehr viel auf Reisen. Er vertrat das Werk in Sachsen und Böhmen und suchte die von Wetter gelieferten Anlagen in praktischen Betrieb zu bringen, eine Aufgabe, die manchmal noch schwieriger war, als die Maschinen herzustellen. Thomas war ein selbstbewußter Mann, mit dem nicht leicht fertig zu werden war, Harkort bekam bald Schwierigkeiten mit ihm. Der Grund dafür lag wohl in erster Linie in den schlechten geschäftlichen Ergebnissen. Leider führte dies auch zur gerichtlichen Auseinandersetzung, die, nachdem man mehrfach durch Änderung des Vertrages versucht hatte, die Differenz auszugleichen, schließlich doch zum Ausscheiden von Thomas führte.

Auch über die Gesamtzahl der Arbeiter und Angestellten finden sich in den alten Schriften einige Angaben, aus denen wir sehen, wie bescheiden doch noch die Verhältnisse in der damals so berühmten Maschinenfabrik waren. Bei Beginn der Arbeiten hatte Harkort einen Buchhalter, einen deutschen und einen englischen Mechaniker. Die Höchstzahl der Angestellten während des ersten Jahrzehnts wurde 1829 mit 14 erreicht, darunter 6 technische und 8 kaufmännische Beamte. 1823 wurden 45 Arbeiter beschäftigt. Ende 1825 war die Zahl auf 94 gestiegen. Im Jahre 1832 wurden in der Eisenhütte und Gießerei 36 Arbeiter, mit 70 bis

80 Familienangehörigen, beschäftigt, für die Eisenerzgewinnung 16 Bergleute und Arbeiter. Die Mechanische Werkstätte unterhielt 50 Arbeiter, zu denen etwa 120 Familienmitglieder gehörten. In dem Puddel- und Walzwerk arbeiteten 45 Leute, mit etwa 70 Angehörigen. Die gesamte Arbeiterzahl war also auf 147 gestiegen, zu denen etwa 270 Familienangehörige hinzukommen. Harkort schreibt in seiner Geschichte von Wetter: „Es gab eine Zeit, wo der Stab des Werkes jährlich 12000 Thaler für Gehälter in Anspruch nahm."

Bemerkenswert ist das noch gefundene „Reglement der Mechanischen Werkstätte in Wetter, enthaltend: die Vorschriften, in welcher Ordnung die einzelnen Zweige des Geschäftes verwaltet werden sollen". Von Harkort zum Teil selbst geführt, zeigt es uns, wie er bemüht war, Bestimmungen schriftlich festzulegen. Das Reglement beginnt mit der Postordnung, aus der wir ersehen, daß die Post seiner Frau zur Verteilung gegeben wurde, wenn er nicht anwesend war. Über den Inhalt der Bücher oder über irgendwelche Vorfälle im Geschäft darf weder hier noch auswärts etwas geplaudert werden, geschieht dies, „so ist der Urheber des Geschwätzes von dem Augenblick an verabschiedet". Es folgen dann verschiedene Anordnungen über die Reinigung, über Heizung und Beleuchtung der Werkstätte. Wichtig für die Zeit vor der Eisenbahn war die Fuhrwerksordnung. Der Schraubenschneidemaschine, wohl einer der kostbarsten Werkzeugmaschinen, die die Mechanische Werkstätte besaß, ist ein eigenes Blatt gewidmet. Wir sehen daraus, daß alle laufenden Sorten von Schrauben und Bolzen nach Zollen der Durchmesser und der Länge in stehende Nummern einzutragen sind. Die Schraubentabelle soll in der Schmiede und bei den Schneidmaschinen aufgehängt werden. Von jeder Sorte soll stets ein Vorrat vorhanden sein. Einen besonders wichtigen Teil der Mechanischen Werkstätte bildet die Gießerei. Auf diese kam außerordentlich viel an. Die Geschäftsordnung bewilligt deshalb auch wöchentlich einen Berliner Taler zu Gratifikationen an die Former. Der Dirigent soll diese große Summe nach Gutdünken verteilen. Dem Schmelzer, der mit Koks zu sparen versteht, wird eine Prämie zugebilligt. Aus einer Eintragung von Harkort aus dem Jahre 1825 ersehen wir, daß alle Arbeiten soweit wie möglich in Akkord zu vergeben sind, „wodurch die Aufsicht weniger mühsam wird".

Jeder Arbeiter erhält eine Tabelle, um die Arbeiten darauf zu vermerken, sie werden jeden Morgen in ein eigenes Buch eingeschrieben und daraus die Posten für das Journal zusammengestellt. Diese Angaben sollten dann später benutzt werden, um neue Akkorde festzustellen. Harkort versucht auch die Generalunkosten für die einzelnen Arbeiten festzustellen. In der Schmiede wird für jedes Feuer wöchentlich 2 Reichstaler gerechnet, für jeden Schraubstock in der Schlosserei 1 Reichstaler 20 Groschen an Generalunkosten, für die Drechslerwerkstatt auf jede der 5 Bänke 1 Reichstaler 18 Groschen pro Tag. „Übrigens ersuche ich jeden

Freund, seinen Posten streng zu verwahren, indem früher bei meiner Abwesenheit die Aufsicht nicht die beste gewesen ist. Eine Saumseligkeit dieser Art würde ich als eine stillschweigende Aufkündigung betrachten. Die Post geht an Frau Harkort wie vorgeschrieben."

Es ist bemerkenswert, wie stark Harkort dazu neigte, durch straffe Organisation für ein einheitliches Zusammenarbeiten Sorge zu tragen. Leider hat er versäumt, sich so eingehend um die Einzelheiten zu kümmern, wie es notwendig ist, um Vorschriften auch praktisch durchzuführen. Und so wird vieles von dem, was er gewollt hat, auf dem Papier stehen geblieben sein.

Wenn wir von den Schwierigkeiten sprechen, die überwunden werden mußten, so dürfen wir vor allem der sehr schwierigen geldlichen Lage nicht vergessen. Viele dieser ersten Pioniere des Maschinenbaues haben statt Reichtümer Schulden geerntet. Zu ihnen gehört auch Harkort. Er war seiner ganzen Veranlagung nach im Sinne des Geldverdienens kein Geschäftsmann. Immer stand ihm die Allgemeinheit über dem Privatinteresse. Er hatte den Ehrgeiz, Preußen und Deutschland zu fördern, und er vergaß darüber nur zu leicht, daß eine private Maschinenfabrik auch selbst Geld verdienen muß, wenn sie bestehen will. Seine Gläubiger erinnerten ihn oft recht unsanft an diese Selbstverständlichkeit. Sie hatten Geld gegeben, um neues Geld zu verdienen, nicht nur um Ruhm und Ehre und Anerkennung zu ernten. Auch sein Kompagnon Kamp wurde bereits in den ersten Jahren zuweilen recht ungeduldig, wenn er immer wieder sah, wie Harkort sich von einem Unternehmen in das andere stürzte, wie er immer wieder neues Geld verlangte und von Verdienen gar keine Rede war. „Ich wünschte ernstlich, daß, nachdem es solange bergauf gegangen, auch einmal die Zeit kommen möge, wo die Rechnung meinem Hause etwas Provision einträgt. Die Zinsen sind in den gegenwärtigen Verhältnissen eine magere Entschädigung für die Entbehrung des Geldes...." schrieb er an Harkort bereits am 26. November 1820. In den folgenden Jahren wurde die Geldnot immer schlimmer. Kamp mußte Harkort anzeigen, daß die Kasse des Bankhauses von J. H. Brink in Elberfeld für die Mechanische Werkstätte nicht länger zur Verfügung stehe. Was soll jetzt geschehen? Harkort machte Vorschläge, wie er den Vorschuß von Januar bis September, der ohne Zinsen etwa 6000 Taler betrug, irgendwie decken könne. Er schreibt dann weiter an Kamp: „Daß Sie weit über Ihr erstes Engagement gegangen, ist unbestritten, allein nach Verhältnis ging ich eben soweit und es ist immerhin eine gemeinschaftliche Unternehmung, so jämmerlich, wie ich mich hier seit Januar beholfen, ist Ihnen nie in den Sinn gekommen." Aus Briefen des folgenden Jahres ersehen wir dann, wie mühsam Harkort oft in kleinen Posten von 20, 40 und 100 Talern Zahlungen herbeischaffen muß, um auch nur die notdürftigsten Auslagen zu decken. Er freut sich einmal, daß am Charfreitag der Tagelohn ausgefallen ist, den er nun als Gewinn buchen kann. Öfter muß Harkort persönlich Geld für die Mechanische Werkstätte hergeben, das wird ihm meist recht schwer. Er verlangt dann wenigstens, daß die Werkstatt ihm Zinsen für das von ihm angeschaffte Geld bezahlte. „Da ich kein Kapitalist bin, sondern mit Banquiers verkehren muß, so bin ich genötigt, von Januar an $\frac{1}{2}\%$ Provision und 6% Zinsen zu berechnen," schreibt er an Kamp. Diese ewigen finanziellen Schwierigkeiten sollten schließlich auch zur Trennung der beiden Begründer der Mechanischen Werkstätte führen.

Mit der Kundschaft war es auch nicht immer leicht, fertig zu werden. Zunächst bekam man den Auftrag, indem man Wunderdinge von den neuen englischen Maschinen erzählte, was alles sie leisteten und wieviel Geld man mit ihnen verdienen könnte. Dann kam die Ausführung, und zunächst wurden die Maschinen oft zu dem vereinbarten Liefertermin nicht fertig. Da gab es dann bewegliche Klagen. Ein Elberfelder Kunde schreibt, daß hierbei auch die christlichste Geduld scheitern müsse. Harkort pflegte in solchen Fällen darauf zu antworten, daß sein Geschäft kein Handwerk, sondern eine Kunst sei, und daß er deshalb Zeit bedürfe. Auf die Schwierigkeiten der Bearbeitung wird wohl nicht mit Unrecht immer erneut wieder hingewiesen. Die Kunden suchen die Preise sehr zu drücken. In Deutschland war man nicht gewöhnt, für Maschinen erhebliche Geldmittel aufzuwenden. „Daß Sie meine Preise etwas hoch finden wundert mich nicht, da es die Krankheit aller

Deutschen ist, gerne etwas recht gutes für wenig Geld zu haben, welches, wie Sie wissen, dem Fabrikanten eine harte Nuß ist und bleibt."

Bei dem Abschluß von Verkäufen machte sich auch bereits in Deutschland ein gewisser Wettbewerb bemerkbar. In Magdeburg war es die Maschinenfabrik von Aston, die gute Dampfmaschinen mit höherem Dampfdruck anbot, in Aachen arbeitete Reuleaux, in Lüttich Cockerill, in Sterkrade die Gutehoffnungs= hütte. Einige suchten mit außerordentlich billigen Preisen jeden Wettbewerb aus dem Felde zu schlagen.

Wenn man von den Schwierigkeiten spricht, die die Mechanische Werk= stätte in ihren ersten Lebensjahren zu überwinden hatte, darf man nicht der allgemeinen Verhältnisse, in erster Linie der geringen Ent= wicklung des Verkehrs vergessen. Die Wege waren oft in einem un= glaublichen Zustand. Die Anlage der Fabrik auf einem Berg erschwerte den Transport der schweren Stücke ungemein. Brauchbare Wege gab es nur selten. Auch hier zeigen uns einige der Briefe, wie unsäglich traurig es mit den Ver= bindungen bestellt war. Besonders schwierig war die Beförderung der Maschinen nach Sachsen, Schlesien und Böhmen. Von Wetter bis Magdeburg gingen beson= dere Fuhrwerke, und es kam vor, daß für sehr große Stücke eigene Wagen gebaut werden mußten. In solchen Fällen suchte man die Fuhrleute durch gütliches Zureden zu bewegen, die Maschinen bis an den Bestimmungsort zu bringen, weil das Umladen für den Wasserweg Schwierigkeiten machte. Immer scheint das nicht geglückt zu sein. In einem Falle wird der Magdeburger Spediteur gebeten, es noch einmal bei dem Fuhrmann zu versuchen, der sich in Wetter geweigert hatte, weiter als bis Magdeburg zu fahren.

Immer wieder mußte Harkort die zuständigen Behörden bitten, die notwendigsten Wege wenigstens in einigermaßen brauchbarem Zustand zu halten. Er machte Vorschläge, wie man diesen Nöten abhelfen könne. In einem seiner Briefe bittet er Exzellenz von Vincke, doch von Herdecke aus der Industrie der Grafschaft Mark eine ungehemmte Wasserstraße nach dem Meer und dem Norden des Königreiches zu eröffnen. In diesen Jahren hat Harkort es selbst am allerschwersten erfahren müssen, in wie hohem Maße die Entwicklung der Industrie abhängig ist von guten Verkehrsverbindungen. Es ist kein Wunder, daß ihn diese Einsicht in seinem langen Leben immer wieder veranlaßt hat, für die Verbesserung der Ver= kehrsverhältnisse einzutreten. Harkort wurde so zu einem begeisterten Vorkämpfer für die Eisenbahn. 1825 hat er als Erster in einer deutschen Zeitschrift öffentlich auf die Notwendigkeit, Eisenbahnen auch bei uns zu bauen, hingewiesen. Zugleich führte er gemeinsam mit Kamp in Elberfeld eine Schwebebahn nach Palmerschem System praktisch vor. Harkort ist nicht minder für die Ausbildung unserer Wasserstraßen, für unseren Seeverkehr und eine starke Marine eingetreten.

Trotz aller dieser Schwierigkeiten gelang es der ungebrochenen Tatkraft Harkorts und seiner Mitarbeiter doch, in kurzer Zeit die Mechanische Werkstätte zu einer der sehenswertesten technischen Anlagen Deutschlands zu entwickeln. Schon im September 1820 erhielt Wetter den Besuch des Handelsministers aus Berlin, der sich die Fabrik eingehend ansah. Hatte doch er das lebhafteste Interesse an dieser Förderung der preußischen Industrie. Im folgenden Jahre kam Preußens großer Industriebegründer, der Oberfinanzrat Beuth, nach Wetter, um sich die Fabrik anzusehen. Kamp schrieb an Harkort, er hoffe, daß bis dahin wohl schon die neue Maschine stehe, „und daß auch sonst alles ein bißchen in Ordnung, daß der Mann einen guten Eindruck mitnehme..." Diese Hoffnung ist wohl erfüllt worden, denn jedenfalls war es Beuth, der die Allgemeine Preußische Staatszeitung veranlaßte, in ihrer Nummer vom 24. Oktober 1822 in begeisterten Worten auf die neue Gründung hinzuweisen. Dieser erste Zeitungsartikel über die neue Maschinenfabrik ist kennzeichnend für die überragende Bedeutung, die man nicht mit Unrecht der Dampfmaschine damals beimaß.

Die Zeitung schrieb: „Vaterländische Industrie. Nichts kann erfreulicher sein, als die sich immer mehr und mehr erhebende Fabrikindustrie in Deutschland zu sehen und das Streben zu beobachten, welches sich überall blicken läßt, in den Kunsterzeug=nissen jeder Art den Nachbarstaaten und selbst den beneideten Engländern nicht nachzustehen. In dieser letzteren Beziehung verdient besondere Aufmerksamkeit die zu Wetter, unweit Hagen, durch Herrn Kamp, Schwager und Associé des Herrn Jakob Aders in Elberfeld, in Gemeinschaft mit Herrn Harkort gegründete fabrik=mäßige Anfertigung des großen Hebels aller Fabriken, nämlich der Dampfmaschinen. Lange Zeit glaubte man, diese nur aus England in der gehörigen Vollkommenheit beziehen zu können, und lange Zeit war es so, um desto erfreulicher ist es, daß zwei unserer Landsleute den Mut gehabt haben, auch diese schwerste Aufgabe zu lösen und die Anfertigung des primum mobile der Fabrik=Industrie, ohne dessen allge=meinere Einführung und Benutzung an keine siegreiche Konkurrenz mit England zu denken ist, ins Vaterland zu verpflanzen und die Anwendung desselben solchergestalt zu erleichtern. Die Fortschritte, welche England in seiner Fabrikation seit Einführung der Dampfmaschine gemacht hat, sind bewunderungswürdig und ungeheuer, aber begreiflich, denn bekanntlich hindert nichts die Einführung von Fabrikanstalten in den ödesten und mithin gerade dafür passendsten Gegenden so sehr, als der Mangel an einer für die Bewegung nötigen Kraft, die man früher nur in einem hinlänglichen Fall von Wasser zu finden glaubte. Dadurch, daß diese Kraft mittels Dampfmaschinen überallhin verpflanzt werden kann und an kein Lokal gebunden ist, verbreitet sich die Möglichkeit der Fabrikanlagen über das ganze Land, wie dies denn auch in England der Fall gewesen ist und zur Hebung des Werts der Grundstücke im Innern des Landes bedeutend beigetragen hat. Für die Fabrikation selbst ist die

Kraft der Dampfmaschine der des Wassers auch noch um deswillen vorzuziehen, weil sie an keine Jahreszeit gebunden ist, weder durch Dürre noch durch Frost unterbrochen wird, und mithin eine weit richtigere, gleichmäßigere Berechnung zulässig macht. Kurz, nur wenn die Dampfmaschine der Hebel der zur Fabrikation nötigen Kraft und Bewegung ist, wird diese auf den Grad der Vollkommenheit Anspruch machen können, der heutzutage nötig ist, um mit den Nachbarstaaten zu konkurrieren. Und zur allgemeinen Verbreitung dieser notwendig gewordenen Maschinerie ist in Deutschland die oben erwähnte Fabrik der Herren Kamp und Harkort in Wetter bei Hagen eine der vollkommensten. Die Maschinen, welche sie liefert, gehören zu den zweckmäßigsten und können den besten englischen zur Seite gesetzt werden, sind aber dabei weit wohlfeiler als jene. Auch mehrt sich der Absatz derselben fortwährend. Die Anstalt hat nun Aufträge für mehrere neue Maschinen, sowohl für die hiesigen Gegenden, als auch für Sachsen. Eben ist man mit Anfertigung einer über 20 Pferdekraft großen Dampfmaschine für Essen beschäftigt. Diese Fabrikanstalt beschränkt sich indessen nicht allein auf Dampfmaschinen, sondern verfertigt auch sehr empfehlenswerte Heizapparate, hydraulische Pressen usw."

Im folgenden Jahre finden wir in der k. k. priv. Prager Zeitung vom 23. Dezember 1823 ebenfalls einen sehr rühmenden Aufsatz über die Maschinen, die von der Mechanischen Werkstätte für die Fabrik von Josef Kittel in Markersdorf bei Reichenberg in Böhmen aufgestellt worden sind. Die Zeitung macht darauf aufmerksam, daß dies die „erste echt vollkommene englische Dampfmaschine in Böhmen" sei, die von dem „Engländer Eduard Thomas, der eine ausgezeichnete Maschinenbauanstalt unter der Firma Harkort, Thomas & Co. besitzt, errichtet worden ist". Es heißt dann über diese Maschine weiter: „Man wird nicht bloß überrascht, man wird auf eine wunderbare Art ergriffen bei dem Anblicke und der Betrachtung dieses, in seiner Kraftäußerung so gewaltigen und zugleich äußerst eleganten Kunstwerkes, das der Beschauer nicht anders und nicht besser als mit einem Uhrwerke in seinem richtigen Gange vergleichen kann. Es ist ein Vergnügen, dies Produkt des menschlichen Scharfsinnes in seiner steten, stillen, ruhigen, gleichförmigen, man möchte sagen, nur spielenden Bewegung zu sehen, und man kann sich in der Tat nicht satt daran sehen. — Herr Kittel vervollständigt nun aber auch seine Spinnfabrik durch einen Gasbeleuchtungsapparat und durch eine Luftwärmeleitung in allen Arbeitsstuben anstatt der Heizung der Öfen und setzt beides in Verbindung mit der Dampfmaschine, daher das Feuer unter dem Kessel nicht ausgehen darf, und nun Tag und Nacht ohne Unterbrechung wird gearbeitet werden können. Es sind die nämlichen Herren Harkort, Thomas & Co., die dieses herstellen, und so wie die Dampfmaschine ein höchst gelungenes Werk derselben ist, werden auch die beiden anderen Einrichtungen zuverlässig ganz vollkommen ausfallen, und so die Fabrik zu Markers-

dorf zu einer der besten, zweckmäßigsten und musterhaftesten ihrer Art im Land
erheben." Auch der Freiherr vom Stein, der während seiner Amtszeit in Wetter
gute Beziehungen zu der Harkortschen Familie unterhalten hatte, verfolgte die
Entwicklung der Werkstätte mit regem Anteil. 1825 konnte er bei einem kurzen
Besuch in Wetter selbst sehen, wie von den Räumen, in denen er fast ein halbes
Jahrhundert vorher an der wirtschaftlichen Entwicklung der Mark gearbeitet hatte,
nunmehr damals noch unbekannte Maschinen Besitz ergriffen hatten. Aber auch
diese großen verdienten Anerkennungen halfen über die immer drückender werden=
den geldlichen Schwierigkeiten nicht hinweg.

arkort hat mit wahrer Leidenschaft ein langes Leben hindurch die große
industrielle Entwicklung auf sich wirken lassen und auf den denkbar
verschiedensten Gebieten versucht, oft mit starker Ungeduld über die
Schwerfälligkeit seiner Zeitgenossen, diesen Werdegang zu beschleu=
nigen. Sein unermüdlicher Geist entwickelte hier eine Vielseitigkeit, die jeden in Erstau=
nen setzen muß, der sich seine Lebensarbeit vergegenwärtigt. Harkort war es gegeben,
die großen Zusammenhänge staatlicher, kultureller und industrieller Entwicklung
klar zu erkennen, und daraus ergibt sich die Vielseitigkeit seiner Bestrebungen, die
geradezu verwirrend wirkt, wenn man sie nur aufzählend nebeneinander stellen wollte.

Besonders nahe lagen ihm, dem Begründer der Mechanischen Werkstätte, die
Beziehungen zwischen Maschinenbau und Eisenhüttenwesen. Die Eisenindustrie
fristete damals in Westfalen, festgebannt in altem Herkommen, ein sehr beschei=
denes Dasein. „Einst gab es eine Zeit," schrieb Harkort 1824 im Westfälischen
Anzeiger, „wo unsere Eisengewerbe über jene der Fremden hervorragten,
allein jetzt ist der Wendepunkt eingetreten, weil Stillstehen nicht frommt, und wir
standen still, muß ich sagen, obgleich solche Wahrheiten selten willkommen sind.
Unsere Eisenhütten werden im Durchschnitt jämmerlich betrieben, kleine Öfen,
schlechtes Gebläse, verschiedenes Material und geringe Erzeugung sind Folgen
eines geteilten Besitzes. Die Selbstkosten kommen 30 Prozent höher als in Eng=
land. Die Band= und Reckhämmer sind nicht imstande, in einer Woche so viel
Schmiedeeisen zu liefern, wie ein Walzwerk mit gleicher Anzahl Arbeiter in einem
Tage. Fügen wir nun die vergeblichen Frachten von einem Werke zum andern
hinzu, dann ist leicht erklärlich, daß der Ausländer das Eisen 40 bis 60 Prozent
billiger erzeugt und wir von den auswärtigen Märkten verdrängt werden mußten,
wie nicht minder, warum Schweden und England ihr Eisen bis nach dem Ober=
rhein versenden."

Noch 6 Jahre später hat er in derselben Zeitung nachgewiesen, daß die Erzeugung
von einem Zentner Roheisen in Schweden 20 Silbergroschen, in England 1 Taler,
im Sauerland aber 1 Taler 28 Silbergroschen koste. Der Grund dafür lag darin,
daß Schweden niedrige Löhne und billige Holzkohle hatte, England vorzüglichen

Koks, sehr gute Wasserwege, allerdings auch teuere Löhne. Im Sauerland und Siegerland waren dagegen die Holzkohlen teuer und selten und die Straßen in so unglaublichem Zustand, daß Harkort, ohne Widerspruch zu finden, die Wege im Siegenschen Hüttenrevier als wahre Mördergruben für Mann und Pferd bezeichnete. Eine Besserung konnte nur eintreten, wenn man nach englischem Vorbild dazu überging, die Holzkohle durch Steinkohle zu ersetzen und von Grund aus die Verkehrsverhältnisse zu bessern. Der Kampf des Holzes mit der Steinkohle im Eisenhüttenprozeß war in England bereits am Ende des 18. Jahrhunderts zugunsten der Steinkohle entschieden. Hier war zuerst die Möglichkeit gegeben, Eisen in solchen Mengen zu erzeugen, wie sie das nunmehr anbrechende eiserne Zeitalter notwendig zur Entwicklung des ganzen Maschinen- und Verkehrswesens brauchte. England gewann damit einen Vorsprung vor der ganzen Welt, der ihm ungeahnte wirtschaftliche Macht auf lange Zeit sicher stellte. Harkort hatte mit offenen Augen diese Entwicklung bei seiner ersten Reise nach England 1819 kennen gelernt, und am liebsten hätte er wohl damals bereits auch die großen Errungenschaften im Eisenhüttenwesen in Deutschland einzuführen versucht. Geldmittel aber und Arbeitskraft langten kaum für die großen Pläne mit der eigentlichen Maschinenfabrik.

Inzwischen hatte er einsehen gelernt, wie die gesamte weitere industrielle Entwicklung abhängig war von den Fortschritten im Eisenhüttenwesen. Deshalb hat er im Anschluß an den vorher erwähnten Aufsatz im Westfälischen Anzeiger in erster Linie auf die großen Fortschritte hingewiesen, die in England im Flammofenfrischen, dem sogenannten Puddelprozeß, erreicht waren. Das seit vorgeschichtlicher Zeit in den Grundzügen unverändert gebliebene Herdfrischen, bei dem aus den Erzen unmittelbar schmiedbares Eisen gewonnen wurde, war durch die Erfindung des Flammofenfrischens von Henry Cort 1784 in England abgelöst worden, bei dem man aus Roheisen im Flammofen Schmiedeeisen und Stahl erzeugte.

Im Anfang des 19. Jahrhunderts hatte sich dieses neue Verfahren von England durch die Tatkraft Cockerills vor allem in Belgien eingeführt. Auch in Frankreich waren erfolgreiche Versuche gemacht worden, in Deutschland kam man trotz mancher Versuche nicht damit voran. Erst 1824 gelang es, auf der für die Geschichte des deutschen Eisenhüttenwesens bedeutsamen Remyschen Eisenhütte zu Rasselstein bei Neuwied den Puddelprozeß mit Erfolg dauernd einzuführen. Cockerill hatte der Hütte bereitwilligst englische Arbeiter zur Verfügung gestellt. An diese Erfolge knüpfte Harkort unmittelbar an. Er schlug vor, eine Aktiengesellschaft zur Einführung des Puddelverfahrens in Westfalen zu gründen und diese Angelegenheit mit Nachdruck zu betreiben. Niemand aber kümmerte sich um diesen öffentlichen Aufruf, bis Harkort im Einverständnis mit Kamp sich entschloß, von seiten der Mechanischen Werkstätte die Sache selbst in die Hand zu nehmen und in Wetter ein Puddel= und Walzwerk zu begründen.

Im Frühjahr 1826 reiste er zum zweitenmal nach England, studierte dort eifrig die neuesten Fortschritte in der Eisenindustrie, und es gelang ihm auch, erfahrene Arbeiter für das Puddel= und Walzwerk mit herüber zu bringen. Der erste Puddelmeister hieß Mac Mullen, den man zunächst in Wetter in einen Max Müller umtaufte. Der Hammerschmied hieß Lewis, der erste Walzer Swift. In den Büchern finden wir dann ferner noch eine ganze Reihe anderer Engländer, die als Pioniere in Wetter erfolgreich tätig waren. „Das Verfahren verbreitete sich rasch", so berichtet Harkort selbst bescheiden in seiner Geschichte von Wetter, „in der Grafschaft Mark und kam von Wetter aus durch Ingenieure, Arbeiter und gelie= ferte Maschinen auch nach Schlesien. Die Revolution in der Eisenfrischerei und Stabeisenstreckung war in wenigen Jahren eine vollendete Tatsache." Dieser Er= folg war allerdings nur zu erzielen durch die Harkort eigentümliche Selbstlosigkeit, der immer den Gedanken der allgemeinen industriellen Förderung über die wirt= schaftliche Entwicklung des eigenen Unternehmens stellte. Alle Erfahrungen, die in Wetter mit teurem Lehrgeld bezahlt werden mußten, stellte er kostenlos jedem Deutschen, der sie zu haben wünschte, bereitwillig zur Verfügung.

Das Eisenwerk nebst Walzwerk wurde auf der alten Burg neben der Maschinen= fabrik im breiten nördlichen Burggraben angelegt. Besondere Bedeutung mußte vor allem die Einführung des Walzwerkbetriebes gewinnen. Das Walzverfahren hatte erst am Ende des 18. Jahrhunderts zugleich mit der Einführung des Puddelverfahrens größere Beachtung gefunden. Es wurde unentbehrlich, als man 1820 daran dachte, auch Eisenbahnschienen durch Walzen herzustellen. Die normale Kraftleistung der ersten Anlage, die von Wasserrädern betrieben wurde, war noch sehr gering und lag zwischen 10 bis 15 PS. Bald kam man auf diesem Gebiet zu größeren Maschineneinheiten, zunächst von 100 bis 150 PS. Größte Bedeutung gewannen die Blechwalzwerke für den Dampfkesselbau. Harkort hatte sich seine ersten Dampfkessel aus England kommen lassen, denn in Wetter standen ihm zur Herstellung der Dampfkessel zunächst nur sehr kleine, ungleich geschmiedete Bleche zur Verfügung. Eine Unzahl von „Nietnägeln" war für das Zusammen= halten der kleinen Blechtafeln erforderlich. Jeder Niet war eine Quelle von Un= dichtheit, davor schützten auch nicht die größten Mengen von Kitt. Das wurde anders, als die ersten Blechwalzwerke gleichmäßig starke und auch größere Bleche herstellten. Welche Schwierigkeiten hier die alten Kunstmeister zu überwinden hatten, geht aus der Tatsache hervor, daß Holtzhausen in Oberschlesien, als er 1800 zwei Dampfkessel für eine Wasserhaltungsmaschine herstellte, für beide Kessel nicht weniger als 510 Blechtafeln in fünf verschiedenen Sorten brauchte. Die Kesselschmiede in Wetter erklärten deshalb auch Harkort offen, daß sie nur,

wenn sie englische Bleche bekämen, mit ihren Erzeugnissen in Wettbewerb mit
englischen Dampfkesseln treten könnten. Diesem Übelstand wollte Harkort durch
Anlage eines größeren Blechwalzwerkes abhelfen. Damit verband er die „Ein=
richtung einer Kesselschmiede nach englischer Methode und der dazu erforderlichen
Maschinen und Gerätschaften". Die bedeutendsten Kesselfabrikanten des Ruhr=
bezirkes, Stuckenholz, Mohl, Berninghaus, Schäfer und andere mehr sind aus dieser
Schule hervorgegangen.

Zugleich aber dienten die neugeschaffenen Anlagen der Firma gleichsam als
großes Versuchsfeld. Hier konnte auch die Mechanische Werkstätte die Lebens=
bedingungen der maschinellen Anlagen, Walzwerke usw. studieren, die sie nun
unternahm, selbst zu bauen und in die Betriebe einzuführen. Mancher wurde
zum Besteller eines Walzwerkes, wenn er an Ort und Stelle den Betrieb und die
Leistung eines solchen sehen konnte.

Harkort hat sich aber auch um die Roheisenerzeugung sehr eingehend ge=
kümmert. Mit Hilfe des Oberhütteninspektors Zintgraff aus Siegen hatte er 1826
in Wetter einen kleinen Hochofen mit eisernem Mantel, was man damals für
grundsätzlich verkehrt hielt, angelegt. Das Erz entnahm er dem in alten Zeiten
bereits betriebenen Eisenstein=Bergbau bei Voerde. Da er der Überzeugung war,
daß nur mit der planmäßigen Benutzung wissenschaftlicher Erkenntnis der neu=
zeitlichen Technik weiterzukommen war, hatte er bereits für seine eigene Gießerei
und nun auch für sein Eisenhüttenwerk einen tüchtigen Chemiker, Goldammer
mit Namen, angestellt. Darüber war viel gespottet worden, da die Praktiker es
für töricht hielten, im Eisenwerk einen Chemiker beschäftigen zu wollen. Gold=
ammer untersuchte den Kohleneisenstein des westfälischen Steinkohlengebirges,
und es gelang auch, dies bis dahin in Deutschland unbekannte Erz in Wetter zu
verarbeiten. Für einen Dauerbetrieb aber war das vorhandene Gebläse zu
schwach. Harkort erhielt auch nicht die nachgesuchte Belehnung auf die Gewinnung

Abb. 8. Wechselvordruck aus dem Jahre 1830.

dieses Erzes, da die Behörden diesen Kohlen=
eisenstein den Kohlengrubeneigentümern zu=
sprachen. Es gelang aber Goldammer, in der
Nähe von Wetzlar bedeutende Lager von Rot=
eisenstein zu billigem Preis für die Firma zu
erwerben. Diese Eisenerzlager sind dann Jahr=
zehnte später, nachdem es gelungen war, den
Wetzlarer Bergbaubezirk durch Eisenbahnen zu
erschließen, sehr gewinnbringend verwertet wor=
den. Harkort konnte natürlich bei den damaligen
schlechten Wegeverhältnissen nicht daran denken,
die Wetzlarer Erze mit Gespann nach Wetter
zu fahren. Er entschloß sich deshalb 1829, in
der Nähe von Olpe ein neues Hochofenwerk,
die Henriettenhütte, anzulegen und hier mit Stein=
kohlenkoks die guten Erze der benachbarten
Gruben zu Roheisen zu verarbeiten. Aber auch
dies Vorgehen Harkorts hat noch Zeit gebraucht,
um wirklich Erfolg zu haben. Im Ruhrgebiet
wurde erst 1849 der erste Koksofen ange=
blasen, bis dahin glaubte man einfach, deutscher
Koks gebe schlechtes Roheisen.

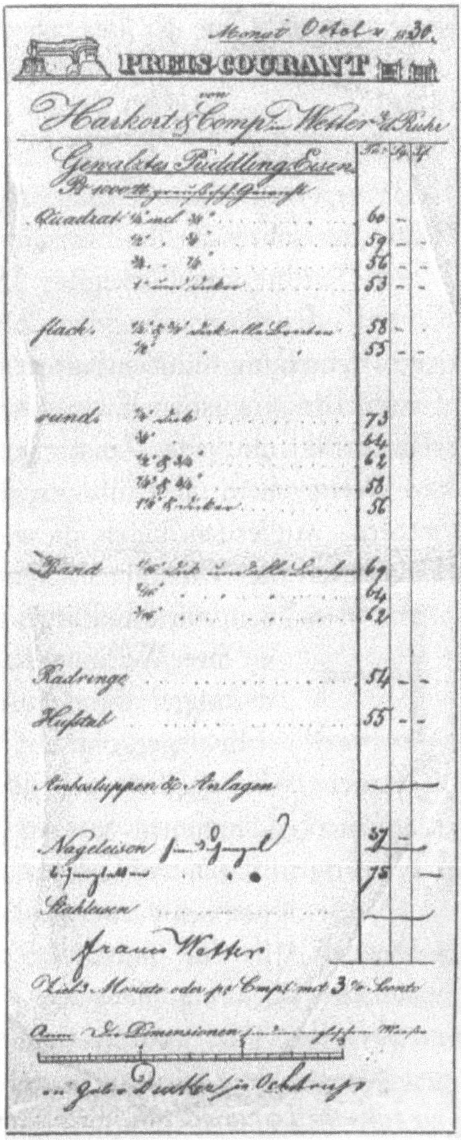

Am 13. Dezember 1832 wurde an das Ober=
bergamt in Dortmund berichtet, daß in der
Eisenhütte und Gießerei etwa 500000 Pfund
jährlich produziert werde. Dabei waren 36 Ar=
beiter beschäftigt, zu denen etwa 70 bis 80
Familienangehörige hinzukamen. 16 Bergleute

Abb. 9. Preistabelle.

und Arbeiter waren bei der Eisenerzgewinnung tätig. Gebraucht wurden
jährlich 42000 Kubikfuß Holzkohle und 7600 Kubikfuß Koks. Der Ertrag
an Gußeisen wurde größtenteils zum Maschinenbau in der Mechanischen Werk=
stätte verwandt, die damals 50 Arbeiter, mit etwa 120 Familienmitgliedern be=
schäftigte. Das Puddel= und Walzwerk verarbeitete 1832 noch etwa 1 Million
Pfund Siegensches Roheisen. In den Jahren vorher waren es 1½ Millionen
Pfund. Hierfür standen 45 Arbeiter im Dienst, mit etwa 70 Familienange=
hörigen. Erwähnt wird im Jahre 1828, daß im Hammerwerk 8 Engländer ar=
beiten. Von 1829 an wurden für das Hammerwerk besondere Bücher geführt.
Es hatte offenbar auch seine eigene kaufmännische Leitung. Aus den noch vor=
handenen Büchern läßt sich erkennen, daß 1829 für etwa 63000 Taler Eisen ver=

kauft wurde. Das ist fast ebenso viel, wie der gesamte Umsatz der Werk=
stätte in den vorhergehenden Jahren. 1830 erreichten die Eisenverkäufe eine
Höhe von über 70000 Talern. Für dieses Jahr läßt sich auch der Umsatz der
Maschinenfabrik mit 41300 und der Gießerei mit 4770 Talern feststellen. Für
1831 ergibt sich kein Gesamtbild. Doch läßt sich erkennen, daß etwa von der
Mitte des Jahres an die Eisenverkäufe auffallend zurückgehen.

Der Bericht vom Dezember 1832 an das Oberbergamt schließt mit folgenden
Sätzen: „Bei diesen Angaben können wir uns der ebenso gegründeten als trau=
rigen Bemerkung nicht enthalten, daß, durch die schädliche Einwirkung, welche die
Einfuhr des englischen Eisens auf die Preise inländischer Produktion ausübt, die=
selbe drückt und jeder Anstrengung zur Conkurrenz hemmend entgegentritt, hie=
sige Werke gleich allen übrigen dieser Art in einen kränkelnden Zustand versetzt
werden. Außerdem haben die unsicheren politischen Verhältnisse nachteilig auf die
Fabrikation der Maschinen ⟨ausschließlich der Dampfmaschinen⟩ eingewirkt."

Einen wirtschaftlichen Erfolg hatte Harkort auch mit dieser großen und
in ihrer Wirkung für die gesamte Industrie nicht zu unterschätzenden,
wichtigen Pionierarbeit nicht. Wohl nicht mit Unrecht weist sein
Schwiegersohn und Biograph Berger darauf hin, daß Harkort zu leicht
die innere Abhängigkeit der industriellen Entwicklung von wirtschaftlichen und
staatlichen Maßnahmen, von der Entwicklung der Verkehrswege, der gleichzeitigen
Fortschritte auf anderen Gebieten und der finanziellen Verhältnisse vergessen habe.

„Grade diesen schwerwiegenden Umstand aber vergaß Harkort, der in seinem
glühenden Eifer für industriellen Fortschritt, neben gänzlichem Mangel eigener
finanzieller Begabung, die seinen Plänen entgegenstehenden Schwierigkeiten meistens
zu übersehen oder doch zu unterschätzen pflegte. Darum blieb es fortan sein Los,
mit allen seinen zahl= und fruchtreichen Ideen, so richtig sie an sich sein mochten,
zu früh zu kommen und für sich nur schwere Mißerfolge zu erreichen. Zum Glück
ließ ihn das Schicksal noch am Abend seines Lebens den vollen glorreichen Sieg
seiner Gedanken erschauen."

Wie klar Harkort aber die Bedeutung der in Wetter ins Leben gerufenen
neuen Industrien erkannt hat, bewiesen seine kurzen, bescheidenen Worte, die er
in seiner „Geschichte von Wetter" als Ergebnis wie folgt zusammengefaßt hat:

„Größere Werke sind, seit Gründung des hiesigen, durch Assoziation in der
Mark entstanden, allein Wetter hat die Bahn gebrochen. In folgenden Dingen
wird namentlich der Vortritt in Anspruch genommen:

> In der Eisengießerei die Einführung der Kupolöfen mit Stichherd, die
> Formerei schwieriger Maschinenstücke in Sand und der Guß der Hart=
> walzen. / Die Anfertigung und Verwendung eiserner Getriebe, namentlich
> der konischen Räder, und deren genaue Modellierung nach richtigen

Grundsätzen. / Die verbesserte Konstruktion der Zylindergebläse und Wasserräder. / Die Herstellung der ersten doppelt wirkenden Dampfmaschinen bis 100 Pferdekraft. / Die Einrichtung einer Kesselschmiede nach englischer Methode und der dazu erforderlichen Maschinen und Gerätschaften. / Die Anfertigung der ersten Heizapparate mit warmer Luft. / Die Puddlingfrischerei. / Die Einführung der feineren Schleiferei für Stahlwaren mit Hilfe des Mechanikers Prinz aus Aachen, sowie der englischen Rundsäge.''

Was Harkort hier an Tatsachen, schmucklos aneinandergereiht, anführen konnte, bedeutete gemeinwirtschaftlich einen großen Erfolg, privatwirtschaftlich einen Fehlschlag. Alle lobenden Anerkennungen von amtlicher und privater Seite halfen nicht über die immer größer werdenden geldlichen Schwierigkeiten hinweg. Die Bürger der rheinischen Städte gaben damals viel leichter ihr Geld für goldene Berge versprechende ausländische Unternehmungen her als für notwendige inländische industrielle Anlagen. Ehre und Ruhm allein aber boten dem rechnenden Kaufmann keinen ausreichenden Gegenwert für die fehlende Verzinsung des angelegten Kapitals und den gehofften Gewinn. Die Schuldenlast wuchs stetig an. Die allgemeine industrielle Lage des Bergbaues und der Eisenindustrie verschärfte die Krisis. Die Hoffnungen auf einige große, mit viel Erwartungen begonnene Unternehmungen erfüllten sich nicht. Die Henriettenhütte kostete Geld und brachte wenig ein. Eine Geschäftsverbindung, die man mit dem Grafen Henckel von Donnersmarck in Oberschlesien angeknüpft hatte und die zu Maschinenbestellungen führte, brachte viele Schwierigkeiten. Ein von Harkort hingesandter Beamter ließ schließlich alles im Stich. Tischbein mußte an Ort und Stelle zu vermitteln versuchen. Großes Kapital war in Oberschlesien festgelegt und fehlte in der kritischen Zeit der Mechanischen Werkstätte in Wetter.

So wurde das gegenseitige Verhältnis der beiden Gründer der Mechanischen Werkstätte immer gespannter. Anfang der 30er Jahre drängte alles zu einer Trennung. Kamp hatte jedes Vertrauen auf die geschäftliche Fähigkeit seines Teilhabers verloren. Harkort selbst, der auch sein eigenes Vermögen geopfert hatte, sah keinen Ausweg. So wurden die Verhandlungen begonnen, die zum Ausscheiden Harkorts und zur Änderung der Firma von Harkort & Co. in Kamp & Co. führten.

Die Henriettenhütte wurde zu einem Preis von 29 435 Taler, die Eisensteingruben für 5110, die Hammerwerksanlagen für 42 400, Gießerei und Hütte in Wetter für 20 000 Taler, und schließlich die Mechanische Werkstätte selbst für 23 600 Taler von Heinrich Kamp übernommen. Aus einem Vertrage vom 10. Januar 1834 ist zu ersehen, daß das Hammerwerk bereits am 1. Juli 1832, die Gießerei im November 1833 und die Mechanische Werkstätte am 31. Januar 1834 in den alleinigen Besitz von Kamp übergingen. Ein Jahr später, am 15. Januar 1835, wurde dann ver-

traglich Harkorts Verpflichtung an Kamp auf 11 400 Taler festgesetzt. Diese Schuld
war also das wirtschaftliche Ergebnis der so überaus großen technischen und indu=
striellen Leistung fünfzehnjähriger Arbeit. Von dieser Summe hatte Harkort be=
reits 3400 Taler bezahlt, so daß noch ein Rest von 8000 Talern blieb. Mit den
Zahlungsterminen suchte Kamp, Harkort sehr weit entgegenzukommen. Sie
wurden zunächst bis zum Jahre 1843 festgesetzt. Als Sicherheit ließ Harkort
diese Schuld auf seine gesamten in der Gemeinde Wetter gelegenen Besitzungen
eintragen und er verpfändete auch seinen Anteil an den Bergwerksunternehmungen,
die zurzeit nur mit Rücksicht auf die sehr schlechte Verkehrslage noch keine loh=
nende Ausbeute aufweisen konnten. Diese Schuld aus seiner ersten großen in=
dustriellen Tätigkeit hat ihn jahrzehntelang bedrückt, bis sie schließlich durch einen
Vergleich mit den Erben Kamps im Jahre 1864 aus der Welt geschafft wurde.

Für Kamp und Harkort blieb, wenn man ihre gesamte Lebensarbeit in Betracht
zieht, diese nunmehr abgeschlossene gemeinsame Tätigkeit nur eine Episode. Wie
sehr dies zutrifft, zeigt ein kurzer Blick auf die anderen Gebiete ihres Schaffens.

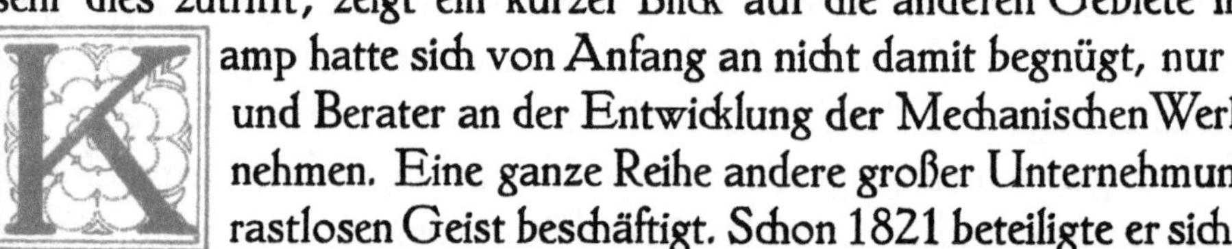

amp hatte sich von Anfang an nicht damit begnügt, nur als Geldgeber
und Berater an der Entwicklung der Mechanischen Werkstätte teilzu=
nehmen. Eine ganze Reihe anderer großer Unternehmungen hat seinen
rastlosen Geist beschäftigt. Schon 1821 beteiligte er sich an der Grün=
dung der Rheinisch=Westindischen Kompagnie, die von seinem Schwager Jakob
Aders mit etwa fünfzig angesehenen rheinisch=westfälischen Kaufleuten und Fabri=
kanten begründet wurde, um der heimischen Industrie, die nach Aufhebung der
Kontinentalsperre durch die englische Konkurrenz in ihrer Entwicklung bedroht war,
neue Absatzgebiete zu schaffen. Angeregt durch die Berichte der nach Amerika
entsandten Agenten über die bedeutenden Erzlager wurde 1824 in Elberfeld der
Deutsch=Amerikanische Bergwerksverein begründet. Auch bei diesem finden wir
Kamp mit seinem Schwager Aders an hervorragender Stelle tätig. Heinrich Kamp
war der erste Präsident dieses Vereins. Es handelte sich hier um den mexikanischen
Silberbergbau. Beide Unternehmungen brachten nicht den Erfolg, den man sich
davon versprochen hatte. Sie wurden schon nach wenigen Jahren wieder aufgelöst.

1822 hat Kamp in Elberfeld die Vaterländische Feuerversicherungs=Gesell=
schaft mit ins Leben gerufen. Später verlegte er seinen Wohnsitz nach Köln und
gründete hier die Feuerversicherungs=Gesellschaft Colonia, ein sehr erfolgreiches,
noch heute bestehendes Unternehmen, das er als erster Direktor leitete.

Kamp gehört auch zu den Männern, die sich stets für allgemeine Fragen in=
teressierten und tatkräftig mitarbeiteten. 1824 wurde er als Abgeordneter für
Elberfeld in den Rheinischen Landtag nach Düsseldorf gesandt, 1827 finden wir
ihn als Deputierten des Provinzial=Landtages in Berlin. Kamp stand auch in
engster Verbindung mit dem Freiherrn vom Stein, dem er über die Verhandlungen

Heinrich Daniel Kamp, gest. 16. Februar 1853   Friedrich Harkort, gest. 6. März 1880

des Landtages fortlaufend berichtete. In erster Linie beteiligte er sich an den Fragen bei der Stadt= und Landgemeindeordnung, der Rheinschiffahrt, die die Holländer entgegen der Bestimmung des Wiener Kongresses, daß die Schiffahrt auf dem Rheine zwischen Basel und den Mündungen frei sein solle, durch Erhebung von Zöllen zu erschweren suchten. Nachhaltig trat er für den Bau von Eisenbahnen ein. 1830 wurde er zum ersten Präsidenten der Handelskammer Elberfeld=Barmen erwählt. Später sandte ihn Köln auch als Vertreter zum Herrenhaus. Während dieser parla= mentarischen Tätigkeit in Berlin setzte am 16. Februar 1853 der Tod all seiner Arbeit ihr Ziel. Seine Ruhestätte fand Kamp auf dem alten Friedhof der Dreifaltig= keitsgemeinde in Berlin.

änger als ein Vierteljahrhundert sollte Harkort seinen einstigen Teil= haber überleben. Noch mannigfaltiger wirkt sein Lebensbild, auch wenn wir an dieser Stelle nur versuchen können, mosaikartig einige seiner wichtigsten Arbeiten aneinanderzureihen. Zunächst mußte Harkort daran denken, sich und die Seinen zu erhalten. Die schaffende industrielle Betätigung konnte er nicht mehr entbehren. Noch einige Jahre blieb er technischer Beirat der Mechanischen Werkstätte. Daneben richtete er in seinem Haus in Wetter und in der dazu gehörigen Scheune eine kleine Maschinenfabrik ein. 1827 hatte Harkort ein staatliches Waldgrundstück von etwa 150 Morgen im Hom= bruch bei Dortmund erworben und später eine Wiese und eine Ölmühle hinzu= gekauft. Diese Ölmühle wurde nach der Trennung von Kamp zu einer Eisen=

gießerei und Kesselschmiede umgebaut, die ihn mit seiner Maschinenfabrik in Wetter in den Stand setzen sollte, nunmehr in bescheidenem Umfange Aufträge auszuführen. Aber auch Hombruch lag damals denkbar ungünstig für ein industrielles Unternehmen. Es fehlte selbst ein brauchbarer Verbindungsweg zu der Heerstraße Essen=Dortmund. Sehr schwer wurde es ihm, Abnehmer für seine Erzeugnisse zu finden, da er den Wettbewerb mit seiner früheren Firma nach Möglichkeit vermeiden wollte. Abgesehen davon wäre es ihm wohl auch sehr schwer geworden, gegen das in technischer Richtung gut begründete Ansehen der Mechanischen Werkstätte aufzukommen und in ihren festen Kundenkreis ein= zudringen. Vor allem aber fehlte ihm jedes Kapital, um sein Unternehmen ent= wickeln zu können. Seine Brüder in Leipzig mögen ihn wohl hier und da etwas mit Geld unterstützt haben, doch das half ihm nicht viel weiter.

Harkorts unermüdlicher Geist suchte nach neuen Absatzgebieten. Für Verkehrs= aufgaben hatte er sich von jeher lebhaft interessiert. Von ihm rührte der erste Auf= satz in einer deutschen Zeitschrift her, der rückhaltlos für den Bau von Eisen= bahnen eintrat. Das war bereits 1825 gewesen. Seitdem hatte er in Schrift und Wort unablässig dafür gekämpft. Mit Kamp zusammen hatte er 1826 zur Probe eine Hängebahn nach der Bauart des englischen Ingenieurs Palmer ausgeführt, um seine ungläubigen Zeitgenossen von den Vorteilen eiserner Bahnen zu überzeugen. Er war dann besonders begeistert und nachdrücklich für den Plan der Köln= Mindener Eisenbahn eingetreten. Seinem vorwärtsdrängenden Geist ging die Entwicklung viel zu langsam, und er fand harte Worte über die deutsche Schlaf= mützigkeit, die statt „den Triumphwagen des Gewerbefleißes mit rauchenden Kolossen zu bespannen", vor lauter Bedenken und Erwägen nicht zur Tat komme.

Nicht minder wie die Eisenbahn hat Harkort die Frage der Dampfschiffahrt beschäftigt. Schon auf seiner ersten Reise nach England konnte er es erleben, welche großen Fortschritte der Verkehr mit Dampfschiffen in England gemacht hatte. Er zweifelte nicht daran, daß auch für Deutschland jetzt die Zeit der Dampf= schiffe gekommen sei. Insonderheit wünschte er den Rhein mit einer großen Dampferflotte zu beleben, und England und Deutschland durch seetüchtige Rhein= schiffe, die ohne Umladen die Themse mit dem Rhein verbinden, wirtschaftlich zu nähern. Wenn er nun auch im Hombruch und in Wetter nicht daran denken konnte, die Schiffe zu bauen, so wollte er doch versuchen, die Schiffsmaschinen herzustellen und hier seine Erfahrungen bei dem Bau von Dampfmaschinen nutzbringend zu verwerten. Das war ein Arbeitsgebiet, das ihn auch nicht in Wettbewerb mit der Mechanischen Werkstätte brachte. Schon 1825 hatte er durch seinen Ingenieur Treviranus im Auftrage der Kölner Handelskammer den Rhein bei Köln ver= messen lassen, um Unterlagen für die Durchführbarkeit seiner Schiffahrtspläne zu be= kommen. Auch mit Dresdener Geschäftsfreunden hatte er Verbindungen angeknüpft, um auf der Elbe die Dampfschiffahrt einzurichten. 1833 war Harkort längere Zeit in Duisburg, um hier Bau und Einrichtung von Schiffen kennen zu lernen und Verbindungen mit Kaufleuten und Industriellen anzuknüpfen. Er plante, am Rhein selbst eine Werft und Maschinenfabrik anzulegen. Hoffnungsfreudig, wie so oft in seinem Leben, schrieb Harkort am 1. November 1835 seiner Frau von einer „unser ganzes Geschick günstiger gestaltenden Wendung". Einige Wochen darauf mußte seine Lebensgefährtin für immer von ihm scheiden.

Eine der ersten Schiffsmaschinen, die Harkort baute, wurde in den Weser=dampfer Friedrich Wilhelm III. eingebaut. Im Februar 1836 brachte er das Schiff unter persönlichen Gefahren den Rhein abwärts durch die Nordsee auf die Weser bis Minden. Unter vielen großen Schwierigkeiten baute Harkort dann das Dampfschiff „Rhein", das England und Deutschland verbinden sollte. Berger in seinem „Alten Harkort" gibt uns ein anschauliches Bild von Harkorts Fahrt im Oktober 1837, die ihn auf seinem „Rhein" von Köln nach London führte. Das Schiff bewährte sich ausgezeichnet auch bei einer sehr stürmischen Überfahrt und erhielt von Lloyds=Versicherungsgesellschaft die erste Klasse zuerkannt. Seine Ankunft in London erweckte großes Aufsehen. Die Zeitungen sprachen von dem aussichtsreichen, gelungenen Versuch, Rhein und Themse zu verbinden. Der Lordmayor empfing Harkort, der ihm eine Adresse der Kölner Kaufmann=schaft, sowie ein Faß Rheinwein brachte. Auf einem Fest in der Guildhall, zu dem Harkort geladen wurde, feierte man die Ankunft des ersten deutschen Rhein=schiffes. Nach Hause zurückgekehrt, begann Harkort mit dem Bau von zwei neuen Schiffen, aber bald setzte auch hier der Mangel an Kapital den weiteren Arbeiten ein Ziel. Die Schiffe wurden 1838 mit Beschlag belegt und die Flagge des „Rhein" war das einzige Andenken, das Harkort an die vielen Hoffnungen erinnern konnte, die er gerade auf diese Unternehmungen gesetzt hatte.

Später versuchte Harkort noch einmal mit Mathias Stinnes eine Dampfschlepp=schiffahrt auf dem Rhein einzurichten. Auch dieser Plan scheiterte an dem Mangel an Mitteln. Harkort wandte sich damals an den Oberpräsidenten von Vincke, der ihn stets gern so weit als möglich gefördert hatte und bat ihn, Mittel für die Durchführbarkeit seiner Pläne zu bewilligen. Die Antwort war: „Die projektierte Dampfschleppschiffahrt sei unausführbar und werde auch die Interessen der Pferde=treiber zu sehr schädigen".

Harkort war Ende der 30er Jahre längere Zeit in Oberschlesien gewesen, um die geschäftlichen Verbindungen, die noch von der Mechanischen Werkstätte her=rührten, endlich zu regeln. Damals lernte er auch den Zinkbergbau näher kennen. Die gewonnenen Erfahrungen wollte er in der Heimat in der Nähe von Schwelm verwerten und dort ein Zinkwerk anlegen. Auch hier hinderten ihn seine ungün=stigen Vermögensverhältnisse, den Plan weiter zu verfolgen.

Alle diese großen Schwierigkeiten hatten ihn noch nicht dazu vermocht, sich einer Arbeit ganz zu widmen. Den besten Teil seiner Kraft nahm immer wieder die ehrenamtliche Tätigkeit für die Allgemeinheit in Anspruch. So ist auch schließlich das Schicksal seiner neuen Unternehmungen zu verstehen, denen alle seine Kräfte und Fähigkeiten ausschließlich zu widmen, er sich nicht hatte entschließen können. Eine Schuldenlast drückte ihn, die Gläubiger drängten und unter den besonders Ungeduldigen waren vielfach gerade die zu finden, denen er früher geholfen hatte, Geld und Reichtum zu erwerben. Ein großer Teil seines Besitztumes im Hom=bruch wurde 1847 im Zwangsverfahren verkauft. Nicht einmal bis zu der Er=öffnung der Eisenbahn, die eine große Wertsteigerung des Grund und Bodens bringen mußte, vermochte er den Hombruch zu halten. 1848 wurde die Bahn er=öffnet. Ende der sechziger Jahre hat sein Sohn einen kleinen Teil des Gutes für den zwanzigfachen Betrag, der beim Zwangsverkauf erzielt wurde, wieder zurück=erworben. Seine persönliche Uneigennützigkeit in allen geschäftlichen Fragen war weit und breit bekannt. Beuth hat in seinem Bericht über die erste preußische Landesgewerbeausstellung, die 1844 im Zeughaus in Berlin eröffnet wurde, aus=drücklich darauf hingewiesen. Er nennt Harkort einen der tatkräftigsten und reg=samsten Fabrikanten, der seinen westfälischen Landsleuten vorausgegangen sei, „vielen bei der Errichtung ihrer Fabriken behilflich gewesen ist und ihnen mit Hintansetzung des eigenen Vorteils seine Erfahrungen und Entdeckungen, anstatt nach beliebter Art sogenannte Fabrikgeheimnisse daraus zu machen, offen mitge=teilt hat". Diese Hintansetzung des eigenen Vorteils mag Freunden und Ver=wandten viel Sorge bereitet haben, aber alle gut gemeinten Mahnungen und Bitten, auch an den eigenen Vorteil zu denken, pflegte Harkort mit den Worten abzu=weisen: „Mich hat die Natur zum Anregen geschaffen und nicht zum Ausbeuten."

So umfangreich seine technische und industrielle Tätigkeit war, auch sie bildet doch nur wieder einen Teil des großen umfassenden Wirkungskreises, den sich Harkort, durch seinen Charakter und seine außergewöhnlich große Fähigkeit, in Wort und Schrift das auszudrücken, wonach er strebte, geschaffen hatte. Stau=nend sieht man aus einer bloßen Aufzählung seiner literarischen Arbeiten, welche Bedeutung ihm auch als Schriftsteller auf den denkbar verschiedensten Gebieten zukommt. Harkort hatte früh erkannt, daß im Kern aller Aufgaben ein Erzie=hungsproblem sitzt und daß die Schule zu den wichtigsten Mitteln gehört, ein Volk vorwärts zu bringen. Den Mangel an Wissen und Können hatte er auf seinem engeren Schaffensgebiet überall selbst empfunden. Er hatte deshalb, wie wir ge=sehen haben, gleich in den ersten Jahren seiner industriellen Tätigkeit in Wetter eine Fabrikschule eingerichtet. Darüber hinaus war er für die Volksschule und den damals sehr gering geachteten und überall zurückgesetzten Lehrerstand ein=getreten. In rückhaltloser Weise hat er der Regierung und der Öffentlichkeit vorgehalten, was sie hier versäumt hatten. Mit seinen uns heute recht bescheiden anmutenden Forderungen eilte er seiner Zeit voraus und kam bei der Regierung in den Verdacht, zu den sozial Unzufriedenen zu gehören. Unermüdlich hat er sein ganzes Leben lang in der Öffentlichkeit für die Lehrer gekämpft. Die Lehrer haben ihm bis heute dieses Eintreten für ihre Arbeit nicht vergessen.

Harkort genoß in hohem Maße das Vertrauen weitester Volkskreise. Das kam in der Wahl zu den verschiedensten Ehrenämtern zum Ausdruck. Schon 1826 sollte er gewählt werden, aber damals mußte man 35 Jahre alt sein und 10 Jahre an einem Ort Gewerbesteuer gezahlt haben, um Abgeordneter zu werden. Beide Bedingungen erfüllte Harkort damals noch nicht. 1830 finden wir ihn im Provinziallandtag und 1848 sandte ihn der Kreis Hagen-Altena nach Berlin zur preußischen Nationalversammlung. Mit seinen Freunden bildete er hier eine Fraktion Zentrum, deren Vorsitz er übernahm und die bald allgemein Fraktion Harkort hieß. Nach jahrelangem Aufenthalt in Berlin kehrte er für wenige Jahre nach Wetter zurück, bewohnte hier ein altes, nicht benutztes Schulhaus, um sich dann im Hombruch ein einfaches Arbeiterhaus zu seiner bescheidenen, bleibenden Heimstätte einzurichten. Seine parlamentarische Tätigkeit dehnte sich weiter aus. 1861 gründete er mit seinen Parteifreunden die deutsche Fortschrittspartei. 1867 finden wir Harkort im Parlament des Norddeutschen Bundes und er, der die Zeit der Befreiungskriege aktiv miterlebt, und der die Sehnsucht nach dem einigen großen Deutschen Reich so fest in seinem Herzen trug, er konnte noch im ersten Deutschen Reichstag seine Heimat vertreten. Erst in seinem achtzigsten Lebensjahre beschloß er seine parlamentarische Laufbahn, die er in ihrer ganzen Stufenleiter in treuer Arbeit durchmessen hatte. Daß er hierbei der Regierung nicht immer sehr bequem war, ergibt sich für die damalige Zeit ohne weiteres, wenn man Harkorts hohe Meinung von dem werktätigen Volk, seine Ablehnung aller der aus der Feudalzeit überkommenen Vorrechte kennt. Als ihm die Regierung einst anbot, Generalkonsul im Ausland zu werden, scheint Harkort das Anerbieten getragen von dem Wunsch, ihn los zu werden, aufgefaßt zu haben, denn er lehnte es mit dem Hinweis ab, er wolle sich nicht auf moderne Art deportieren lassen. Abgesehen davon sei ihm seine Unabhängigkeit zu teuer, und er verzichte grundsätzlich auf jede Regierungsstellung. Aus dem gleichen Grunde lehnte er auch das Angebot der Rübenzuckerfabrikanten ab, in ihrer Vereinigung den gut bezahlten Posten eines Geschäftsführers anzunehmen. Er habe keine Bedürfnisse und wolle als unabhängiger Mann leben.

In seiner parlamentarischen Tätigkeit ist er, abgesehen von den Schulfragen, die immer sein eigenstes Gebiet blieben, vor allem für wirtschaftliche Fragen eingetreten. Er kämpfte für die Verbesserung der Verkehrsverhältnisse, für einen mäßigen Schutzzoll gegenüber der Überschwemmung des deutschen Marktes durch ausländisches Eisen. Niemals sehen wir in ihm den kritiklosen Parteimann. Immer steht ihm das allgemeine Wohl über den Interessen der Partei. Er liebte von ganzem Herzen sein deutsches Vaterland und leidenschaftlich wünschte er mit dazu beizutragen, daß es in der Welt den ihm gebührenden Platz einnimmt. So trat er schon in den vierziger Jahren für Kolonien ein. Er wünschte lange, ehe es ein Deutsches Reich gibt, eine deutsche Flotte zu schaffen, die den Handel beschützen kann. Er entwarf hierfür im einzelnen durchgearbeitete Pläne, die sich sogar auf die Ausbildung der Offiziere und Ingenieure der Flotte erstreckten, wobei uns interessieren kann, daß er damals bereits mit allem Nachdruck auf die Bedeutung einer guten technischen Schulung für die Seeoffiziere hinwies. Eine Unsumme von wertvollen Gedanken und Anregungen, die uns oft sehr neuzeitig anmuten, strömt noch heute aus den Harkortschen Schriften zu uns über.

Harkort hat diese umfassende Tätigkeit nur leisten können dank einer ihm bis zum hohen Alter treu gebliebenen eisernen Gesundheit. Auch die großen Kämpfe und Sorgen, die Plage seines Lebens, haben eine große aufrechte Gestalt nicht zu beugen vermocht. Selbst im hohen Alter blieb er eine schöne Erscheinung. Bis an sein Lebensende stand er in geistigem Zusammenhang mit der Jugend, und so gelang es ihm, sich auch geistig frisch und für alles Neue empfänglich zu halten. Zum Ernst gesellte sich der Sinn für Humor, der ihn auch stets Freude an Unter= haltung und fröhlicher Geselligkeit finden ließ. Kennzeichnend war für ihn seine rastlose Tätigkeit. Seiner Liebe für Technik, Industrie und Gewerbe blieb er bis zum Ende seines Lebens treu. Auch hier genügte es ihm nie, darüber nur zu reden; immer wieder versuchte er, mit gutem Beispiel voranzugehen. Auf seinem Altensitz im Hombruch richtete er noch in seinen letzten Lebensjahren eine kleine Dampfmühle mit Brotbäckerei und eine Fabrik für feuerfeste Steine ein, er baute Tabak, pflanzte Obstbäume und kümmerte sich um die Fischzucht.

Die erste schwere Krankheit befiel Friedrich Harkort im 84. Lebensjahre.. Er erholte sich wieder und als letzte Tat seines Lebens richtete er in seiner früheren Gießerei eine Handwerkerschule ein. Am 6. März 1880, 87 Jahre alt, setzte der Tod seinem tatenreichen Leben im Hombruch das Ziel. Harkort hat auf dem Familienfriedhof auf Haus Schede bei Wetter seine letzte Ruhestätte gefunden. Hoch oben auf einem der Berge seiner schönen Heimat, erhebt sich auf dem Harkort= berg in Wetter, in unmittelbarer Nähe der alten Burg, der Harkortturm, ein Zeichen dankbarer Erinnerung an den großen uneigen= nützigen Industriebegründer und den großen deutschen warmherzigen Volks= mann Friedrich Harkort.

III. VOM BEGINN DES EISENBAHNZEITALTERS BIS ZUR GRÜNDUNG DES DEUTSCHEN REICHES.

Der Zollverein. / Die ersten Eisenbahnen. / Die Entwicklung der Industrie. / Weitere Schicksale von Kamp & Co. / Gebrüder Kamp. / Technische Leistungen. / Trappen als Konstrukteur und Leiter des Werkes. / Ludwig Stuckenholz in Wetter. / Bechem & Keetman in Duisburg.

ie Entwicklung des hier zu betrachtenden Zeitabschnittes wird einge=
leitet durch zwei das gesamte Wirtschaftsleben maßgebend beein=
flussende Ereignisse von größter Tragweite. Nachdem Preußen
bereits durch sein Zollgesetz vom 26. Mai 1818 innerhalb seines
Staatsgebietes alle Binnenzölle, nicht weniger als 57, aufgehoben und
auch die damals noch bestehenden Zollschranken zwischen Stadt und Land beseitigt
hatte, gelang es nach langen schwierigen Verhandlungen, 1834 den Zollverein zu be=
gründen, der für das wirtschaftliche Leben Deutschlands die Bahn freier machte. Erst
jetzt begann das kleinliche Sonderinteresse des einzelnen Staates sich zum allge=
meinen Interesse des ganzen Volkes zu erweitern, ein Vorgang, der außerordentlich
befruchtend auf Handel und Verkehr einwirken mußte. Die politisch noch von den
verschiedensten Seiten in den Weg gelegten Schwierigkeiten wurden durch die wirt=
schaftlichen Interessen überwunden. Am 1. Januar 1834 fielen die Zollgrenzen
zwischen 18 deutschen Staaten mit 23 Millionen Einwohnern. 6 Jahre später
umfaßte der Zollverein bereits 23 Staaten mit 27 Millionen, 1841 schloß sich
Braunschweig an und 10 Jahre später auch Hannover, dessen innige Verbindung mit
England den Anschluß so lange verhindert hatte. Endlich stand nun der Entwicklung
von Handel und Verkehr, wenigstens im Gebiet des Zollvereins, der Weg offen.
Der Überschuß aus der gemeinschaftlichen Zollkasse wurde nach Abzug der ge=
meinsamen Unkosten an die vereinten Staaten der Bevölkerungszahl nach verteilt.
Im Jahre 1834 betrug er 1,50 Mark, 1840 schon über 2 Mark auf den Kopf.

Zum Zollverein kamen 1834 und 1838 Münzverträge, es wurde ein gemein=
schaftliches Zollgewicht festgesetzt und auf größere Einheitlichkeit im Verkehrs=
wesen hingearbeitet. Der Zollverein war jahrzehntelang ausschließlich freihänd=

lerisch orientiert. Für die Industrie hatte das schwerwiegende Folgen, da zur gleichen Zeit alle anderen Staaten durch Schutzzölle ihre Industrie zu fördern suchten. Rohstoffe blieben grundsätzlich zollfrei. Erst 1844 ist ein geringer Zoll auf Roheisen zugebilligt worden, dessen Wirkung aber auf die westfälische Eisenindustrie dadurch sehr vermindert wurde, daß man gleichzeitig Belgien für Roheisen eine Vorzugsbehandlung angedeihen ließ. Diese Zollpolitik hatte zur Folge, daß dank der damals übermächtigen englischen Eisenindustrie Deutschland mit billigem, gutem, fremdem Eisen überschwemmt wurde und daß die Entwicklung der eigenen Industrie aufs äußerste erschwert, jahrelang fast ganz verhindert wurde. Das fremde Roheisen war so billig, daß man nicht wagen konnte, in neuzeitlichen Kokshochöfen große Kapitalien festzulegen. So kam es, daß erst 1849 der erste Kokshochofen im Industriegebiet angeblasen wurde.

Das zweite große bestimmende Ereignis, das einen Wendepunkt der gesamten industriellen Entwicklung bedeutet, war die Einführung der Eisenbahn, eine technische Tat von unabsehbarer Tragweite. Wir haben gesehen, daß Harkort bereits 1825 verlangt hatte, in großem Maßstab Eisenbahnen zu bauen. In Westfalen hatte man Ende der 20er Jahre in den Grubenbezirken überall angefangen, eiserne Schienenwege anzulegen und auf ihnen die Kohlenwagen durch Pferde ziehen zu lassen. Es lag nahe, auf Grund der großen Erfolge in England und Amerika, daran zu denken, die Pferde durch Lokomotiven zu ersetzen. Trotz aller Bitten ihrer „getreuen Stände" wollte die Regierung anfangs von Dampfbahnen nichts wissen, „da das jetzige Kommunikationsbedürfnis durch die vorhandene Chausee gesichert ist". Nicht nur die Regierung, auch manche Bürger, sogar Grubenbesitzer gab es, die sich laut über allerlei vermutete Schädigungen durch die Bahnen von vornherein beschwerten. Schon aus sozialen Rücksichten glaubte man in manchen Kreisen, die Bahn bekämpfen zu müssen, denn was solle aus den Kohlenfuhrleuten und den Kohlentreibern werden? Man kann es verstehen, daß Harkort, niedergedrückt durch dieses jahrelange Kämpfen gegen die Langsamkeit der Bürokratie und das Unverständnis der Bürger, 1835 schrieb: „Heute sind es zehn Jahre geworden, als ich im „Hermann" zum ersten Male über Eisenbahnen schrieb. Großes hätte man in Preußen erreichen, alles mit einem Schlage voranbringen können, wenn die Sache damals energisch angegriffen wurde! Statt dessen ist nichts geschehen, wir haben noch nicht eine Meile Bahn, und unsere Nachbarn, das junge Belgien vorauf, schöpfen das Fett von der Suppe. Pfui über unsere unüberwindliche deutsche Schlafmützigkeit!"

Bayern gewann den Ruhm, die erste deutsche Eisenbahn geschaffen zu haben. Am 7. Dezember 1835 wurde die 6,1 km lange Strecke Nürnberg-Fürth eröffnet. Eine von Stephenson gebaute Lokomotive „Der Adler" war der erste Dampfwagen, er wog 6 t und kostete 24000 Mark.

In Sachsen trat der große deutsche Volksmann und Volkswirt Friedrich List für den Bau von Eisenbahnen ein. Aus Amerika zurückgekehrt, wo er die ersten gewaltigen Wirkungen des neuen Verkehrsmittels erlebt hatte, wurde er in Deutschland zu dem begeisterten, weit in die Zukunft schauenden Apostel des neuen Verkehrsmittels. Er entwarf damals den Plan eines großen einheitlichen Eisenbahnsystems, das ganz Deutschland umfaßte. Mit der Bahn zwischen Leipzig und Dresden wollte er den Anfang machen, nachdem es ihm gelungen war, Leipziger Kaufleute, darunter auch die beiden Brüder Friedrich Harkorts, lebhaft dafür zu interessieren. Am 7. April 1839 konnte die ganze 115 km lange Strecke als erste große deutsche Eisenbahn dem Verkehr übergeben werden. Inzwischen hatte man auch in Preußen mit dem Eisenbahnbau begonnen. Am 9. Oktober 1838 wurde die Strecke Berlin — Potsdam eröffnet.

Gerade in dem heute industriereichsten Westen, der die Eisenbahn mit am nötigsten für seine Entwicklung brauchte, dauerte es am längsten. Drei große Eisenbahngesellschaften, die Köln-Mindener, die Bergisch-Märkische und die Rheinische, arbeiteten an der Aufschließung des heutigen Industriegebietes. 1838 wurde die Strecke Düsseldorf-Erkrath eröffnet, die bis 1841 Elberfeld erreichte. Erst 1847 drang die Eisenbahn auch in das Herz des Industriegebietes vor. Die Bahn Duisburg — Gelsenkirchen — Dortmund — Hamm kam 1847 in Betrieb, als Deutschland bereits über 3000 km Eisenbahnen hatte. Im nördlichen Teil der Mark wurde 1849 die erste Eisenbahnlinie Schwelm — Hagen — Witten in Betrieb gesetzt. Die erste märkische Bahn hat es fertig gebracht, im rheinischen Teil des Ruhrgebiets sogar die Hauptorte Mülheim und Essen seitwärts liegen zu lassen, und an der Stadt Bochum ging sie in weitem Bogen vorüber. Erst in Dortmund kam sie dem Industriegebiet wieder nahe. Für den östlichen mehr landwirtschaftlichen Teil der Mark wurde zunächst viel reichlicher gesorgt. Das mittlere und südliche Ruhrrevier blieb noch lange ohne Bahnverbindung. Erst 13 Jahre nach Dortmund, 1860, wurde Bochum über Langendreer mit Witten verbunden. Man hat nicht ganz mit Unrecht von den ersten deutschen Eisenbahnen behauptet, daß sie viel mehr mit Rücksicht auf den Transport ausländischer, als auf den Verkehr inländischer Waren angelegt worden seien. Auch was die Frachtbemessung anbelangt, so hatte die Industrie über mangelnde Berücksichtigung ihrer Interessen durch die privaten Eisenbahngesellschaften oft sehr zu klagen.

Die Lage der ersten Eisenbahnen im Norden des Gebietes hat wesentlich zu der in den 40er und 50er Jahren sich vollziehenden schnellen Ausbreitung des Kohlenbergbaues beigetragen. Wie amerikanisch die Entwicklung vor sich ging, sieht man an den Einwohnerzahlen der heutigen großen Städte. Gelsenkirchen, das 1910 rd 160000 Einwohner hatte, zählte Anfang der 60er Jahre erst 600. Dortmunds Einwohnerzahl stieg von 1849 bis 1910 von etwas über 10000 auf rd 215000, die Bochums von noch nicht 5000 auf rd 137000.

Die Eisenbahnen wirkten nicht nur durch die Verbesserung des Verkehrs auf die Entwicklung von Industrie und Gewerbe, sondern auch als große Auftrag= geber für die Eisenindustrie und den Maschinenbau. Der Bedarf an Schienen steigerte ganz ungewöhnlich die damals noch verhältnismäßig geringe Nachfrage nach Eisen. Der Roheisenbedarf im Zollverein für Eisenbahnbau, der in den Jahren 1836 bis 1838 erst 0,15 Pfund auf den Kopf der Bevölkerung betrug, erreichte in den Jahren 1848 bis 1850 bereits 7,24 Pfund. Von dieser Steigerung des Eisenbedarfs kam der eigenen Eisenindustrie verhältnismäßig noch wenig zugute. Die Roheiseneinfuhr stieg von 1841 bis 1844 auf etwa das Fünffache, die Einfuhr von Stabeisen, Schienen und Stahl auf das Sechsfache. Die gesamte deutsche Eisen= industrie geriet in schwere Notlage. Diese Zunahme der Einfuhr hing, abgesehen von den Zollverhältnissen, mit großen Umwälzungen in der englischen Eisen= industrie zusammen. Hier war man bereits vollständig von der Holzkohle zur Steinkohle übergegangen, man hatte die Hochöfen sehr vergrößert und die Lei= stungsfähigkeit durch Anwendung heißer Gebläseluft weiter beträchtlich gesteigert. Es kam hinzu, daß man neue, vorzügliche Erzlager in England und Schottland aufgefunden hatte. Alle diese Umstände verringerten die Selbstkosten so, daß in Deutschland ein Wettbewerb aussichtslos wurde. Deshalb mußte man sich trotz aller Freihandelsgrundsätze im September 1844 entschließen, das Roheisen mit einem Zoll von 10 Silbergroschen für den Zentner zu belasten.

Auch der Oberbau brauchte Kleineisenwaren: Schrauben, Laschenschrauben, Schienenstühle, Hakennägel, Bolzen, Muttern usw. in großer Zahl. Besonders in der Mark, die von der Eisen erzeugenden Industrie immer mehr zur Fertigwaren= industrie gedrängt wurde, entwickelte sich aus diesen Aufträgen ein großer Ge= werbezweig. Hagen wurde insonderheit Mittelpunkt für die Herstellung des Klein= eisenzeugs, das mit den Eisenbahnen zusammenhängt. Bahnbrechend ging hier ein Verwandter und Freund Friedrich Harkorts, Wilhelm Funcke, vor, der, 1820 geboren und 1896 gestorben, gerade in Hagen als besonders eifriger För= derer des industriellen Lebens gewirkt hat. Auch er zog, wie Friedrich Harkort, zunächst mit großen Opfern, englische Arbeiter zur Einrichtung seiner Fabriken heran und entwickelte vor allem die Holzschraubenfabrikation.

Mit der Eisenbahn beginnt überall ein neues industrielles Zeitalter. Neue Fabriken entstehen zugleich mit den Eisenbahnen. Berlin entwickelte sich zu einem Mittelpunkt des deutschen Maschinenbaues. Zu den Maschinenfabriken von Freund und Egells gesellen sich jetzt die von Borsig, Wöhlert und Hoppe. Borsig begann 1837 in der Chausseestraße in Berlin mit der Fabrikation. Die ersten großen Aufträge gab ihm die Berlin=Potsdamer Bahn. In raschem Aufstieg

gelang es diesem großen Bahnbrecher der deutschen Industrie, seine Fabrik zu einer
der angesehensten in ganz Deutschland zu entwickeln. Er begann als einer der
ersten mit dem Lokomotivbau. 1841 konnte die erste Borsigsche Lokomotive
abgeliefert werden. Auf der ersten allgemeinen Ausstellung deutscher Gewerbe=
erzeugnisse in Berlin 1844 wurde die von Borsig erbaute Lokomotive „Beuth"
besonders bewundert. 1847 baute Borsig in Moabit ein großes Eisenwerk, 1850
kaufte er eine dem Staat gehörige Maschinenfabrik hinzu und 1854 erwarb er in
Oberschlesien eigene Kohlengruben und errichtete Hochofenanlagen. 1854 konnte
er mit seinen Arbeitern bereits die Fertigstellung der fünfhundersten Lokomo=
tive feiern.

Nicht minder gelang es Wöhlert, der bei Egells gearbeitet hatte, seine 1842 ge=
gründete Maschinenfabrik zu großer Blüte zu entwickeln. In Sachsen eröffnete
Richard Hartmann in Chemnitz seine Maschinenfabrik, in Süddeutschland wurde
1838 von Klett die Firma gegründet, die, vereint mit einer ebenfalls in jenen
Jahren errichteten Augsburger Maschinenfabrik, sich zu der heutigen großen und
angesehenen Maschinenfabrik Augsburg=Nürnberg entwickeln sollte. In Han=
nover=Linden schuf 1835 Georg Egestorff seine Dampfmaschinenfabrik und
Eisengießerei und begann von 1846 an bereits mit dem Lokomotivbau. Aus
dem Norden Deutschlands sei nur hier F. Schichau genannt, der 1837 mit seiner
Maschinenfabrik und späteren Schiffswerft seine großen erfolgreichen Arbeiten be=
gann. So fällt mit dem Anfang des Eisenbahnzeitalters die erste große Gründungs=
periode der Maschinenindustrie zusammen und viele Namen, die damals zum
erstenmal in der Industrie genannt wurden, sind heute noch allen wohlbekannt.

An dem großen Aufschwung, der in diesen neugegründeten Fabriken sich überall
bemerkbar machte, nahm aber die Mechanische Werkstätte in Wetter wenig An=
teil, obwohl gerade sie auf Grund ihrer weitgehenden Erfahrungen dazu berufen
gewesen wäre, jetzt die Früchte mühevoller Jahre zu ernten. Der Grund für diese
Tatsache lag in der außerordentlich schlechten Verkehrslage Wetters und in der
damals noch sehr langsamen, zögernden Entwicklung der dortigen Eisenindustrie
und des Bergbaues.

Für den Bergbau zeigten sich große Entwicklungsmöglichkeiten erst, als es ge=
lang, das die Kohlenlager überdeckende Mergelgebirge zu durchbrechen. Das ge=
schah zuerst im Essener Revier 1839. Damit begann im ganzen Ruhrgebiet ein
großes Spekulieren. 1841 standen um Bochum bereits eine ganze Anzahl Bohr=
löcher im Betrieb. Die erste Grube, die in der Mark unter dem Mergel abbaute,
war die Zeche „ver. Präsident" bei Bochum, die 1842 zu fördern begann. Diese
hoffnungsreichen Anfänge wurden bereits Mitte der 40er Jahre durch eine da=
mals allgemein einsetzende Geld= und Finanzkrisis wieder abgeschlossen. Es
kamen schwere Notjahre über die Industrie. Die Steinkohlenförderung wies

von 1847 bis 1849 ebensowenig irgendwelche Fortschritte auf wie die Eisen= industrie. Die Krisis wurde verstärkt durch die sehr schlechten Ernten von 1846 bis 1848. Die Getreidepreise stiegen ungewöhnlich hoch. Die Revolution von 1848 lähmte noch weiter jede Unternehmerlust. Überall stockten die Geschäfte. Das Jahr 1849 sah noch schlechter aus für die Industrie. Die Kohlen= und Eisen= preise fielen. Erst mit dem Jahre 1851 begann sich die so lange von allen ersehnte Besserung zu zeigen. Jetzt setzte eine Periode raschen Aufstiegs von internatio= naler Ausdehnung ein. Die Keime des industriellen Fortschritts fingen an, sich nun auch in Deutschland rasch zu entwickeln. Deutschland stand vor seiner ersten großen Hochkonjunktur.

Wenn man sich nach der Ursache dieser allgemeinen Erscheinung fragt, so wird man auf die Zunahme des Kapitalreichtums in Westeuropa und in den Vereinigten Staaten aufmerksam, die vor allem durch Entdeckung und Aufschließung des unerhört reichen Goldvorkommens in Kalifornien und Australien und die Stei= gerung der mexikanischen Silberprodukte zu erklären ist. Hinzu kommt, daß nunmehr erst die große, Handel, Verkehr und Industrie fördernde Wirkung der Eisenbahnen in Erscheinung trat, nachdem die einzelnen kürzeren Stichbahnen der 30er und 40er Jahre sich zu einem Netz zusammenzuschließen begannen. Die Weltausstellung in London 1851 hatte ferner die großen Fortschritte der Industrie in allen Ländern zum allgemeinen Bewußtsein gebracht. Sie hatte des= halb, mehr als je eine Ausstellung es getan hat, angeregt, schnell auf dem be= tretenen Wege weiter fortzuschreiten.

In Deutschland war das Gesetz über Aktiengesellschaften vom 9. No= vember 1843 sehr förderlich für die industrielle Entwicklung, die natürlich ohne reiche Geldmittel nicht möglich war. In Preußen waren in den Jahren 1834 bis 1851 für Bergbau 14 Aktiengesellschaften mit einem Gesamtkapital von 23,29 Millionen Talern gegründet worden. Von 1852 bis 1857 waren allein 59 derartige Aktiengesellschaften neu entstanden mit einem Gesamtkapital von 70,69 Millionen Taler. Ein sehr erheblicher Teil entfiel auf die nördliche Mark. Die Neugrün= dung von Bergwerksanlagen ging damals geradezu stürmisch vor sich. In der Mark allein waren 1856 nicht weniger als 48 neue Tiefbauzechen beim Ab= teufen oder bei den Vorarbeiten dazu.

Von den großen Werken im Industriebezirk, die damals entstanden, seien hier nur zwei, die für die Entwicklung dieser Periode kennzeichnend sind, erwähnt. 1852 wurde der Hörder Bergwerks= und Hüttenverein mit 6 Millionen Mark Kapital als eine der ersten großen Aktiengesellschaften des Berg= und Hütten= wesens begründet. In ihm ging auch die Hermannshütte auf, die der ungemein tatkräftige Kaufmann und Fabrikant aus Iserlohn, Hermann Dietrich Piepenstock, 1841 zugleich mit einem großen Puddel= und Walzwerk erbaut hatte. Die für

die Hermannshütte bereits erworbenen Eisensteinfelder wurden in die neue Ge=
sellschaft eingebracht. 1854 wurden drei Hochöfen angeblasen, im folgenden
Jahre der vierte. Der Vorsitzende des Verwaltungsrates der neuen Gesell=
schaft war Gustav von Mevissen, der tatkräftige Förderer des Wirtschafts=
lebens in Rheinland und Westfalen. Mevissen hatte damals auch die Leitung des
1848 als Aktiengesellschaft gegründeten Schaaffhausenschen Bankvereins über=
nommen. Die Banken begannen, maßgebenden Einfluß auf die industrielle Ent=
wicklung zu gewinnen. Die technische Leitung der Hermannshütte übernahm
Daelen, der sich in der Geschichte der Technik durch seine hervorragenden Leistungen
einen wohlbekannten Namen erworben hat. Dieses große Berg= und Hütten=
werk wurde schon 1852 zu den „großartigsten Etablissements des ganzen Kon=
tinents" gerechnet. Auf der Pariser Ausstellung von 1855 erhielt der Hörder Verein
die große goldene Medaille für seine Leistungen auf dem Gebiet der Stahlproduktion.

Als nicht minder bedeutungsvoll sollte sich für die Zukunft der Bochumer
Verein für Bergbau und Gußstahlfabrikation erweisen. Er geht zurück auf eine
kleine Gußstahlschmelze, die der Württemberger Jakob Mayer 1842 dicht bei
Bochum angelegt hatte. 1847 hatte er sich mit dem Hamburger Kaufmann
Eduard Kühne zu der Firma Mayer & Kühne vereinigt. In dem gleichen Jahre
ging aus dieser bescheidenen Werkstatt die erste Gußstahlkanone hervor, die in
Wetter in der Fabrik von Kamp & Co. gebohrt und fertiggestellt wurde. 1854
ging die Firma in den Bochumer Verein über. Die technische Leitung behielt Jakob
Mayer, der durch seine Erfindung des Stahlformgusses neue Wege erfolgreich
beschritten hat. Die Oberleitung übernahm 1855 der Kaufmann Louis Baare,
der mit der Industriegeschichte Westfalens eng verflochten ist. In Essen begann
die eiserne Tatkraft Alfred Krupps Erfolge zu zeitigen, die den Weltruhm der
Firma vorahnen ließen.

In wenigen Jahren wurde nun auch in weiten Kreisen die große wirtschaftliche
Zukunft des Ruhrreviers erkannt. In einem Bericht des Schaaffhausenschen Bank=
vereins vom Jahre 1856 heißt es: „Die Eisen= und Kohlenproduktion Westfalens
und der Rheinlande wird nach Verlauf weniger Jahre hinter der Belgiens nicht
zurückbleiben und in einer weiteren Zukunft mit England erfolgreich auf dem Welt=
markt konkurrieren, wenn der nötigen Vorbedingung dieser Konkurrenz, der Her=
stellung billiger Kommunikationsmittel, die gebührende Aufmerksamkeit geschenkt
wird." Und der Bürgermeister von Bochum schrieb 1855: „Seit den letzten zehn
Jahren ist ein großer Umschwung eingetreten. Über der alten Industrie und neben
dem alten Bergbau im Süden des Kreises macht sich die neue Industrie und der
neue Bergbau in den nördlichen Bezirken des Kreises immer mehr geltend. Die
hiesige Stadt, bis vor wenigen Jahren noch eine Ackerstadt, hat diesen Charakter
fast ganz verloren, und sie schreitet mit jedem Tage auf der industriellen Bahn

weiter vor. Insbesondere ist es der Bergbau, der sich gerade in dem nördlichen Teile, dem großen Verkehrsstrome, den die Kölner Eisenbahn geschaffen, folgend in immer größeren Verhältnissen entwickelt, und auf den sich die Spekulationslust wirft."

Aber auch hier folgten nur zu bald auf die fetten Jahre die mageren. Im Sommer 1857 brach in New York eine schwere Finanzkrisis aus, die sich noch im gleichen Jahre über England und Frankreich nach Deutschland fortpflanzte. Gegen Ende des Jahres 1858 begann sie stark fühlbar zu werden. Jahre schwerer Not brachen an. Erst im Jahre 1861 machte sich eine geringe Besserung der geschäftlichen Lage bemerkbar. Die sehr guten Ernten der Jahre 1862 und 1863 besserten die Verhältnisse weiter, aber noch konnte man eher von einem wirtschaftlichen Niedergang als von einem Fortschritt sprechen. Verschärft wurde die Lage durch die äußere und innere Politik. Der österreichisch-italienische Krieg 1859 führte zu schärferer Spannung zwischen Preußen und Österreich. Im Innern machte es auf die Wirtschaftsverhältnisse einen starken Eindruck, daß Preußen 1863 die Zollvereinsverträge kündigte und man dadurch den Eindruck gewinnen konnte, das Weiterbestehen des Zollvereins sei fraglich. Glücklicherweise wurden im Mai 1863 die Verträge erneuert. Der amerikanische Bürgerkrieg und der Krieg gegen Dänemark beeinflußten ebenfalls die wirtschaftliche Lage.

Die Eisenbahnen nutzten ihre Monopolstellung der Industrie gegenüber stark aus, so daß die Verkehrsverhältnisse sehr viel zu wünschen übrig ließen. In diese politische und wirtschaftliche Lage fiel nun die Ausnutzung einer großen epochemachenden Erfindung auf dem Gebiet des Eisenhüttenwesens. Es war die Erfindung des Windfrischens durch Bessemer. 1855 hatte Bessemer in England in einem Vortrag seine alles Bisherige scheinbar umstürzenden Ansichten dargelegt, ohne die notwendige Beachtung der Fachmänner zu finden. Erst durch die Tat und seine geniale Fähigkeit, das Gedachte auch praktisch in allen Einzelheiten durchzuführen, gelang es ihm, sein Verfahren im großen anzuwenden. In Deutschland erregte diese Erfindung das größte Aufsehen. Krupp war der erste, der 1862, ohne daß hiervon selbst nahestehende Kreise viel erfuhren, bereits eine Bessemer-Anlage in Betrieb genommen hatte. 1863 erwarb der Hörder Verein die Ausführungsrechte für die Patente Bessemers.

Nach und nach besserten sich auch trotz der noch vorhandenen starken politischen Spannung die Verhältnisse des Wirtschaftslebens. Besonders nachhaltig wirkte 1868 der weitere Zusammenschluß Deutschlands zum Norddeutschen Bund. Es begann eine Zeit des Aufschwungs, der in Form von zahlreichen umfassenden Plänen fühlbar wurde. Da machten sich zum erstenmal große Schwierigkeiten in der Arbeiterschaft bemerkbar. Es kam 1868 im Westfälischen Bezirk in der Bergarbeiterschaft zu größeren Unruhen. Aber weder diese Unruhen noch der 1870 ausbrechende deutsch-französische Krieg, der in schneller Folge

IIIIIIIIIIIIIIIIIIIIIIIIIIIII Abb. 10. Hüttenwerk und Mechanische Werkstätte auf der Burg zu Wetter. IIIIIIIIIIIIIIIIIIIIIIIIIIII

großer Siege zu einem für Deutschland glücklichen Ende geführt wurde, konnten nachhaltig den begonnenen Aufstieg hemmen. Der Krieg mit seinen für Deutsch= land gewaltigen Erfolgen führte nunmehr eine sich geradezu überstürzende, allzu rasche Entwicklung herbei.

Haben wir versucht, in großen Zügen einige der Hauptgesichtspunkte der gesamten Entwicklung hier zu schildern, von der natürlich auch das Werden eines einzelnen Unternehmers in hohem Maße abhängig ist, so bleibt uns übrig, nunmehr die Schicksale der Mechanischen Werkstätte in Wetter und der beiden anderen Firmen, die später in die Deutsche Maschinenfabrik aufgehen sollten, während dieser Zeitspanne im einzelnen kurz darzustellen.

Die äußeren Schicksale des Hüttenwerks in Wetter führten zu einer immer deutlicher werdenden inneren, später auch räumlichen Trennung von der Mechanischen Werk= stätte. An sich war der Gedanke Harkorts, eine aufstrebende Maschinenfabrik mit einem neuzeitlich eingerichteten Eisenwerk zu verbinden, bemerkenswert. Bis= her war man nur hier und da einmal den umgekehrten Weg gegangen und hatte, wie dies in den staatlichen Hütten in Oberschlesien durch Holtzhausen geschah, aus den Maschinenbedürfnissen der Hütten und Gruben diesen eine Maschinenfabrik anzugliedern gesucht. Harkort wollte mit seinem Hüttenwerk wertvolle Erfah=

rungen für die Maschinenfabrik sammeln, sein bestes Eisen selbst herstellen und damit unabhängig werden von den damals oft noch recht mangelhaften, jedenfalls häufig wechselnden Gütegraden der Erzeugnisse anderer Hütten. Zwanzig Jahre später hat, wir wir gesehen haben, ein anderer großer deutscher Industrie=begründer, A. Borsig, diesen Gedanken mit ungleich mehr Erfolg als Harkort verwirklicht. Harkort hatte wohl geglaubt, das Eisenwerk räumlich in unmittel=barstem Zusammenhang mit der Maschinenfabrik betreiben zu müssen. So kam das Werk zu der so überaus ungünstigen Lage in Wetter, das damals selbst mit den Nachbarorten nur durch die denkbar schlechtesten Hohlwege verbunden war. Einigermaßen brauchbare Zufuhrwege wurden erst 1842 eröffnet. Da Harkort über diese Verhältnisse durch die Erfahrungen mit seiner Maschinenfabrik ge=nügend unterrichtet war, ist es schwer zu verstehen, daß er sich doch dazu ent=schlossen hat, das auf gute Verkehrsverhältnisse besonders angewiesene Eisen=werk in Wetter zu begründen.

Wie wir gesehen haben, wurde das im Burggraben der alten Feste Wetter ge=legene Puddel=, Hammer= und Walzwerk bereits 1837 als selbständiges Unter=nehmen von der Firma Kamp & Co. abgezweigt. Es wurde dann unter der Firma Hermann Kamp und Carl Hesterberg, an die es verpachtet wurde, betrieben. Hermann Kamp übernahm die technische Leitung. Hesterberg, der sich als Kaufmann bisher mit Auslandsgeschäften erfolgreich befaßt hatte, sollte die kaufmännische Leitung übernehmen. Das Anlagekapital wurde auf 20000 Taler festgesetzt, von denen jeder der Teilhaber die Hälfte zu zahlen hatte. Das Schwergewicht des Einflusses blieb bei Heinrich Kamp. Hester=berg wurde es vertraglich gestattet, seine bisherigen überseeischen Geschäfte für alleinige Rechnung fortzusetzen und hierfür auch längere Reisen zu unter=nehmen, während es Hermann Kamp ermöglicht wurde, seinen Bruder Otto in der Leitung der Maschinenfabrik zu vertreten. Das Eisenwerk bestand aus 4 bis 5 Puddelöfen und zwei Schweißöfen. Daß man mit einer solchen Hütte damals ein gutes Geschäft machen konnte, zeigt die Tatsache, daß Hesterberg bereits in den 40er Jahren als wohlhabender Mann aus der Firma ausscheiden konnte. Seitdem hieß die Firma, unter der das Eisenwerk betrieben wurde, Ge=brüder Kamp. Die Maschinenfabrik behielt die Bezeichnung Kamp & Co.

Anfangs der 50er Jahre schied Hermann Kamp aus der Leitung der Ma=schinenfabrik und übernahm allein das Puddel= und Walzwerk. Trotz der besser gewordenen Verbindungen erkannte er jedoch immer mehr, daß es nicht möglich war, ein fern von allen Eisenbahnen auf hohem Berge gelegenes Eisen=werk mit Nutzen zu betreiben. Hermann Kamp siedelte deshalb 1854 nach Dort=mund über und gründete dort unter der Firma Gebrüder Kamp ein neues, den damaligen Ansprüchen gerecht werdendes Werk, das er nach dem Namen seiner

Frau „Paulinenhütte" nannte. Bereits zwei Jahre später wurde das Werk in eine
Aktiengesellschaft umgewandelt und der neue Direktor Ruez, der von der „Roten
Erde" bei Aachen gekommen war, nannte auch die Paulinenhütte „Rote Erde".

Wie das Eisenwerk im Burggraben von Wetter aussah und betrieben wurde,
hat uns Alfred Trappen erzählt, der sich am Ende seines Lebens noch gern jener
Zeit erinnerte, in der er erst als Lehrling und später als junger Ingenieur dieses
Eisenwerk von Kamp & Co. in allen Einzelheiten kennen lernen konnte. In
seinen nachgelassenen Zeichnungen fand sich auch die in Abb. 11 dargestellte
Stahlfabrik mit Walzwerk. Sie stammt jedenfalls aus den Jahren, in denen sich
Trappen zuerst mit dieser Anlage beschäftigte. Es wäre nicht ausgeschlossen, daß
sie zugleich auch im wesentlichen übereinstimmt mit den Anlagen, die er auf der
Burg in Wetter so eingehend hat studieren können. Jedenfalls gibt die Abbildung
ein ausgezeichnetes Bild, wie damals eine „Stahlfabrik nebst Walzwerk" wohl aus=
gesehen hat. Während dieser Zeit lernte er auch die Schwierigkeiten kennen, die der
Maschinenbauer zu überwinden hatte, um den Betrieb aufrecht zu halten. Aus seinen
Schilderungen erhalten wir einige wertvolle Ergänzungen der noch sehr lückenhaften
Berichte über den Stand des Maschinenbaues jener Zeit und insbesondere, da alle
diese Maschinen aus der Mechanischen Werkstätte hervorgingen, und von ihr in Stand
gehalten wurden, auch ein Bild von den Leistungen, besonders im Walzwerks=
maschinenbau aus dem Anfang des Zeitabschnittes, der hier zu betrachten ist.
Trappen schildert 1906 in Stahl und Eisen, wie er, als Schüler der Gewerbeschule
in Elberfeld, den Hochofen noch in Betrieb gesehen habe, und er entsann sich des
tatkräftigen Zylindergebläses, über das sein Direktor Egen eingehend berichtet
hatte. „Eine Dampfmaschine von etwa 10 Zoll Zylinderdurchmesser und 20
Zoll Hub, mit einem Dampfdruck von 2 bis 3 Atmosphären arbeitend, trieb mittels
eines doppelten Vorgeleges die Kurbelwelle eines horizontalen Gebläses, welches
einen Zylinderdurchmesser von 24 Zoll bei etwa 4 Fuß Hub hatte und in der
Minute 20 Umdrehungen, also 40 einfache Hübe, machte. Da ein Windregulator
nicht vorhanden war, so entstand ein intermittierendes Aufflammen und Verlöschen
des Gichtfeuers, begleitet jedesmal von einem dumpfen Schall. Ein romantischer
Anblick, der aber wohl in damaliger Zeit als selbstverständlich angesehen wurde,
denn ich habe in dem oben erwähnten Werk von Egen, in dem Kapitel über Ge=
bläse, nirgendwo eine Mitteilung über Windregulatoren gefunden. Die Produktion
eines solchen Ofens soll nach Egen 40000 Pfund in der Woche betragen haben".

Denkbar schwierig waren die Transportverhältnisse. Der Hochofen war etwa
25 Fuß hoch und auf dem höher liegenden Gelände erbaut, der Erzplatz lag ungefähr
35 Fuß tiefer, es war also zwischen diesem und der Gicht eine Höhe von
66 Fuß zu überwinden. Die Gichten wurden auf einer hölzernen schiefen Ebene
von Hand heraufgewunden. Die Holzkohlen, die auf dem oberen Gelände an=

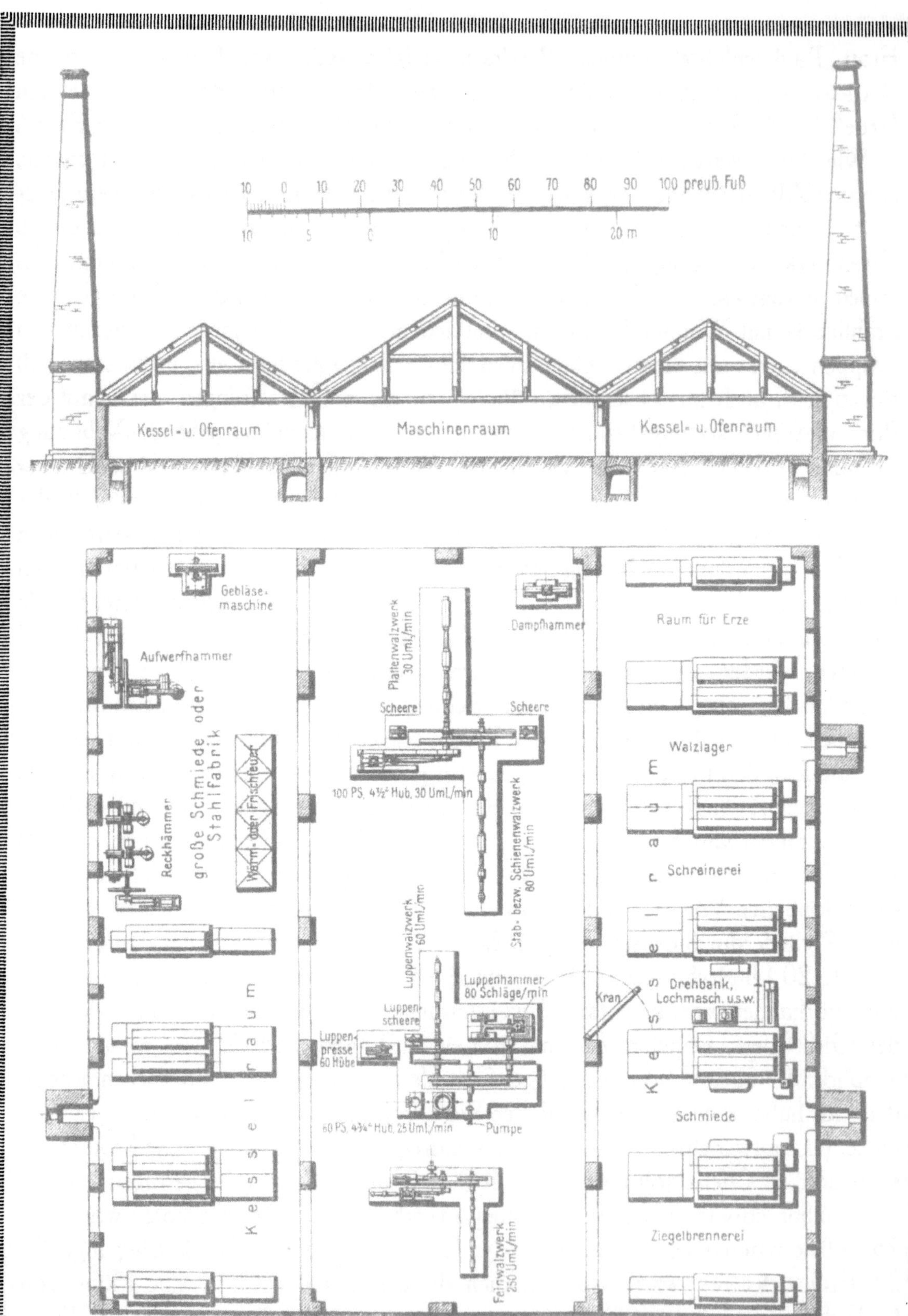

Abb. 11. Stahlfabrik und Walzwerk etwa um 1840. Aus den nachgelassenen Zeichnungen von Alfred Trappen.

58

gefahren wurden, konnten in Körben auf die Gicht getragen werden. Auch das Puddelwerk hatte sehr beschwerlich fallende Höhenunterschiede im Gelände. Zwei Seiten der Gebäude wurden durch Felswände, die dritte durch eine Mauer mit sehr wenig Lichtöffnungen gebildet, die vierte Seite war ganz offen. „Der ziemlich dunkle Raum mit seinem von Ruß und Asche geschwärzten Balkenwerk, hie und da ein Loch im Dach, durch welches ein freundlicher Sonnenstrahl herein= blinkte, war im wahren Sinne des Wortes eine Hütte und rechtfertigte die Be= nennung „Eisenhütte", eine Bezeichnung, die bei Anschauung der heutigen aus Glas und Eisen erbauten Eisenwerkspaläste nur schwer erklärlich ist."

Trappen erzählt dann weiter, daß man die Abwärme der Puddelöfen noch nicht benutzte, daß erst anfangs der 50er Jahre in einem Puddelofen ein kleiner Kessel eingebaut wurde. Die Dampfspannung bei den Kofferkesseln betrug nur etwa $^3/_4$ at Überdruck. Das Wasser für die Kondensationseinrichtungen auf den Berg herauf zu schaffen, war sehr schwierig. Man hatte ein großes Gradierwerk angelegt, um das Kondensationswasser abzukühlen und als Einspritzwasser wieder verwenden zu können.

Was die Maschinen des Hüttenwerks anbelangt, so wird besonders ein nach englischem Muster von der Mechanischen Werkstätte erbauter großer Aufwerf= hammer erwähnt, der „ganz in Eisen konstruiert war". Der Hammer war in der Umgebung unter dem Namen „der große Eisenhammer" bekannt. Sehr bemer= kenswert schildert uns dann Trappen weiter seine Erlebnisse mit diesem Hammer. „Der Antrieb erfolgte durch eine Welle mit einem zweiflügeligen Hebedaumen, die durch eine Balancier=Dampfmaschine mit 21 Zoll Zylinderdurchmesser, 3 Fuß Hub und 20 Umdrehungen in der Minute angetrieben wurde. Die Bearbeitung der Luppen unter diesem Hammer war eine sehr energische, die Schlacke wurde gründlich ausgequetscht, und da kein Luppenwalzwerk vorhanden war, so wurden die Luppen auf eine Dimension, welche dem Grobwalzwerk entsprach, ausge= reckt. Für Bleche schweißte man einige flachgeschlagene Brammen aufeinander, oder schmiedete auch wohl Pakete von mäßiger Größe aus. Bei den fortwähren= den Stößen hatte die Maschine schwer zu leiden und bildete das Schmerzenskind der Hütte. Da hatte nun der erste Monteur der Maschinenfabrik gefunden, daß die Maschine besser arbeitet, wenn sie nicht in den mathematischen Linien, son= dern in vielen Teilen abweichend davon aufgestellt war. Diese Abweichungen waren in einem kleinen Buche sorgfältig zusammengestellt. Da wurde mir denn, als jüngstem Techniker der Maschinenfabrik, am 1. Juli jeden Jahres bei Beginn der Inventur von dem Herrn Chef dieses Buch übergeben mit dem Auftrag, die Ma= schine auf ihre Richtigkeit, oder besser Unrichtigkeit zu revidieren und, wenn nötig, wieder auf diese Unrichtigkeit einzustellen. Unter Beihilfe einiger Schlosser wurden über feste Marken Schnüre gespannt und mit Lot und Wasserwage, mit

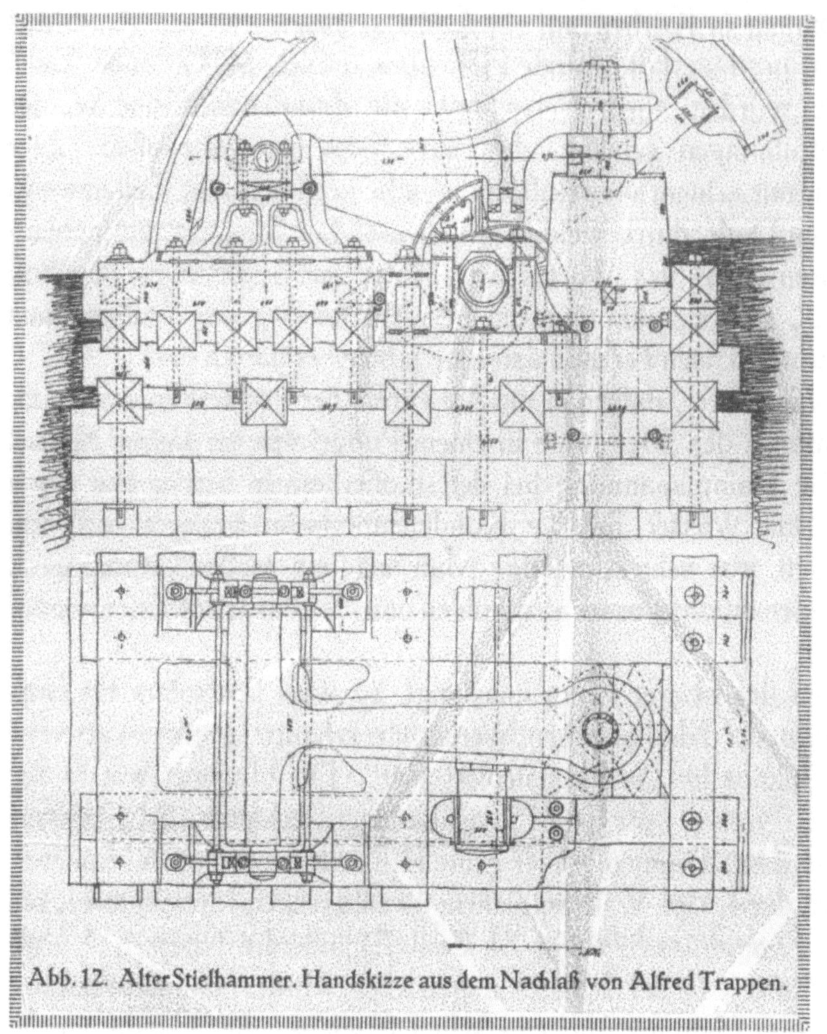

Abb. 12. Alter Stielhammer. Handskizze aus dem Nachlaß von Alfred Trappen.

Winden und Keilen einige Tage tüchtig gearbeitet, und die Maschine, die sich vielleicht im Laufe des verflossenen Jahres selbst korrigiert hatte, in die unrichtige Stellung zurückgezwängt. Ob mir das nun immer mit der vom Herrn Chef verlangten Genauigkeit gelungen ist, will ich heute gerade nicht mehr behaupten, es war vielleicht auch gar nicht so ganz wesentlich, denn die allgemeine Elastizität des ganzen Baues war wohl die beste Sicherung gegen Brüche, die vielleicht bei einem ganz starren System unausbleiblich gewesen wären."

Die Walzwerke wurden ebenfalls von einer Balanciermaschine angetrieben, die, wie Trappen erzählt, einen recht stattlichen Eindruck machte. Sie lief mit etwa 20 Umläufen in der Minute. „Der Konstrukteur hatte mit Vorliebe den Bau in gotischen Formen gehalten und gotische Verzierungen selbst an Balancier und Zugstange angebracht. Weniger hatte er dabei die Regeln der Stabilität beachtet. Die Ständer für die Unterstützung des Balanciers waren gekröpft, hatten sehr schmale Fußplatten, waren aber sonst gegenseitig miteinander gut verstrebt. Beide Maschinen hatten einfache Schiebersteuerungen, Expansionsvorrichtungen waren noch wenig bekannt, wären auch bei dem höchst geringen Dampfdruck kaum möglich gewesen. Die einfachen Schieber durften nach den Ansichten der alten Zeit weder Überdeckung noch Voreilung haben, mußten vielmehr mit den Kanälen genau abschließen. Die sämtlichen Fundamente, auch für die Triebwerke, für die Walzwerke und für den Hammer, waren aus Holz konstruiert unter gänzlichem

Ausschluß von Mauerwerk. Schwere eichene Balken lagen im Grunde, etwa 8 bis 10 Fuß tief, durch dicke Stempel und diagonal gestellte Streben mit den ebenso starken oberen Rahmstücken verbunden. Die Idee war wohl dabei gewesen, ein steifes Bett zu schaffen, die Belastung dieses Bettes bildete ausschließlich die Maschine. Ganz gelungen war nun diese Idee nicht, denn die Maschinen, sowohl die große wie die kleine, wiegten sich in bescheidenen Grenzen hin und her. Das große schwere Schwungrad war aus einem vierteiligen Ring, aus einzelnen Armen und dem Nabenstück zusammengepaßt und lief gut rund. Überhaupt machten die beiden Maschinen mit ihren recht sauberen Gußstücken der jungen Maschinenfabrik alle Ehre.

Die Maschine trieb direkt ein Blechwalzwerk von 19 Zoll Durchmesser bei höchstens 4 Fuß Ballenlänge an, die Oberwalze war im Anfang nicht balanciert, später jedoch wurde eine Balanciervorrichtung angebracht. Mittels eines ersten Vorgeleges wurde die Grobwalze von 14 Zoll Durchmesser mit 60 bis 70 Umdrehungen in der Minute, mittels eines zweiten Vorgeleges die Feinwalze von 9 Zoll Durchmesser und 105 Umdrehungen in der Minute angetrieben. Die sämtlichen Stirnräder liefen recht gut.

Sämtliche Walzenständer und die Walzenständerplatten waren nur wenig bearbeitet, da in alten Zeiten Hobelmaschinen noch nicht erfunden waren. Die Muttern auf die Druckschrauben waren sechseckig mit Spielraum eingekeilt, Einbaustücke und Metallager wurden roh eingelegt, höchstens letztere mit der Feile etwas ausgekratzt. An Scheren war für das ganze Werk nur eine einzige Maulschere vorhanden, welche von der Schwungradwelle angetrieben wurde und zum Beschneiden der Bleche sowie zum Abschneiden der rohen Enden der Stäbe dienen mußte, und für diese letztere Arbeit recht unvorteilhaft gelegen war. Dampfpumpen kannte man damals noch nicht, wenn die Kessel Wasser notwendig hatten, mußte eine der beiden Maschinen in Betrieb gesetzt werden." Die Maschinen haben den Umzug nach Dortmund nicht mitgemacht. Sie wanderten vorher in den Schmelzofen.

Was die äußeren Schicksale der Maschinenfabrik anbelangt, so siedelte zunächst Heinrich Kamp 1835 für mehrere Jahre nach Wetter über, um die Leitung in die Hand zu nehmen und seine Söhne in das Geschäft einzuführen. Er überließ dann seinem Sohn Otto in erster Linie die Fabrik, der von seinem Bruder Hermann nach Möglichkeit unterstützt werden sollte. 1842 trat der Kaufmann Julius Blank aus Elberfeld, der mit Emilie, der Tochter Heinrich Kamps, verheiratet war, in das Geschäft ein. Julius Blank, ein tüchtiger vorsorglicher Kaufmann, übernahm bald die gesamte kaufmännische Leitung, da Otto Kamp mit Rücksicht auf seine Gesundheit sich viel im Süden aufhalten mußte. Mit dem Tode Heinrich Kamps 1843 wurde Julius Blank Mitinhaber der Firma, nach seinem Tode 1864 übernahmen seine Söhne Julius, Heinrich und Hugo Blank die Fabrik.
Die Leistungen der Maschinenfabrik bewegten sich zunächst noch für viele Jahre

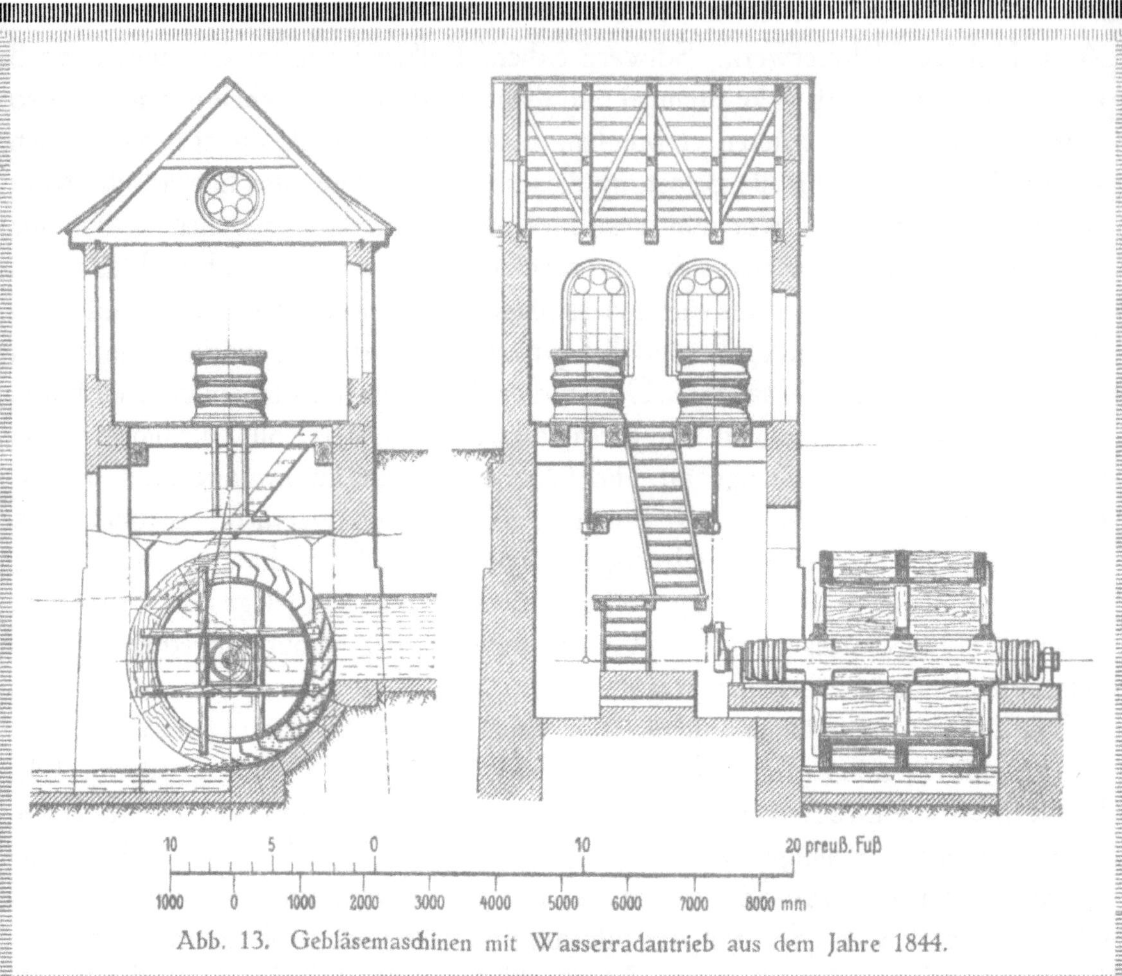

Abb. 13. Gebläsemaschinen mit Wasserradantrieb aus dem Jahre 1844.

durchaus in dem Rahmen, den wir bereits kennen gelernt haben. Man beschränkte sich hierbei im Gegensatz zu dem Bestreben Harkorts, das Geschäft überallhin auszudehnen, möglichst auf die nähere Umgebung. In den Geschäftsbüchern finden wir in dieser Zeit fast nur Firmen aus Rheinland und Westfalen verzeichnet. Die Berliner Werkstatt stand nicht mehr im Zusammenhang mit dem Werk in Wetter. Friedrich Mohl scheint sie selbständig fortgeführt zu haben. Die Werkstätte in Elberfeld, die in den letzten Jahren unter der Firma Blank & Godwin geführt wurde, hatte ebenfalls ihre Verbindungen gelöst und arbeitete jetzt unter der Firma Godwin & Woeste in erster Linie wohl für die Textilindustrie. Bemerkenswert ist, daß man damals anfing, die Balanciermaschine zu verlassen und dazu überging, einfache liegende Dampfmaschinen zu bauen, bei denen man Zylinder, Kreuzkopfführung und Kurbelwellenlager auf einer gemeinsamen Grundplatte anordnete. Abb. 16. Zwei Kesselspeisepumpen wurden vom Kreuzkopf aus unmittelbar angetrieben.

Viel Initiative zur Weiterentwicklung war in Wetter nicht vorhanden. Man wollte vorsichtig arbeiten, um wenigstens eine ausreichende Verzinsung des Kapitals

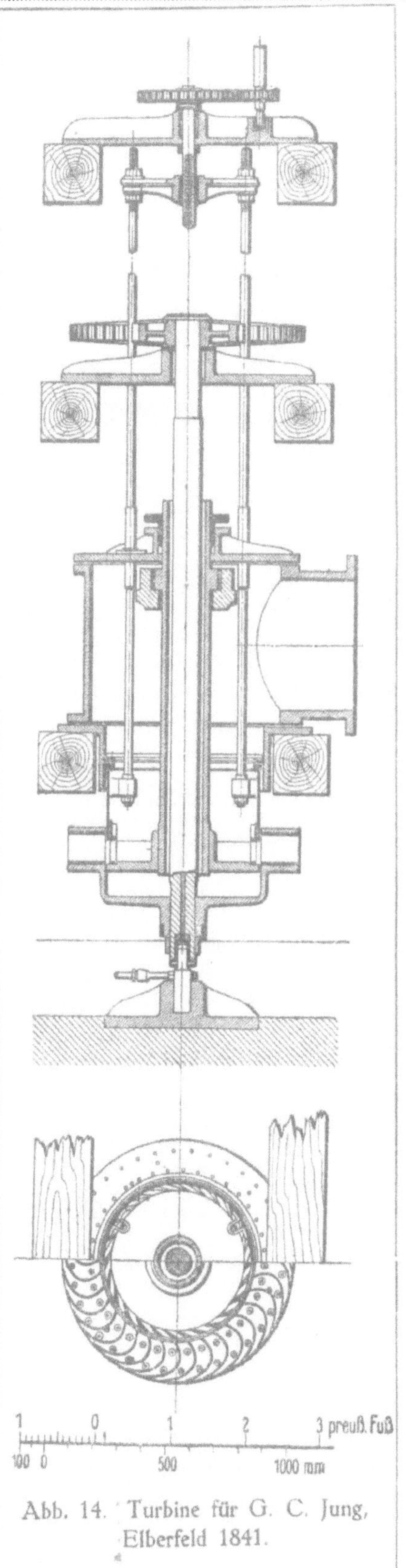

Abb. 14. Turbine für G. C. Jung, Elberfeld 1841.

zu erreichen und verzichtete auf den Ehrgeiz, eine mustergültige große Maschinenfabrik einzurichten. Dampfmaschinen blieben nach wie vor, wie wir das aus den alten Geschäftsbüchern entnehmen können, ein besonders bevorzugter Gegenstand der Fabrikation. Daneben wurden auch Wasserkraftmaschinen, Wasserräder und Turbinen gebaut. Die Abb. 13 und 14 zeigen solche Ausführungsformen dieser Maschinen. Auch Walzwerke wurden eingerichtet, kleinere Zylindergebläse für die Eisenwerke gefertigt und auch hier und da eine Wasserhaltungsmaschine und eine Fördermaschine für den Bergbau erbaut. Ferner baute man Papiermaschinen und in der ersten Zeit einige Maschinen für die Textilindustrie, doch hörte dieser Geschäftszweig bald ganz auf, man überließ anderen Firmen dieses Gebiet. Hinzu kamen alle möglichen anderen Aufträge. Es wird dem Bürgermeister Springorum in Herdecke zu 80 Taler ein Tor für den Friedhof geliefert. Ferner werden Wasserbehälter, Röhren und andere Gußstücke hergestellt. Es handelte sich also um eine Maschinenfabrik alten Stils, deren Höchstleistungen die Dampfmaschinen waren, die aber daneben alle möglichen anderen Aufträge auszuführen suchte, bei denen sie wirtschaftlich hoffen konnte, einigermaßen zu bestehen.

Neuen Ruhm und großes Ansehen erlangte die Firma erst unter der technischen Leitung von Alfred Trappen, der als ausgezeichneter Konstrukteur und erfahrener Fachmann es wohl verdient, in der Geschichte deutscher Ingenieurkunst ein bleibendes Andenken zu hinterlassen. Alfred Trappen wurde am 19. Juni 1828 als Sohn wohlhabender Eltern in Hörde geboren. Durch Unglücksfälle verloren die Eltern ihr Vermögen und zogen 1835 nach Elberfeld, wo sie ihrem Sohn eine gute Bildung nach technischer Rich=

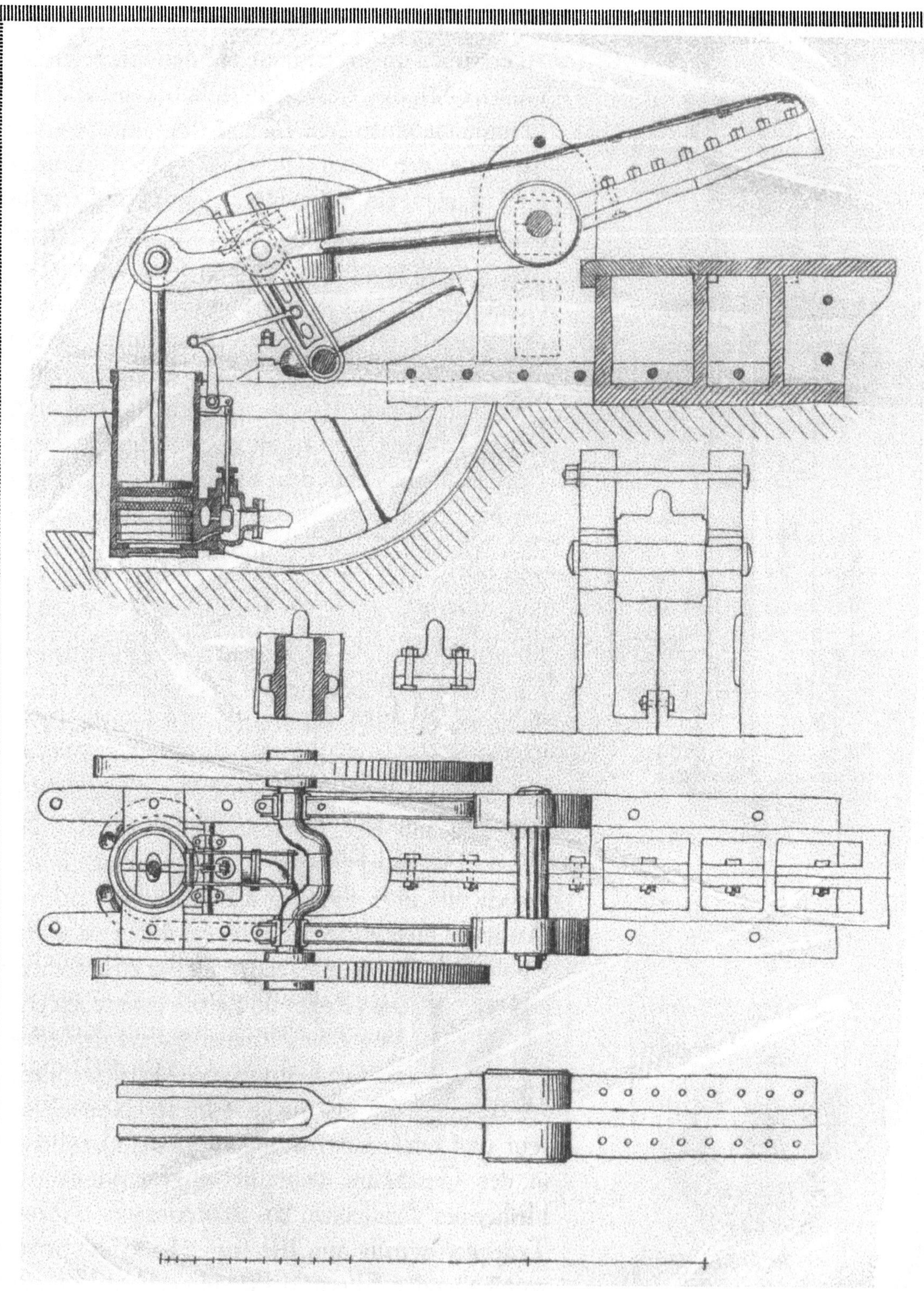

Abb. 15. Blechschere mit Dampfantrieb. Handskizze aus dem Nachlaß von Alfred Trappen.

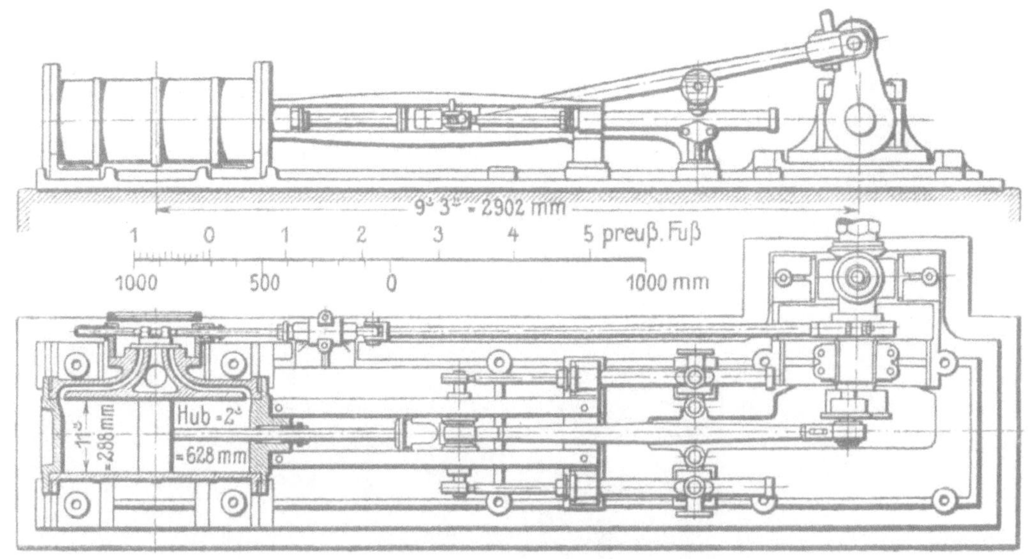

Abb. 16. Liegende Schieberdampfmaschine der Maschinenfabrik Kamp & Co., erbaut um 1840.

tung in der berühmten Elberfelder Real= und Gewerbeschule zu geben vermochten. Auf den üblichen Besuch des Berliner Gewerbe=Instituts mußte allerdings der junge Trappen aus Mangel an Mitteln verzichten. Die Gewerbeschule in Elberfeld stand damals unter Leitung von Caspar Egen, der in ganz Deutschland als vorzüglicher Mathematiker ebenso bekannt war, wie als erfolgreicher Leiter einer der ersten Gewerbeschulen. Vor allem suchte er die begabten Schüler soweit als irgend möglich durch persönlichen Unterricht zu fördern. Er ermöglichte es auch Trappen, an den freien Nachmittagen Mittwochs und Sonnabends an besonderen Zeichenstunden der Gewerbeschule teilzunehmen. Mit 17 Jahren trat Trappen bei seinen Vettern Kamp in die Maschinenfabrik Kamp & Co. als Lehrling ein, und hier hat er tatsächlich, wie er später sich rühmen konnte, von der Pike auf gedient. Die Lehrzeit wurde kontraktlich auf 6 Jahre festgesetzt. Die Tätigkeit war anstrengend, denn die Bureaustunden dauerten von morgens 6 bis abends 7 Uhr mit drei Pausen, zweimal eine halbe Stunde und mittags eine ganze Stunde. Bei dieser täglich elfstündigen Arbeitszeit kam je ein Tag in der Woche auf Werk= statt und kaufmännisches Bureau, die übrigen vier Tage auf das Konstruktions= bureau. Besonderer Wert wurde auf gutes Skizzieren gelegt und Trappen hat, wie so viele andere hervorragende Ingenieure, in seiner Lehrzeit gelernt, aus= gezeichnete Skizzen zu fertigen, wie die Abb. 17, die nur ein Beispiel von vielen gleich guten Entwürfen darstellt, deutlich erkennen läßt. Die kauf= männische Tätigkeit bestand vorzugsweise im Abschreiben der Briefe in die Ko= pierbücher, eine Arbeit, die Trappen anfangs sehr wenig Vergnügen bereitete, da ihm, wie er später in seinen Erinnerungen schrieb, diese Schreibertätigkeit doch allzu=

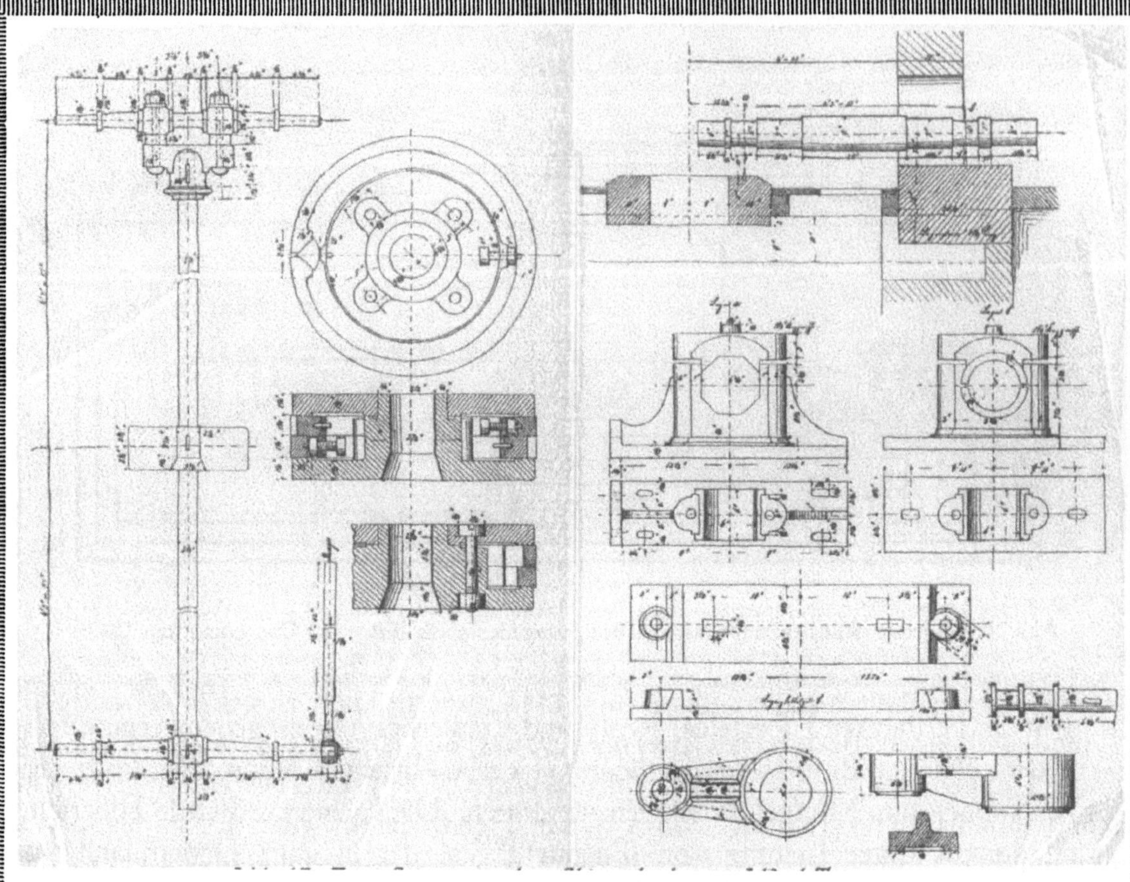

Abb. 17. Zwei Seiten aus dem Skizzenbuch von Alfred Trappen.
Die Aufnahme einer Dampfmaschine 1848.

sehr der Würde eines jungen Ingenieurs, für den er sich bereits hielt, abträglich zu
sein schien. Später hat er den Wert dieser Arbeit dankend anerkannt, denn
auf diesem Wege wurde ihm die gesamte Geschäftspost zugänglich und er lernte
alle geschäftlichen Fragen und die wechselseitigen Beziehungen zwischen der Firma
und ihrem Kundenkreis kennen. In den Freistunden suchte sich Trappen mit Hilfe
der allerdings recht spärlichen Literatur noch weiter fortzubilden. Er erwähnt hier
besonders das Buch „Salzenbergs Vorträge über Maschinenbau", dann die gut
ausgeführten Zeichnungen in den Werken von Armangaud Paris, die Dampf=
maschinenlehre von Bernoulli, das Buch von d'Aubisson über den Bau von Wasser=
rädern, Albans Hochdruckmaschine, sowie auch die 1846 zuerst erschienenen Lie=
ferungen von Weisbachs Mechanik, ebenso die 1848 erschienenen Resultate über
Maschinenbau von Redtenbacher. Als besondere Auszeichnung empfand es
Trappen, als er zuerst seinen Chef auf Geschäftsreisen begleiten durfte, und ihn,
der sehr kränklich war, durch Aufnahmen und Zeichnungen unterstützen konnte.
So gewann er schon früh Einblick in viele Fabrikbetriebe und lernte auch aus
eigener Erfahrung den Umgang mit der Kundschaft kennen. „Derartige Reisen",

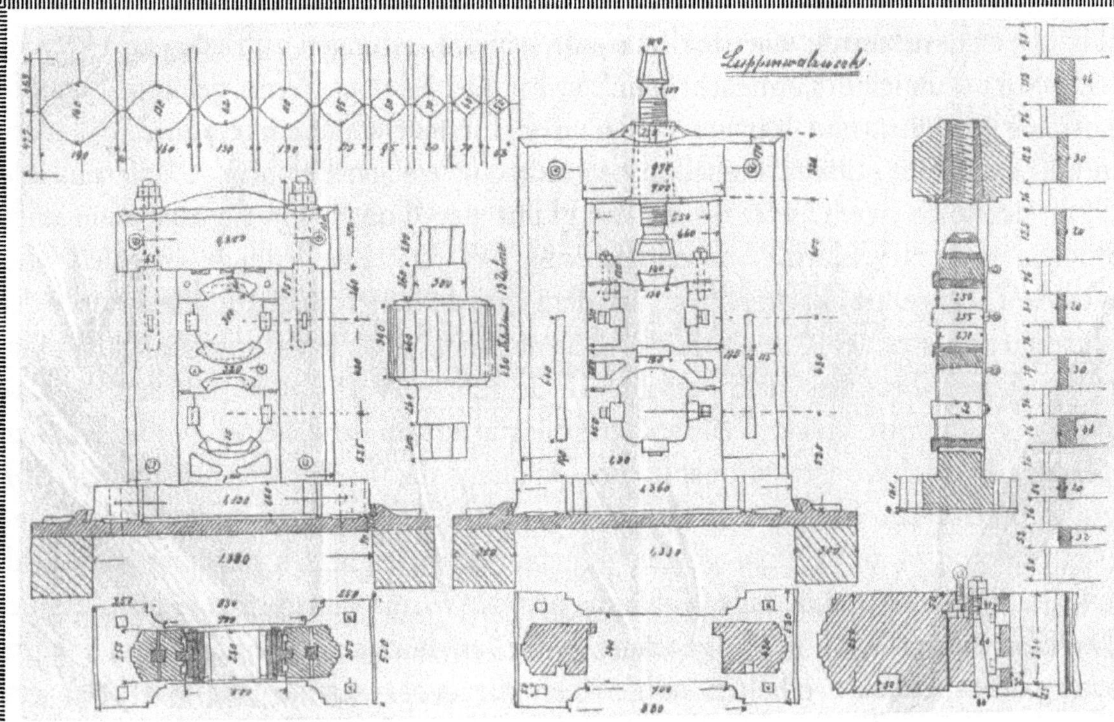

Abb. 18. Handskizze eines Luppenwalzwerks aus dem Nachlaß von Alfred Trappen.

erzählt Trappen, „wurden damals im eigenen Wagen gemacht, meist ohne Kut=
scher. Entweder der Herr Chef fuhr oder ich, zuerst unter seiner Anleitung und
später allein. Es war eine eigene Passion, immer im offenen Wagen zu fahren,
manchmal von morgens 6 Uhr bis abends 10 Uhr. Nur im tiefsten Winter wurde
im geschlossenen Wagen und mit Kutscher gefahren." An anderer Stelle erzählt
er, wie er manche Stunde nach Feierabend noch in dem Hüttenwerk in Wetter zu=
gebracht und sich mit den Meistern und Arbeitern, Kessel= und Maschinenwärtern
über die Puddel= und Schweißöfen, über Walzen= und Hammerbetriebe unter=
halten und vielerlei gelernt habe. „Oft habe ich auch abends auf dem nahen Berge
gestanden und die magische Beleuchtung des Ruhrtales bewundert durch die den
Schornsteinen fast permanent entströmenden mehrere Fuß hohen Flammen. Oft
sind dieselben mir auch eine willkommene Leuchte gewesen, wenn ich am späten,
dunklen Abend oder in der Nacht, einsam im selbstkutschierten Wagen, von Ge=
schäftsreisen in die Umgebung heimkehrte. Dies Stückchen Romantik ist für immer
verschwunden."

So verging die lange Lehrzeit für Trappen doch recht schnell. Am 1. Mai 1851
wurde er mit einem Jahresgehalt von 500 Talern als Techniker angestellt. In jedem
folgenden Jahr sollte er eine Zulage von 50 Talern haben, im zehnten Jahr also
1000 Taler erhalten. Trappen hatte sich bei seinem zehnjährigen Kontrakt aus=
bedungen, daß er alle zwei Jahre eine Studienreise von 6 Wochen zu seiner Fort=

bildung unternehmen könne. In den weiteren Veränderungen des Vertrages kommt
es bald zum Ausdruck, wie sehr man mit seinen Leistungen zufrieden sein konnte.
1854 wird ihm eine Tantieme von 1 v. H. für jede im Werk gebaute Dampfmaschine gewährt, und hieraus wird ihm eine Mindesteinnahme von 250 Talern
im Jahr garantiert, Dampfkessel sollten nicht mit einbegriffen sein. Die Firma er-
klärte sich auch bereit, von da an die Hälfte der Kosten für die ausbedungenen
Studienreisen zu zahlen. Inzwischen war der damalige leitende Ingenieur des
Werkes Thomée krankheitshalber aus dem Geschäft geschieden und es wurde der
Maschinenmeister der Altona-Kieler Eisenbahn C. Dahlhaus angestellt. Mit ihm
wurde Alfred Trappen gleichgestellt. Beide führten vertraglich zunächst die Bezeichnung „Haupttechniker". Sie sollten kollegial zusammenarbeiten, wobei Trappen
in erster Linie das Konstruktionsbureau, Dahlhaus die Werkstätten übernahm. 1857
wurde bereits das Gehalt von Trappen auf 1000 Taler festgesetzt und ihm eine
Tantieme von ½ v. H. vom ganzen Umsatz des Geschäftes bewilligt. Zugleich
ließ er sich zusichern, daß, falls Dahlhaus aus der Firma ausscheide, er als alleiniger
Direktor für das Werk in Frage käme, wobei er dann eine Tantieme von 1 v. H.
vom ganzen Umsatz erhalten sollte. Der hier vorgesehene Fall trat 1867 ein.
Von da an hat Trappen noch viele Jahre mit größtem Erfolg als technischer
Direktor die Firma geleitet.

 n den technischen Leistungen hatte Trappen natürlich zunächst an
das anzuknüpfen, was er vorfand. Das waren Dampfmaschinen,
Dampfkessel und der allgemeine Maschinenbau. Neben den alten
üblichen Balanciermaschinen für größere Leistungen wurde die liegende Dampfmaschine weiter ausgebildet, und Wanddampfmaschinen wurden als
kleine Kraftmaschinen gebaut. So lieferte man 1854 eine solche unmittelbar an
die Wand des Maschinenhauses geschraubte Maschine von 6 PS für 4 at Überdruck. Im gleichen Jahr baute man 4 Dampfmaschinen für den eigenen Bedarf
und versah eine davon bereits mit Ventilsteuerung.

Damals wurden auch noch ab und zu vollständige Dampfmühlen mit allem, was
dazu gehört, erbaut. 1850 lieferte man eine solche Mühle nach Hamm. Als
Betriebskraft diente ein Poncelet-Wasserrad und eine 12 PS liegende Hochdruckmaschine. Bei einer Anlage für eine Firma in Neuß, die 1863 in Betrieb kam,
verwendete Trappen bereits, um mit dem Brennstoff möglichst zu sparen, eine
Maschine mit Expansion in zwei Zylindern nach der Bauart Woolf. Die Balanciermaschine arbeitete mit 3,5 at und 28 Umdrehungen in der Minute. Mit
großer Vorliebe pflegte Trappen die Beziehungen zu dem immer mehr aufstreben-
den Bergbau und vor allem dem Eisenhüttenwesen. Für den Bergbau waren
Wasserhaltungs- und Fördermaschinen zu bauen. Die damaligen Wasserhaltungsmaschinen waren große Balanciermaschinen, die als reine Hubmaschinen

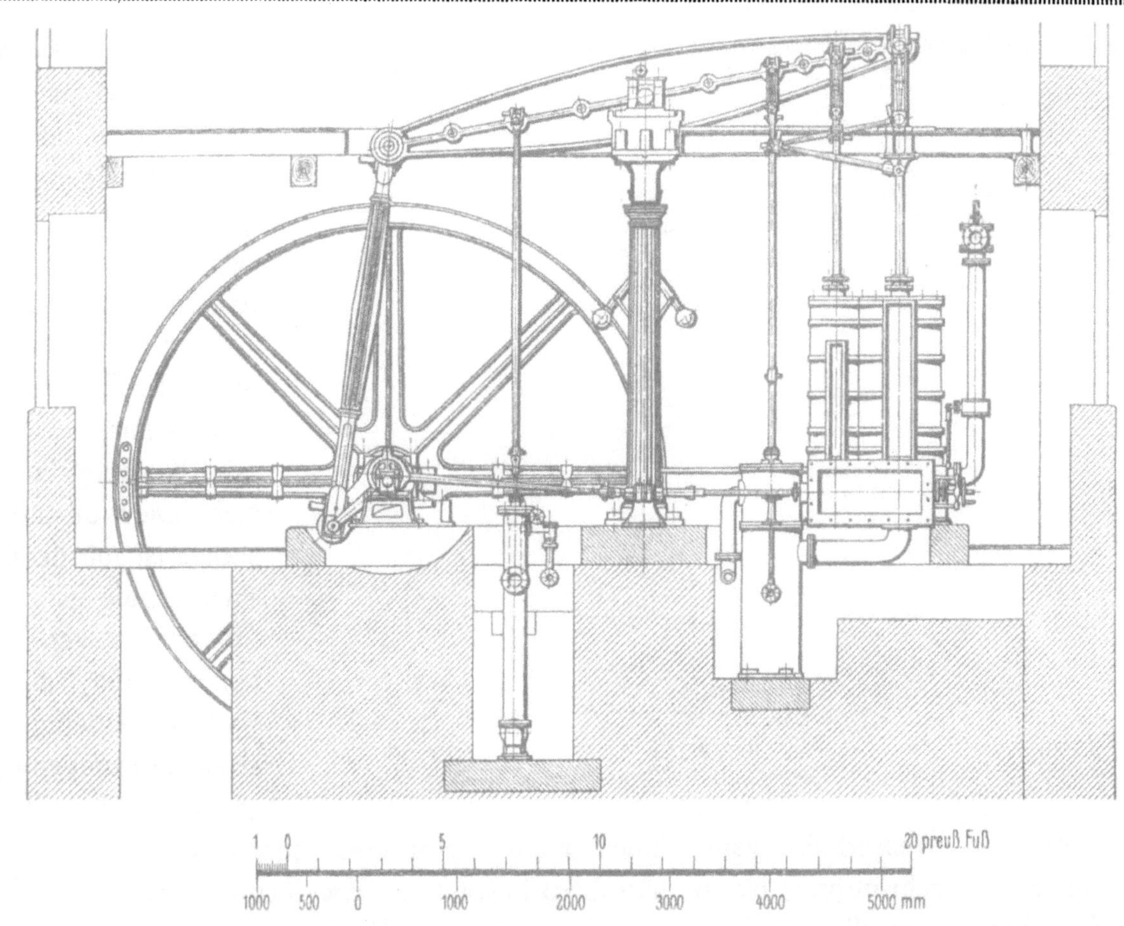

Abb. 19. Balanciermaschine mit zweifacher Expansion nach Woolfscher Bauart 1863.

arbeiteten. Hier und da kamen in den letzten 50 Jahren sogenannte direkt wir=
kende Maschinen auf, bei denen der Zylinder mit nach unten arbeitender Kolben=
stange unmittelbar über dem Schacht aufgestellt war, so daß die Kolbenstange
mit dem Gestänge direkt verbunden werden konnte. Die Maschinen waren leichter
und dementsprechend wesentlich billiger als die Balanciermaschinen. Der Dampf=
verbrauch war noch recht groß. Auf geringen Kohlenverbrauch legten die Berg=
werke damals im Kohlenrevier noch wenig Wert. Eine seiner ersten besonders
verantwortungsvollen Aufgaben, an die sich Trappen noch im späten Lebensalter
gern erinnerte, wurde ihm im Alter von 26 Jahren gestellt. Es handelte sich da=
mals um zwei große tonnenlägige einfachwirkende Wasserhaltungen, die für Zeche
General bei Dahlhausen und Zeche Wallfisch bei Witten erbaut wurden. Die
eine Maschine war unter 19^0, die andere unter 60^0 geneigt. Sie hatten 5 Fuß
⟨1570 mm⟩ Zylinderdurchmesser und 8 Fuß ⟨2511 mm⟩ Hub. Beide Maschinen
entsprachen vollkommen allen Erwartungen, so daß sie das Selbstvertrauen des
jungen Konstrukteurs recht wesentlich zu kräftigen vermochten. In späterer Zeit
hat dann Trappen, wie aus den Zeichnungen in seinem Nachlaß hervorgeht, auch

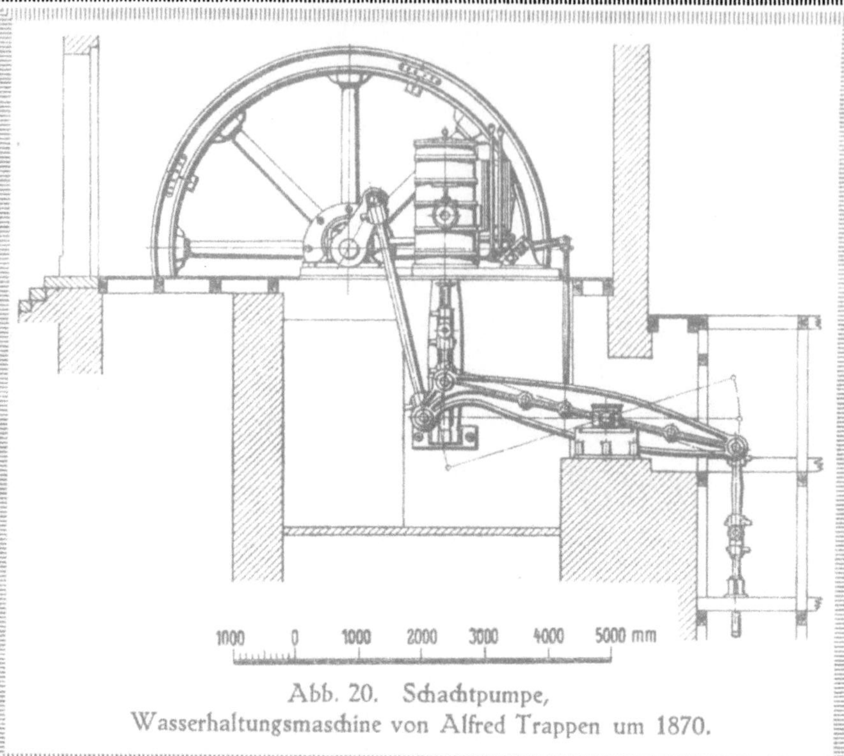

Abb. 20. Schachtpumpe,
Wasserhaltungsmaschine von Alfred Trappen um 1870.

doppelt wirkende Maschinen mit Drehbewegung gebaut. Abb. 20 zeigt eine dieser interessanten Konstruktionen, bei denen der Zylinder unmittelbar neben der Kurbelwelle steht. Die Kolbenstange ist mit dem einen Ende eines Balanciers verbunden, der mit seinem anderen Ende am Pumpengestänge angreift.

Zu den Wasserhaltungsmaschinen kamen Fördermaschinen, die eine geraume Zeit gebrauchten, bis sie sich ihren besonderen Zwecken angepaßt hatten. Zunächst waren die Fördermaschinen gewöhnliche Betriebsmaschinen, die man zugleich für Wasserhaltungs= und Förderzwecke benutzte, so daß sie gewöhnlich keiner dieser verschiedenen Aufgaben gerecht werden konnten. In ihren Leistungen waren diese Fördermaschinen noch recht bescheiden. Aus einer Aufstellung über die Dampffördermaschinen in Westfalen aus dem Jahre 1838 sieht man, daß damals die durchschnittliche Leistung einer Fördermaschine nur 8 PS betrug, die stärkste Maschine leistete 20 PS. Die mittlere Geschwindigkeit ging über 3 m in der Sekunde nicht hinaus, die Tiefen, aus denen zu fördern waren, blieben unter 150 m. Bis in die 60 er Jahre hinein gab es im Bergbaubezirk noch viele Einzylindermaschinen, die mit Vorgelege auf die Seiltrommel arbeiteten. Sie waren billig, das war ihr wesentlichster Vorteil. Höhere Anforderungen an Betriebsicherheit und leichtere Manövrierfähigkeit führten bald zur Zwillingsmaschine. 1865 war die durchschnittliche Leistung der Fördermaschine, wenn wir eine Zusammenstellung von solchen Maschinen, die Redtenbacher 1865 herausgab, zugrunde legen, bereits auf das Doppelte gestiegen, aber Fördermaschinen über 40 PS kamen kaum vor. Hierfür genügte die Zwillingsfördermaschine mit Seiltrommel. Größte Betriebssicherheit und übersichtliche bequeme Bedienung, von der mehr oder weniger auch die Sicherheit des Betriebes abhängig war, standen bei den Fördermaschinen in erster Linie. Der Brennstoffverbrauch, der bei anderen Ma=

schinengruppen eine so wichtige Rolle spielte, kam für die Fördermaschine früher
nicht allzusehr in Betracht. In den Kohlengruben war der Brennstoff billig. Die
Art des Betriebes mit der Bewegungsumkehr und den Pausen war für den Brenn=
stoffverbrauch nicht günstig. So kam es, daß man lange Zeit bei Fördermaschinen
den hohen Dampfverbrauch als unvermeidlich hinnahm. Man hat zwar oft ver=
sucht, Expansionssteuerungen auch hier einzuführen. Diese waren aber praktisch
im Betrieb zu verwickelt. Für den Maschinisten war es am bequemsten, mit
voller Füllung zu fahren. Damit war das Schicksal der besten Expansionssteue=
rung besiegelt, bis dann wieder eine neue Steuerung auftrat, die alles das halten
sollte, was die alten Bauarten schon versprochen hatten.

Aus Wetter gingen eine Anzahl dieser hier kurz gekennzeichneten Förder=
maschinen hervor. Im Jahre 1851 wurde eine Fördermaschine für eine Zeche
geliefert, es war noch eine Balanciermaschine. 1860 erbaute dann Trappen für
die Zeche Glücksburg eine größere liegende Zwillingsfördermaschine von 706 mm
Durchmesser und 1570 mm Hub und rüstete diese Maschine bereits mit Ventil=
steuerung aus. Es wird besonders erwähnt, daß die Achse aus Schmiedeisen
hergestellt war. Die Fördertrommeln maßen 16 Fuß im Durchmesser. Die Ma=
schinen waren mit allen damals üblichen Bremsvorrichtungen und anderen Sicher=
heitseinrichtungen versehen. Das war auf diesem Gebiet wohl die normale
Leistung in dem Zeitabschnitt, der hier zu betrachten ist. Eine ausschlaggebende
große Bedeutung haben die Fördermaschinen im Arbeitsprogramm von Kamp
& Co. nicht gespielt.

Viel größere Bedeutung erlangten die Betriebsmaschinen für die Eisenhütten=
werke, in erster Linie die Gebläsemaschinen und die Walzenzugmaschinen.

Die Gebläsemaschinen und der Hochofen verlangten zuerst nach der Dampf=
maschine. Durch jahrzentelange Arbeit wurde hier den Anforderungen des
Eisenhüttenmannes einigermaßen entsprochen. Die alten Gebläsemaschinen waren
Balanciermaschinen, die unter vollständiger Verkennung der von den Wasser=
haltungen abweichenden Arbeitsbedingungen vielfach in genauer Anlehnung an diese
gebaut wurden. Es waren anfangs, verglichen mit den heutigen Leistungen, noch
sehr kleine Maschinen. Der Betrieb war, wie wir uns bereits vorher von Trap=
pen haben erzählen lassen, recht eigenartig. Auf den Brennstoffverbrauch legte
man noch keinen entscheidenden Wert. Mit dem Größerwerden der Hochöfen
mußten die Maschinen gleichen Schritt zu halten suchen. Auch deren Entwicklung
ging recht langsam vor sich. 1837 rechnete man im Durchschnitt mit 470 t Eisen
bei Holzkohle und 840 t bei Koks für einen Hochofen im Jahr. 1850 wurden ent=
sprechend als Zahlen angegeben 566 und 927 t. Man kam bei dem niedrigen
Druck zu außerordentlich weiten Zylindern und entsprechend sehr großen Durch=
messern und hohen Kosten der Maschinen. Trappen versuchte auch hier dadurch zu

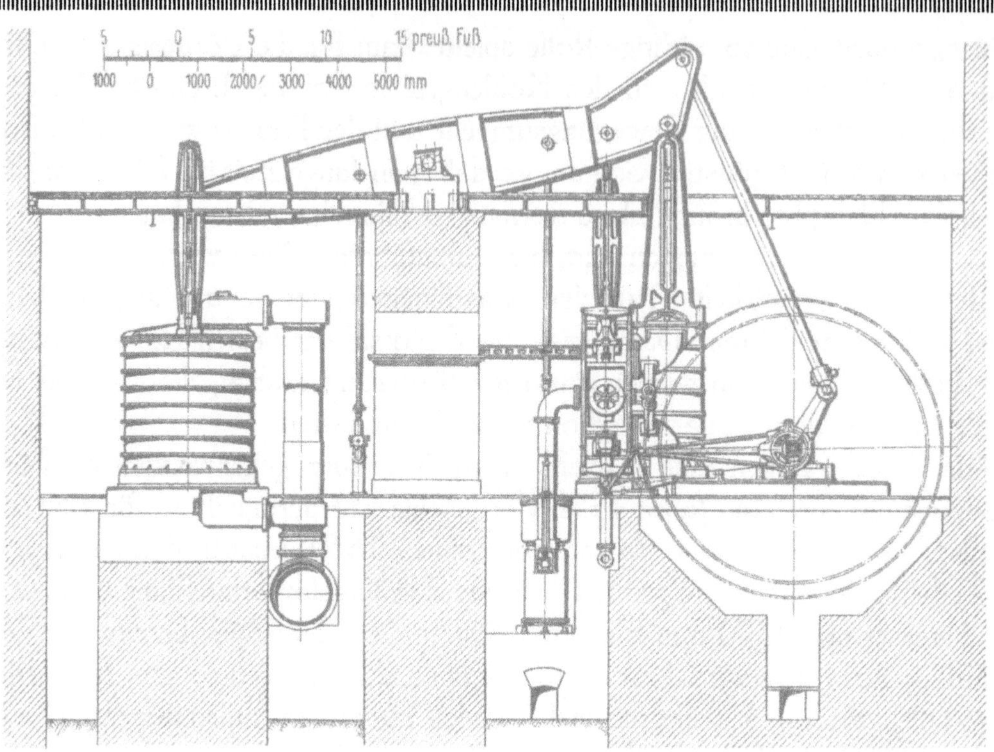

Abb. 21. Gebläsemaschine nach Woolfscher Bauart zu Anfang der 70er Jahre.

bessern, daß er zweifache Expansion in zwei nebeneinanderstehenden Zylindern be=
nutzte. Eine für die Zeit um 1860 besonders hervorragende Leistung zeigt die in
Abb. 21 dargestellte Woolfsche Gebläsemaschine, um deren Einführung sich Trappen
besondere Verdienste erworben hat. Schwungrad und Kurbelwelle liegen hier außer=
halb neben den Zylindern, die Schubstange greift an einem aufwärts gerichteten Horn
des Balanciers an. Die Dampfzylinder hatten Durchmesser von 1412 und 837 mm
bei 2,44 und 1,9 m Hub, der Gebläsezylinder hatte bei einem Hub von 2,44 m
einen Durchmesser von 2,6 m. Man arbeitete im Hochdruckzylinder mit 2,67 bis
2,74 kg/qcm bei $^4/_5$ Füllung. Die Windpressung betrug 0,34 kg/qcm.

Von den 50er Jahren an begann dann auch im Gebläsemaschinenbau der Kampf
zwischen stehender und liegender Anordnung. In Deutschland fing man an, die
liegenden Maschinen zu bevorzugen. Trappen, der ihre Vorzüge frühzeitig er=
kannt und konstruktiv sich von jeher bemüht hatte, sie zu verbessern, hat deshalb
auch bald im Gebläsemaschinenbau diese Anordnung bevorzugt.

Die Entwicklung auf den einzelnen Arbeitsgebieten der Technik ist sehr stark
voneinander abhängig. Die Einführung des Flammofenfrischens ermöglichte zum
erstenmal eine Massenherstellung von schmiedbarem Eisen. Ohne dies Verfahren
wäre es unmöglich gewesen, Eisenbahnschienen in schmiedbarem Eisen herzu=
stellen, ohne die wieder die Entwicklung der Eisenbahnen undenkbar war.

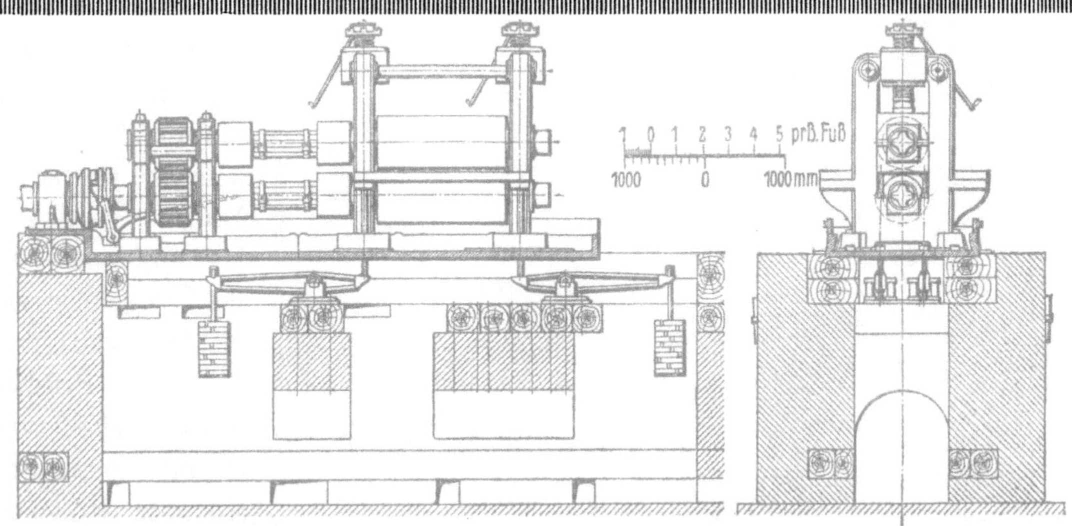

Abb. 22. Eisenblechwalzwerk um 1840 aus Handbuch der Eisenhüttenkunde von Karsten.

Die Eisenbahnen stellten mit einem Mal riesige Anforderungen an die Form=
gebung des Eisens und an die Ausbildung der Walzwerke. Bleche herzustellen,
war die erste große Aufgabe der Walzwerke gewesen. Jetzt setzte mit den Eisen=
bahnen die Fabrikation der Eisenbahnschienen im Großen ein. Beck erzählt uns
in seiner Geschichte des Eisens manches Wissenswerte aus jenem ersten Ent=
wicklungsabschnitt des Walzwerkbaues. Die ersten Schienen wogen nur 15 kg
für den laufenden Meter. Bald steigerte sich aber das Gewicht auf 35 kg. Damit
verdoppelten sich auch die Ansprüche an die Leistungsfähigkeit der Walzwerke.
In den 40er und 50er Jahren gehörten Walzenzugmaschinen von 100 PS bereits
zu den größten ortsfesten Dampfmaschinen. Als man nach Überwindung großer
Schwierigkeiten gelernt hatte, brauchbare Schienen zu walzen, ging man auch daran,
alle möglichen anderen Formeisen auf Walzen herzustellen. Zu jener Zeit ent=
standen auch die ersten gewalzten T=Eisen.

Die Walzwerke standen zuerst immer auf starken hölzernen Fundamenten. Sie
sollten elastisch aufgestellt sein, um bei den unvermeidlichen Stößen Brüche zu
vermeiden. Die ersten Walzenzugmaschinen hatten fast ausnahmslos eine viel zu
geringe Leistung. Man half sich dann dadurch, daß man Luppenwalzen, Stab=
und Blechwalzen aus Mangel an Kraft und oft auch aus Mangel an Raum nach=
einander betrieb. Abwechselnd legte man in dasselbe Gerüst die einzelnen Walzen=
sorten ein. Auch wurde versucht, sämtliche Kaliber auf einem Walzenpaar zu
vereinigen und alle Arbeit auf einem Gerüst zu vollenden. Diese Walzen wurden
aber zu lang und zerbrachen oft. Bei den ersten kleinen Walzwerken hatte man
die Oberwalze unmittelbar auf die untere Walze gelegt und sie nur durch Reibung
mit=„geschleppt", und die untere Walze durch eine Kupplung mit dem Wasser=
rad verbunden. Die Zapfen lagen in offenen Lagern. Die Oberwalze hatte nur

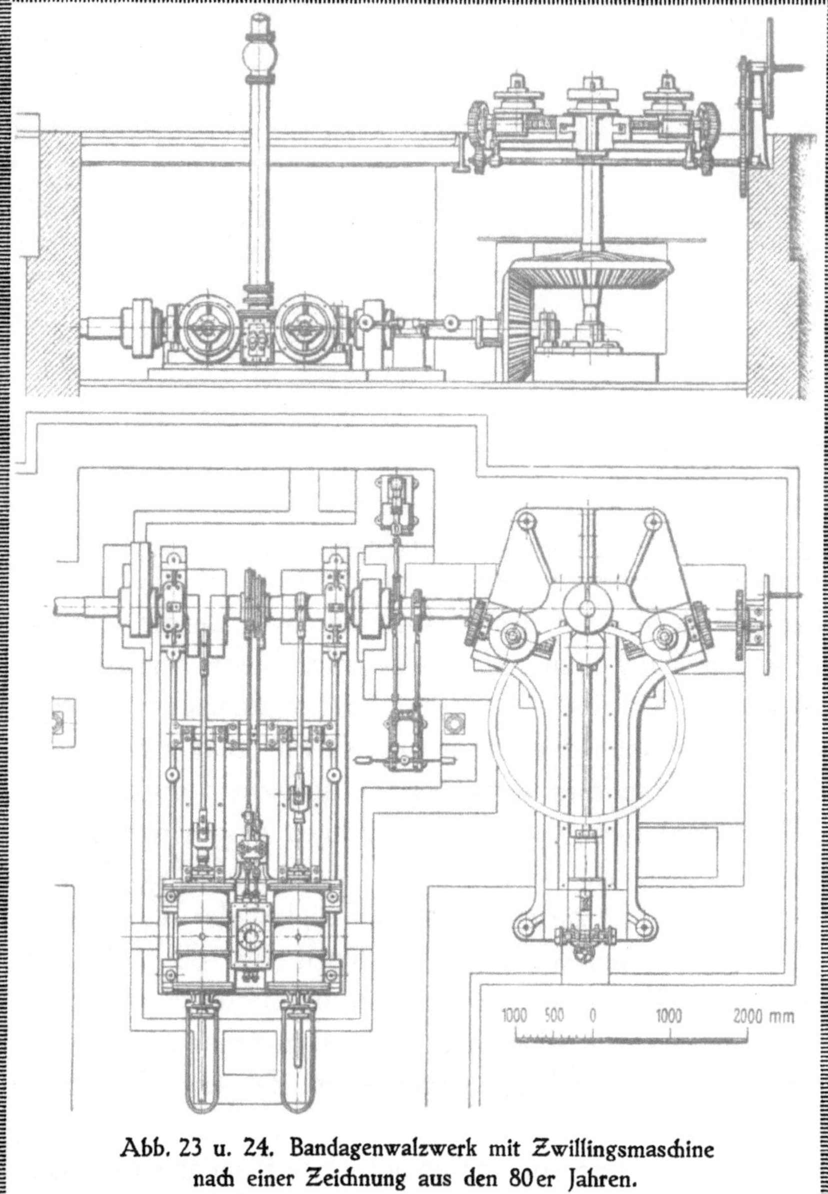

Abb. 23 u. 24. Bandagenwalzwerk mit Zwillingsmaschine
nach einer Zeichnung aus den 80er Jahren.

ein Oberlager, das mit einer Druck=schraube die Höhen=stellung begrenzte. Nach Durchgang des Walzgutes fiel die Oberwalze auf die Unterwalze, was leicht zu Brüchen führte. Deshalb ver=ließ man dieses so=genannte Schlepp=walzensystem und verband die Wal=zenzapfen mit Kupplungsrädern, wodurch man einen viel gleichmäßigeren Umlauf erzielte. Man suchte auch, um das Herabfallen der Oberwalze zu verhüten, diese durch Gegengewichte zu balancieren. Eine sehr wichtige Erfin=dung ist dem Kon=strukteur R. Daelen zu verdanken, der 1848 zuerst auf der Hermannshütte zu Hoerde ein Universalwalzwerk zur Her=stellung von Flacheisen in verschiedener Breite und Dicke in Betrieb brachte. Trappen hat an der späteren Entwicklung dieser Universalwalzwerke großen An=teil genommen. Natürlich dehnte man auch das Walzverfahren auf die Draht=fabrikation aus, man walzte das Rundeisen bis zu 6 mm Dicke, in den 40er Jahren war man bereits bis zu 4 mm gegangen. Große Fortschritte wurden in dem Walzwerksbau der 50er Jahre erreicht. Bis dahin hatte man sich im wesent=lichen mit den Walzwerken mit gleichbleibender Drehrichtung beholfen. Hierbei mußte man die Walzstücke überheben, um sie in der gleichen Richtung wieder durch=laufen zu lassen. Mit dem Schwererwerden der Stücke wurde dieses Überheben immer lästiger. Man baute besondere Vorrichtungen hierfür, bewegliche Brücken und fahrbare Gestelle. Eine andere Lösung war die, Walzwerke mit umkehrbarer Bewegungsrichtung zu bauen. So kam man zu den Umkehrwalzwerken, die sich zunächst besonders in England einführten. Eine andere Lösung, um das Überheben entbehrlich zu machen, führte zur Benutzung von drei Walzen übereinander. So kam man zu den Triowalzwerken. Zuerst führte man dies Verfahren bei den Feineisenwalzwerken ein und ging dann dazu über, es auch für andere Walzwerke durchzuführen. An der weiteren Entwicklung der Triowalzwerke haben sich zuerst besonders amerikanische Ingenieure beteiligt.

Auch zu Sonderkonstruktionen für bestimmte Aufgaben kam man recht frühzeitig. So gelang es, große Verbesserungen einzuführen, die das Walzen von Radreifen für Eisenbahnräder wesentlich verbilligten. Hier hat Trappen insonderheit sein großes konstruktives Talent hervorragend bestätigen können. Im Jahre 1867 hat er sein erstes Bandagenwalzwerk gebaut. Zum Antrieb diente eine liegende Zwillingsdampfmaschine von 24 Zoll Zylinderdurchmesser und 3 Fuß Hub mit doppelt gekröpfter Welle. Maschinen und Walzwerke in ähnlicher Ausführung aus späterer Zeit zeigen die Abbildungen 23 u. 24.

Was die Walzenzugmaschinen anbelangt, so entwickelten sich die mit gleichbleibender Drehrichtung in ähnlicher Weise wie die normalen Betriebsmaschinen. Zuerst baute man Balanciermaschinen, die sich bei ihrem langsamen Gang durch ein Zahnradvorgelege den schnellaufenden Walzen anzupassen suchten. Dann ließ man die Maschinen unmittelbar angreifen und baute sie, vor allem Kamp & Co., mit Vorliebe in liegender Anordnung. In der äußeren Maschine haben sich diese liegenden Walzenzugmaschinen sehr lange gleichbleibend erhalten. Als Beispiel diene hier eine liegende Walzenzugmaschine mit Schiebersteuerung, wie sie noch in den 80er Jahren gebaut und ausgeführt wurden ⟨Abb. 25⟩. Die Maschinen arbeiteten meistens mit Kondensation und Expansion. Solange man mit Vorgelegen, d.h. mit geringen Umlaufzahlen arbeitete, ging dies ganz gut. Bei den Maschinen mit höherer Umlaufzahl, die unmittelbar die Walzenstraßen antreiben konnten, machte aber die Kondensation sehr große Schwierigkeit, da sich die Luftpumpen durchaus nicht der größeren Geschwindigkeit anpassen wollten. Größte Einfachheit der Konstruktion wurde als wesentliche Bedingung der Walzenzugmaschine angesehen.

Die 60er Jahre brachten dann einen neuen großen Ansporn für die Entwicklung der Walzenzugmaschine durch die bereits erwähnte Einführung des Windfrischens, des Bessemer-Verfahrens. Das Material, das jetzt zu verwalzen war, war wesentlich härter, die Ansprüche an die Leistungsfähigkeit der Walzenzugmaschinen und der Walzwerke selbst stiegen bedeutend. 1864 kam auch das Siemens-Martin-Verfahren in Aufnahme und wurde durch die Ausstellung in Paris 1867 der größeren Öffentlichkeit bekannt. Auch dieses Verfahren wirkte stark auf den

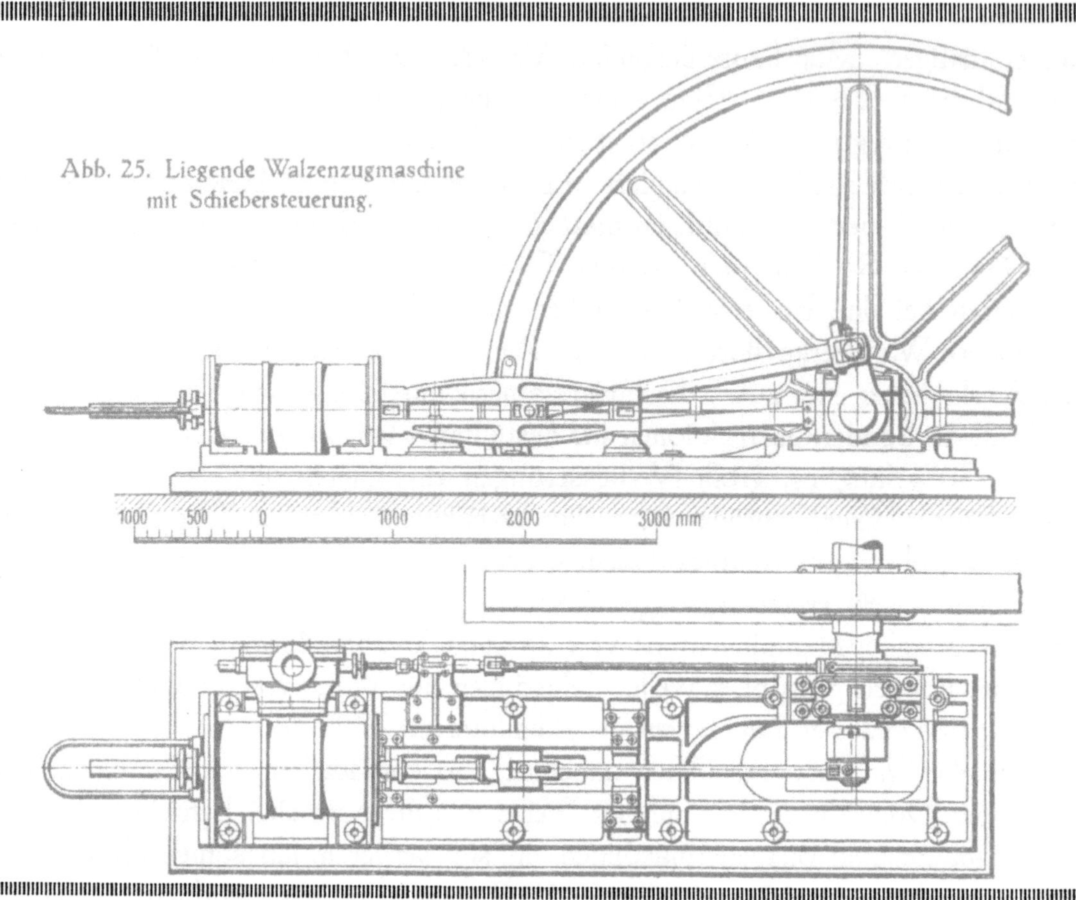

Abb. 25. Liegende Walzenzugmaschine mit Schiebersteuerung.

Ausbau der Walzwerke ein. In Verbindung mit seinem Bessemer=Werk hatte Friedrich Krupp 1863 ein für damalige Verhältnisse riesiges Walzwerk zum Vorwalzen der Stahlblöcke mit einer Dampfmaschine von 1000 PS eingerichtet, das 1864 in Betrieb kam.

1859 war mit dem französischen Kriegsschiff „Gloire" das erste Panzer= schiff vom Stapel gelaufen. Die Panzerfabrikation stellten neue, riesige Anfor= derungen an die Walzwerke. Auf der Londoner Weltausstellung 1862 konnten zum erstenmal Panzerplatten ausgestellt werden. Diese Ausstellung zeigte auch deut= lich, wie stark die Entwicklung im Eisenbau, vor allem im Brückenbau und Schiffs= bau, bedingt war von der weiteren Entwicklung der Walzwerke. Die größten Leistungen erforderten aber nach wie vor die Schienenwalzwerke.

In den 60er Jahren begann man in immer größerem Umfange hydraulische Vor= richtungen mit den Walzwerken in Verbindung zu bringen. Im Bau der Walz= werke fand Trappen eine weitgehende Betätigung. Hatte er schon als Lehrling mit Vorliebe das alte Walzwerk in den Feierstunden aufgesucht, so hat er später bei seinen vielen Reisen niemals versäumt, sich die neuesten Einrich= tungen anzusehen. Diese ständige Verbindung mit dem Eisenhüttenwesen gab ihm die Grundlage für sein weiteres Schaffen. Zahlreiche Walzwerke der ver=

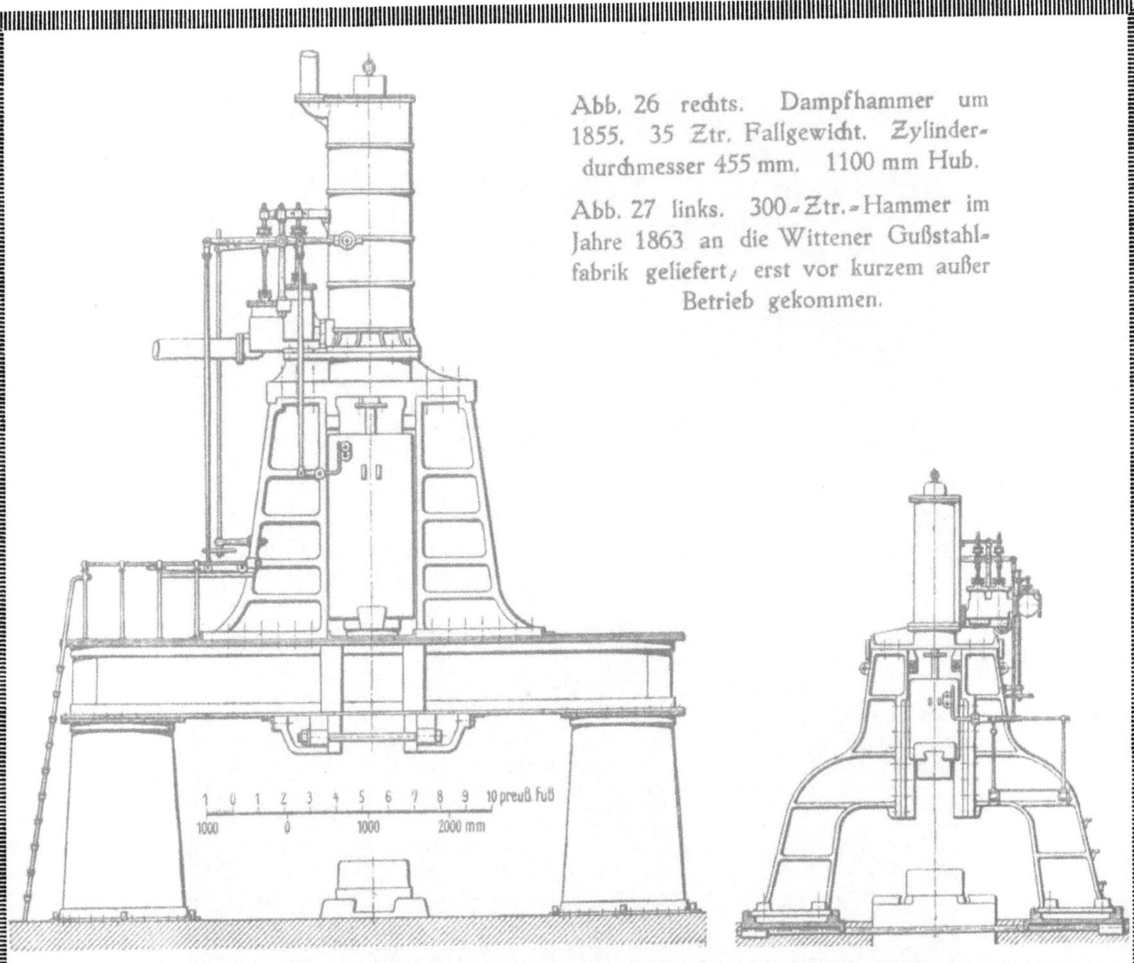

Abb. 26 rechts. Dampfhammer um 1855. 35 Ztr. Fallgewicht. Zylinderdurchmesser 455 mm. 1100 mm Hub.

Abb. 27 links. 300=Ztr.=Hammer im Jahre 1863 an die Wittener Gußstahlfabrik geliefert, erst vor kurzem außer Betrieb gekommen.

verschiedensten Konstruktionen sind damals aus Wetter hervorgegangen. Damit schuf Trappen die Unterlagen, die es ihm ermöglichten, nach 1870 einer der führenden Konstrukteure auf diesem Gebiet zu werden.

Für das Eisenhüttenwesen erlangte neben dem Walzwerk der Dampfhammer eine große ausschlaggebende Bedeutung. Der erste Dampfhammer stammte aus England. Der große Ingenieur Nasmyth hatte die Form, die der Dampfhammer dauernd beibehalten sollte, entwickelt, als ihm die Aufgabe gestellt wurde, eine große Schiffsradwelle zu bearbeiten, für deren Abmessungen die alten Stielhämmer entfernt nicht mehr ausreichten. Am 9. Juni 1842 erhielt Nasmyth sein erstes Patent auf den Dampfhammer. Es dauerte noch Jahre, bis er sich überall einführte, dann aber wurde gerade der Dampfhammer auch von denen, die der Technik fernerstehen, als ein besonders gutes Beispiel dafür bewundert, in welchem Umfange der Mensch sich Naturkräfte zu eigen machen konnte. Die schweren, beim Dampfhammer zu bewegenden Gewichte waren so sehr in die Hand des Menschen gegeben, daß der künstlerische phantasiereiche Nasmyth stets seinen Hammer als denkendes Wesen behandelt wissen wollte. „Er denkt in Schlägen", pflegte Nasmyth von seinem Hammer zu sagen.

Abb. 28. Dampfhammer auf der Wiener Weltausstellung 1873.
Fallgewicht 300 Zentner.

Frühzeitig nahm Kamp & Co. in Wetter den Bau von Dampfhämmern auf. Je nachdem die Dampfhämmer vorwiegend der Materialverdichtung oder der Form= gebung dienen, zwei Aufgaben, die auch oft vereint auftreten, haben sich ihre Bau= art und die Ausbildung ihrer Einzelheiten, zumal ihrer Steuerung, weiter ent= wickelt. Für kleinere Leistungen zeigt die Abb. 26 einen aus Wetter hervor= gegangenen Hammer mit gußeisernem Ständer, wie er für lange Jahrzehnte kenn= zeichnend blieb. Für größere Leistungen kam Trappen zu einer Konstruktion, bei der er den gußeisernen schweren Unterbau durch einen schmiedeeisernen ersetzte.

Diese ersten von Trappen herrührende schmiedeeisernen Ausführungen stammen
aus den 60er Jahren. Besonders berühmt wurde der große Dampfhammer, den
Trappen 1873 auf der Weltausstellung in Wien zeigen konnte. Hierzu hatte
sogar die Reichsregierung die Veranlassung gegeben und auf Kosten des Reiches
wurden noch besondere Montageeinrichtungen gestellt, um diesen „Riesenhammer"
aufstellen zu können. Die Abb. 27 zeigt einen der ersten Hämmer, wie er für
das Stahlwerk in Witten bestimmt war und der erst vor einigen Jahren nach mehr
als 40 jähriger Tätigkeit außer Betrieb gesetzt wurde.

Mit den Dampfhämmern und den Walzwerken, den Gebläsemaschinen und
anderen hervorragenden Leistungen des allgemeinen Maschinenbaues hatte Trappen
in den 60 er Jahren die Grundlagen geschaffen, auf denen es ihm dann möglich
wurde, in dem Zeitabschnitt, der mit der Begründung des Deutschen Reiches ein=
setzte, der Eisenhüttenindustrie die größten Dienste zu leisten.

Neben der Firma Kamp & Co. war mit den Jahren in dem stillen
Wetter noch eine andere Firma herangewachsen, die aus der Har=
kortschen Gründung mit hervorgegangen war, die Fabrik von
Ludwig Stuckenholz. Die ersten bedeutenden deutschen Ma=
schinenfabriken wurden zu Pflanzstätten für weitere Unternehmungen. Empor=
strebende Ingenieure und Arbeiter begnügten sich nicht, in abhängiger Stellung
zu bleiben, sie suchten die erworbenen Erfahrungen in eigenen Unternehmungen
zu verwerten. Überall entstanden auf diesem Wege neue Fabriken.

Zu denen, die von Wetter aus diesen Weg gingen, gehörte auch der
Kupferschmied Ludwig Stuckenholz, der im August 1827 nach Wetter kam
und von Harkort als Geselle beschäftigt wurde. Aus kurzen von ihm selbst
niedergeschriebenen Notizen erfahren wir, daß die Kupferarbeit in der Me=
chanischen Werkstätte seine Zeit nicht voll ausfüllte, und daß ihm Harkort gern
gestattete, in der Kesselschmiede, Gießerei und Maschinenfabrik sich umzu=
sehen und, wo es möglich war, auch mitzuarbeiten. So benutzte Stuckenholz diese
drei Jahre in der Mechanischen Werkstätte als Lehrzeit. Dann veranlaßte ihn
Harkort selbst, auf seinem Anwesen in Wetter eine Kupferschmiede für eigene
Rechnung anzulegen. Er fabrizierte Feuerspritzen und Pumpen. Mit einem ge=
wissen Stolz erwähnt er, daß auch bald eine Firma zwei der von ihm hergestellten
Stücke nach Amerika versandt habe. 1837 legte er neben der Kupferschmiede
noch eine Messinggießerei auf eigene Rechnung an. Die Firma Kamp & Co. und
Friedrich Harkort ließen ihn die Rotgußteile für sämtliche Maschinen, die sie her=
stellten, anfertigen. Bald aber merkte Stuckenholz, daß die Gelbgießerei seine
Gesundheit sehr stark mitnahm. So schränkte er sie so weit ein, daß er nur für
die Zwecke seiner eigenen Fabrik noch Gelbguß herstellte.
1830 hatte Stuckenholz auch eine Dampfkesselschmiede eingerichtet. Durch seinen

Apparatebau hatte er mit Brauereien, Zuckerfabriken und chemischen Fabriken vielfach geschäftlich zu tun. Er wollte nunmehr für diese Industriezweige gern weitere Arbeiten übernehmen. Auch schmiedeeiserne genietete Rohrleitungen, Blechträger, Baukonstruktionsteile, kleine Brücken usw. wurden hergestellt. 1856 wurde die Fabrik durch eine Maschinenfabrik und Eisengießerei erweitert, man begann jetzt Betriebsmaschinen jeder Art zu bauen und vollständige Fabrik=anlagen, Transmissionen usw. herzustellen. Immer mehr kam so die Firma Stucken=holz in Wettbewerb mit der Mechanischen Werkstätte. Man fing auch an, für Walz= und Hüttenwerke zu arbeiten, erbaute Dampfhämmer und Scheren für Blech= und Stahleisen, Blechbiegemaschinen, Gebläse und Ventilatoren. Man fabrizierte Düsenstöcke für Hochöfen, Heizapparate und alles andere, was man haben wollte. Die Firma Stuckenholz wurde zu einer der normalen Maschinen=fabriken der 50er und 60er Jahre, über die Besonderes nicht zu berichten ist. Das änderte sich 1867 mit dem Eintritt des hervorragenden Ingenieurs Bredt.

Rudolf Bredt, geboren 1842 in Barmen, hatte 1861 bis 1864 in Karlsruhe und Zürich Maschinenbau und Mathematik studiert. Redtenbacher, dieser geniale Lehrer des Maschinenbaues jener Zeit, hatte nachhaltig auf ihn eingewirkt. Bredt war dann von Karlsruhe nach Berlin gegangen, hatte hier bei Wöhlert, dessen Maschinen=fabrik damals zu den bedeutendsten in Deutschland gehörte, zwei Jahre praktisch gearbeitet. Er war darauf in Bremen tätig, von dort führte ihn sein Weg nach England, denn England war damals immer noch das gelobte Land der Technik, in dem man sehr viel lernen konnte. Bredt kam nach Crewe und es glückte ihm, zu einem der bedeutendsten damaligen englischen Ingenieure, Ramsbottom, in die Lehre zu gehen. In der großen Lokomotiv= und Maschinenfabrik fand er zu=nächst eine bescheidene Stellung im Zeichenbureau. Mit nicht erlahmendem Eifer suchte Bredt sich hier die Grundlagen für sein späteres erfolgreiches Arbeiten zu schaffen. Mit ganz besonderem Eifer studierte er den Kranbau, von dem man in Deutschland damals noch wenig wußte. Im allgemeinen Maschinenbau wurde das, was an Hebezeugen nötig war, so nebenher mit erledigt. Hier in England lernte Bredt ausgezeichnete hydraulische Krananlagen kennen, wie sie Bessemer zuerst in großem Umfang für seine Anlagen geschaffen und in Benutzung ge=nommen hatte. Nach Deutschland zurückgekehrt, suchte er nach einem Betätigungs=feld. Er fand dies in der damals noch kleinen Fabrik von Stuckenholz, die auf seine Veranlassung den Hebezeugbau in größerem Umfange aufnahm. Die wei=tere Geschichte der Firma Stuckenholz ist die Darstellung der großen Ingenieurleistung Bredts, die wir im nächsten Abschnitt im Zusammenhang zu schildern haben.

August Bechem
geb. 13. V. 1838, gest. 13. X. 1873.

Theodor Keetman
geb. 12. I. 1836, gest. 3. VII. 1907.

Wenige Jahre, bevor Bredt daran ging, für die weitere Entwicklung der Firma Stuckenholz die technischen Grundlagen zu schaffen, an die wir heute allein denken, wenn der Name Stuckenholz genannt wird, war in Duisburg der Grundstein zu einem anderen wichtigen Eckpfeiler der heutigen Deutschen Maschinenfabrik gelegt worden.

Ein hervorragender Ingenieur und ein vorzüglicher Kaufmann, die sich als Freunde in jungen Jahren gefunden hatten, gründeten am 22. August 1862 die Firma Bechem & Keetman.

August Bechem, geboren am 13. Mai 1838 als Sohn eines Weinhändlers in Emmerich, hatte eine gute Schulbildung genossen, die er nach der technischen Seite hin auf der damals angesehenen Gewerbeschule in Hagen vervollständigte. Mit offenem Blick, die Sehnsucht, sich einmal selbständig zu machen, im Herzen, war er dann in die Praxis gegangen. Zunächst fand er eine Stellung auf der Isselburger Hütte. Seine Vorgesetzten erkannten seine technische Begabung und stellten ihn bald vor schwierige Aufgaben. Besonders bewährte er sich beim Bau und Montieren von Baggermaschinen, mit denen er das Ausbaggern des Dollart, das man ganz vernachlässigt hatte, wieder in Gang brachte. Nach dem Gelingen dieser Arbeit erhielt er eine leitende Stellung in der Hütte, und in dieser Zeit lernte er auch Theodor Keetman kennen, mit dem er bald eng befreundet wurde. Man suchte ihn in der Firma zu halten, aber Bechem wollte seine Kenntnisse plan=

mäßig erweitern und ausbauen und so entschloß er sich, zu der Firma Funcke
& Elbers nach Hagen zu gehen. Hier lernte er den Bau von Puddelanlagen und
Walzwerken kennen. Besonderen Ansehens erfreute sich die Firma damals in
der Herstellung von Walzdraht. Auch Stahlanlagen, Zementstahlöfen, große
Hammeranlagen und a. m., was das Eisenhüttenwesen brauchen konnte, wurden
hier hergestellt. Es dauerte nicht lange und August Bechem erhielt die technische
Leitung der Firma. Sobald eine geeignete Stellung frei war, veranlaßte er, daß
sein Freund Theodor Keetman auch zu Funcke & Elbers kam und zwar als
Buchhalter. Wie große Hoffnungen man auf Bechem setzte, läßt sich daraus er=
sehen, daß man ihn auf Kosten der Firma nach England sandte, um dort die Ent=
wicklung der Kleinindustrie aufmerksam zu studieren. Auch die sonstigen Ver=
träge, die man beiden Freunden anbot, legen Zeugnis von der Wertschätzung ab,
die sie hier genossen.

Über Theodor Keetman sind wir wesentlich eingehender unterrichtet. Der
Stammbaum seiner Familie läßt sich bis ins 16. Jahrhundert zurück verfolgen. Wir
finden die Vorfahren in der kleinen holländischen Stadt Edam als Salzsieder in
angesehenen bürgerlichen Verhältnissen. In der ersten Hälfte des 18. Jahrhunderts
sind die Keetmans Teilhaber an Handels= und Speditionsgeschäften, einer von
ihnen fuhr auch mit eigenen Schiffsladungen zwischen Hamburg und Holland. Dies
führte ihn dazu, sich in Hamburg anzusiedeln, wo der Urgroßvater Theodor Keet=
mans, Johann Keetman, 1728 geboren wurde. Einer seiner Söhne führte das
Geschäft weiter, das in den schweren napoleonischen Kriegen, vor allem durch
die Kontinentalsperre, sehr stark zu leiden hatte. Johann Keetman gab das
Geschäft im Alter von 47 Jahren auf und zog an den Rhein nach Neuwied,
wo er 1827 starb. Der ältere seiner beiden Söhne, Johann, geboren 1793, wurde
Kaufmann und trat in das Bankhaus seines Schwiegervaters J. Wichelhaus,
Peter Sohn in Elberfeld ein. Der jüngere Wilhelm Keetman, geboren 1803,
studierte Theologie und war Pfarrer in Dierdorf im Westerwald, später in Rengs=
dorf bei Neuwied. Von den acht Kindern dieses Pfarrhauses war das zweite
Theodor Keetman, geboren am 12. Januar 1836 zu Dierdorf, der Mitbegründer
der Firma Bechem & Keetman.

Theodor Keetman hat im Westerwalder Pfarrhaus eine schöne Jugend ver=
lebt, die ihm bis in sein hohes Alter in liebevollster und treuester Erinnerung ver=
blieb. Zunächst besuchte er die Volksschule im Dorf, dann unterrichteten ihn sein
Vater und ein Privatlehrer Troost. Sie bereiteten ihn fürs Gymnasium vor, das
er mit 12 Jahren in Duisburg bezog und bis zur Obersekunda besuchte.

Keetman wollte Kaufmann werden und so verschaffte ihm sein Vater in dem
nahegelegenen Eisenhüttenwerk Rasselstein bei Heddersdorf an der Wied eine
Lehrlingsstellung. Die Rasselsteiner Hütte gehörte der altbekannten und dem

Pastor Keetman auch befreundeten Eisengewerkfamilie Remy. Hier war 1824 das erste Puddelwerk in Deutschland nach englischem Muster errichtet, und hier sind auch die ersten deutschen Eisenbahnschienen gewalzt worden. Nach beendigter Lehrzeit ging Keetman zu seinem Onkel in das Bankhaus J. Wichelhaus in Elberfeld. Es wurde für die zukünftige Stellung eines Kaufmanns für besonders wertvoll gehalten, gerade in Banksachen Bescheid zu wissen. Durch persönliche Beziehungen kam er von Elberfeld nach der Prinz Leopold=Hütte bei Wesel, die damals zu den größeren Eisen= und Stahlwerken am Rhein zählte. Die Hütte gehörte ebenso wie die Isselburger Hütte der Familie Bögel. Hier kam es zu dem erwähnten Sichkennenlernen und nachfolgendem Freundschafts= verhältnis mit August Bechem.

Beide Freunde erlebten das Emporblühen und Erstarken der deutschen Indu= strie. Überall entstanden neue Unternehmungen. Kein Wunder, daß auch in ihnen der Wunsch lebendig wurde, für sich selbst zu arbeiten, eine eigene Fabrik zu gründen. Bereits in dem Brief an seinen Freund Theodor vom 26. März 1861 legte Bechem den Gedanken fest. Er bezog sich hierbei auf eine Unterredung, die von der „Gründung einer unabhängigen Existenz durch gemeinschaftliche Kräfte" gehandelt hatte. Feierlich gibt er Keetman das Versprechen, „jede andere Ge= legenheit, sei sie auch noch so günstig, von der Hand zu weisen und alle meine Kräfte aufzubieten, daß unser vorgestelltes Ziel bald erreicht werde. Möge der Himmel uns gesund und kräftig erhalten und zu allem, was wir beginnen, seinen Segen verleihen! Das geknüpfte Bruderband wolle uns immer fester umschlingen und so stark werden, daß es nie in Gefahr laufen kann, zu zerreißen."

Bemerkenswert ist, wie sich die Freunde in langen Besprechungen nach und nach immer klarer werden, wie denn dieses neue Unternehmen nun eigentlich aussehen sollte und was sie insonderheit fabrizieren wollten. Man muß sich nach der Decke strecken und das hieß hier, man muß sich überlegen, wieviel Geld man für das eigene Unter= nehmen flüssig machen kann. Da der Wunsch, möglichst unabhängig zu werden, im Vordergrund stand, so wollten sie lieber klein anfangen, sich mit geringem Kapital, das sie in Verwandten= und Freundeskreisen erhalten konnten, begnügen, vor allem wollten sie nichts mit den Banken zu tun haben. Keetman hatte sich einen ausgezeichneten Überblick über die damaligen wirtschaftlichen Verhältnisse verschafft. Bechem wußte, was man in Deutschland und in England technisch leisten konnte. Beide waren überzeugt, daß man eine Spezialfabrik gründen müsse. Man wollte nicht, wie es früher üblich war, alles machen, was man von einem verlangte. Mit technisch und wirtschaftlicher gut organisierter Massenerzeugung mußte der Wunsch, sich eine unabhängige Stellung zu verschaffen, noch am schnellsten zu erreichen sein. Sie dachten an Betriebe der deutschen und englischen Klein= eisenindustrie und wollten Eisenwaren herstellen, die in großen Mengen gebraucht

Abb. 29. Das Schmieden einer schweren Bojenkette.

wurden. So entschlossen sie sich für die Fabrikation von Ketten und Hufeisen. Aus einer Niederschrift vom 9. Februar 1862 ersehen wir die ersten Grundlagen der neu zu begründenden Firma. Sie setzten die Dauer ihrer Vereinigung zunächst auf 10 Jahre fest. Beide sollen gleiche Rechte und gleichen Anteil am Gewinn und am Verlust haben. Bechem übernahm die technische, Keetman die kaufsmännische Leitung. Jeder konnte den anderen vertreten. Keetman gab 8000 Taler, die mit 5 v. H. verzinst wurden. Bechem konnte sich zunächst nicht mit Kapital besteiligen. Die Einlagen beider sollten 30000 Taler nicht überschreiten. Für die Anlage glaubte man, daß 20000 Reichstaler ausreichen werden, als Betriebs=

kapital setzte man 10000 Taler fest. Die Firma sollte in Duisburg gegründet werden. Man wollte mit einer Betriebsdampfmaschine von 10 PS auskommen, die Kettenschmiede sollte 10 Schmiedefeuer erhalten. Man brauchte weiter noch eine hydraulische Presse, Wärmeöfen usw. Vergrößert und verändert konnte die Firma nur mit dem Einverständnis beider Begründer werden. Man wollte vorläufig sogar vertraglich festsetzen, daß sie nur um das Doppelte erweitert werden dürfe. Bevor man an dem Entwurf weiter arbeitete, suchte man sehr genau die Selbstkosten der Kettenschmiede festzustellen. Man wollte mit 27 Arbeitern anfangen und rechnete sich unter Berücksichtigung der Verbesserungen, die sofort anzubringen waren, einen annehmbaren Gewinn heraus.

Einige Monate nach diesen Festsetzungen wurde bekannt, daß eine Maschinenfabrik in Duisburg, deren Gründer Ewald Hülsmann kurz vorher gestorben war, sehr preiswert mit Inventar für 18000 Taler zu kaufen sei. Bechem und Keetman griffen sofort zu. Der Kaufvertrag wurde am 15. Oktober 1862 abgeschlossen. Man setzte nunmehr endgültig das Fabrikationsprogramm dahin fest, daß das Werk auf Massenbetrieb einzustellen sei. In der Gießerei sollten in erster Linie Walzen angefertigt werden, in der Maschinenfabrik hydraulische Winden und Pufferhülsen. Was die Gelbgießerei anbelangt, so wollte man bei einigen bekannten Firmen noch um Rat fragen, welche Massenartikel hier insonderheit aufzunehmen seien. Auf die Fabrikation von Hufeisen verzichtete man. Nachdem es dann unter einigen Schwierigkeiten geglückt war, auch von der Firma Funcke & Elbers freizukommen, konnten sich Bechem & Keetman in Duisburg niederlassen.

Duisburg zählte damals etwa 20000 Einwohner, und von der großzügigen Maschinenfabrikation, die heute hier ihren Sitz hat, war noch nichts zu spüren. Zunächst wurde es den neuen Fabrikbesitzern sehr schwer, genügend geschulte Facharbeiter zu erhalten. Insbesondere die Kettenschmiede versagten zuerst vollkommen. Man mußte von vornherein daran denken, sich durch planmäßige Erziehung von Lehrlingen einen geeigneten Nachwuchs von tüchtigen Facharbeitern nach und nach zu sichern. Leichter wurde es, das nötige Kapital zu erhalten. Die beiden jungen Männer genossen bei ihren Verwandten und Bekannten unbedingtes Zutrauen. Unter den Geldgebern finden wir den Onkel Johann Keetman, Frau Winkhaus, eine Firma in Hagen, einen Pastor usw. So hatte man sich bald 20700 Taler zusammengeborgt. Außerdem gab das Bankhaus von Wichelhaus Kredit. Johann Keetman war auch ein wertvoller Berater in allen finanziellen Angelegenheiten der jungen Firma. Aus dem Kreis der Bekannten kamen bald die ersten Aufträge und die Entwicklung ging so gut voran, daß man im Februar 1863 schon alle Arbeiter voll beschäftigen konnte. Die ersten Aufträge erstreckten sich auf kleinere Hilfsmaschinen für die verschiedensten Betriebe der Eisenhüttenindustrie. Ferner wurden abgesetzt: kleinere Hebezeuge, Flaschenzüge, Winden

und Ketten aller Art. Man wehrte sich gegen jede Ausdehnung des Fabrikations=
programmes, da man entschlossen war, an dem Gedanken der Massenfabrikation
festzuhalten. Der Abnehmerkreis beschränkte sich zunächst auf die nähere Um=
gebung. Die emporblühende Eisenindustrie an der Ruhr bot genügend Aufträge
für die Firma.

Mit den Schiffsketten hatte man mancherlei Schwierigkeiten. Die deutschen
Firmen waren an englische Waren gewöhnt und glaubten nicht, daß man im
eigenen Lande Ketten in der gleichen Güte herzustellen vermöge. Es war des=
halb als ein besonders großer Erfolg zu verbuchen, daß man bereits 1864 Ketten
nach Bremen liefern konnte, das bis dahin ganz von der englischen Einfuhr ab=
hängig war. 1868 lieferte man die ersten Maschinen außerhalb des norddeutschen
Bundes an österreichische Walzwerke. Keetman hatte damals bereits versucht,
planmäßig den Absatz zu erweitern und sich deshalb dem 1868 gegründeten
deutschen Maschinenverein angeschlossen, der von Berlin aus Aufträge ver=
mitteln wollte, was dem Verein aber, nachdem er das zur Verfügung gestellte Geld
sehr schnell verbraucht hatte, leider nicht gelang. Der Verein wurde nach wenigen
Jahren wieder aufgelöst. Kaufmännisch und technisch rechtfertigte jeden=
falls die neue Firma das ihr von allen Seiten entgegengebrachte
Vertrauen. Die Leistungen in den 60 er Jahren, so viel
Gutes sie versprachen, sollten doch erst beschei=
dene Anfänge für die sein, über die wir
in den weiteren Abschnitten zu
berichten haben werden.

IV. DIE NEUE ZEIT 1870 BIS 1919.

1. Allgemeine Zusammenhänge.

Hauptrichtungen der Entwicklung. / Die Wechselwirkungen zwischen der Rohstoffgewinnung und Verarbeitung, dem Maschinenbau, der Elektrotechnik. / Die Bedeutung der neuzeitigen Transporteinrichtungen. / Die Mechanisierung der Industrie. / Gestaltung der Hebezeuge und Transporteinrichtungen für die mechanische Industrie. / Das Werden des Großbetriebes.

Die von den Besten unseres Volkes so lang ersehnte Einigung Deutschlands hatte endlich der siegreiche deutsch-französische Krieg 1870—1871 gebracht. Deutsche Provinzen, die uns in Zeiten tiefster Erniedrigung verloren gingen, kehrten in den neugegründeten Reichsverband zurück. Eine Zeit großer nationaler Erhebung ging durch alle Volksschichten. Bei dem Siegesjubel, der das Land durchbrauste, dachte man weniger an den überwundenen Feind, als an die endlich errungene Einigkeit. Nord und Süd hatten sich gefunden. Die Mainlinie war überbrückt. Aus einem bloßen geographischen Begriff war Deutschland gleichsam über Nacht zur Achtung heischenden Weltmacht emporgewachsen. Dieser große militärische und politische Erfolg machte sich in allen Lebensäußerungen des Volkes, vor allem auch im Wirtschaftsleben, bald deutlich bemerkbar. Dem Volk der Denker und Dichter, das begeistert seinen erfolgreichen Heerführern, seinem eisernen Kanzler zujubelte, erwuchs ein seit langen Zeiten — wie weit lag die Blüte der Hansa zurück — unbekanntes Selbstbewußtsein auch auf wirtschaftlichem Gebiet. Die Grenzen des Möglichen, des Erreichbaren schienen weit hinausgerückt. Hinzu kam als sehr realer Faktor der „Milliardensegen" des reichen Frankreich. Einer Zeit, die noch recht wenige Millionäre kannte, erschienen 5 Milliarden als eine Riesensumme. Das Geld wurde billig. Ein wirtschaftlicher Aufschwung begann, wie ihn Deutschland noch nicht kennen gelernt hatte. Einer überbot den anderen an kühnem Unternehmungsgeist. Schnell reich zu werden, war ein Ziel, das weiteste Volkskreise wie ein Fieber ergriff. Ein fast hemmungslos gewordener Erwerbstrieb ließ alte solide kaufmännische Grundsätze und Erfahrungen als altväterisch und unmodern bei Seite setzen. In den zwei Jahrzehnten von 1851 bis Mitte 1870 waren 295 Aktiengesellschaften mit 2,4 Milliarden Kapital entstanden, in den 2½ Jahren von Mitte 1870 bis 1873 wurden 958 Aktiengesellschaften

mit einem Gesamtkapital von 3,6 Milliarden Mark gegründet. Nicht mit Un=
recht nennt der Volksmund diese ersten Jahre des neuen Reiches die Gründerjahre.
Nur zu bald folgte diesem Himmelhoch=jauchzend das Zum=Tode=betrübt. Viele
der neuen Unternehmungen, durch riesengroße Gründergewinne schon schwer be=
lastet, verschwanden so schnell, wie sie gekommen waren und rissen in ihrem
Sturz auch manche alte gute Firma mit hinab. 1875 ergriff die Krise auch die
Eisenbahnen, den Bergbau und das Hüttenwesen. Hinzu kam noch die grund=
sätzliche Freihandelsrichtung des ersten deutschen Reichstages, der die trostlose
Lage der Eisenindustrie noch schwerer machte. Erst 1879 setzt die Regierung
eine die Überschwemmung mit ausländischem Rohstoff einschränkende Zollrate
durch. Von der Wiener Börse ausgehend, pflanzt sich die schwere Krise bis 1880
allmählich über die ganze Welt fort und dehnt sich über alle Industriezweige aus.
Besonders hart wurde das deutsche Wirtschaftsleben getroffen. Von Ende 1873
bis Ende 1877 fielen die Aktien von Pluto von 210 auf 44, vom Hörder Verein
von 144 auf 23, die der Dortmunder Union von 171 auf 4. Anfang 1877 ging
die Tagesförderung im Ruhrkohlengebiet plötzlich um 300000 Zentner zurück.
Es begann ein mit allen Mitteln geführter Kampf um den Absatz, noch nicht ge=
hemmt durch die heute vorhandenen regelnd eingreifenden Organisationen. Der
Kohlenreisende war gefürchtet. Am Eingang eines großen Hüttenwerkes war zu
lesen: Hausierern und Kohlenreisenden ist der Eintritt verboten. Die Aufträge
von den Eisenbahnen und vom Staat hörten fast ganz auf. Die Eisenbahntarife
wurden hinaufgesetzt. Überall begann es, auch an den nötigsten Betriebsmitteln
zu fehlen. Die Löhne fielen nicht im gleichen Maße wie die Preise der Lebens=
mittel. Überall, wohin man sah, traf man auf schwere Zeichen eines allgemeinen
Niederganges.

Der Traum, mit wenig Arbeit wirtschaftlich dauernde große Erfolge erzielen
zu können, verflog wie eine Seifenblase. Jetzt hieß es, mit wenigem auskommen.
Teures Geld und wenige Aufträge, bei niedrigsten Preisen mühevoll hereinge=
bracht, zwangen zum Sparen in jeder Richtung, zum Verbessern der Konstruk=
tionen. Nur wer gesund war, überdauerte den Sturm, der viele Jahre lang die
Zweige des deutschen Wirtschaftslebens durchbrauste. Erst die Jahre 1889 und
1890 ließen auf neuen Aufstieg hoffen. Aber erst Mitte der 90er Jahre sollte
eine zweite große, die deutsche Industrie dauernd stärkende, machtvolle und ge=
sunde Aufwärtsbewegung wieder einsetzen.

Auch hier spielten internationale Wirtschaftserscheinungen eine wichtige Rolle.
Die Goldproduktion der Welt begann, nachdem man in Transvaal und Kanada
ergiebige Goldfelder entdeckt hatte, mächtig zu steigen. Während sie im Jahre
1890 464 Millionen Mark betrug, waren es 1895 bereits 817, 1899 sogar
1225 Millionen. Der Goldvorrat stieg, das Geld wurde flüssig. Überall zeigte

sich die Lust, Neues zu unternehmen. Hatte man 1894 in Deutschland 92 neue Aktiengesellschaften mit 88 Millionen Mark gegründet, so kamen im nächsten Jahre bereits 161 Gesellschaften mit 251 Millionen hinzu. Diese Zahlen stiegen von Jahr zu Jahr und erreichten 1899 die Höhe von 364 Aktiengesellschaften mit 544 Millionen Mark. In dem Jahrfünft von 1895 bis 1899 hatte das deutsche Wirtschaftsleben sich um nicht weniger als 1285 Aktien=Unternehmungen mit einem Kapital von über 1,9 Milliarden erweitert.

Große neue technische Leistungen, aus technischer und wissenschaftlicher Arbeit einzelner hervorragender Männer entstanden, durch die Gemeinschaftsarbeit vieler zu praktischer Brauchbarkeit entwickelt, gaben dieser Zeit industriellen Auf= schwungs ihr Gepräge und wuchsen unter der Sonne dieser Unternehmungslust machtvoll empor.

Eisen und Stahlerzeugung hatten neue zukunftsreiche Wege eingeschlagen, und der elektrische Strom wurde in bisher nicht geahntem Umfang in den Dienst der Industrie gestellt. Damit wurden dem Maschinenbau große Entwicklungs= möglichkeiten geboten. Die Steigerung der Rohstofferzeugung nach Güte und Menge stellte hohe Anforderungen an den Maschinenbau, denen dieser nur ge= recht werden konnte, wenn ihm immer besseres Material geliefert wurde. Das eine bedingt das andere. Die technische Entwicklung der einzelnen Arbeitsgebiete gerät in immer größere Abhängigkeit voneinander. Ursachen und Wirkung wech= seln miteinander. Die Eisenbahnen sind undenkbar ohne die großen Leistungen des Eisenhüttenmannes und des Maschinenbauers, ebenso wie deren Erfolge wieder leistungsfähige Verkehrsmittel zur Voraussetzung haben. Je mehr die Technik vor= wärts schreitet, um so engmaschiger wird das Netz dieser Wechselwirkungen. Ver= gegenwärtigen wir uns kurz die technischen Leistungen, die diese große Aufwärts= bewegung einzuleiten vermochten.

Henry Bessemer hatte als Laie im Eisenhüttenwesen, durch keinerlei Tradition beengt, bereits Mitte der 50er Jahre gezeigt, wie man schmiedbares Eisen auf vollständig neuem Wege in großen Massen erzeugen kann. Und er hatte sich nicht begnügt, eine bahnbrechende Idee den zunächst ungläubig die Köpfe schütteln= den Fachmännern mitzuteilen, er hatte vielmehr sein Verfahren so ausgezeichnet metallurgisch und maschinell durchgebildet, daß es in der von ihm gegebenen Form jahrzehntelang fast unverändert bleiben konnte, ja, daß die Bessemerbirne bis heute im wesentlichen die gleiche ist, die Bessemer verwandte, als er sein Windfrischen im großen Maßstab in die Praxis einführte. Die Leistungsfähigkeit gegenüber dem bisher geübten Verfahren der Schmiedeeisenerzeugung stieg auf etwa das 200= fache. Was die Puddelöfen in 24 Stunden fertig brachten, dazu brauchte Bessemer 20 Minuten. Ein ausgezeichnetes hochwertiges Material ließ sich jetzt in Massen herstellen, die man früher für undenkbar gehalten hätte. Dazu kam, daß Bessemer jeden besonderen Brennstoff ersparte und die mühselige schwere Handarbeit beim Puddelverfahren entbehrlich machte. Ein großer Schritt vorwärts auf dem Weg der immer vollkommener werdenden Mechanisierung des Betriebes war getan. Von der Erfahrung, dem guten Willen und der Geschicklichkeit des Puddlers wurde die Güte des Materials unabhängig. Kein Wunder, daß bei solchen Vorteilen bald das Mißtrauen in grenzenloses Vertrauen, in unbegrenzte Hoffnungsfreudigkeit umschlug. Das Puddeln hielt man für erledigt. Aber der Glaube Bessemers, nun ließe sich aus jedem Roheisen guter Stahl erzeugen, trog. Nur phosphorfreie oder sehr phosphorarme Erze ließen sich verarbeiten. Der Grund lag in dem feuerfesten kieselsäurereichen Futter der Bessemerbirne, das un=geeignet war, den Phosphor abzuscheiden. Hierzu war eine basische Masse not=wendig. Schon in den 60 er Jahren hatte u. a. der berühmte deutsche Eisenhütten=mann Peter Tunner hierauf hingewiesen, ohne eine Zusammensetzung angeben zu können, die den auftretenden starken Beanspruchungen gewachsen war. Die Lösung brachte ein junger Engländer, Sidney G. Thomas, der bei Gelegen=heit der Pariser Ausstellung sich erbot, dem berühmten Iron and Steel Institute seine Ideen, wie man durch ein basisches Futter im Konverter das Eisen ent=phosphoren könne, vorzutragen. Was aber sollte ein junger Mann von 28 Jahren, ohne jede praktische Kenntnis des Hüttenbetriebes, zielbewußten erfahrenen Fach=männern wohl bieten können? Wegen vorgerückter Zeit wurde der Vortrag von der Tagesordnung abgesetzt. Was Thomas abging, das hatte sein Vetter Percy G. Gilchrist, der Chemiker eines großen Eisenhüttenwerkes: Erfahrungen im praktischen Betriebe. Mit ihm gemeinsam wurde die Idee im Großen durchgeführt. Die Versuche zeigten bald die praktische Brauchbarkeit. Das neue basische Wind=frischen mußte naturgemäß für alle Länder, denen phosphorische Erze zur Ver=fügung standen, von weittragender Bedeutung werden. In erster Linie stand Deutschland, hier wurde das Thomasverfahren sofort aufgegriffen und von her=vorragenden deutschen Eisenhüttenleuten schnell entwickelt. Am 22. September 1879 wurde in Hörde auf dem Hörder Bergwerks= und Hüttenverein und in Duis=burg=Meiderich auf den Rheinischen Stahlwerken das erste Thomaseisen erblasen. Diese Produktion stieg schließlich auf über 12 Millionen Tonnen im Jahr in Deutsch=land gegenüber nur etwa 370000 t Bessemer=Roheisen.

Zum Bessemer= und Thomas=Verfahren gesellte sich der Siemens=Martin=Prozeß, der heute bei der Eisen= und Stahlerzeugung mit an erster Stelle steht. Die Franzosen Emil und Pierre Martin wollten für ihre Gewehrfabrik in Sireuil für Gewehrläufe besseres Material, als sie erhielten, selbst herstellen. Mit Hilfe der bahnbrechenden Erfindungen von Friedrich und Wilhelm Siemens auf feuertechnischem Gebiet, die mit Gasfeuerung und besonderen Wärme=speichern, die durch die Abgase geheizt wurden, sehr hohe Temperaturen erreichen

konnten, gelang es Martin 1864, im Flammofen Gußstahl zu schmelzen. Weiten
Kreisen wurde das neue Verfahren, Stahl im Flammofen zu erzeugen, indem man
Roheisen mit Stahlschrott zusammenschmolz, durch die Pariser Ausstellung 1867
bekannt. Zur Stahlerzeugung kam bald die ungleich wichtigere Herstellung von
weichem Flußeisen. Je stärker der Strom von Eisen und Stahl wird, der in
Form der denkbar verschiedensten Verwendungsmöglichkeiten dem Menschen zur
Verfügung steht, um so erheblicher wird auch Abfall und Alteisen, um so wichtiger
muß auch die im Siemens-Martinprozeß gegebene Möglichkeit der Verwendung dieses Materials werden. Die in der Eisenindustrie wieder verbrauchten
Mengen an Schrott steigen sehr erheblich. 1912 wurden bereits über 6 Millionen
Tonnen Schrott in der Hüttenindustrie, das sind fast zwei Fünftel des in den
Hütten und Gießereien verarbeiteten Eisenmaterials, verbraucht. In neuerer Zeit
lernte man, auch Roheisen mit Eisenerzen im sogenannten Erzverfahren zusammen-
zuschmelzen. Dauernd stiegen die Anforderungen der Eisen und Stahl verarbei-
tenden Industrie nicht nur an die Menge, sondern auch an die Güte des Rohstoffes. In den Dienst der Qualitätsverbesserung traten in steigendem Maß die
elektrischen Stahlschmelzöfen.

Mit diesen hier nur kurz gekennzeichneten bahnbrechenden Erfindungen auf
metallurgischem Gebiete war die eine Voraussetzung für eine Massenerzeugung
in Eisen und Stahl, wie sie die Welt vorher noch nicht gekannt hatte, erfüllt. Die
zweite Forderung war die weitgehende Mechanisierung der Betriebe, eine gewaltige Aufgabe für den Maschinenbauer. Der Mensch mußte in hohem Maße
durch die Maschine ersetzt werden. Das war notwendig aus technischen und wirtschaftlichen Gründen, denn die körperliche Leistungsfähigkeit war viel zu begrenzt.
Menschliche Arbeit aber war oft auch nicht ausreichend genau, sie war zu langsam und zu teuer. Auch in sozialer Hinsicht konnte man nur wünschen, daß die
schwere körperliche Muskelarbeit des Menschen im Bergbaubetrieb und in der
Feuerarbeit im Eisenhüttenwesen durch die Maschine abgelöst wurde. Wollte
der Maschinenbau die gestellten Anforderungen erfüllen, so brauchte er ein ausgezeichnetes Material, das ihm der Eisenhüttenmann zur Verfügung stellen
mußte. Um diesen Rohstoff zu erzeugen, war wieder der Maschinenbau erforderlich. So haben in engster Wechselwirkung Maschineningenieure und Hüttenge-
nieure die Entwicklung gemeinsam geschaffen, deren Ergebnisse wir heute staunend
bewundern. Zu diesen Leistungen wurden die deutschen Ingenieure durch ein
vorzügliches technisches Schulwesen befähigt, dem von den 90er Jahren an auch
reiche Unterrichtsmittel, wie sie amerikanischen Hochschulen in Form von großen
Laboratorien zur Verfügung standen, dienten. Wissenschaftliche Lehre und Forschung in engster Verbindung mit praktischer Erfahrung zeitigte auf diesem
Wege in hohem Maße eine früher ungekannte Sicherheit in Plan und Ausführung

großer kostspieliger Anlagen. Das Lehrgeld, auch dann noch oft ein recht hoher Posten in der Betriebsrechnung großer Werke, konnte doch gegen früher erheblich vermindert werden. Die wissenschaftliche Erkenntnis wurde ein zielsicherer Führer im Wirrsal der täglich wechselnden großen Aufgaben, die die Praxis in reicher Fülle im Laufe der Entwicklung immer wieder von neuem zu stellen hatte. Vom Maschinenbau verlangte man einmal Leistungssteigerung, aber auch Erhöhung des wirtschaftlichen Wirkungsgrades der Anlagen. Man lernte auch hier genauer zu rechnen, man suchte immer planmäßiger an den Betriebskosten zu sparen.

Im Bergbau wuchsen die Leistungen der Wasserhaltungs= und Fördermaschinen stetig, ebenso die Ansprüche an die Betriebssicherheit, man begann hier erfolgreich die schwere Muskelarbeit des Bergmannes durch Maschinenarbeit zu erleichtern. Bohr= und Schrämmaschinen fingen an, sich einzuführen. Die Schachtfördermaschine, besonders auf den Kohlengruben seit altersher als Dampffresser bekannt, mußte sich den besten Betriebsmaschinen immer mehr anzupassen suchen.

Im Eisenhüttenwesen mußte die Gebläsemaschine stetig steigenden Anforde= rungen gerecht werden. Um welche Leistungen es sich dabei handelt, dafür sei hier nur ein Beispiel angeführt. In einem neuzeitigen Hochofen, der 300 t Roh= eisen in 24 Stunden liefert, müssen die Gebläse für diese Eisenmenge nicht weni= ger als 1240 cbm Luft in der Minute mit Pressungen von 0,3 bis 0,5 at liefern.

Die Stahlwerke sind ohne sehr leistungsfähige betriebsichere Gebläsemaschinen undenkbar.

Bei der Formgebung des Eisens wurden die Ansprüche an die Walzwerke und ihre Betriebsmaschinen um so größer, je härter das Material wurde, das zu bearbeiten war, je stärker, mächtiger die Blöcke wurden, die aus den Bessemer= Birnen und Martinöfen gegossen wurden und nun im Walzwerk zu Eisenbahn= schienen, Blechen, Walzeisen und Profileisen in den denkbar verschiedensten Ab= messungen zu verarbeiten waren. Eine außerordentlich große Einzelarbeit des Maschineningenieurs war zu leisten, wenn man sich vorstellt, unter wie stark wechselnden Beanspruchungen hier zu arbeiten war und wieviel von der betrieb= sicheren, stets arbeitsfähigen Gesamtanlage abhing. Zu den Walzwerken ge= sellten sich zahlreiche Arbeitsmaschinen, wie Scheren, Sägen, Dampfhämmer, hy= draulische Pressen usw. und viele andere maschinelle Einrichtungen.

Der Maschineningenieur brauchte sich wahrlich nicht über einen Mangel an interessanten Aufgaben zu beklagen. Mit den Arbeitsmaschinen und den zuge= hörigen Kraftmaschinen allein war es nicht getan. Gerade auf dem Gebiet des Berg= und Hüttenwesens hat sich die Unentbehrlichkeit maschinell durchgebildeter, betriebsicherer und schnell arbeitender Hebezeuge und Transporteinrichtungen sehr deutlich offenbart. Mannigfach verschieden ausgestaltete Hebezeuge hat man zwar seit dem Altertum gekannt, sie aber als ständig arbeitende Fabrikationseinrichtungen auszubauen, ist erst in neuerer Zeit durchgeführt worden. Auch der Maschinen= bauer um die Mitte des vorigen Jahrhunderts sah im Hebezeug höchstens ein not= wendiges Übel, das er erst weit hinter den Kraftmaschinen und Arbeitsmaschinen einordnete. Die alten Ingenieure rechneten die Transporteinrichtungen zu den un= produktiven Anlagen und es ist merkwürdig, wie lange es dauerte, bis man er= kannte, welche Summen man bei Materialtransport durch die Maschinen im Verhältnis zur Handarbeit sparen konnte. Hat es doch noch vor gar nicht so langer Zeit Lokomotivfabriken gegeben, die keinen Eisenbahnanschluß hatten und ihre Lokomotiven mit vielen Pferden bis zum nächsten Bahnhof transportieren lassen mußten. Selbst von einem Alfred Krupp, der in kühner Voraussicht ungewöhn= lich große Geldmittel für Fabrikgebäude, für Werkzeugmaschinen usw. ausgab, erzählt man, daß er einen Eisenbahnanschluß als unproduktive Anlage immer wieder hinausgeschoben habe. So ging es auch mit den Hebezeugen. Nur wo die mensch= liche Kraft gar nicht mehr ausreichen wollte, da entschloß man sich zu einem Hebe= zeug. Im Bergbau wurden Dampfhaspel und Schachtfördermaschinen ausgebildet und als die Hochöfen so groß wurden, daß man doch die Beschickung mit der Schubkarre, die man auf einer Rampe bis zur Gicht fuhr, nicht mehr durchführen konnte, da baute man senkrechte, durch Luft= oder Wasserdruck oder unmittel= bar durch Dampfmaschinen betriebene Aufzüge. Für die im Puddelofen herge=

stellten Eisenmengen brauchte man noch keine besonderen Hebezeuge, höchstens
primitive Vorrichtungen, mit denen man menschliche Muskelkraft unterstützte.

In den Gießereien war der seit altersher übliche Drehkran zu Hause, auch Lauf=
krane fing man an, hier und da zu verwenden. Aber immer suchte man an den
Hebezeugen noch zu sparen und verlangte, daß man mit ein und demselben Hebe=
zeug möglichst alle irgendwie auftretenden Forderungen erfüllen könne.

Als Bessemer durch seine Erfindungen die Massenerzeugung von Stahl einleitete,
schlug er zugleich ausgezeichnete hydraulische arbeitende Hebezeuge, die Jahrzehnte
lang in der gleichen Form benutzt wurden, vor. Die neuzeitliche Entwicklung des
Stahlwerkes verlangte in steigendem Maße Transporteinrichtungen der denkbar
verschiedensten Art. Die Massen, die zu bewegen waren, wurden viel zu schwer
für menschliche Kraft. Abgesehen davon erschwerten die sehr hohen Hitzegrade
der zu transportierenden Stahl= und Eisenmassen die Arbeit des Menschen,
außerdem verlangte man, um die großen in dem flüssigen Eisen und dem glühen=
den Stahlbock enthaltenen riesigen Wärmeenergien nach Möglichkeit für die Be=
arbeitung auszunutzen, so große Geschwindigkeiten bei größter Betriebszuver=
lässigkeit, daß hier nur die maschinelle Arbeit allein noch die neue Aufgabe zu
lösen vermochte. Neben diesen unmittelbaren Hilfsleistungen im Produktions=
gange innerhalb des Hochofenwerkes und Stahlwerkes machte auch der ganze
Materialtransport von der Eisenbahn und dem Schiff zum Werk und umgekehrt
neuzeitliche Hebezeuge unentbehrlich. Der große Seltenheitswert menschlicher Ar=
beitskraft in Amerika, die sehr hohen Löhne hatten gerade amerikanische Ingenieure
zuerst veranlaßt, hier bahnbrechend voranzugehen, und die 136 deutschen Eisen=
hüttenleute, die, einer Einladung der Amerikaner folgend, 1890 die amerikanischen
Werke besuchten, konnten viele Anregungen auf diesem Gebiete mit nach Hause
nehmen. In den 90 er Jahren entstanden die neuzeitlichen großen Verladeanlagen,
die deutschen Verhältnissen zweckmäßig angepaßt, am Ende des Jahrhunderts
überall in Deutschland in Aufnahme kamen.

Zum Antrieb der Hebezeuge wurden, abgesehen von Handbetrieb der kleinen
Anlagen, in den meisten Fällen Dampfmaschinen mit kleinen Kesseln benutzt, die
man auf den Hebezeugen selbst aufstellte. Durch Bessemer war der hydraulische
Antrieb im großen Maßstab eingeführt worden, der sich im Kranbau für Jahrzehnte
ein weites Anwendungsgebiet erobert hatte. Für viele Zweige schien eine bessere
Lösung kaum denkbar. Da drang auch in dieses Arbeitsgebiet des Ingenieurs der
elektrische Strom ein. Damit wurden Entwicklungsmöglichkeiten sichtbar, an die
man früher nicht hatte denken können. Zunächst knüpfte auch hier die Entwicklung
an das Bestehende restlos an. Die Dampfmaschine als Antriebsmotor des Hebe=
zeuges ersetzte man durch den Elektromotor, die komplizierten Räderwerke, Wende=
getriebe usw. behielt man nach wie vor. Was man mit dem Elektromotor gerade

im Hebezeugbau leisten konnte, daran dachte man noch nicht. Es kam zunächst darauf an, einen betriebsicheren Motor, eine wirkliche Maschine zu schaffen, die die Behandlung auch im Berg- und Hüttenwesen vertragen konnte. Ferner war es nötig, für diesen Betrieb brauchbare Schaltapparate und alles, was sonst dazu gehörte, zu entwickeln. Hier hat die Union-Elektricitäts-Gesellschaft, die später in die Allgemeine Elektricitäts-Gesellschaft überging, mit ihren Ingenieuren Vorbildliches geleistet. Das Beispiel, das Werner Siemens mit seinem unmittelbar elektrisch angetriebenen Fahrstuhl auf der Ausstellung in Mann-

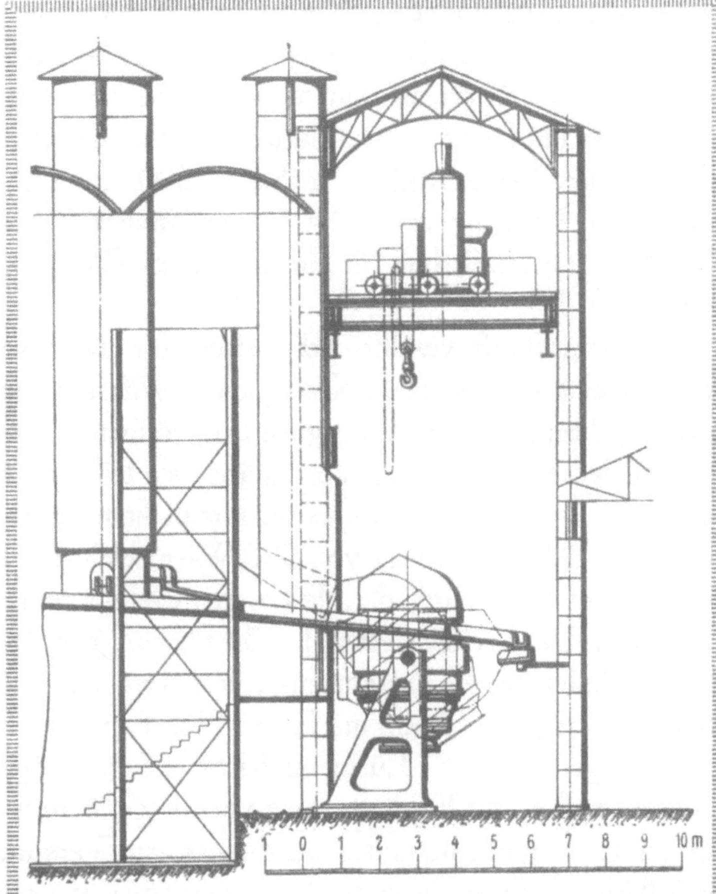

Abb. 31. Mit Dampf betriebener Laufkran im Stahlwerk Hayingen. Nach einer Zeichnung aus dem Jahre 1879 aus dem Nachlaß von Alfred Trappen.

heim 1880 gegeben hatte, war viele Jahre lang ohne Nachahmung geblieben. Gegenüber dem Dampfantrieb, den Rohrleitungen, dem hydraulischen Antrieb mit Abdichtungen unter hohem Druck hatte man jetzt nur mit dem Draht als Energieleiter zu tun. Die leichte Beweglichkeit und Handhabung der neuen Energiequelle ermöglichte es dem Hebezeug erst jetzt, sich den denkbar verschiedensten Arbeiten vollständig anzupassen. So entstanden auf allen Gebieten Sonderausführungen von hoher Leistungsfähigkeit. Es war selbstverständlich, daß das elektrisch betriebene Hebezeug nicht auf Bergbau und Hüttenwesen beschränkt blieb; man brauchte Hebezeuge in den Hafenanlagen, und der gewaltig wachsende Schiffbau verlangte bald Riesenkrane, ohne die die neuzeitlichen Riesendampfer nicht gebaut werden konnten. Aus der immer größer werdenden Versendung von Massengütern, Erz und Kohle entstanden eine Unzahl der verschiedensten Formen von Hebezeugen und Verladeanlagen.

Durch den elektrischen Strom wurden die vielen kleinen unwirtschaftlich arbeitenden Dampfmaschinen in den großen Betrieben des Berg- und Hüttenwesens entbehrlich, es entstanden große zentrale Kraftanlagen, von denen der elektrische Strom ausging, um überall seine unermüdliche Arbeit zu leisten. Als Kraftmaschine dieser Zentralen kam in erster Linie die Dampfmaschine in Frage. Neben die Kolbendampfmaschine trat nach der Jahrhundertwende die Dampfturbine. Hatte man auf der Weltausstellung in Paris 1900 eine stehende Borsigmaschine wegen ihrer hohen Leistung von 1000 PS bewundert, so lieferte 1918 die Allgemeine Elektricitäts=Gesellschaft für ein rheinisches Elektrizitätswerk eine Dampfturbine von 75000 PS.

Zur Dampfkraft gesellte sich gerade für die Eisenhüttenwerke in der Gasmaschine eine wichtige neue Kraftquelle. Während man noch bis in die Mitte des vorigen Jahrhunderts die Gichtgase bei geöffnetem Hochofen unbenutzt hatte entströmen lassen, so begann man später, sie teilweise für die Winderhitzung auszunutzen. Auf 1 t Roheisen rechnet man heute etwa 4500 cbm Gas mit einem durchschnittlichen Heizwert von 900 Wärmeeinheiten für das Kubikmeter. Hiervon braucht man kaum die Hälfte, den Gebläsewind zu erwärmen. Die übrigbleibenden Gase reichen etwa für 35 PS auf jede Tonne Roheisen gerechnet aus. Für Hochofenzwecke braucht man nur etwa 7 PS, also bleiben noch 28 PS zur weiteren Verfügung. Nicht mit Unrecht hat man den Hochofen den vollkommensten Gaserzeuger genannt. Lürmann hatte auf die Möglichkeit, die Hochofengase in großem Umfang für Kraftzwecke zu benutzen, bereits 1894 hingewiesen. Mit der Jahrhundertwende entstanden beachtenswerte Versuche, diese Aufgabe zu lösen. Schließlich gelang es, in erster Linie deutschen Ingenieuren, auch den harten Betriebsanforderungen des Eisenhüttenwesens gerecht werdende große Gasmaschinen zu bauen. Seitdem haben sich diese Verbrennungskraftmaschinen auf vielen neuzeitlichen Eisen= und Stahlwerken eingeführt. Sie dienen zum unmittelbaren Antrieb der Gebläse und erzeugen elektrischen Strom für die denkbar verschiedensten Zwecke. Ein früher nicht beachtetes Nebenprodukt ist so zur wichtigen Kraftquelle geworden.

Nirgends ist das Drängen der Technik zum Großbetrieb so deutlich zu beobachten wie im Berg= und Hüttenwesen. Sehr große Geldmittel sind erforderlich, um sich die technischen Grundlagen einer wirtschaftlichen Produktion zu schaffen. Der technische Fortschritt drängt zum Zusammenschluß. Die wirtschaftliche Forderung, die in flüssigem Eisen, das aus dem Hochofen strömt, enthaltenen großen Wärmemengen für die Weiterbearbeitung zu benutzen, führt zur Vereinigung von Hochofenwerk und Stahlwerk. Unmittelbar wird das Eisen vom Hochofen im Konverter der Martinöfen weiter verarbeitet, Eisen und Stahlwerke suchen sich vom Kohlenhandel unabhängig zu machen und streben danach, sich eigene Kohlengruben anzugliedern.

Neue Arten der Gemeinschaftsarbeit haben sich in Form der Verkaufsver=

einigungen, Syndikate und Trusts gerade im Berg= und Hüttenwesen in starkem Maße entwickelt. Die Anfänge derartiger Verbandsbildungen reichen weit zurück. Die Not erzwingt die Zusammenschlüsse. Die öffentliche Meinung hat sich auch oft gerade mit dieser Seite der wirtschaftlichen Entwicklung auseinandergesetzt, und die Dogmatiker „des freien Spiels der Kräfte" um jeden Preis haben sich grundsätzlich gegen jede Unterordnung einzelner Interessen unter die einer ge= meinsamen Gruppe gewendet. Der sichtlich höher stehende Organisationsgedanke der regelnden Zusammenfassung, im Gegensatz zu dem den individualistischen Neigungen der Einzelperson entsprechenden rücksichtslosen Wettbewerb, hat sich doch von Jahr zu Jahr mehr durchgesetzt und heute wird das Wirtschaftsleben überdacht durch ein manchmal allerdings noch etwas wirres Netz wechselseitig vertragsmäßig festgesetzter Beziehungen.

Nach Größe, Leistung und Einfluß auf die Gesamtwirtschaft steht das 1893 ge= gründete Kohlensyndikat und der 1904 entstandene Stahlwerksverband an erster Stelle. Hatte man 1875 in Deutschland erst 8 Industriekartelle, so konnte man 1905 bereits 366, von denen 200 als Syndikat bezeichnet wurden, aufzählen.

Diese Organisationsformen, durch die es möglich wurde, größere Kräfte auf bestimmte Aufgaben zu konzentrieren und den Entwicklungsverlauf stetiger zu

gestalten, waren ebenfalls unerläßliche Voraussetzungen für die gewaltigen Lei=
stungen, die im Aufstieg unseres Wirtschaftslebens auch zahlenmäßig so deutlich
zum Ausdruck kommen. Die Roheisenerzeugung im deutschen Zollgebiet, die 1871
rd. 1,56 Millionen t betrug, war bis 1880 auf 2,73, bis 1890 auf 4,66 und bis 1900
auf 8,52 gestiegen. 1913 aber betrug sie 19,03 Millionen t.

Hatte man Ende der 80er Jahre im Jahresdurchschnitt 20000 t in jedem der
211 Hochöfen an Roheisen erzeugen können, so wurden 1913 in jedem der 320 Hoch=
öfen bereits 56000 t hergestellt. Auf den einzelnen Arbeiter bezogen, stieg die
Leistung von 180 t auf 367 t im gleichen Zeitraum, ein Beweis, in wie hohem
Maße es gelungen war, die Zahl der Arbeiter im Verhältnis der Leistung zu ver=
mindern. Die Kohlenförderung Deutschlands, die Braunkohle eingeschlossen, be=
trug 1895 fast 104 Millionen t und stieg bis 1913 auf über 278 Millionen t.
Deutschlands Stahlerzeugung stieg in dem Zeitraum von 1880 bis 1913 von
0,624 bis 19,31 Millionen t. Der Vergleich mit den anderen Industriestaaten fiel
immer günstiger für Deutschland aus. Steil stiegen die Kurven, die das Aus=
bringen in Eisen und Stahl darstellten, an. Bald war Frankreich überholt. Im
Anfang dieses Jahrhunderts durchschnitt die deutsche Leistungskurve die Roheisen=
erzeugung auch die seines alten Lehrmeisters, um dann bis 1913 in steilem Aufstieg
fast das Doppelte der Leistung Englands zu erreichen. Nur die Vereinigten Staaten
mit ihrem riesigen Reichtum an Kohle, Erz und Eisenbedarf blieben an erster Stelle.
An der stolzen Entwicklung, die diese wenigen Zahlen ausdrucksvoll kennzeichnen,
haben die heute zur Deutschen Maschinenfabrik vereinten Firmen auch an
ihrem Teil erfolgreich beigetragen. Die Geschichte ihrer Arbeit, die wir
jetzt im einzelnen zu betrachten haben, wird bemerkenswerte
Beispiele zu den hier zusammenfassend dargestellten
allgemeinen Entwicklungslinien bieten können.

2. Der Werdegang der Stammfirmen der Deutschen Maschinenfabrik und ihre Arbeit im Rahmen der Gesamtentwicklung.

Die märkische Maschinenbau=Anstalt vormals Kamp & Comp.

Trappen und seine Mitarbeiter / Hauptleistungen.

Ein halbes Jahrhundert war dahingegangen, seitdem Harkort und Kamp der Industrie auf der alten Burg in Wetter eine entwick= lungsreiche Arbeitsstätte geschaffen hatten. Von den Schicksalen der Mechanischen Werkstätte in diesen ersten fünf Jahrzehnten haben wir ausführlich berichtet. Im Herbst 1869 konnte im Kreise von etwa 25 Beamten und 300 Arbeitern unter Anteilnahme des ganzen Wetter das fünfzigjährige Jubiläum festlich begangen werden. In einem Brief vom 23. Sep= tember 1869 schildert Heinrich Blank seinem Onkel Otto Kamp das Fest in leb= haften Farben. Versuchen wir hiernach dieses sympathische Bild gemeinsamer Freude der Menschen, die lange gemeinsame Arbeit eng miteinander verbunden hatte, in kurzen Zügen festzuhalten. Von ihren Werkstätten, die sie schon tags zuvor liebe= voll in einen grünen Wald und Blumengarten verwandelt hatten, zogen Arbeiter und Beamte am Sonnabendmorgen mit Militärmusik und wehenden Fahnen zu dem Hause des Fabrikbesitzers. Jede Werkstatt geführt von ihrem Meister und gekennzeichnet in ihrer Arbeit durch mitgeführte farbige Wappenschilder. Alfred Trappen hielt die Festrede und überreichte als Gabe der Arbeiter einen silbernen Pokal, während die Familie Blank als Gegengabe eine seidene Werkfahne in den norddeutschen Farben stiftete, die in den Ecken als Sinnbild des Schaffens, von Lorbeerkränzen umwunden, eine Dampfmaschine, einen Kuppelofen, einen Drei= hundertzentnerhammer und das unvermeidliche Zahnrad mit Regulator enthielt. Der Zug ging zurück zur alten Burg. In der Fabrik wurden die zahlreichen Gäste empfangen, dann wurde ihnen diese im Betrieb gezeigt, im Montageraum spielte die Musik und jedermann bewunderte, wie schön die Arbeiter, jeder nach seinem persönlichen Geschmack, ihre Werkstätten ausgeschmückt hatten. Es folgte eine große Mittagstafel, „Kaffee und Kuchen, Ball und Jubiläumsverein". An Liedern, Reden und guten Wünschen hat es nicht gefehlt. Daß man hierbei auch Friedrich Harkorts, der als Gast am Feste teilnahm, nicht vergaß, ist selbstver= ständlich. Die Arbeiter feierten noch Sonntag und Montag, ohne daß, wie Hein= rich Blank betont, auch nur der geringste Mißton sich bemerkbar gemacht hätte.

Eins der Festgedichte, das besser ist, wie man es sonst von derartiger Gelegen= heitspoesie zu erwarten pflegt, ist bis auf uns gekommen. Einige Strophen mögen hier ihren Platz finden, sie kennzeichnen anschaulich den Stimmungsgehalt, der auch diesem technischen Schaffen innewohnt:

Hoch ragt vom Berg ins ruhrdurchflossne Tal
ein altersgrau, doch sturmerprobt Gemäuer.
Gegrüßt vom letzten Sonnenstrahl,
wenn unten weben schon der Dämmrung Schleier.
Gerötet von des Tages jungem Schein,
wenn Nacht noch hüllt des Tales Tiefen ein.
    Das ist im lieben Märkerland,
    von jedem Kinde wohlbekannt,
    die alte Burg von Wetter!

Von hier zog einst bewaffnet und bewehrt
manch edler Ritter aus zur tapfren Fehde,
hier klang, wenn in die Scheide fuhr das Schwert,
beim frohen Siegsgelag manch heitre Rede,
und Edelfräulein sahn von Turmes Rand
wohl träumerisch ins sonnig grüne Land.
    Das war die vielbesungne Zeit
    der alten Ritterherrlichkeit,
    in unserer Burg zu Wetter!

Das Mittelalter aber — Jahre flohn —
ging altersschwach entgegen seinem Ende.
Herangeschritten kam von Ferne schon
die erbelustge, neue Zeit behende.
Ade, Romantik, leer nun stand das Schloß,
harmlos vom Turme schauten Gras und Moos,
    und düster wünschte sich zurück
    der alten Zeiten Glanz und Glück
    die öde Burg von Wetter.

Doch sieh, ein Auferstehungsmorgen war
den weltvergeßnen Räumen aufgehoben,
ein neuer Geist, geschützt von Preußens Aar,
rief plötzlich wieder Leben wach hier oben.
In der Ruine tote Poesie
zog lebenskräftig ein die Industrie.
    Was in ganz Preußen nicht geschehn,
    sah staunend jetzt bei sich erstehn
    die Ritterburg von Wetter!

Bald rauchten Schlote, und der Essen Glut
begann des Eisens Starrheit zu bezwingen,
daß schwere Ströme roter Feuersglut
gebändigt im bestimmten Bette gingen.
Was ungefügig, roh sich eingestellt,
kehrt schmuck bald als Maschine in die Welt
    und rühmte, wo's auch hingeführt:
    ich werde einzig fabriziert
    nur in der Burg von Wetter.

Ihr Freunde um mich her, Ihr wißt es ja,
schon fünfzig Jahre sind vorbeigezogen,
seit diese Segenswandlung hier geschah,
und immer blieb das Glück ihr wohlgewogen.
Ob von den Gründern heut am Jubeltag
auch einer nur des Werks sich freuen mag:
    Es lebt der andern schaffend Wort
    in Kind und Kindeskindern fort
    in der Fabrik in Wetter!

Das zweite halbe Jahrhundert weiterer Arbeit, durch das Fest so stimmungsvoll eingeleitet, sollte mit einer stürmischen Aufwärtsbewegung einsetzen. Der siegreiche Krieg 1870/71 brachte eine sich ins Ungemessene überstürzende industrielle Entwicklung mit sich. Kriegs- und Eisenbahnmaterial mußten instand gesetzt werden, überall begann man zu bauen, zu erweitern und größer zu werden. Die Zechen konnten nicht soviel Kohlen liefern, als verlangt wurden. Die Eisenwerke konnten sich vor dringenden Bestellungen nicht retten. Die neu zu bauenden Eisenbahnen, Schiffe, Maschinen und Fabrikgebäude verlangten damals plötzlich nach größten Eisenmassen. Kein Wunder, daß auch der Firma Kamp & Co., die für die Eisenindustrie in erster Linie arbeitete, die Aufträge mühelos zuströmten. Aber wie wollte man diesen großen Anforderungen in den alten Werkstätten oben auf dem Berg, jedem Verkehrsmittel fern, gerecht werden? Trappen drängte ins Tal. Jetzt konnte man sich der von ihm schon jahrelang betonten Notwendigkeit, unmittelbar an der Bahn, auf ebener Erde eine neuzeitliche große Maschinenfabrik zu errichten, nicht mehr verschließen. Man kaufte am Bahnhof in Wetter ein etwa 32 Morgen großes Grundstück und Trappen gelang es, eine für lange Zeit

Alfred Trappen, geb. 19. 6. 1828, gest. 28. 5. 1908.   Heinrich Blank, geb. 6. 9. 1836, gest. 16. 11. 1906.

mustergültige Maschinenfabrik auf Grund seiner Erfahrungen zu erbauen. Die Geldmittel, die hierzu erforderlich waren, schienen aber der Familie Blank, der Inhaberin der Firma, doch über ihre Verhältnisse zu gehen, und deshalb entschloß sie sich, den zahlreichen, damals neu gegründeten Aktiengesellschaften eine neue hinzuzufügen. Am 27. März wurde die Firma Kamp & Co. übergeführt in die Märkische Maschinenbau-Anstalt vormals Kamp & Comp. Das Aktienkapital, das zum größten Teil im Besitze der Familie Blank blieb, betrug 3,6 Millionen Mark.

Nach Umwandlung der Firma im Jahre 1873 schied Hugo Blank aus. Alfred Trappen blieb technischer Direktor, während Heinrich Blank die kaufmännische Leitung der Aktiengesellschaft übernahm. Durch seine verwandtschaftlichen Beziehungen zu dem Bankhause der Firma gelang es Heinrich Blank, in Zeiten der Geldknappheit für den nötigen Kredit zu sorgen, wie er überhaupt besonders während der langen Reisen von Trappen nach Rußland und Österreich der ruhende Pol in der Verwaltung blieb und die Geschäftsführung mit großer Gewissenhaftigkeit überwachte. Die Verdienste Heinrich Blanks sind deshalb nicht in äußeren Erfolgen zu suchen, sondern, ausgehend von seinen Ansichten über Treu und Glauben im Geschäftsleben und in der Sicherung des Unternehmens in seinen Grundfesten, im Wachsen und in der Ausbreitung des Ansehens seiner von Vorfahren väterlicher- und mütterlicherseits zu treuen Händen übernommenen geschäftlichen Verpflichtungen. Blank war kein Freund hoher Dividenden, er legte vielmehr den

größten Wert auf die Festigung der noch jungen Aktiengesellschaft. Die Ein=
nahme dieses Standpunktes brachte ihn auch später bei der unter Berliner Einfluß
beschlossenen Auszahlung angehäufter Reserven an die Aktionäre in einen Ge=
wissenskonflikt und war mit die Veranlassung zu seinem Austritt aus der Ver=
waltung im Jahre 1896. Hiermit schied der Einfluß der Familie Blank, nachdem
Julius Blank schon einige Jahre früher von seiner Tätigkeit als Ingenieur bei der
Firma zurückgetreten war, aus der Gesellschaft aus, um später in den Namen
Wolfgang Reuter und Otto Blank wieder zu erscheinen.

Mit Trappen schloß man im Jahre 1873 bei Gründung der Aktiengesell=
schaft einen neuen Vertrag. Man bewilligte ihm ein Gehalt von 5000 Talern,
wovon er sich 1000 Taler als Wohnungs= und Repräsentationsgeld rechnen
sollte. Außerdem erhielt er freie Feuerung, und vom Gewinn wurde ihm eine
Tantieme von 5 v. H. bewilligt. Hugo Blank, der in Berlin wohnte, übernahm
den Vorsitz im Aufsichtsrat. Julius Blank trat als erster Konstrukteur in die
Firma ein.

Jetzt wurde sogleich mit dem Bauen begonnen. Die Magazine, die Schreinerei,
Eisen= und Metallgießerei, die Schmiede, Dreherei, Schlosserei und Montagehallen
wurden so schnell es irgend ging fertiggestellt. Nun konnte man anfangen, die
Fabrik auf dem Berge zu räumen, wo man inzwischen auch das letzte Plätzchen
mit Maschinen besetzt hatte. Alle Werkstätten wurden ins Tal verlegt, nur die
Kesselschmiede blieb noch bis zum Jahre 1891 oben auf der Burg. Dann hörte
diese letzte industrielle Arbeit in der alten Festung auf und nach wieder zwei
Jahrzehnten wurde das Stammwerk auf der Burg an den Gemeinnützigen Bau=
verein in Wetter verkauft. Mit den neuen Fabrikgebäuden allein war es aber
nicht getan. Es war schwierig, so schnell als es erforderlich war, für die Aus=
stattung der Fabrik mit Maschinen zu sorgen. In Deutschland waren Werk=
zeugmaschinen damals nicht zu erhalten. Alle Firmen waren mit Aufträgen
überlastet. So mußte sich Trappen die Maschinen, die er brauchte, aus England
und Belgien holen. Hoffnungsfreudig weist der erste Geschäftsbericht der
neuen Aktiengesellschaft darauf hin, daß die Firma neu gerüstet sei mit den
„neuesten und schwersten Hobelmaschinen, Drehbänken und sonstigen Hilfs=
werkzeugen, bei einer vorzüglichen Lage, welche die Anfuhr der Roh=
materialien und Abfuhr der fertigen Fabrikate auf die bequemste und wohl=
feilste Weise gestattet, im Innern versehen mit den besten Vorrichtungen zur
möglichsten Sparung von Handarbeit und zur Erleichterung des Transportes
der meist schweren Gegenstände bei hellen luftigen Arbeitsräumen" und des=
halb in der Lage sein wird, „bedeutend mehr als das Doppelte der jetzigen
Produktionen fertigzustellen, und daher rascher, wohlfeiler und besser arbeiten
zu können."

Auch an eine zeitgemäße Beleuchtung hatte man gedacht. Mit der Firma Peter Harkort & Sohn und mit Ludwig Stuckenholz baute man gemeinsam eine Gasanstalt, durch die man auch Wetter selbst mit Gas versorgen konnte. Größten Wert legte man mit Recht darauf, sich einen guten Arbeiterstamm zu erhalten. Billige und gute Wohnungen, die den Arbeitern das Leben angenehm machten, waren hierfür ein besonderen Erfolg versprechendes Mittel. Gleichzeitig mit der neuen Fabrik wurden deshalb auch eine Anzahl Arbeiterwohnungen erbaut, die zunächst Raum für 76 Familien boten. Eine eigene Werkskranken- und Unterstützungskasse wurde gegründet, mit den beiden eben genannten benachbarten Firmen in Wetter rief man eine auch heute noch segensreich wirkende gemeinsame Invalidenkasse ins Leben und errichtete gemeinschaftlich einen Konsumverein. In den ersten Jahrzehnten war der Wechsel in der Arbeiterschaft tatsächlich recht gering. Bald gab es eine ganze Anzahl Arbeiterfamilien, deren Angehörige schon in der dritten Generation in der Firma tätig waren. Dasselbe galt auch für die Monteure, Meister und kaufmännischen Beamten. Anders sah es allerdings bei den Ingenieuren und Technikern aus. Die jungen Herren, die hier, dem Rufe der Märkischen folgend, von überall her, meist unmittelbar von den Schulen, nach Wetter kamen, faßten ihre Tätigkeit zu oft als eine nur vorübergehende Lehrzeit

auf. Die Märkische, mit Trappen an der Spitze, war in der Tat eine ausgezeich=
nete Schule, und viele später sehr erfolgreiche Ingenieure haben in dieser Zeit,
oft noch in höherem Maße, als es auf der Schule geschah, den Grundstock zu
ihrer späteren Tätigkeit gelegt. Der Firma erschwerte der starke Wechsel unter
den jungen Konstrukteuren oft die Arbeit. Anfang der 70er Jahre waren 25
Beamte einschließlich der Meister und 350 Arbeiter beschäftigt. Die Zahl stieg
dann in den für die Firma besonders günstigen Jahren 1886/89 auf etwa 500 Ar=
beiter, Monteure und Meister. Dazu kamen noch 8 Kaufleute und 14 Techniker.
Die Zahlen sind im Verhältnis zu dem, was damals geleistet wurde, recht gering.

Die hoffnungsvolle erste Zeit in der neuen Fabrik, wo man sich vor Aufträgen
kaum zu retten wußte, war sehr kurz bemessen. Den Gründerjahren folgte der
tiefe Abfall in der wirtschaftlichen Kurve. Der erste Geschäftsbericht spricht be=
reits von einer allgemeinen beispiellosen Geschäftsstockung, wie sie namentlich auf
dem Gebiete der Eisen= und Stahlindustrie kaum verheerender gedacht werden
könne. Hierzu kam noch die Freihandelsbewegung im neuen Deutschen Reich. Die
Zollsätze wurden abgebaut, und 1877 konnten Eisen und Stahl frei eingeführt
werden. Die Industrie wurde schwer getroffen, Betriebe wurden eingeschränkt,
Hochöfen ausgeblasen. An Neubauten und Neuanschaffungen dachte niemand
mehr, im Gegenteil, ganze Betriebseinrichtungen konnte man billig kaufen. Diese
Jahre mußten auch die Märkische Maschinenbau=Anstalt, die mit ihrem Haupt=
arbeitsgebiet auf die Eisen= und Stahlindustrie angewiesen war, schwer treffen.
Hatte man für das Jahr 1873/74 noch einen Reingewinn von 320000 M aus=
gerechnet, so sank dieser im Jahre 1875/76 auf etwas über 64000 M und die
nächsten drei Jahre blieben ohne jeden Gewinn.

Als die schlechte Zeit begann und in Rheinland und Westfalen der Absatz zu
stocken anfing, versuchte Trappen, planmäßig das Ausland zu bearbeiten. Er
knüpfte sehr wertvolle Verbindungen in Österreich=Ungarn an und verstand
es, unterstützt von einem ungemein tüchtigen Vertreter, schnell festen Fuß zu
fassen. Die dortige Indusrie wurde Jahrzehnte lang ein ständiger Abnehmer der
Märkischen. Ein unbegrenztes Vertrauen wurde Trappen als Sachverständigen
und Konstrukteur entgegengebracht. Er war Sachverständiger bei der Öster=
reichisch=Ungarischen Staatseisenbahn=Gesellschaft, bei einer großen Zahl von nam=
haften Bergwerksgesellschaften und Eisenhüttenwerken. Fast regelmäßig zwei=
bis dreimal im Jahre bereiste Trappen Österreich=Ungarn und fast jedesmal,
das galt in Wetter bereits als selbstverständlich, kam er mit größeren und
kleineren Aufträgen wieder nach Haus. 1874 hat Trappen auch zum erstenmal
Rußland bereist. Sein Aufsichtsrat hatte ihm empfohlen, zunächst einmal Land
und Leute kennen zu lernen, und so durchquerte er Rußland von der nördlichen
Spitze des Onega=Sees bis zum Schwarzen Meer. Der erste große Auftrag,

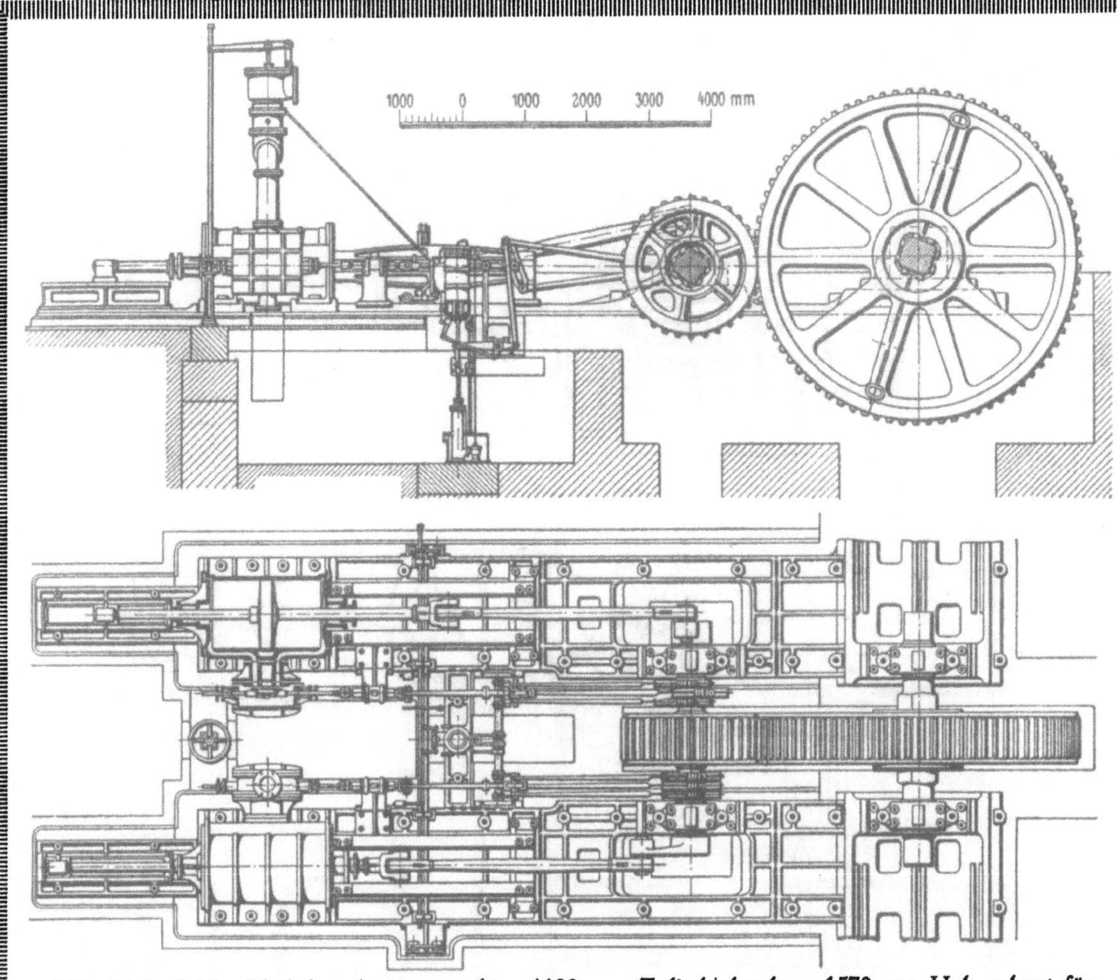

Abb. 34 und 35. Umkehrwalzenzugmaschine 1100 mm Zylinderdurchm., 1570 mm Hub, erbaut für
das Kaiserlich Russische Werk in Kolpino im Jahre 1874.

den er in Rußland auszuführen hatte, war, ein Puddlingswerk und Luppenwalz=
werk mit Drahtwalzwerk, Walzenzugmaschine, Dampfkessel und allem, was
dazu gehört, im Innern Rußlands, etwa auf der Mitte zwischen Moskau und
Nishni=Nowgorod, einzurichten. Trappen hat in seinen Erinnerungen, die er an
seinem Lebensabend in knapper kurzer Art zu Papier gebracht hat, darauf hin=
gewiesen, wie sehr es ihn gewundert habe, daß die russischen Arbeiter sich so
schnell in die ihnen bis dahin ganz fremde Feuerart hineingearbeitet hätten. Wei=
tere größere Aufträge für Rußland folgten. Besonders bedeutungsvoll wurde eine
sehr große Walzenumkehrmaschine, wie sie Rußland bis dahin noch nicht gekannt
hatte. Sie wurde 1875 auf dem Kaiserlichen Werk in Kolpino, zwischen Mos=
kau und Petersburg gelegen, in Betrieb gesetzt und hat 20 Jahre lang ohne jede
Reparatur ihre Dienste zu voller Zufriedenheit verrichtet, wie zur Freude Trap=
pens der alte Maschinenmeister erzählte, der ihn, als er 1895 zum letztenmal
das Werk besuchte, wiedererkannte. Trappen war stets gern in Rußland.

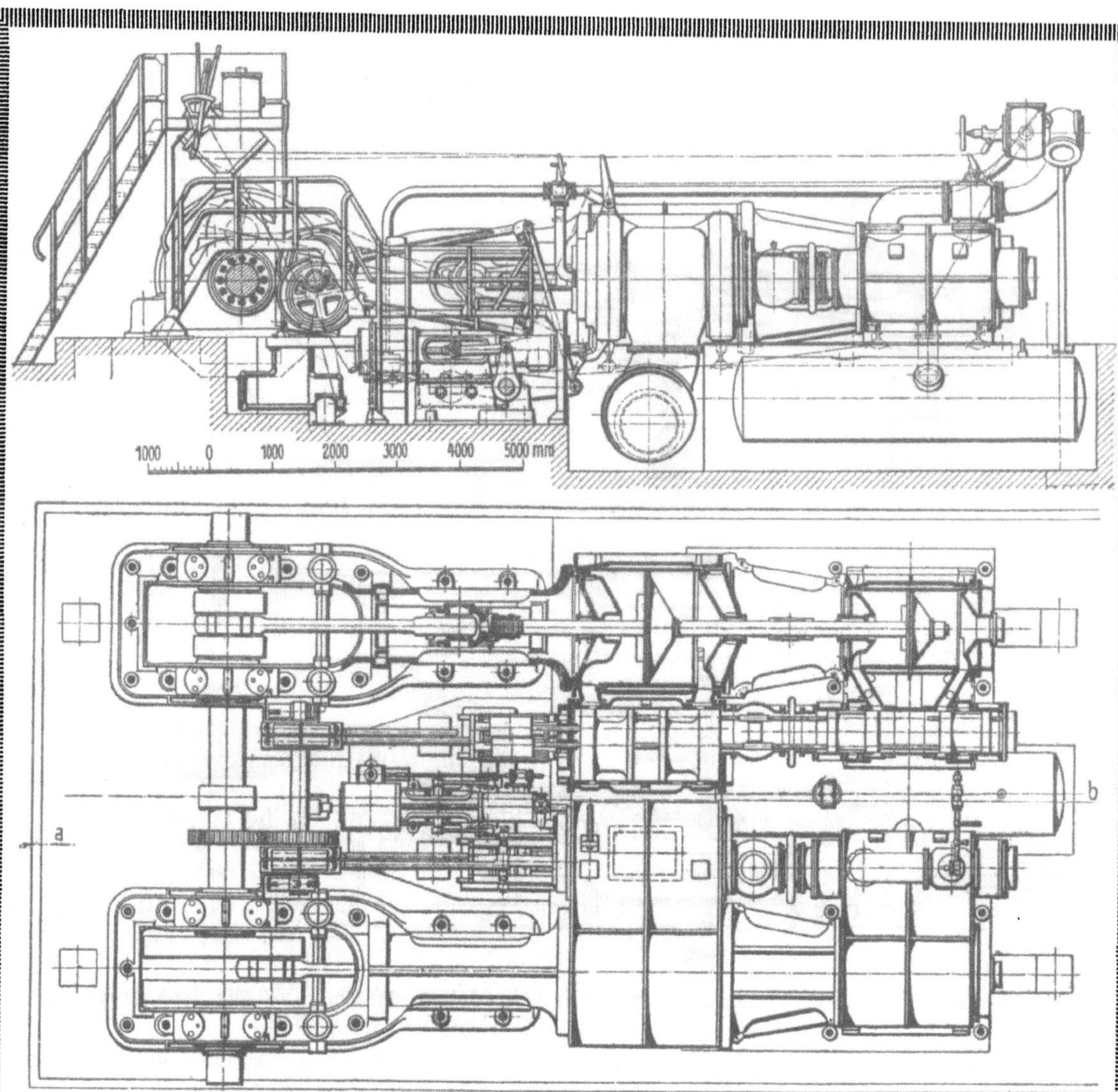

Abb. 36 und 37. Neuzeitliche Zwillings=Tandem=Umkehrmaschine, gebaut 1914 für Aachen=Rothe=Erde.
Zylinderdurchmesser 1200 und 1800 mm, Hub 1500 mm.

Er erzählt, wie er das russische Leben und viele Russen lieb gewonnen habe.
Die Zahl der Aufträge, verglichen mit denen aus anderen Ländern, sei allerdings
bescheiden gewesen, aber es habe ihm doch Freude gemacht, seine Maschinen bis
über den Ural, bis ans Kaspische und Schwarze Meer zu senden.

In Deutschland hatte Mitte 1879 Bismarck im Reichstag einen neuen Zolltarif
durchgesetzt, der der Eisen= und Stahlindustrie half, sich aufzurichten. Das
machte sich auch bald in der Märkischen Maschinenbau=Anstalt bemerkbar. Der
Geschäftsbericht vom Jahre 1881 stellte fest, daß „der jahrelange Marasmus, der
wie ein Alp auf der deutschen Industrie und namentlich auf der uns vorwiegend
interessierenden Eisen= und Kohlenindustrie gelastet, zu weichen beginnt". Zwei
Jahre darauf, 1882/83, aber muß man schon wieder über Mangel an Arbeit klagen.

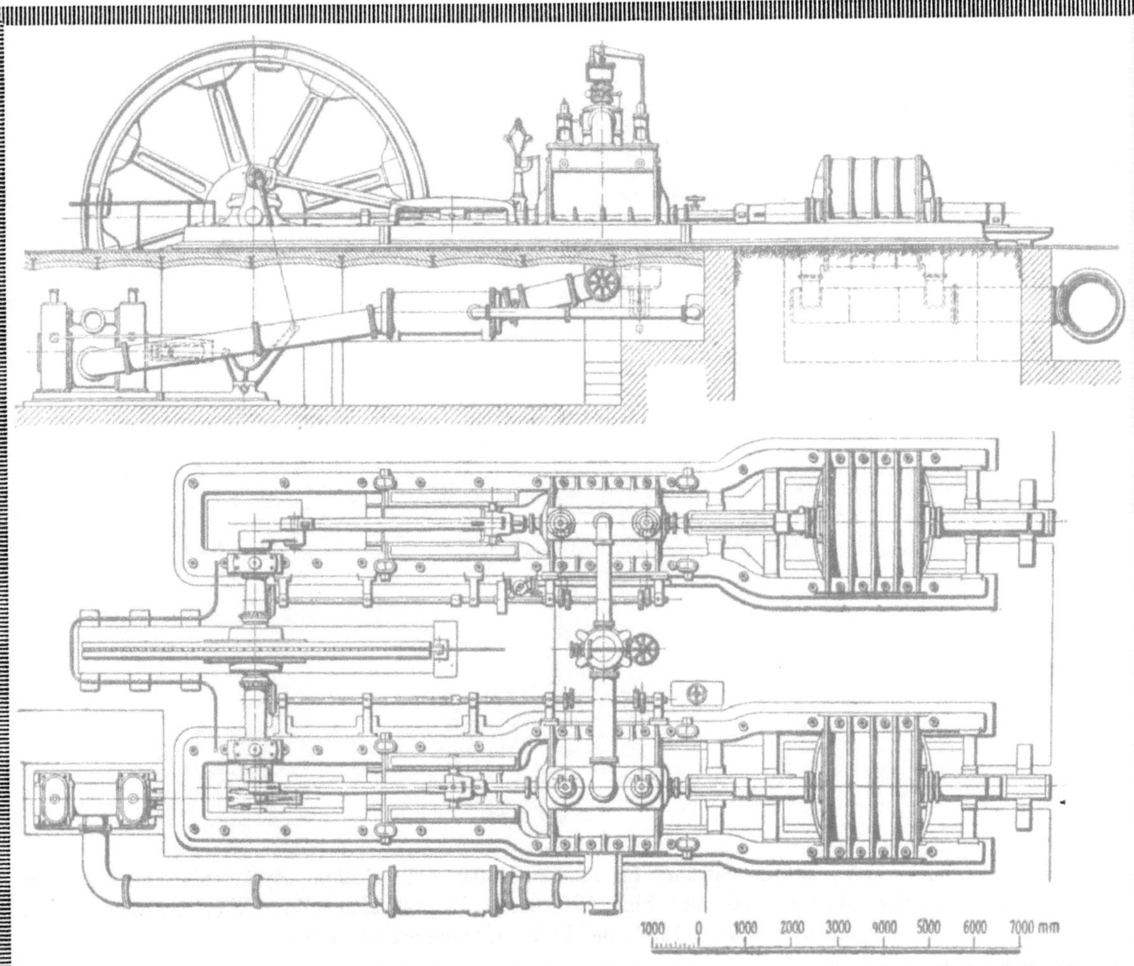

Abb. 38 u. 39. Hochofen=Verbund=Gebläsemaschine, erbaut 1883 für Eisenwerks=A.=G. in Saljo=Tarjan (Ungarn). Durchmesser der Dampfzylinder 1100 und 1650 mm, Gebläsezylinder 2250 mm Durchmesser, Hub 1700 mm, 25 Umdrehungen/min.

Die Eisenpreise stiegen dank der Vereinigung in der Eisenindustrie sehr stark, für die Maschinen wurden aber keine höheren Preise bewilligt. Von Arbeiter= entlassungen wollte man zunächst noch absehen, da man wußte, was ein einge= arbeiteter vorzüglicher Arbeiterstamm für eine Firma, die auf Qualitätsarbeit an= gewiesen ist, zu bedeuten hat, man suchte planmäßig die Selbstkosten herabzu= drücken und gab sich Mühe, neue Arbeitsgebiete für die Firma zu erschließen. Erst Ende der 80er Jahre begann wieder ein glänzender Geschäftsabschnitt für die Märkische. Der Reingewinn stieg 1889/90 auf über 400000 M, die größte Zahl, die in den 25 Jahren von 1872 bis 1897 erreicht wurde. 1890 schied Trap= pen als technischer Direktor aus der Märkischen aus. Sein immer schlechter wer= dendes Gehör hinderte ihn mit der Zeit zu stark im Verkehr mit der Kundschaft. In harter, mehr als 40jähriger Berufsarbeit hatte er sich einen ruhigen Lebens= abend verdient.

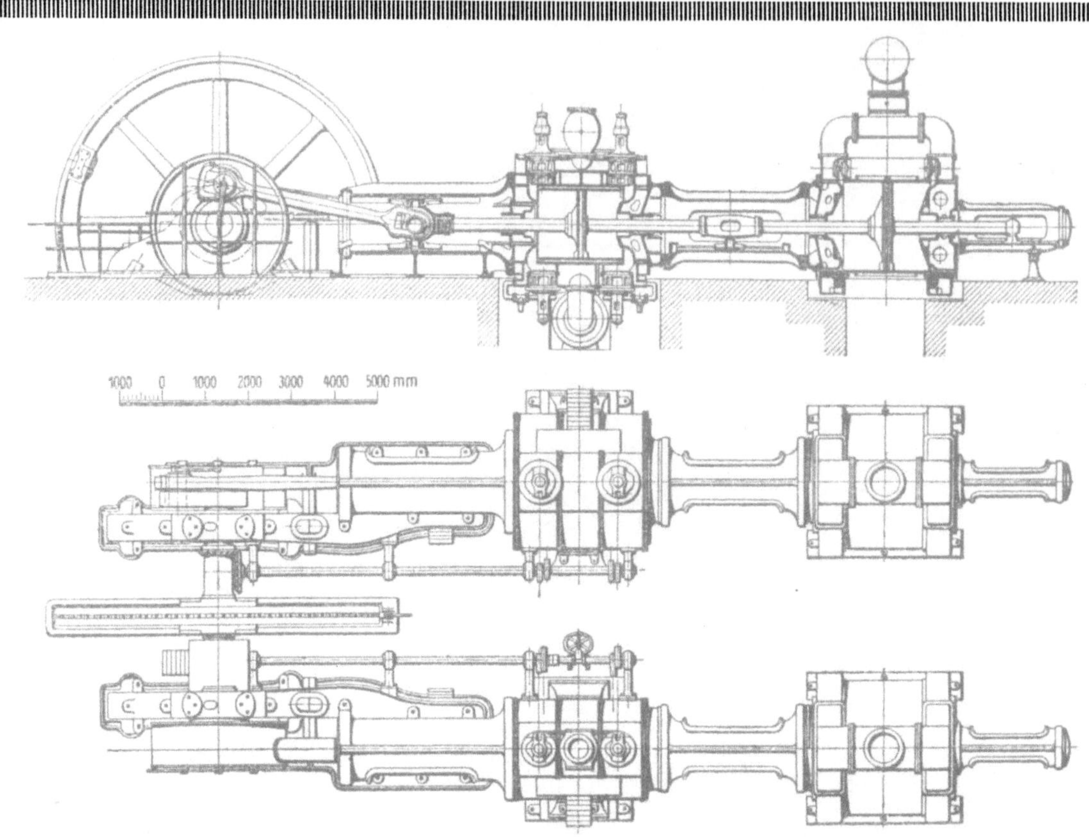

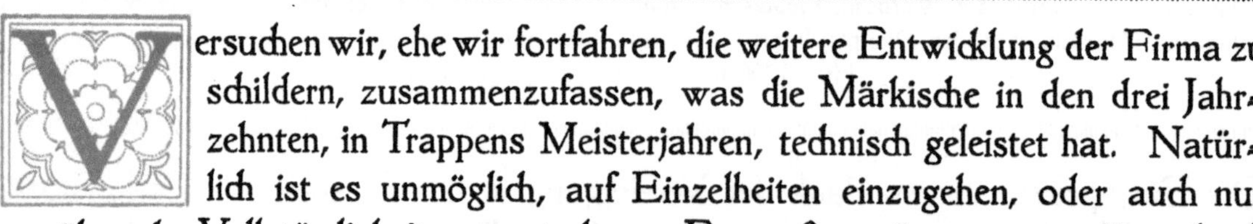

Abb. 40 u. 41. Stahlwerks=Gebläsemaschine für Aachen=Rothe=Erde ⟨1906⟩. Zylinderdurchmesser 1500 und 2300 mm, Gebläsezylinder 2000 mm, Hub 1800 mm. Bei 60 Uml./min. Windpressung 2,5 at, Ansaugevolumen 1300 cbm Luft. Gesamtgewicht 470 t.

Versuchen wir, ehe wir fortfahren, die weitere Entwicklung der Firma zu schildern, zusammenzufassen, was die Märkische in den drei Jahr= zehnten, in Trappens Meisterjahren, technisch geleistet hat. Natür= lich ist es unmöglich, auf Einzelheiten einzugehen, oder auch nur annähernde Vollständigkeit anzustreben. Es muß genügen, unterstützt durch einige bildliche Darstellungen, auf die Hauptarbeitsgebiete kurz hinzuweisen.

In dem Arbeitsprogramm für die neue Fabrik, das Trappen seinem Aufsichts= rat unterbreitete, empfahl er zunächst, an die bisherigen Leistungen anzuknüpfen und in erster Linie zu versuchen, „auf dem Gebiete der Hüttenwesen=Maschinen, namentlich in schweren Dampfhämmern, Walzenzugmaschinen, Walzwerken, Gebläsemaschinen usw. das Vorzüglichste zu leisten". Aber nicht wie bisher wollte sich Trappen begnügen, einzelne Maschinen und Apparate zu liefern, sein Ehrgeiz war, nunmehr vollständige Hochofen= und Stahlwerke, Hammer= und Walzwerksanlagen auszuführen. Auf der einen Seite strebte er an, das Arbeits= gebiet auf bestimmte Aufgaben zu beschränken, sich zu spezialisieren, auf der anderen Seite aber wollte er innerhalb dieses Arbeitsfeldes nunmehr auch alle Auf=

träge, die für eine Maschinen=
fabrik in Frage kommen konn=
ten, zusammenfassen.

Für die Hochofenwerke
waren Gebläsemaschinen zu
bauen, an deren Leistungs=
fähigkeit die schnell größer wer=
denden Hochöfen bald hohe
Ansprüche stellten. Die Stahl=
werke verlangten wesentlich
höhere Luftpressungen. Mit
den früher üblichen geringen
Geschwindigkeiten von höch=
stens 2 m durchschnittlicher
Kolbengeschwindigkeit in der
Sekunde kam man nicht mehr
aus, wenn man nicht zu Ab=
messungen, die kaum noch
auszuführen, keineswegs aber
mehr zu bezahlen waren,
kommen wollte. Größte Sorge
machte dem Maschinenbauer
der Gebläsezylinder mit seinen

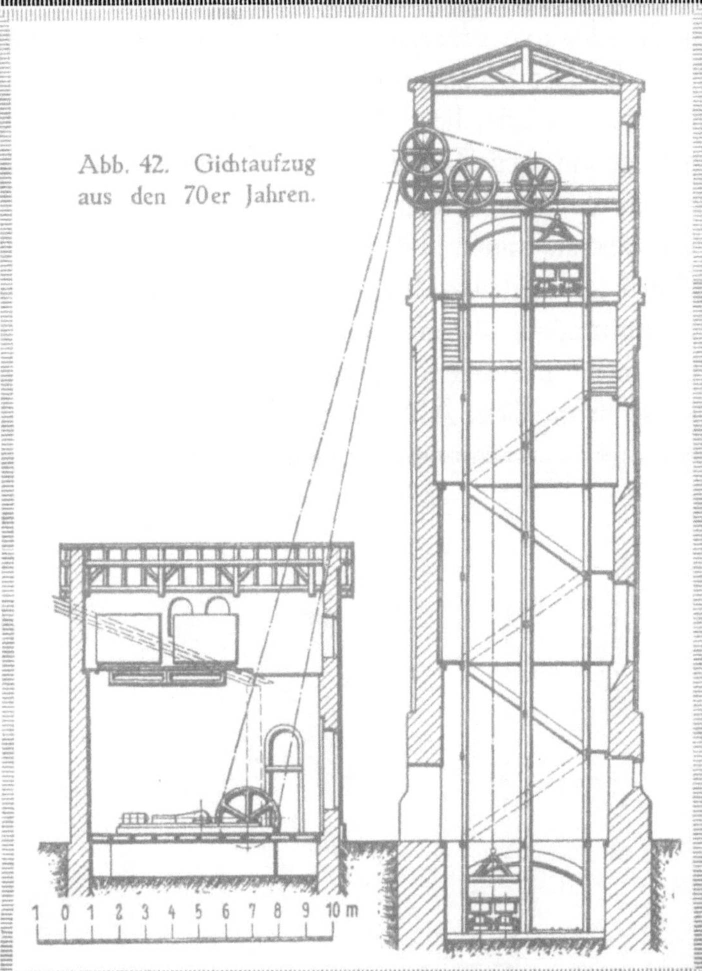

Abb. 42. Gichtaufzug
aus den 70er Jahren.

Auslaß= und Einlaßorganen. Mit dem Winddruck stieg die Lufterwärmung. Die
alten Filz= und Lederklappen versagten ihre Dienste. Neue Lösungen mußten
gefunden werden. Erfahrungen und großes konstruktives Können waren nötig,
bis man auch diese Schwierigkeiten überwunden hatte.

Was die äußeren Anordnungen anbelangt, so wurden anfangs der 70er Jahre
noch große Balancier=Maschinen ausgeführt. Die Abb. 21 auf Seite 72 gibt ein
kennzeichnendes Beispiel einer solchen Maschine aus dem Jahre 1871. Gleichzeitig
begann aber Trappen, sich dem Bau liegender Gebläsemaschinen zuzuwenden.
Große Zwillingsmaschinen, die Gebläsezylinder hinter dem Dampfzylinder ange=
ordnet, mit breit aufliegenden, aus verschiedenen Teilen zusammengesetzten Rahmen,
mit viergleisiger Schlittenführung für den Kreuzkopf, wurden gebaut. Schieber,
später Ventile, besorgten die Dampfverteilung. Nach und nach entwickelte sich die
Gebläsemaschine in gleichem Ausmaße wie die normale Betriebsmaschine zur hoch=
wertigen Wärmekraftmaschine, bei der neben großer Zuverlässigkeit im Betriebe
auch größte Wärmeökonomie verlangt wurde. In den 80er Jahren wurden des=
halb auch Verbundmaschinen ausgeführt. Schließlich mußte sich Trappen, wenn

auch schweren Herzens, entschließen, dem Geschmack der Zeit zu entsprechen und die alte Schlittenführung durch die Rundführung mit Bajonettbalken zu er= setzen. Gerade diese äußere konstruktive Form galt damals weitesten Kreisen als oft einziges Zeichen einer modernen Dampfmaschine. Die Abb. 40 und 41 zeigen ein kennzeichnendes Beispiel der in neuerer Zeit üblichen Ausführung. Die Gebläsemaschinen bildeten die Hauptgeschäftsbeziehung zu den Hochofenwerken. Daneben wurden auch noch hier und da die damals üblichen senkrecht angeordneten Gichtaufzüge, die mit Wasser, Luftdruck oder durch Seile angetrieben wurden und nicht besonders leistungsfähig waren, gebaut. Als Beispiel einer solchen Ausführung diene Abb. 42, die, in Vergleich gestellt mit neuzeitlichen Ausführungen,

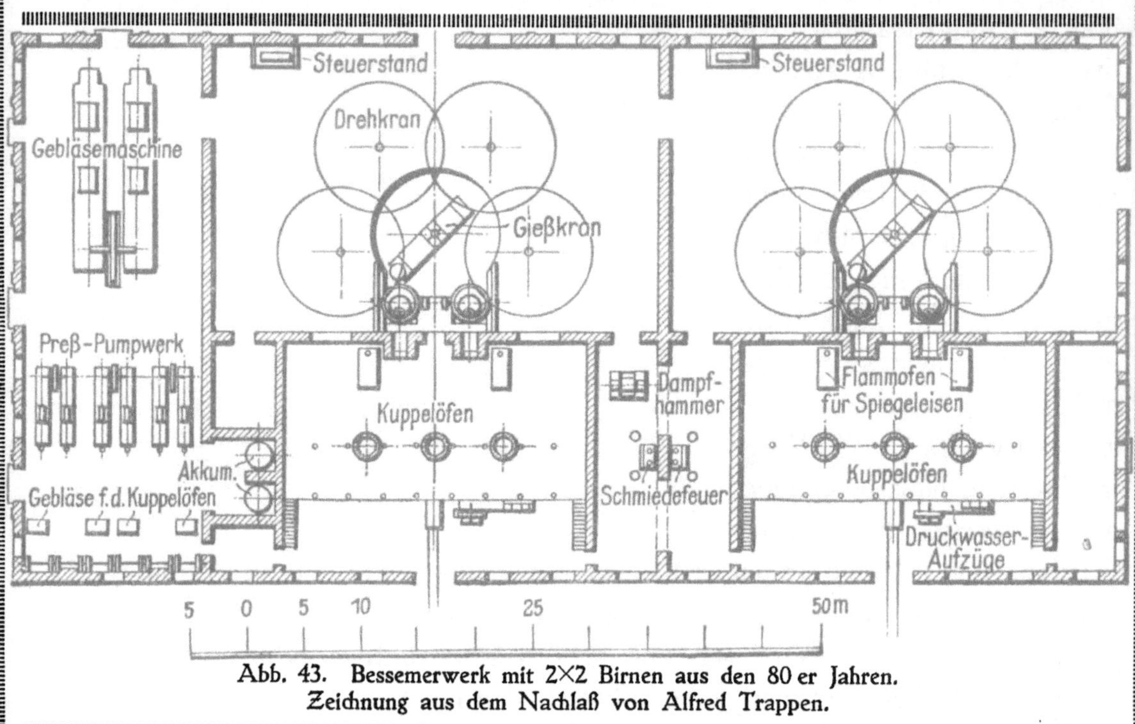

Abb. 43. Bessemerwerk mit 2×2 Birnen aus den 80 er Jahren.
Zeichnung aus dem Nachlaß von Alfred Trappen.

den bemerkenswerten Unterschied zwischen einst und jetzt vor Augen führt. Wesentlich umfangreicher gestalteten sich die geschäftlichen Beziehungen zu den Stahlwerken. Hier hat Trappen den engsten Anschluß an die neuzeitliche Ent= wicklung gefunden. Die Märkische war eine der ersten Firmen in Deutschland, die Bessemerwerke baute. 1871 wurde ein kleines Stahlwerk für die Stein= häuserhütte bei Witten errichtet. Drei Bessemerbirnen, die je 2 bis 3 t faßten, standen halbkreisförmig um den hydraulischen Drehkran, der das flüssige Eisen in seiner Pfanne in die den Konvertern gegenüberliegende Gießgrube vergoß. Diese von Bessemer geschaffene Anordnung erhielt sich lange Zeit, sie kehrte bei jedem Stahlwerk, wo und von wem es auch ausgeführt wurde, wieder. Die Abb. 43 bis 45 lassen diese Bauweise erkennen. Eine ganze Reihe derartiger Stahlwerke mit den

Gießkranen, den Gebläsemaschinen und allem anderen, was dazu gehörte, wurde ausgeführt. Als dann 1879 die epochemachende Erfindung von Thomas und Gilchrist bekannt wurde, war Trappen ihre weittragende Bedeutung für Deutschland sofort klar, und es gelang ihm, gestützt auf seine Erfahrungen im Stahlwerksbau, die ersten Anlagen auszuführen. Die Ausbildung der Konverteranlagen ist von Trappen maßgebend beeinflußt worden. Konverter, wie sie damals zahlreich gebaut wurden, zeigen Abb. 46 u. 47. Große Anlagen, wie für das Peiner Walz=werk, die Friedenshütte, das Dillinger Hüttenwerk, Salgo=Tarjan, Resicza, um nur einige zu nennen, sind einschließlich aller dazugehörigen Hebezeuge und Ar=beitsmaschinen von der Märkischen erbaut worden. Wie schwerfällig derartige Krananlagen wurden, wenn man auf unmittelbaren Antrieb durch Dampfanlage nicht verzichten wollte, zeigt Abb. 31, die einer Zeichnung aus dem Nachlaß Trappens entnommen wurde. Nicht minder erfolgreich widmete sich Trappen dem Bau des Siemens=Martin=Stahlwerks. Er galt Jahrzehnte lang als erster Fach=mann auf dem Gebiete des Stahlwerksbaues, was sich natürlich auch bei den Auftragerteilungen und den hierbei erzielten Preisen bemerkbar machte.

Nach Einführung des Thomasverfahrens stellte es sich bald als notwendig heraus, die Anzahl der Birnen zu vermehren. Boden und Ausmauerung der Kon=verter hielten nur kurze Zeit, mußten oft ausgewechselt werden, dazu stieg die Anforderung an die Gesamtleistung des Werkes. Die bisherige kreisförmige An=ordnung mit dem hydraulischen Zentralkran hielt diese Ausdehnungsmöglichkeit in engen Grenzen, wenn man nicht zu der kostspieligen und raumkostenden Lösung greifen wollte, derartige kreisförmige Systeme nebeneinander aufzustellen. Trappen fand die Lösung. Er gab die bisher allein übliche Anordnung vollständig auf, stellte die Birnen in eine Reihe und konstruierte den ersten fahrbaren Gießwagen, mit dem er den Stahl in einer von der Konverterhalle ganz getrennten Gießhalle vergießen konnte. Die neue Anordnung zeigt Abb. 48 u. 49. Zuerst wurde ein solches Stahlwerk 1881 für den Hörder Verein und das Peiner Walzwerk ausgeführt. Den ersten Gießwagen, der den Stahlwerken räumlich günstige Entwicklungsmöglichkeiten schuf, zeigen die Abb. 50 bis 52. Der Gießwagen ist für Chargen von 10 t mit fest=stehendem Plunger und beweglichem Zylinder ausgestattet. Die Pfanne läßt sich auf einen Meter in radialer Richtung verschieben. Die Ausladung beträgt 2,25 m, die Hubhöhe 1 m. Eine Zwillingsdampfmaschine von 10 PS mit Umsteuerung, von der zugleich mit verlängerter Kolbenstange ein Pumpwerk mit Preßwasser von 20 at betrieben wird, dient zum Antrieb. Eine Dampfpumpe, die den Kessel zu speisen hat, kann auch während des Gießens Wasser in den Preßzylinder drücken. Als Dampferzeuger dient ein Röhrenkessel mit 6 at Überdruck. Der Gießwagen hat nach einigen wenigen Änderungen in den ersten Wochen anstandslos gearbeitet und 40 bis 45 Chargen von je 10 t in der Doppelschicht bewältigt.

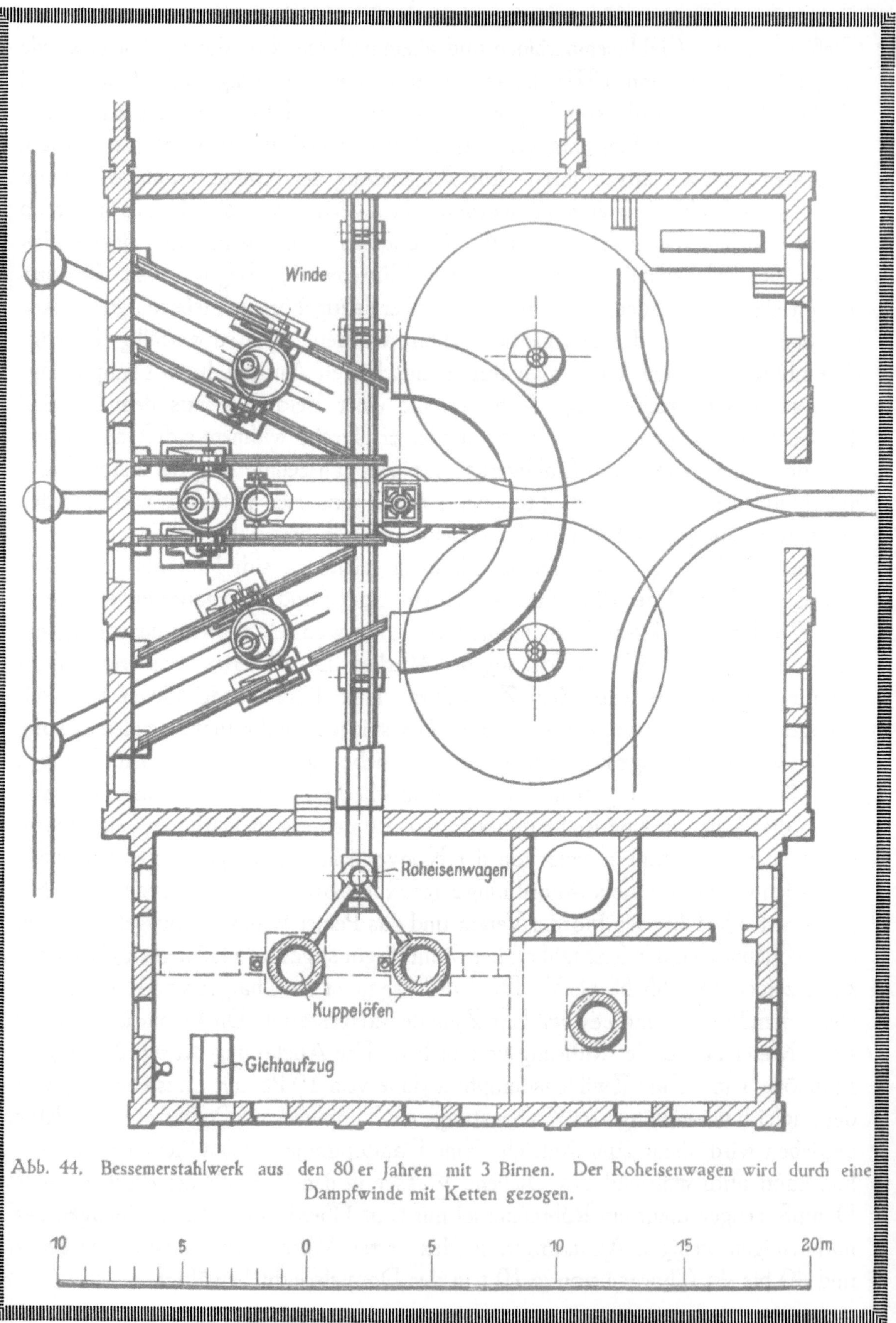

Abb. 44. Bessemerstahlwerk aus den 80er Jahren mit 3 Birnen. Der Roheisenwagen wird durch eine Dampfwinde mit Ketten gezogen.

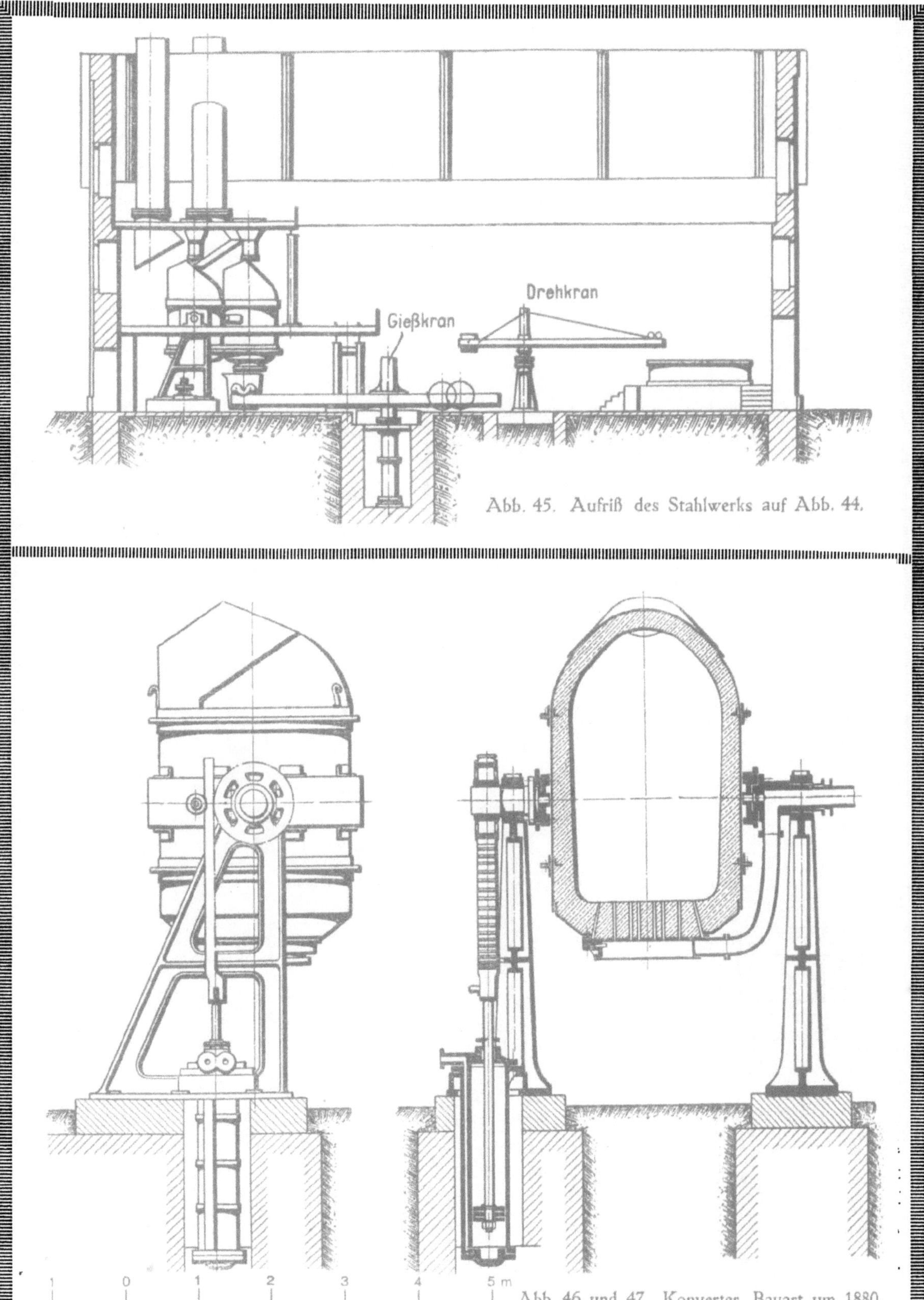

Abb. 45. Aufriß des Stahlwerks auf Abb. 44.

Abb. 46 und 47. Konverter, Bauart um 1880.

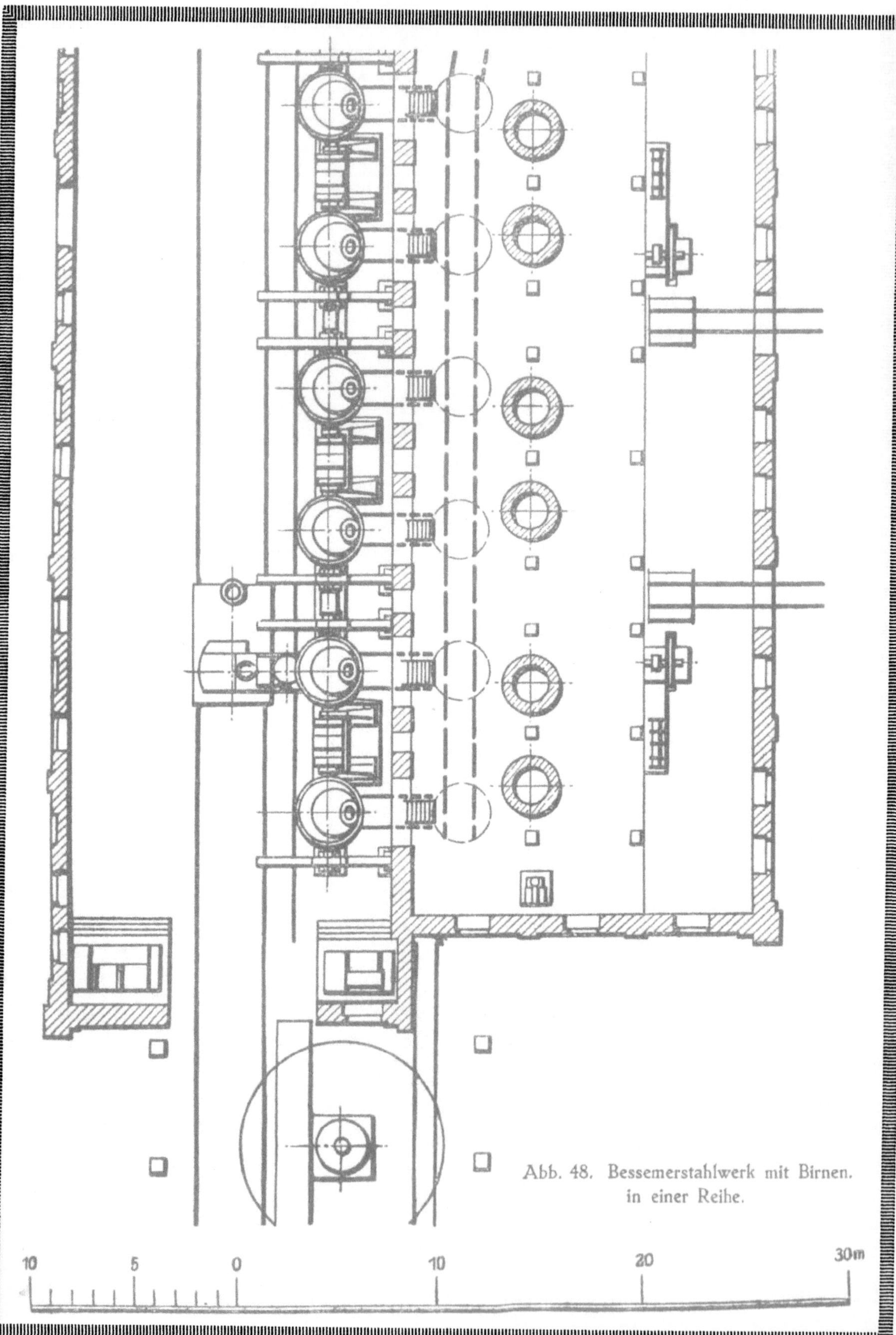

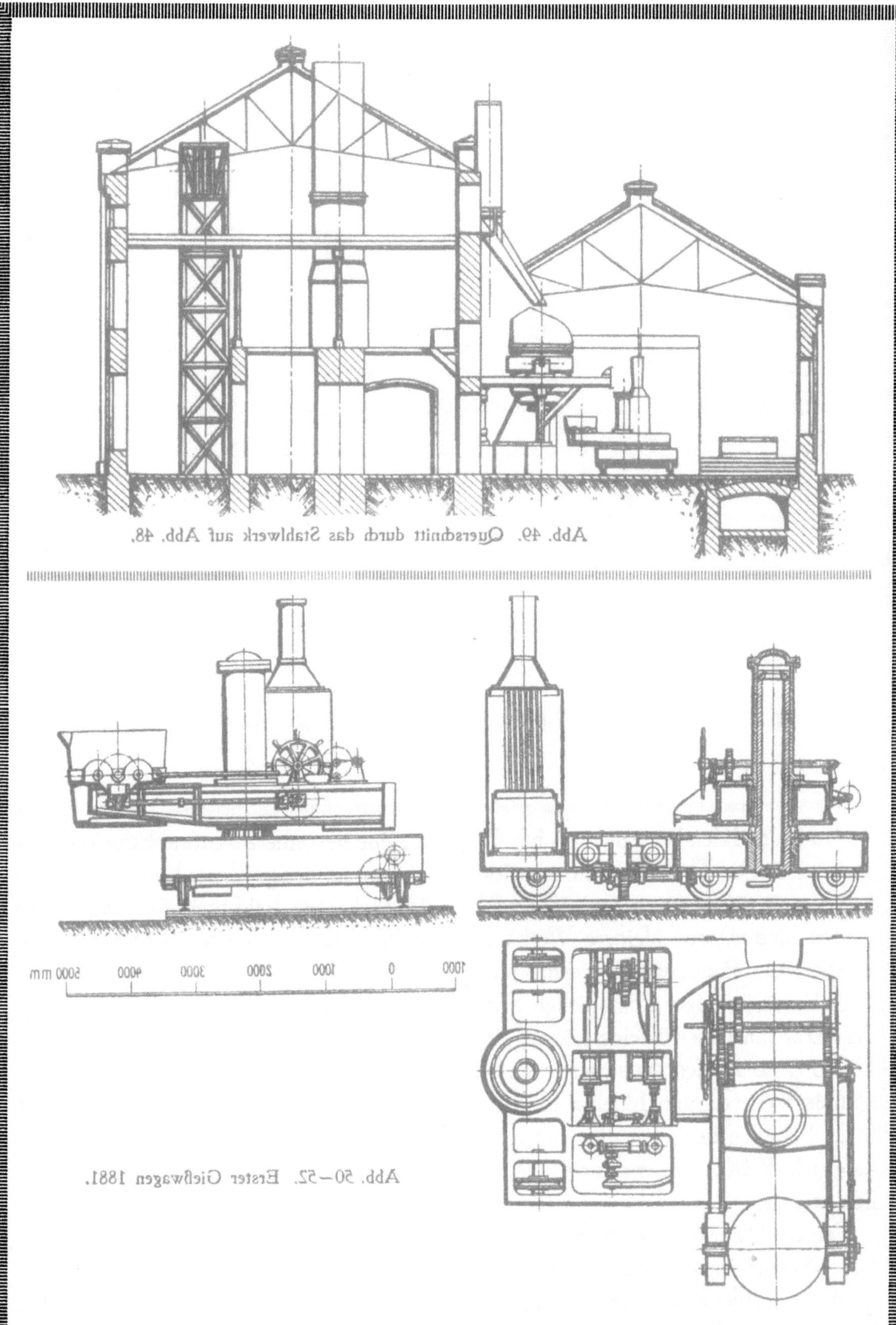

Abb. 49. Querschnitt durch das Stahlwerk auf Abb. 48.

Abb. 50—52. Erster Gießwagen 1881.

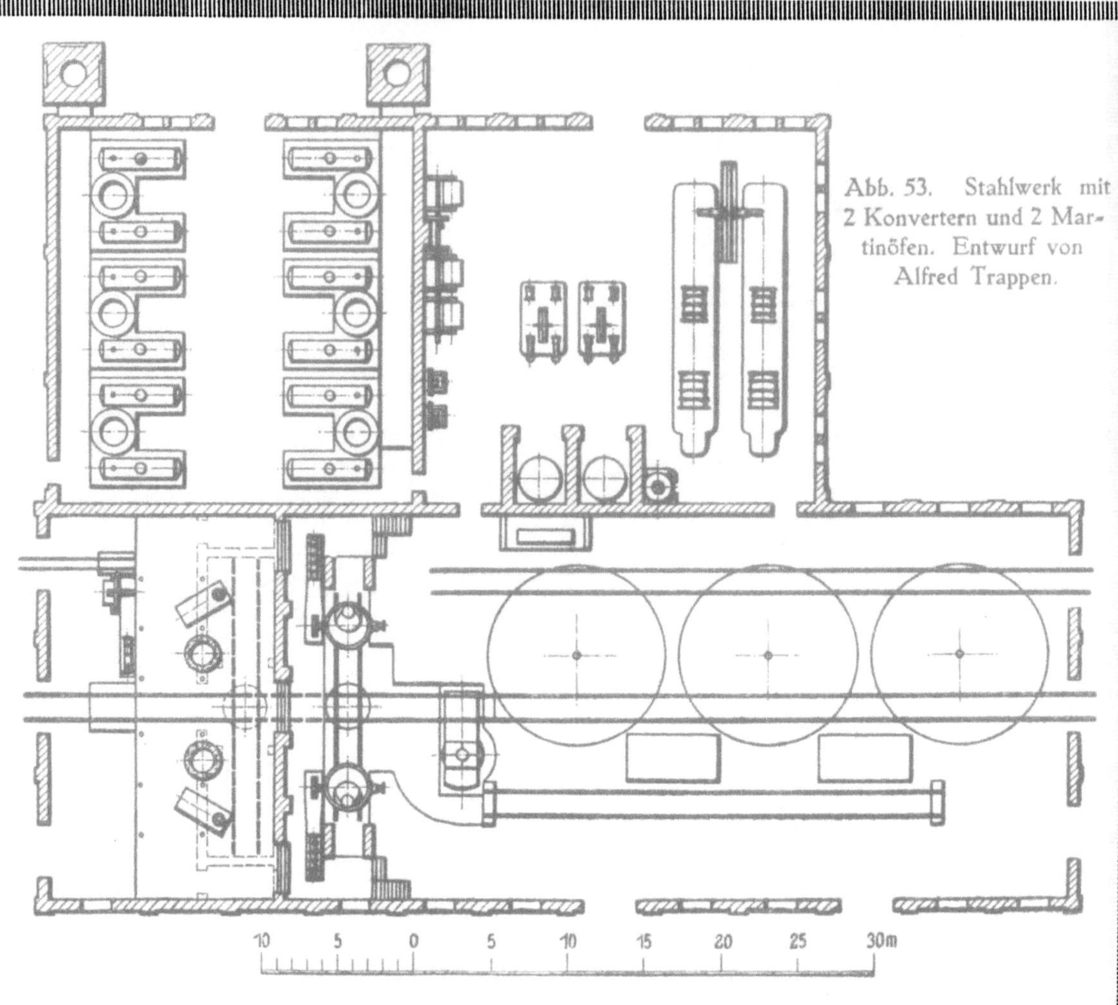

Auch den Kleinbessemereien hat Trappen seine besondere Aufmerksamkeit zu=
gewendet. Die Thomaswerke entwickelten sich zu immer größerer Leistungsfähig=
keit, damit stiegen naturgemäß auch die Anlagekosten bald weit über das Maß
dessen hinaus, was kleinere Werke bezahlen konnten. Je mehr aber das Wind=
frischen die Puddelwerke verdrängte, um so mehr wurde es wünschenswert,
auch kleine, weniger kostspielige Stahlwerke zu schaffen. Trappen fand Anfang
der 80 er Jahre hierfür eine Lösung, bei der er einen kleinen Konverter von 750 kg
Fassung so an den Ausleger eines Kranes anordnete, daß er zu wesentlicher Er=
sparnis weiterer maschineller Einrichtungen kam. Bei einer Leistung von 30 t
in 24 Stunden betrugen die Anlagekosten für Konverter, Kran, Gebläsemaschine
usw. rd. 50000 M, wodurch die Anschaffung auch kleineren Werken ermög=
licht wurde.

Die Stahlwerke mit ihrer Massenerzeugung hochwertigen Materials stellten
hohe Ansprüche an die Formgebung. Walzwerke, schwere Dampfhämmer, später
große hydraulische Pressen galt es, leistungsfähiger auszugestalten. Hier fand die

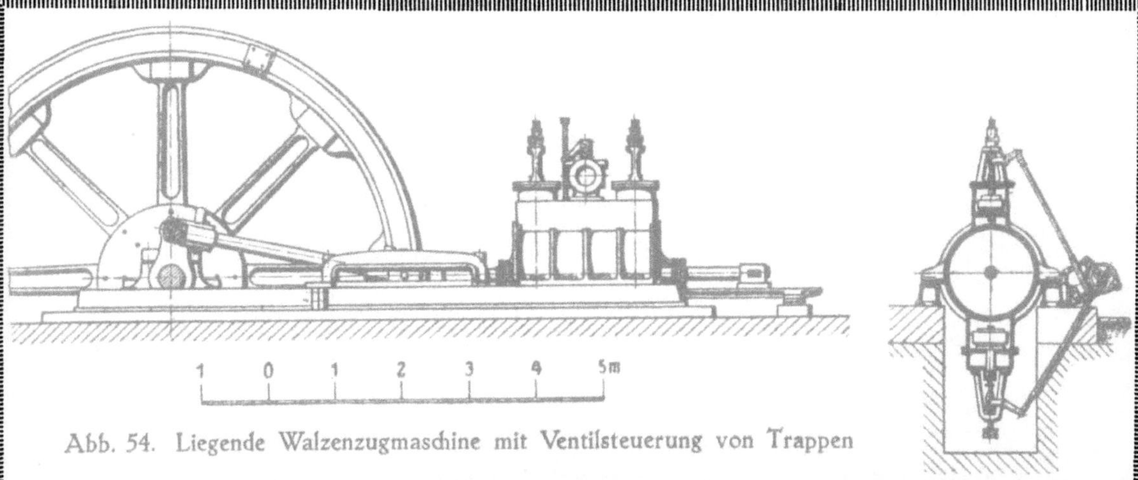

Abb. 54. Liegende Walzenzugmaschine mit Ventilsteuerung von Trappen

Märkische ihr zweites großes Absatzgebiet, und Trappen bot sich ein ausge=
dehntes Betätigungsfeld für sein bedeutendes technisches Können.

In den 70 er Jahren begann man überall in erhöhtem Maße sogenannte Präzi=
sionssteuerungen zu bauen unter vorzugsweiser Benutzung von Ventilen. Auch
Trappen hat 1873/74 eine Ventilsteuerung mit zwangläufig bewegter Klinke aus=
geführt, die als Trappensteuerung weite Verbreitung gefunden und sich auch
bei Hüttenwerksmaschinen ausgezeichnet bewährt hat. 1880 hat er zuerst diese
neue Steuerung bei einer liegenden Walzenzugmaschine angewandt, ein Er=
eignis, das erkennen ließ, wie jetzt auch für diese großen schwer arbeitenden
Dampfmaschinen der Walzwerke die Zeit sparsamsten Dampfverbrauches ge=
kommen war. Die billige Abhitze der Puddelöfen ging den Hüttenleuten mit dem
Verdrängen des Puddelverfahrens durch die Stahlwerke verloren. Der schärfere
Wettbewerb bei gesteigerter Leistung zwang, an das Sparen auch beim Dampf=
verbrauch zu denken. Trappen, der diese Entwicklung voraussah, hat mit Ein=
führung der neuzeitlichen Grundsätze des Dampfmaschinenbaues bei den Hütten=
werksmaschinen, den Gebläsemaschinen und Walzenzugmaschinen einen großen
Erfolg erzielt. Es kam noch eine sehr gut durchgebildete Kondensationseinrichtung
hinzu, auf die der damalige Oberingenieur Horn der Märkischen Maschinenbau=
Anstalt ein Patent hatte. Die erste Trappensche Walzenzugmaschine mit Ven=
tilsteuerung, deren Anordnung und Konstruktion die Abb. 54 erkennen läßt, war
1880 für ein Burbacher Trägerwalzwerk erbaut worden. Die Maschine lief mit 60
bis 70 Umläufen in der Minute, der Zylinderdurchmesser betrug 1170, der Hub
1400 mm. Mit der auslösenden Ventilsteuerung ließen sich Füllungsgrade von
0 bis 0,8 erreichen. Im weiteren Verlauf wurden auch Mehrfach=Expansions=
maschinen in verschiedenster Anordnung als Walzenzugmaschinen ausgeführt.

Hohe Anforderungen an Konstruktion und Ausführung stellte der Walzwerks=
bau. Wissenschaftliche Unterlagen, auf denen man hätte weiterbauen können,

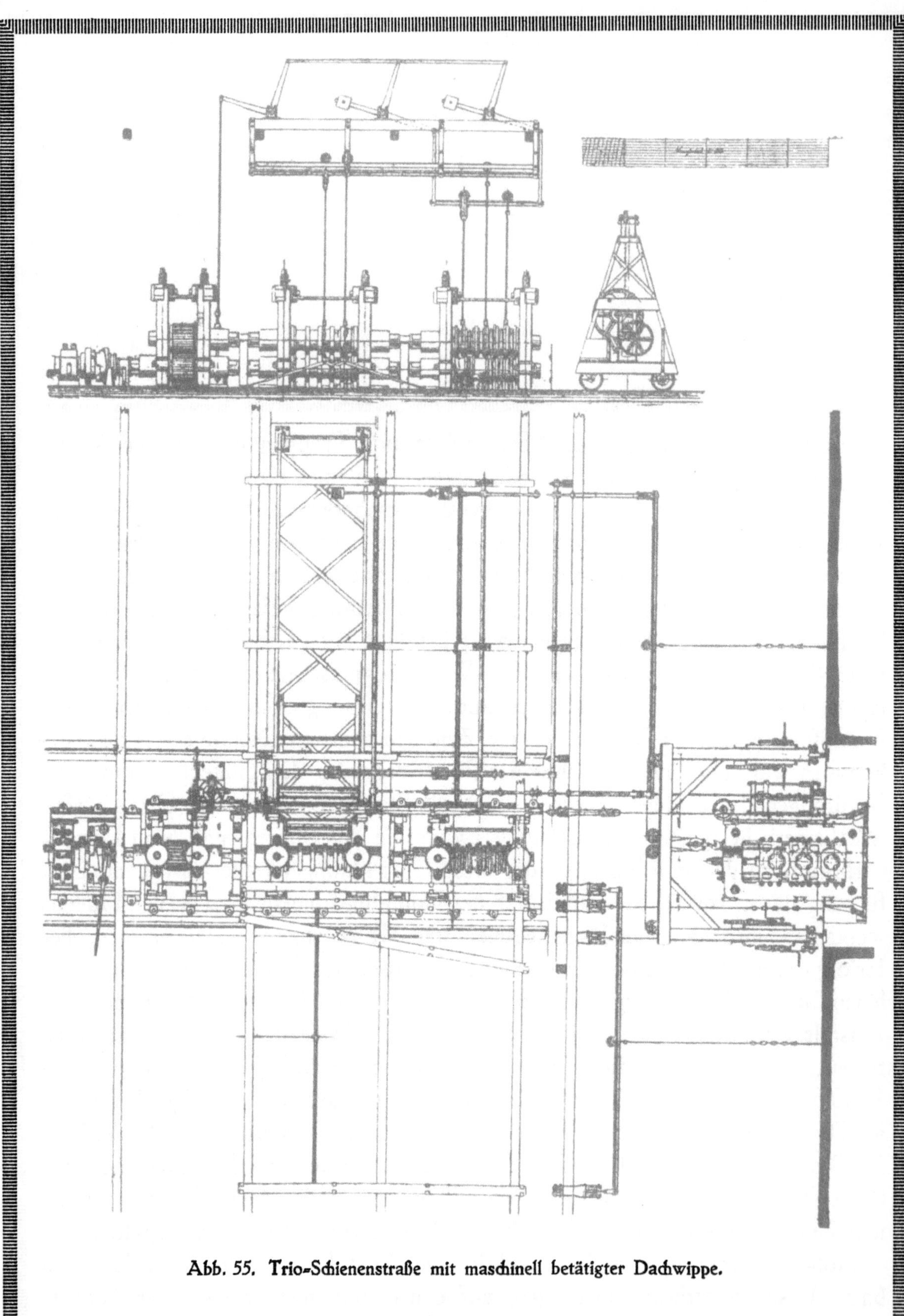

Abb. 55. Trio-Schienenstraße mit maschinell betätigter Dachwippe.

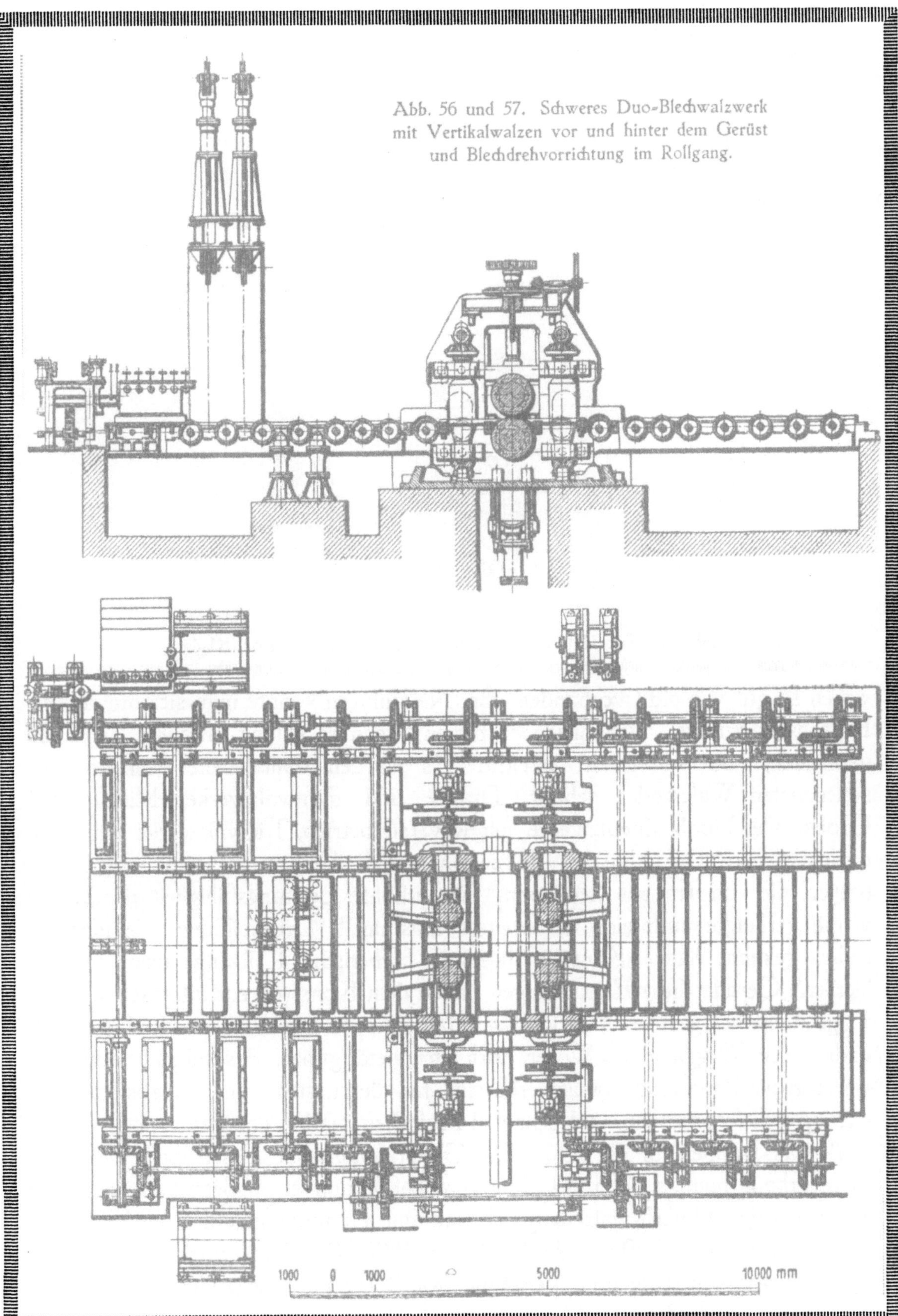

Abb. 56 und 57. Schweres Duo=Blechwalzwerk mit Vertikalwalzen vor und hinter dem Gerüst und Blechdrehvorrichtung im Rollgang.

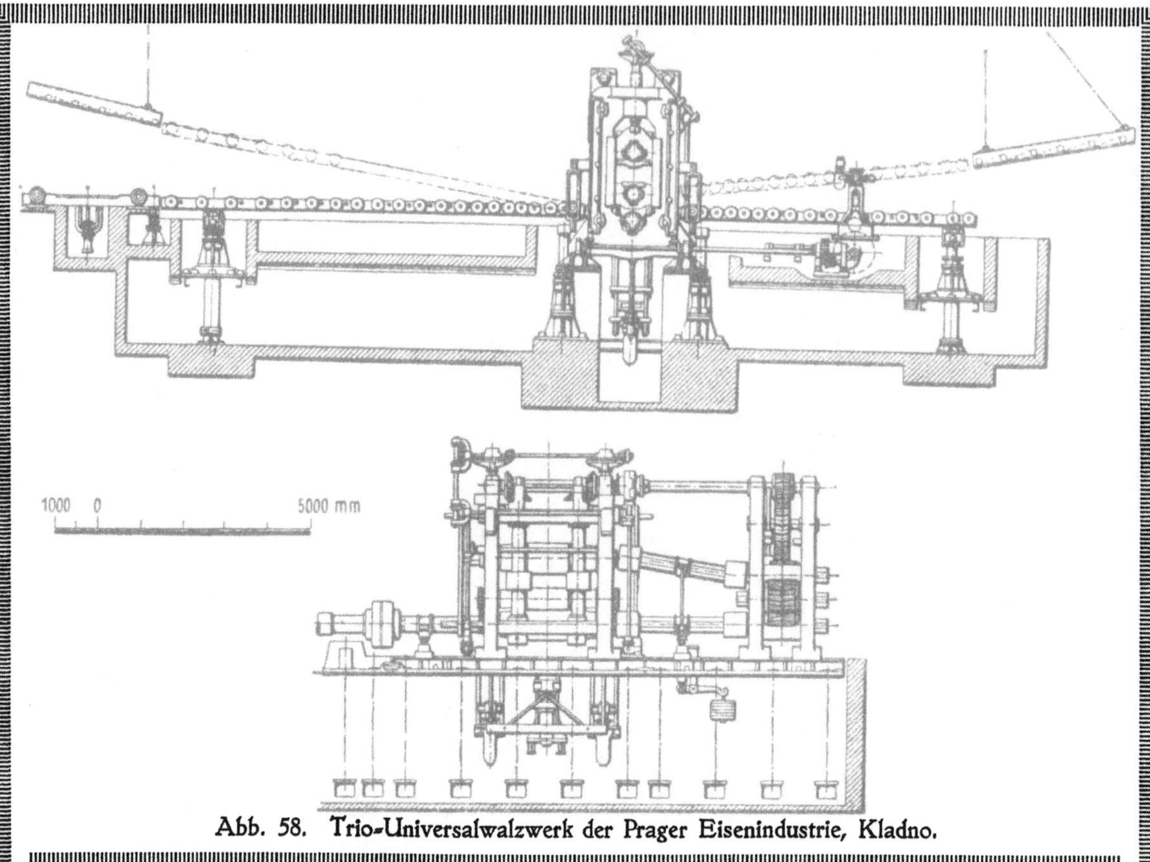

Abb. 58. Trio-Universalwalzwerk der Prager Eisenindustrie, Kladno.

waren so gut wie nicht vorhanden. Bei Neuanlagen konnte man sich nur auf die
Ergebnisse früherer Ausführungen stützen, wenn es gelang, erkannte Fehler zu
vermeiden, war schon viel erreicht. Es wurden damals die denkbar ver=
schiedensten Walzwerke gebaut: Draht= und Feinwalzwerke, Mittel= und
Grobstraße, Duoblechwalzwerke mit Reversierbetrieb, Triowalzwerke mit Tan=
demmaschinen. Die Abb. 55—58 zeigen eine Reihe bemerkenswerter Einrich=
tungen, die von Trappen herrühren. Die erhöhte Leistungsfähigkeit der Walz=
werke verlangte auch eine viel weitere maschinelle Durchbildung, wie man sie
früher gekannt hatte. Kantvorrichtungen, Hebetische, Rollgänge usw. gehören
hierher. Gerade diese Einrichtungen haben dem Konstrukteur interessante neu=
artige Aufgaben gestellt, und wir wissen, daß Trappen sich auf diesem Gebiete, auch
nach seinem Weggang von Wetter, noch eifrig betätigt hat. Besonders bemerkens=
werte große Panzerplattenwalzwerke sind für die russische und französische Re=
gierung geliefert worden, und sehr viel Aufsehen machte das Panzerplattenwalz=
werk, das Trappen für die Kruppsche Gußstahlfabrik zu Essen Ende der 80er
Jahre erbaut hatte, s. Abb. 59. Im Jahre 1889 kam es in Betrieb. Die starke
zweizylindrige Umkehrwalzenzugmaschine mit Dampfzylindern von 1300 mm
Durchmesser und 1250 mm Hub leistete 3500 PS. Zwei geschmiedete Guß=
stahlzahnräder übertrugen im Verhältnis von 2,5:1 die Bewegungen der Dampf=

maschine auf die Walzen. Die gußstählernen Walzen waren 4 m lang und wogen 90 t.

Insbesondere für die ober= schlesischen, österreichischen und ungarischen Werke hat Trappen damals zahlreiche große Walzwerke mit allem, was dazu gehört, ausge= führt. Viel Be= achtung fand mit Recht die erste Einrichtung einer kontinu= ierlich arbeiten= den Feinblech= straße mit zwei Vorwalzgerü= sten und vier hintereinanderliegenden Duoblechgerüsten mit gemeinsamem Antrieb, die Trappen 1891 für ein Eisenhüttenwerk in Österreich ausgeführt hat. Abb. 60. Es mag dies die erste derartige kontinuierliche Walzenstraße auf dem Festlande gewesen sein. Sie hat wesentlich dazu angeregt, die Walzwerke nach dieser Richtung hin weiter aus= zubauen. Während man damals in Deutschland das Triowalzwerk bevorzugte, führte Trappen für Österreich 5 große Umkehrwalzwerke aus, wie sie in gleicher Konstruktion erst wesentlich später auch in unserem Industriebezirk Anerkennung und Verwendung gefunden haben. Die heute allgemein übliche Bauart der Rad= reifenwalzwerke hat Trappen, wie bereits erwähnt, schon im Anfang der 60er Jahre ausgeführt. Die Aufgabe, die hier gestellt war, hat er glänzend gelöst. Zahlreiche Anlagen ähnlicher Art sind von der Märkischen Maschinenbau=Anstalt an Hütten= werke geliefert worden, wo sie auch heute noch fast unverändert anstandslos ihre

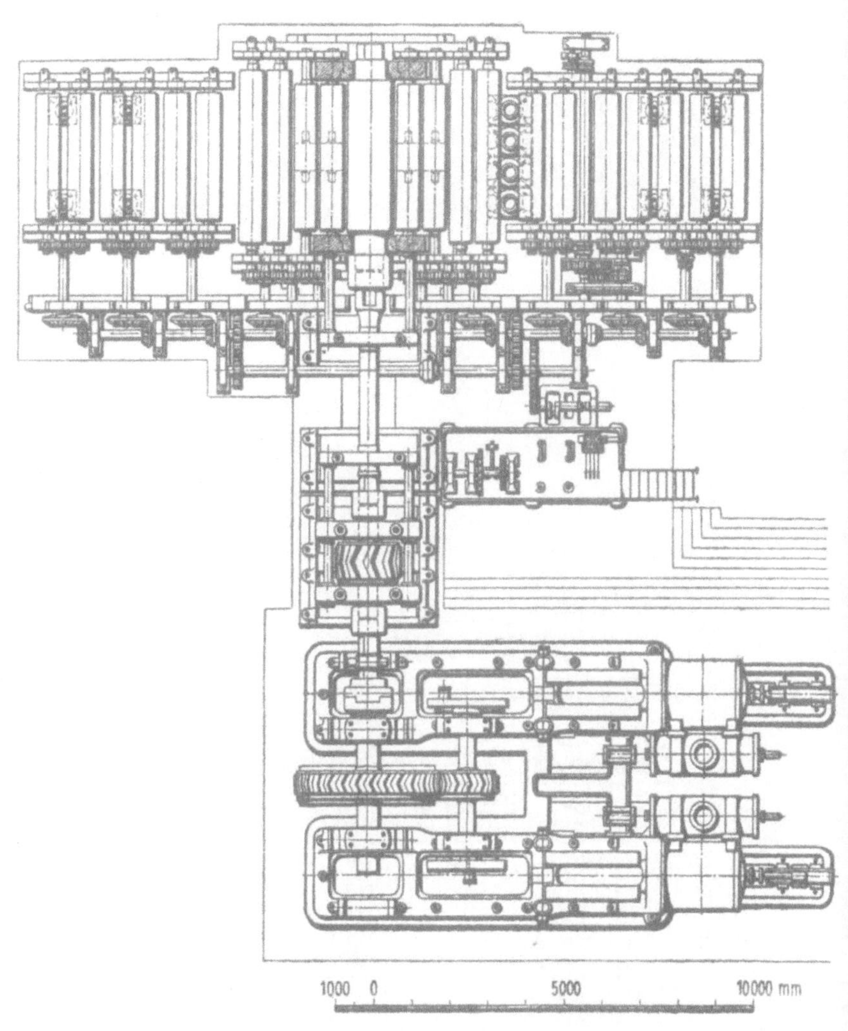

Abb. 59. Panzerplattenwalzwerk Krupp 1889.

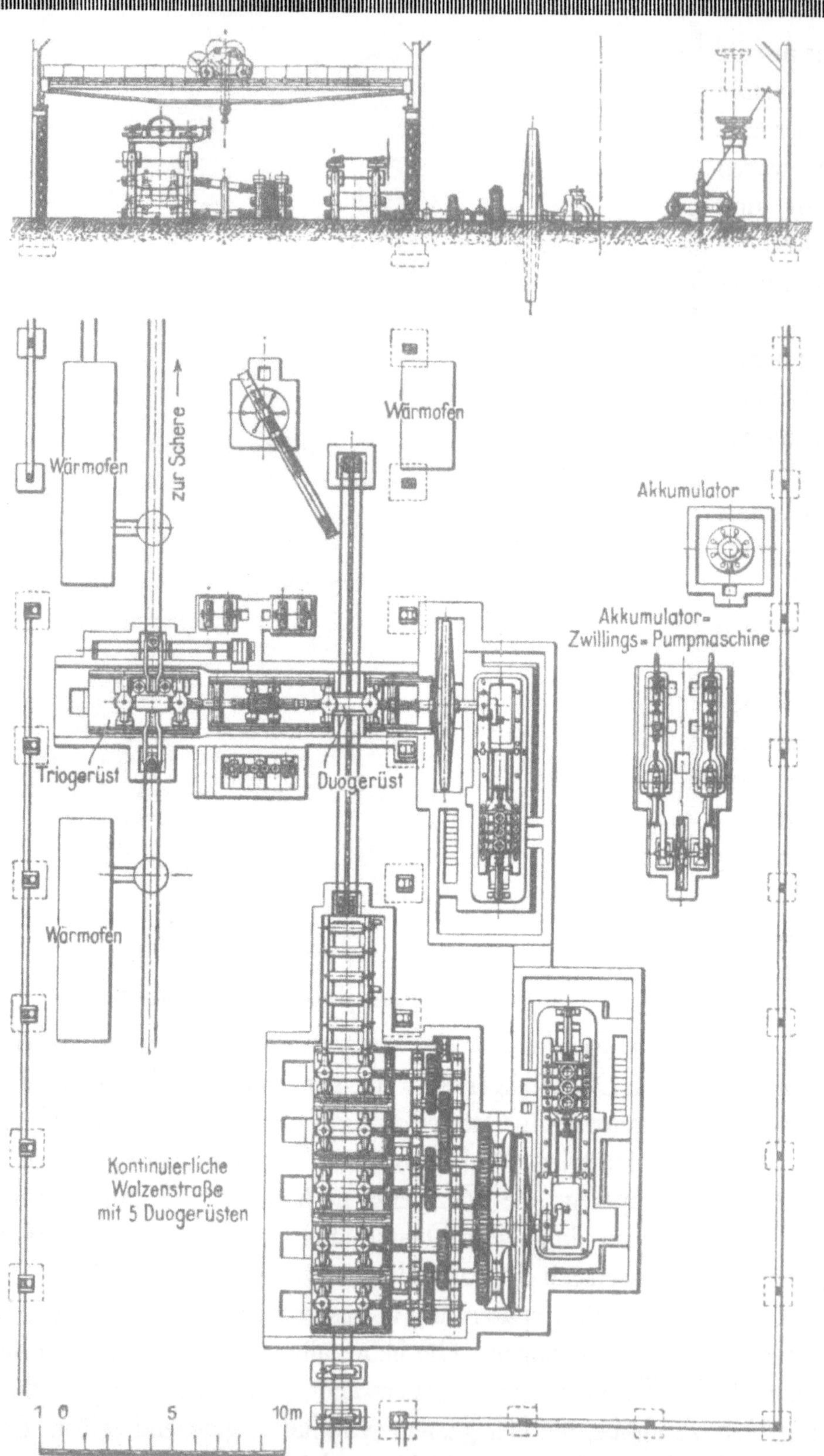

Abb. 60. Kontinuierliches Feinblechwalzwerk, erbaut 1891 für die Rudolphshütte in Teplitz.

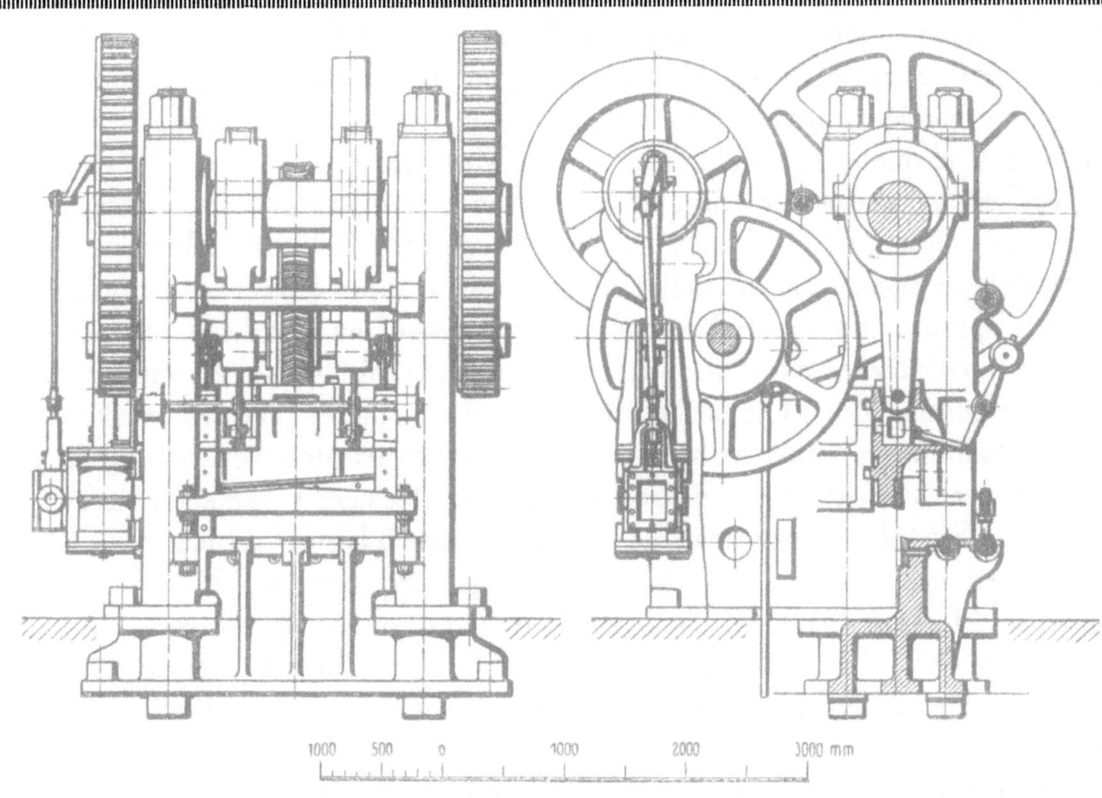

Abb. 61. Mit Dampf betriebene Blockschere für Blöcke von 1,4 m Länge und 200 mm Dicke.

Arbeit verrichten. Neben den Radreifenwalzwerken hat Wetter später auch den Bau von Radscheibenwalzwerken aufgenommen und eine ganze Anzahl geliefert.

Wie weit das Vertrauen der Hüttenindustrie in den Jahrzehnten, als Trappen dieses Gebiet beherrschte, ging, läßt sich aus der Tatsache ermessen, daß ihm nicht selten ganze Walzwerksanlagen mit allem Zubehör in Auftrag gegeben wurden, ohne daß man daran dachte, vorher Konstruktion und Preis festzusetzen.

Ein wichtiges Arbeitsgebiet bildete der Bau von Dampfhämmern, mit dem Trappen bereits vor den 70er Jahren große Erfolge erzielt hatte. Auf der Welt= ausstellung in Wien 1873 erregte der große Dampfhammer besonderes Aufsehen und wenige Stunden nach Eröffnung der Ausstellung zierte ihn bereits ein großes „Verkauft". Gerade die Dampfhämmer mit schmiedeeisernen Untergestellen er= warben sich ein großes Absatzgebiet. Der schwerste von der Märkischen Ma= schinenbau=Anstalt 1880 gebaute Hammer mit schmiedeeisernem Unterbau hatte bei 3,3 m Fallhöhe ein Bärgewicht von 400 Zentner. Dieser Hammer ging an die Witkowiczer Eisen= und Stahlwerke. Ein Dampfhammer von 300 Zentner Fallge= wicht konnte 1888 sogar nach Amerika an die Firma Roberts & Co. in Philadelphia geliefert werden. Schließlich aber reichte auch der Dampfhammer für die Leistungen, die nach und nach von ihm verlangt wurden, bei weitem nicht aus. Die hydrau=

lische Presse mit ihrem das Material viel besser durcharbeitenden starken Druck im Vergleich zum Schlag des Hammers, fing an, ihn zu verdrängen. Trappen, der diese Entwicklung aufmerksam verfolgt hatte, begann daher Ende der 80 er Jahre, sich ebenfalls konstruktiv mit diesen Maschinen zu befassen. Noch unter seiner Leitung und unter seiner konstruktiven Verantwortung sind anfangs der 90er Jahre diese ersten hydraulischen Pressen von der Märkischen Maschinenbau= Anstalt herausgegangen. In den Begleitworten, die Trappen den ersten hydraulischen Schmiedepressen mit auf den Weg gab, weist er darauf hin, wie die Stahlwerke, um die Leistungsfähigkeit zu erhöhen, zu immer größeren Gußblöcken gekommen seien. Die Verdichtung des Materials durch Verwendung starker Blockwalzwerke habe sich deshalb immer weiter verbreitet. Die Anlagekosten und die Leistungsfähig= keit solcher Anlagen seien so groß, daß sie für kleinere Wege kaum in Frage kommen. Statt der Blockwalzwerke habe man deshalb Dampfhämmer zur Quer= schnittsverminderung und für die Verdichtungsarbeit benutzt. Die Wirkungs= art der Hämmer aber sei, ihrer ganzen Arbeitsweise entsprechend, hierfür wenig geeignet. Die Schmiedepresse müsse deshalb als willkommene Arbeits= maschine für die Walzwerke überall da angesehen werden, wo es nicht möglich sei, ein Blockwalzwerk aufzustellen. In noch höherem Maße aber sei die Presse gerade für die Anfertigung großer Schmiedestücke zu empfehlen. Der Maschinen= bau müsse sich des besten Baustoffes bedienen, wenn er den Anforderungen, die an ihn gestellt werden, dauernd gerecht werden wolle. Es sei nicht mehr angängig, wie es vielfach bisher geschehen sei, Schmiedestücke aus einer Masse kleiner Stücke Schmiedeeisen durch Schweißen herzustellen. Zu der von ihm konstruierten Presse selbst übergehend, betont er, daß es ihm in erster Linie darauf angekommen sei, ohne die Betriebssicherheit zu beeinträchtigen, die Gesamtanlage zu vereinfachen. Er führe deshalb seine Schmiedepresse ohne den sonst fast stets angewandten Akkumulator aus. Die Dampfmaschine bliebe unter Dampf, nur die Presse würde gesteuert. Die Märkische führte drei Größen aus für Preßdrücke von 300, 600 und 1200 t. Die Gewichte der Presse mit Maschinen und Wasserbehälter wur= den angegeben zu 45, 83 und 149 t, der Hub zu 500, 800 und 1100 mm.

Stahlwerke und Walzwerke mit ihren so mannigfach verschiedenen Anforde= rungen an den Maschinenbau blieben das Hauptarbeitsgebiet der Märkischen Maschinenbau=Anstalt. Hier sind die großen Leistungen, die ihr stets einen ehren= vollen Platz in der Geschichte des deutschen Maschinenbaues sichern werden, zu verzeichnen. Nicht immer aber entsprachen, wie wir bereits gesehen haben, die Aufträge, die man erhalten konnte, der Leistungsfähigkeit des Werkes. Schwere Jahre kamen auch über die Märkische Maschinenbau=Anstalt, und die leitenden Männer mußten die Frage prüfen, ob man nicht neue Arbeitsgebiete aufnehmen könne, um Arbeiter und Werkstätten zu beschäftigen, denn mit Recht konnte man sich nur schwer entschließen, den eingearbeiteten Arbeiterstamm, mit dem man nach jeder Richtung hin ausgezeichnet zufrieden war, in den schlechten Jahren wesentlich zu vermindern.

In diesem Zusammenhange ist es interessant, zu sehen, daß die Märkische auch einmal einen Anlauf genommen hat, in den Kreis der großelektrischen Firmen einzutreten. Der Geschäftsbericht 1885/86, der feststellen mußte, daß die „Nachfrage nach unseren Erzeugnissen auf das bescheidenste Maß heruntergesunken war", schildert auch, wie ungemein schwierig es für die Gesellschaft sei, „neue Spezialitäten zu gewinnen, da fast in allen Branchen Überproduktion vorhanden ist." Der Bericht fährt dann fort: „Die Direktion hat geglaubt, namentlich der angewandten Electricität, die mit jedem Tage größere Dimensionen annimmt und noch ein Zukunftsbild darzubieten scheint, ihr Augenmerk zuwenden zu sollen. Es ist ihr gelungen, mit der Deutschen Edison=Gesellschaft in Berlin und mit der Société Edison continentale in Paris vorteilhafte, die Gesellschaft wenig belastende Verträge abzuschließen, und dadurch die gewerbsmäßige Ausnutzung der dem Herrn Thomas Alva Edison in New=York ertheilten Patente zu erwerben. Die Contracte wurden Ende vorigen Kalenderjahres abgeschlossen, aber erst Anfang Februar wurde es möglich, mit Einrichtung der neuen Abtheilung für angewandte Electricität in unserem Etablissement zu beginnen, da erst um diese Zeit von genannter Gesellschaft geeignete Ingenieurkräfte zur Verfügung gestellt werden konnten. Von den vielfachen Edison'schen Patenten werden wir zunächst diejenigen für electrische Beleuchtung auszunutzen suchen. Die Deutsche Edison= Gesellschaft hat uns in anerkennendster Weise mit ihren reichen Erfahrungen unterstützt, so daß wir aller kostspieligen Versuche und Experimente enthoben waren und nunmehr die sich trotzdem vielfach darbietenden Schwierigkeiten auf dem uns ganz neuen und bis dahin nur wenig bekannten Felde der Wissenschaft als überwunden angesehen werden können.

Um zunächst auf dem neuen Gebiete etwas aufweisen und selbst einige Erfahrungen sammeln zu können, haben wir für unsere Bureaux eine electrische Glühlicht= und für unser Etablissement eine Bogenlichtanlage ausgeführt, welche täglich in Betrieb sind, untadelhaft arbeiten und sich des Beifalls unserer Besucher erfreuen, daher zunächst als Empfehlung verwendet werden können."

Und im Geschäftsbericht des folgenden Jahres heißt es dann weiter: „Die Einführung unserer neuen Branche, der Anfertigung von Dynamomaschinen und Installation von electrischen Beleuchtungsanlagen war mit übergroßen Schwierigkeiten verknüpft, da die Concurrenz alles aufbot und kein Mittel scheute, jedes Geschäft zu hintertreiben. Obschon wir nicht nöthig haben, in dieser Branche irgend welche Experimente zu machen, sondern direct die reichen Erfahrungen der Deutschen Edison=Gesellschaft verwerthen, welche in dieser Branche unstreitig obenan steht, gelang es der Concurrenz durch den Hinweis auf den bescheidenen Umfang unserer bisherigen Ausführungen, manches Geschäft für uns unmöglich zu machen. Die mit Opfern übernommenen Installationen haben indes den Beweis geliefert, daß sich unsere Einrichtungen den besten an die Seite stellen können, wodurch manches Vorurtheil bereits besiegt, und nunmehr auch der größere Eingang von Bestellungen gesichert ist, wie dies das erste Quartal des laufenden Jahres gezeigt hat."

Die ganze Fabrikation paßte in den Rahmen der Märkischen Maschinenbau=Anstalt nicht hinein. Aus der Not der Zeit geboren, war sie eine Verlegenheits=fabrikation, an der niemand rechte Freude hatte. Die Zahl der Aufträge, die man mit großen Opfern hereinholte, wurde immer geringer, die Verluste der Abteilung immer größer. Sobald sich der Geschäftsgang in der Hüttenindustrie Anfang 1889 auch nur etwas besserte, entschloß sich die Verwaltung, die elektrische Abteilung wieder aufzugeben. So blieb die Elektrotechnik für die Firma nur eine Episode weniger Jahre.

Trappen hat sich auch eine Zeitlang mit dem Gedanken abgegeben, große Gesteinbohrmaschinen auszuführen. Man dachte daran, das Patent eines Ingenieurs Ritter von Walcher zu übernehmen. Anfang der 90 er Jahre hat man auch die eine oder die andere Maschine ausgeführt, ist dann aber wieder von dieser Fabrikation abgegangen.

Nachdem Trappen ausgeschieden, hat sich im Arbeitsprogramm der Märkischen Maschinenbau=Anstalt auch weiterhin wenig geändert. Ein wichtiger Versuch, sich der neuesten Entwicklung der Technik anzupassen, ist in der Aufnahme von Hoch=ofengasmaschinen zu sehen, zu der man sich 1900 entschloß. Von der Gesell=schaft Cockerill zu Seraing wurde für eine Lizenz von 80000 M. das Recht er=worben, die von ihr und dem französischen Ingenieur Delamare=Debouteville ent=wickelte Gaskraftmaschine in Gemeinschaft mit der Elsässischen Maschinenbau=Gesellschaft in Mülhausen zu bauen. Man sah sich zur Einführung des Gas=maschinenbetriebes um so mehr veranlaßt, da der in Aufnahme gekommene Bau von Gasmaschinen für Hochofenwerke sich im Dampfmaschinenbau bereits fühl=bar machte. Das traf grade die Märkische, die für die Hüttenwerke viele Dampf=maschinen zu liefern hatte. Für die Cockerillsche Maschine glaubte man sich des=halb entschließen zu sollen, weil einige dieser Hochofengasmaschinen seit längerer Zeit in Seraing anstandslos betrieben wurden. Eine Hochofengebläsemaschine, da=mals die größte einzylindrige Hochofengasmaschine, war seit März 1899 eben=falls im Betrieb. Die von Professor Hubert aus Lüttich zusammen mit maß=gebenden Fachleuten verschiedener Industrieländer vorgenommenen Versuche hatten gute Ergebnisse gezeitigt. Man hoffte deshalb, durch Aufnahme gerade dieser Maschinen einen Teil des eigenen Lehrgeldes ersparen zu können. Eine ganze Anzahl bemerkenswerter Gasmaschinen sind dann im Anfang des Jahrhunderts von Wetter aus geliefert worden.

Inzwischen hatte die Märkische auf ihren eigentlichen Fachgebieten in Deutschland immer schärferem Wettbewerb zu begegnen. In der Zeit, als Trappen ausschied, machte sich bereits diese Mitarbeit anderer hervorragender Firmen sehr bemerkbar. Dazu kam noch, daß der Märkischen die starke Initative, die Trappen in seinen besten Jahren bewiesen hatte, um die Wende des Jahrhunderts zu fehlen begann.

Auch die Tatsache, daß Trappen jahrelang vorzugsweise Österreich-Ungarn und auch Rußland bearbeitet hat, mag dazu beigetragen haben, daß es den anderen Unternehmen leichter wurde, mit den deutschen Firmen geschäftliche Beziehungen anzuknüpfen. In der Industriegeschichte ist es eine allgemein zu beobachtende Erscheinung, daß nach Perioden großen technischen Aufschwungs ruhige Zeiten kommen, in denen es schwer wird, den ersten Platz zu behaupten. Auch in den Jahren des größten Aufschwunges, den die deutsche Eisenindustrie kennen gelernt hat, Ende des 19. Jahrhunderts, hat die Märkische nicht vermocht, in entsprechendem Umfange an dieser Entwicklung teilzunehmen.

Der scharfe Wettbewerb machte sich auch in den geldlichen Ergebnissen der Firma bemerkbar. Von 1901 an konnte keine Dividende mehr verteilt werden. Hierdurch mußte die Neigung, neue Entwicklungsmöglichkeiten, die sich durch Vereinigung mit anderen leistungsfähigen Firmen boten, auszunutzen, sehr verstärkt werden. Die Märkische entschloß sich deshalb 1906 zu der Vereinigung mit der unmittelbar neben ihr liegenden Firma Stuckenholz zur „Märkischen Maschinenbau-Anstalt, Ludwig Stuckenholz A. G."

Bei den großen technischen Leistungen der Märkischen Maschinenbau-Anstalt, über die wir zu berichten hatten, trat Alfred Trappen als hervorragender Konstrukteur und Leiter des Werkes in den Vordergrund. Es ist deshalb geboten, zusammenfassend die Persönlichkeit Trappens zu würdigen. Wir folgen hierbei einer als Material für diese Arbeit bestimmten, packend geschriebenen Schilderung von K. Mayer, der als junger Hochschulingenieur noch jahrelang unmittelbar unter Trappens Leitung hat arbeiten können.

Alfred Trappen war eine ausgesprochene Persönlichkeit. Seine ernste Sachlichkeit, seine großen Erfahrungen, die ein nie versagendes Gedächtnis ihm immer wieder dann zur Verfügung stellten, wenn er sie wirklich brauchte, wirkte stark auf seine Umgebung. Hinzu kam seine kräftige aufrechte Gestalt, seine widerstandsfähige Gesundheit, die ihn Anstrengungen, denen andere nicht leicht gewachsen waren, spielend ertragen ließen. Trappen verstand es ausgezeichnet, seine jüngeren Mitarbeiter für die großen, ihm gestellten Aufgaben zu begeistern. Trotz seiner persönlichen Strenge

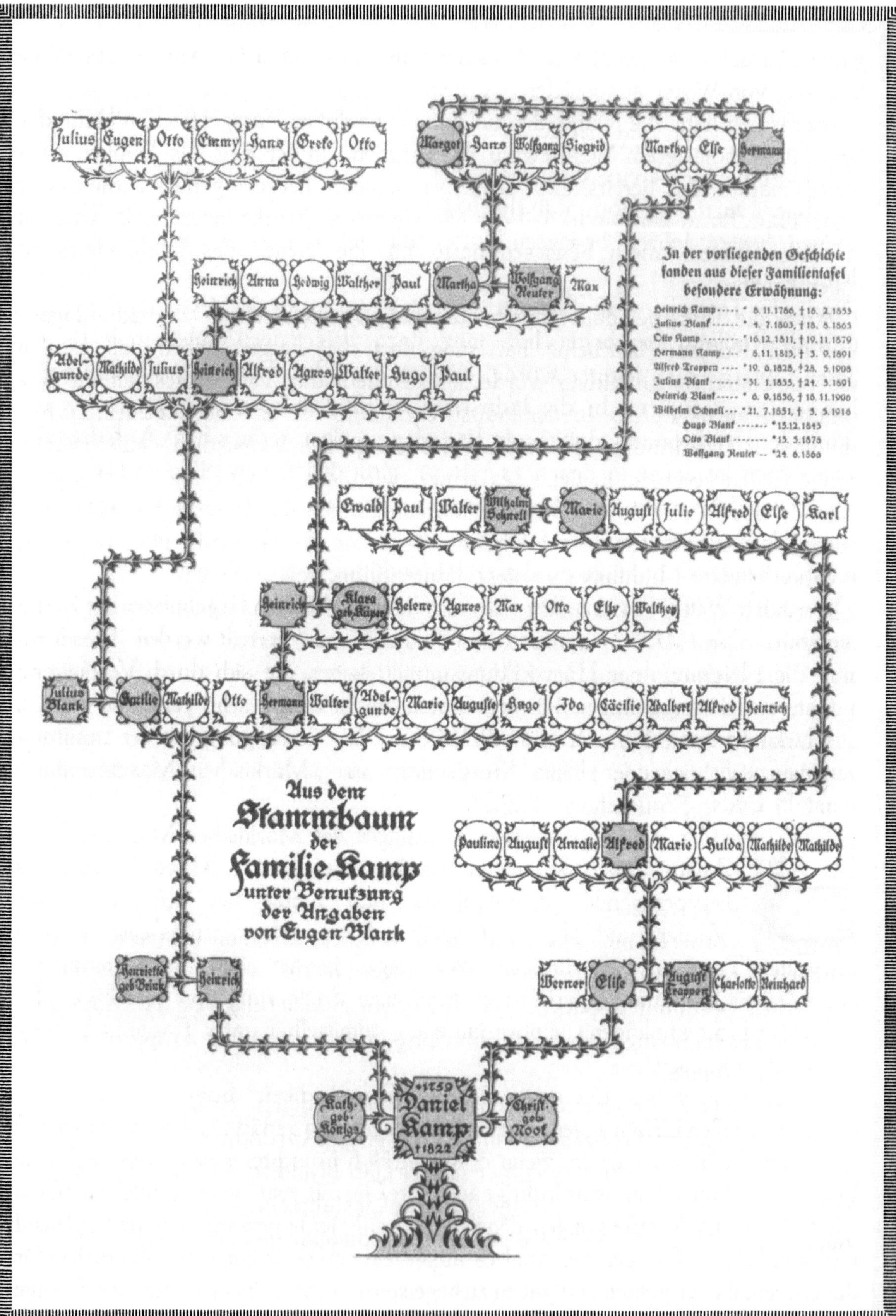

Julius
Eugen
Otto
Emmy
Hans
Grete
Otto
Margot
Hans
Wolfgang
Siegrid
Martha
Else
Hermann
Heinrich
Anna
Hedwig
Walther
Paul
Martha
Wolfgang Reuter
Max
Adelgunde
Mathilde
Julius
Heinrich
Alfred
Agnes
Walter
Hugo
Paul
Ewald
Paul
Walter
Wilhelm Schnell
Marie
August
Julie
Alfred
Else
Karl
Heinrich
Klara geb. Küper
Helene
Agnes
Max
Otto
Elly
Walther
Julius Blank
Emilie
Mathilde
Otto
Hermann
Walter
Adelgunde
Marie
Auguste
Hugo
Ida
Cäcilie
Adalbert
Alfred
Heinrich
Pauline
August
Amalie
Alfred
Marie
Hulda
Mathilde
Mathilde
Henriette geb. Brink
Heinrich
Werner
Elise
August Trappen
Charlotte
Reinhard
Kath. geb. Königs
+ 1759
Daniel Kamp
† 1822
Christ. geb. Nool

Aus dem
Stammbaum
der
Familie Kamp
unter Benutzung
der Angaben
von Eugen Blank

In der vorliegenden Geschichte
fanden aus dieser Familientafel
besondere Erwähnung:
Heinrich Kamp ····· * 6. 11. 1786, † 16. 2. 1853
Julius Blank ······· * 4. 7. 1803, † 18. 8. 1863
Otto Kamp ········ * 16. 12. 1811, † 19. 11. 1879
Hermann Kamp ···· * 6. 11. 1813, † 3. 9. 1891
Alfred Trappen ···· * 19. 6. 1828, † 28. 5. 1908
Julius Blank ······· * 31. 1. 1835, † 24. 3. 1891
Heinrich Blank ····· * 6. 9. 1836, † 16. 11. 1906
Wilhelm Schnell ··· * 21. 7. 1851, † 5. 5. 1916
Hugo Blank ········ * 15. 12. 1843
Otto Blank ········· * 13. 5. 1875
Wolfgang Reuter -- * 24. 6. 1866

haben ihn deshalb alle Angestellten im Bureau und Betrieb, alle Arbeiter der Firma verehrt. Trappen war eine Respektperson im wirklichen Sinne des Wortes. Das erleichterte ihm auch sehr den Verkehr mit Außenstehenden. Das unbedingte Vertrauen, das ihm von allen Seiten entgegengebracht wurde, begünstigte ihn natürlich sehr, Aufträge zu erhalten. Bereitwillig hat er aus dem Schatz seiner reichen Erfahrungen auch all den Werken, die ihn darum baten, geholfen, Schwierigkeiten zu überwinden und neue Wege zu finden. Trappen pflegte die Grundrisse der neuen Anlagen an Ort und Stelle selbst zu skizzieren. Er bestimmte, nur mit dem treuen Zollstock bewaffnet, die Räume und die Gebäudeverhältnisse und legte die Größen der für die verschiedensten Zwecke erforderlichen Antriebsmaschinen und Walzenstraßen fest. Selten hat er sich in diesen grundlegenden Bestimmungen geirrt.

Trappen war, was sich aus seinen Arbeiten von selbst ergibt, ein vorzüglicher Konstrukteur und Rechner. Es war zu bewundern, mit welcher Sicherheit er trotz der geringen schulmäßigen Vorbildung, die er hatte genießen können, die Abmessungen seiner Maschine zu bestimmen wußte. „Es dauerte ihm", erzählt K. Mayer, „meist viel zu lange und er war ungeduldig darüber, bis wir gelernte Hochschüler bei der Bestimmung der schweren Vorgelege-Wellen für Walzwerksantriebe die Kubikwurzel ausgewertet hatten. Er nahm den Zollstock in die Linke ⟨an das Rechnen mit Millimetern konnte er sich schwer gewöhnen, so daß wir in englischen oder rheinischen Zöllen gut Bescheid wissen mußten⟩ und tastete mit dem Daumennagel der Rechten denselben entlang, die Strecke sorgsam mit den Augen abwägend und korrigierend, und gab in kurzer Zeit die Dimensionen der auszuführenden Wellen und Zapfen an, deren genaue auf Torsion und Biegung bewerkstelligte Durchrechnung fast stets die Richtigkeit seiner Methode bewies. Hinter die Art seiner dabei betätigten, zuverlässigen und raschen Gedächtnisarbeit war nicht zu kommen. In Allgemeinen stand er der einseitigen Hochschul-Gelehrsamkeit recht skeptisch gegenüber und seine, bei meiner ersten Vorstellung an mich gerichteten Worte sind mir in bester Erinnerung: ‚Ihre erste Aufgabe ist zunächst, sich an praktisches Denken und Fühlen zu gewöhnen. Sie müssen jetzt Vieles von dem vergessen, was Sie auf der Hochschule gelernt haben, denn die Gesichtspunkte hier in der Praxis sind völlig von denen an der Hochschule verschieden und mit theoretischen Klügeleien kommen wir nicht vorwärts.' Er hatte damit, bei der damaligen noch zu einseitigen theoretischen Ausbildung an der Hochschule, gewiß nicht ganz unrecht. Er übersah nur, daß er selbst seit langem richtige und nach den neueren Erfahrungen zweckdienliche Hochschularbeit in der Praxis geleistet hatte. Man würde ihm deshalb großes Unrecht tun, wenn man ihm neben seiner praktischen Hand nicht auch durchaus logisches theoretisches Denken zusprechen würde. Seine Gedanken und Ideen legte er meist durch sehr gute Handskizzen fest, die auf kariertem Papier ent-

worfen wurden und jedesmal schon maßstäblich die Größenverhältnisse der Ma=
schinen bis auf kleinere spätere Korrekturen bestimmten."

Trappen hat sich aber dabei nicht begnügt, nur zu konstruieren. Er wußte, wie=
viel für das Gelingen einer Arbeit von der Ausführung in der Werkstatt ab=
hängig war. Deshalb hat er sich auch stets sehr eingehend um die Betriebsleitung
gekümmert, und es war ihm gelungen, hierfür sehr tüchtige Betriebsingenieure
heranzuziehen. Fast täglich besuchte er die einzelnen Werksabteilungen, um jedes
Stück von der Gießerei bis zum Versand mit kritischem Auge zu prüfen. „Da
gab es allerdings auch trotz größter Vorsicht auf dem Konstruktionsbureau manchen
schweren Auftritt, und die westfälische Derbheit des in solchen Fällen recht ge=
fürchteten Herrn Trappen machte manches junge Ingenieurherz erzittern. Aber sein
durchaus gerechtes, sachgemäßes, wenn auch in recht herber Form gegebenes Ur=
teil, konnte die Liebe und die Verehrung zu ihm nicht schmälern, besaß er doch
die schätzenswerte Gabe, niemals einen Fehler längere Zeit nachzutragen und
ein liebenswürdiges Wort nach dem Krach gab dann wieder Mut und brachte
alles ins richtige Geleise."

Seine hohe Einschätzung guter Werkstattarbeit veranlaßte Trappen auch, sich
um die Ausbildung tüchtiger Meister und Monteure besonders zu kümmern. Viele
von ihnen standen bei den Abnehmern in sehr hohem Ansehen, und oft wurde an
die Bestellung die Bedingung geknüpft, daß die Anlage von einem mit Namen ge=
nannten Monteur aufgestellt und in Betrieb gesetzt werde.

Mit Recht konnte Trappen in seinen kurzen Skizzen zu seinem Lebensgang,
die er 1906 in hohem Alter verfaßte, von sich sagen, daß er stark in seinem Leben
gearbeitet habe, daß er aber hoffe, einen guten Namen hinterlassen zu können.
Trappen hat noch die Entwicklung seiner Söhne bis zu maßgebenden Stellungen
in der Industrie erleben können. Der älteste Sohn war lange Jahre Stahl=
werkschef der Skodawerke in Pilsen und wurde später nach dem Tode Skodas
Generaldirektor dieser Werke. Ein anderer Sohn war Direktor der Krainischen
Industrie=Gesellschaft bei Laibach in Steiermark. Trappen war ein sorgsamer
Familienvater. Eine große Liebe zur Natur war ihm eigen. Mit Sorgfalt pflegte
er seinen schönen Garten in Wetter. Hier fand er seine Erholung in frühen
Morgenstunden und nach seiner Heimkehr von der Arbeit. Eine Schwerhörigkeit,
die ihn schon früh befiel, nahm mit dem Alter so zu, daß der Verkehr mit der
Kundschaft für ihn allzusehr erschwert wurde. Das hat auch seinen Austritt aus
der Firma 1890 unmittelbar veranlaßt.

Mit seinen weiten Geschäftsreisen verband er Erholungsfahrten ins österreichische
Alpenland Krain, von da führte sein Weg meist durch Süddeutschland und die
Schweiz, durch Oberitalien und das Salzkammergut wieder nach Wetter zurück.
Was ihm einst in jüngeren Jahren als frohes Zukunftsbild vorschwebte, ein

IIIIIIIIIIIIIIIIIIIII Abb. 62.   Das Einformen eines großen Walzenständers in der Gießerei in Wetter. IIIIIIIIIIIIIIIIIIIII

sorgenfreies Alter in eigenem Heim in schöner Gegend, hatte er schließlich erreicht, als er in Honnef am Rhein ein wunderbar gelegenes Besitztum erwerben konnte, in dem es ihm vergönnt war, noch 18 Jahre seines Lebens zu verbringen. Erst 1904 schied er auch aus dem Aufsichtsrat der Firma aus, nachdem er $59^{1}/_{2}$ Jahre der gleichen Fabrik in den verschiedensten Stellungen vom Lehrling an seine Lebensarbeit gewidmet hatte. Ein Mann, der so persönlich durch ein langes Leben mit der Märkischen verknüpft war, empfand die weitere Entwicklung, die die Firma veranlaßte, ihre Selbständigkeit zugunsten einer größeren Zukunft aufzugeben, in den letzten Jahren schmerzlich. Der alte Trappen verstand diese neue Zeit nicht mehr. Besonders ärgerte er sich über das „Treiben der Bankiers" in Wetter, die selbst den alten Namen Kamp aus der neuen Firma gestrichen hätten.

Für uns, die wir die Gesamtentwicklung zu überblicken vermögen, ist gerade die Lebensarbeit eines Trappen wieder ein Beweis dafür, wie notwendig starke führende Persönlichkeiten innerhalb der technischen Arbeit sind, wenn Großes erreicht werden soll.

Von den Mitarbeitern Trappens sei hier noch besonders der Oberingenieur Frielinghaus erwähnt, ein tüchtiger Konstrukteur, der eine hervorragende praktische Begabung besaß. Er war lange Jahre hindurch die rechte Hand Trappens und verstand es, dessen Ideen brauchbare konstruktive Formen zu geben. Auch er verfügte über ein ausgezeichnetes Gedächtnis und war in Wetter der einzige, der in den vielen Zeichnungen und Mappen so genau Bescheid wußte, daß er jede Konstruktion schnell finden konnte.

Als Oberingenieur war Schnell tätig, der Schwiegersohn und Nachfolger Trappens. Ihm stand eine gediegene Hochschulbildung zur Verfügung. Auch er galt als hervorragender Konstrukteur, als sicherer Rechner, dessen mustergültig durchgearbeiteten Pläne durchaus Trappens Zufriedenheit fanden. Er verstand es, die Kenntnisse Trappens in wissenschaftlicher Richtung zweckmäßig zu ergänzen. Die starke Initiative und die große persönliche Wirkung, über die Trappen ver= fügte, gingen ihm ab.

Ein wertvoller Mitarbeiter Trappens war Oberingenieur Horn, der als junger Ingenieur in Hörde und bei Brinkmann & Co. tätig war und dann zur Märkischen kam. Er verfügte über ein sehr umfangreiches Wissen. Vor allem war er im Betrieb tätig, da er wertvolle Kenntnisse im Gießereiwesen und auf dem Gebiete der Werkzeugmaschinen mitbrachte. Er hat wesentlich dazu beigetragen, daß die Märkische durch gute Werkstattausführung berühmt wurde. Von Wetter ging Horn dann als Direktor zu Bechem & Keetman. In seiner neuen Stellung fand er ein noch wesentlich größeres Arbeitsgebiet vor.

DIE FIRMA
LUDWIG STUCKENHOLZ

Bredt als Pionier auf dem Gebiete des Hebezeugbaues. / Seine Mitarbeiter und Nachfolger.
Verschmelzung mit der Märkischen Maschinenbau=Anstalt.

Im neuen Deutschen Reich sollte sich auch die zweite Maschinenfabrik in Wetter, bei deren Geburt Harkort Pate gestanden hatte, zu großer Bedeutung entwickeln. Für die Firma Ludwig Stuckenholz wurde der Eintritt Rudolf Bredts der entscheidende Wendepunkt der Ent= wicklung. Bredt war, wie wir gesehen hatten, nach einer sorgfältigen wissen= schaftlichen Ausbildung in Karlsruhe und Zürich, bei Maschinenfirmen in Berlin und Bremen, dann in England in Crewe bei Ramsbottom in Stellung gewesen. Die Jahre in England wurden ihm zu wichtigen Lehrjahren. Hier lernte er im Rahmen großer Entwicklungsgebiete vielseitige neue Aufgaben kennen, wie sie Deutschland damals noch nicht gestellt waren. Ramsbottom hatte den Kranbau eigenartig ent= wickelt. Er hatte gezeigt, mit wie großen Vorteilen zweckmäßig ausgebildete ma= schinell betriebene Hebezeuge auf den verschiedensten Gebieten wirtschaftlich ver= wendet werden können. Hier lernte Bredt aus dem Vollen schaffen. Mit reichen Erfahrungen kehrte er nach Deutschland zurück. Sein Vater riet ihm, sich an einer kleinen Maschinenfabrik zu beteiligen. Er sah hierin das sicherste Brot für seinen Sohn, der selbst wohl mehr zur rein wissenschaftlichen Arbeit an einer Hochschule neigte. Bredt folgte dem väterlichen Rat und knüpfte Beziehungen zu der Firma Stuckenholz in Wetter an. Die Verhandlungen führten 1876 zu dem Eintritt in die Firma, die in diesem Jahr von dem Sohne des Begründers, Gustav Stuckenholz, und dem Schwiegersohne, W. Vermeulen, sowie von Rudolf Bredt übernommen wurde.

Bredt war der Ingenieur, der sich zugleich mit seinem Eintritt die Aufgabe stellte, das, was er in England gelernt hatte, nunmehr für seine Heimat zu verwerten. So wurde durch Bredt die Firma Stuckenholz zur ersten Kranbaufabrik Deutschlands. Man ging sogleich daran, das alte Werk oben in der Freiheit, auf dem ursprüng= lichen Besitz Harkorts, zu erweitern. Aber viel Platz dafür war nicht vorhanden, die unglückliche Verkehrslage mußte sich naturgemäß bei der Firma Stuckenholz ebenso stark bemerkbar machen wie bei Kamp & Co. Es gab nur eine Lösung: Bau einer leistungsfähigen Fabrik unmittelbar an der Bahn. Dies wurde unbedingt erforderlich, als nach dem siegreichen Krieg die Anforderungen an die deutsche In= dustrie sprunghaft emporschnellten. 1872 errichtete man die neuen Werkstätten an der Bahn neben der zu gleicher Zeit emporwachsenden Fabrik, die Trappen

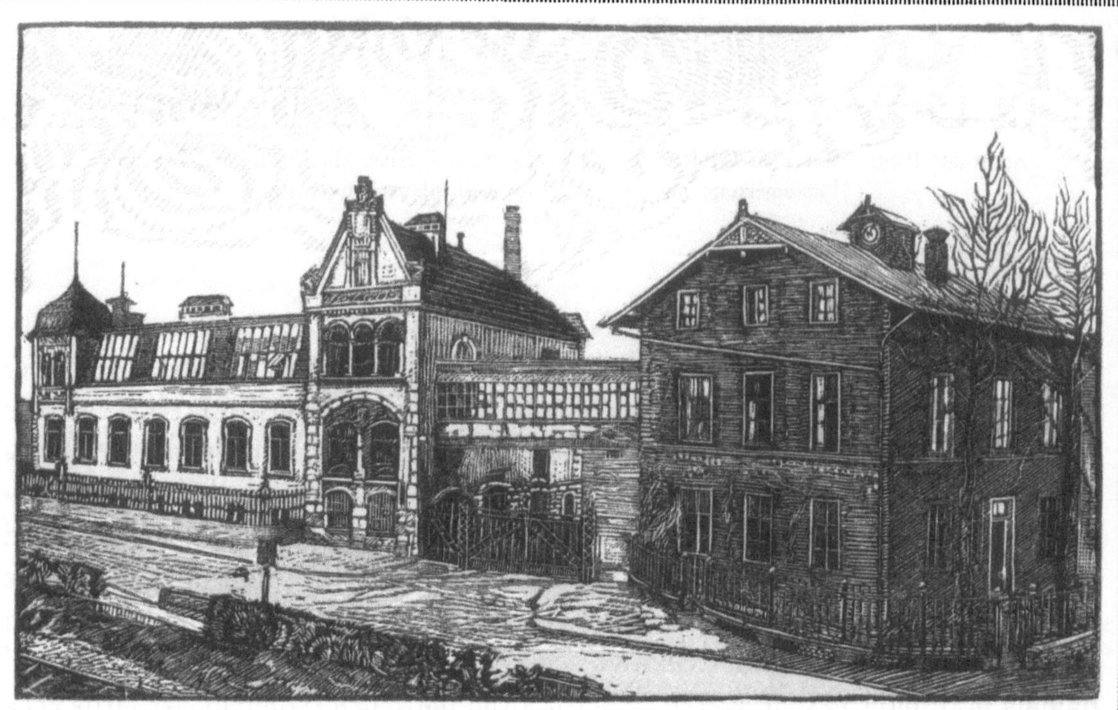

Abb. 63. Bureaugebäude der Firma Ludwig Stuckenholz. Der ältere Teil ist 1900 durch Neubau erweitert worden.

baute. Die nicht unerheblichen Geldmittel, die hierfür nötig waren, wurden geliehen. Da kam nach den Gründerjahren der scharfe Niedergang, der auch die Firma Stuckenholz in schwere Bedrängnis brachte. Ein wirtschaftlicher Zusammenbruch schien unvermeidlich. Bredt gelang es, noch einmal im Freundes= und Bekannten= kreise, finanzielle Hilfe zu erhalten. Es erschien ihm aber notwendig, sich nunmehr ganz auf eigene Füße zu stellen, um auch die Verantwortung für fremde Gelder tragen zu können. Gustav Stuckenholz trat 1875 aus der Fabrik aus. Bredt aber setzte jetzt seinen ganzen Ehrgeiz in seine technische Arbeit, und er überwand auch seine innere Abneigung gegen die nun einmal mit der Tätigkeit eines Fabrikbesitzers unlöslich verbundenen kaufmännischen Pflichten, denn er wollte die, die ihm geholfen hatten, nicht enttäuschen. Er wollte seine Firma lebenskräftig ausgestalten. In selbst= verleugnender Pflichttreue, mit eisernem Fleiß hat er über zwei Jahrzehnte in jeder Richtung hervorragende Ingenieurarbeit geleistet, die ihm für alle Zeiten einen Ehren= platz in der Reihe bedeutender Ingenieure sichern muß. Der Ruf seiner Arbeit ging bald weit über die Grenzen Deutschlands hinaus. Seine Firma zählte unter seiner Leitung in den besten Zeiten 250 bis 300 Arbeiter, war also nach unseren heutigen Begriffen zu den kleineren und mittleren Maschinenfabriken zu rechnen. Aber gerade wenn wir dies berücksichtigen, ist es erstaunlich, welch große Leistungen von dieser Firma ausgingen, welch vielseitige Anregung sie gegeben hat, wieviel geniale kon= struktive Gedanken hier in Stahl und Eisen ihre für wirtschaftliche Arbeit geeig= neteste Ausdrucksform gefunden haben.

134

Bredt selbst hat in einer kurz nach der Ausstellung in Chicago 1894 oder 1895 herausgekommenen Druckschrift, der er den Titel: „Krahn=Typen der Firma Ludwig Stuckenholz" gegeben hat, über einige der Ergebnisse dieser über ein Vierteljahr= hundert sich erstreckenden Tätigkeit berichtet. In seiner anspruchslosen Weise spricht Bredt hier über die verschiedensten Bauarten der Hebezeuge, die er während dieser Zeit hat ausführen können. Nirgends vergißt er auf die Arbeiten seiner Vorgänger oder auf Anregungen, die ihm von anderer Seite geworden waren und ihn zu Konstruktionen veranlaßt hatten, hinzuweisen. Mit dieser zusammenfassenden Darstellung seiner Leistung auf dem Gebiete der Hebezeuge wollte er, wie er im Vorwort sagt, zwei Aufgaben erfüllen. Einmal sollte sie den Abnehmern die eigene Auswahl der für ihre Zwecke besonders geeigneten Konstruktion und Ausführungen erleichtern und ihnen gleichzeitig einen Überblick geben über das, was sie von ihm erwarten konnten. Auf der anderen Seite wollte er dem unlauteren Wettbewerb einen Riegel vorschieben.

Man hatte sich daran gewöhnt, in sehr erheblichem Umfange seine Original= konstruktionen nachzubauen. Bredtsche Zeichnungen waren im In= und Auslande zu kaufen. Inserate machten darauf aufmerksam. Bredt führt an, daß Firmen, die geistiges Eigentum von vornherein als Allgemeingut ansähen, seine Zeichnungen in Katalogen und Inseraten peinlich genau ohne Quellenangabe abbildeten und dazu noch die Bemerkung machten „Laufkrahne in bewährter Konstruktion". Humoristisch fügt er hinzu, daß sich allerdings gegen die Richtigkeit dieser Bemerkung nichts ein= wenden lasse. Mit den Gesetzen sei gegen derartigen geistigen Diebstahl wenig auszurichten. Man müsse von dem Rechtsgefühl der Käufer einen gewissen Schutz der geistigen Arbeit des Ingenieurs erwarten. Mit seiner Druckschrift wolle er das Urteil erleichtern, ob es sich hier um geistloses Nachbauen oder um die berechtigte Benutzung fremder Gedanken handle. Hierbei betont Bredt ausdrücklich, daß auch er natürlich im gemeinsamen Fortschritt dem In= und Auslande manche wertvolle Anregung verdanke. Für sich aber erhebt er den Anspruch, neue Gedanken stets selbständig weiter verarbeitet zu haben.

Der Inhalt der Druckschrift gibt uns zugleich einen wertvollen Überblick der Ent= wicklung des Hebezeugbaues bis Mitte der 90er Jahre. Bredt behandelt zuerst die Laufkrane für Maschinenfabriken und Gießereien, die von den 70er Jahren an größere Bedeutung gewonnen hatten. Ihre Entwicklung begann in England. Hier hatte Ramsbottom in Crewe 1861 einen Laufkran mit Seilantrieb durchgeführt, den Bredt 1867 wesentlich verbessert und vereinfacht auf deutsche Verhältnisse über= tragen hat. Besonders kennzeichnend war die Anordnung des Triebwerkes an dem einen Ende der Kranbühne. Der Kranführer erhielt hierdurch eine bequeme Über= sicht über die Werkstatt und über die Lastbewegung. Die Last verteilte sich auf beide Seiten des Trägers gleichmäßig. Vor allem wurden auch die Getriebe ver=

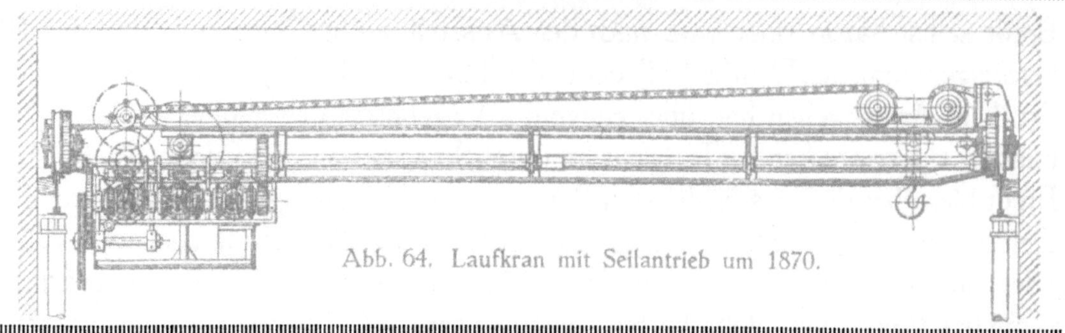

Abb. 64. Laufkran mit Seilantrieb um 1870.

einfacht, da das querlaufende Seil unter der Welle wegfiel. Diese Bauart führte sich in Deutschland allgemein ein, während man in England noch lange der alten Laufkran=Konstruktion treu blieb und dort unter Benutzung von Schneckenrad= getrieben zu verhältnismäßig hohen Seilgeschwindigkeiten überging. Diese Entwick= lung hat Bredt nicht mitgemacht. Er sah darin eine bedeutende Kraftverschwendung und benutzte lieber geringe Seilgeschwindigkeiten, um die kraftverbrauchenden Schneckenradgetriebe zu beseitigen. Die Seilübertragung wurde einfacher und dauer= hafter als bei der bisher üblichen Konstruktion, bei der das Triebwerk auf der Lauf= katze angebracht war. Hatte man bisher vielfach das laufende Seil an die Seilscheibe gepreßt, so verwandte Bredt Wendegetriebe mit Spreizringkupplungen, die sich, wie Kammerer in seinem Buche „Die Lastenförderung einst und jetzt" noch 1906 her= vorhebt, so vorzüglich bewährt haben, daß sie noch heute in wenig veränderter Ge= stalt oft ausgeführt werden.

Älter als der Seilkran war die Kraftübertragung bei Laufkranen mit Hilfe von Vierkant=Wellen. In englischen Zeitschriften sind sie bereits 1854 beschrieben. Auch diese Bauart hat Bredt mehrfach mit wesentlichen Verbesserungen durch= geführt. Hierhin kann man vor allem die von ihm herrührenden Kipplager rechnen. Diese Lager wurden zwangläufig bewegt, sie neigten sich stets nach derselben Richtung, von welcher Seite auch der Kran kommen mochte. Die Transmis= sionskrane kamen in erster Linie für verhältnismäßig geringe Werkstattlängen in Frage, obwohl Bredt auch Krane bis 150 m Wellenlänge ausgeführt hat. Als Aufzugsorgane wurden in der ersten Zeit, als Bredt anfing, Krane zu bauen, noch sehr viel Hanfseile benutzt, die nach und nach ganz durch Ketten und Stahlseile verdrängt wurden. Mit besonderer Vorliebe hat Bredt neben den geschweißten Ketten, die sich auf einer Windetrommel aufwickeln und den kalibrierten Ketten, die in eine verzahnte Rolle eingreifen, Gallsche Gelenkketten benutzt. Die unbe= dingte Zuverlässigkeit dieser Konstruktion, durch die sich auch die größte Sicher= heit gegen Unfälle erreichen ließ, war der ausschlaggebende Grund. Um diese Ketten in einer ihm zusagenden Güte stets zur Verfügung zu haben, hat er ihre Fabrikation aufgenommen und Gallsche Ketten von 40 mm bis zu 200 mm Teilung für 1000 bis 40000 kg Nutzlast hergestellt. Die geringe Biegsamkeit der Ketten machte sich besonders bei kleinen Lasten oft unangenehm bemerkbar. Deshalb kam das Gußstahlseil Mitte der 80er Jahre, dank großer Fortschritte in seiner Herstellung, schnell in Aufnahme. Ein wesentlicher Vorteil des Seils gegenüber den Ketten war der sanfte, völlig stoßfreie und geräuschlose Gang, durch den es möglich wurde, die Geschwindigkeiten zu steigern. Jetzt wurde es auch möglich, bei Arbeiten, die große Genauigkeiten beanspruchten, den Lasthaken genau auf die gewünschte Höhe einzustellen. Hinzu kam noch, daß, da die Seile viel leichter waren, das tote Gewicht wesentlich verringert wurde. Die schweren Ketten ver= langten auf großen wagerechten Strecken schwierig durchzuführende Unter= stützungen, die auch bei dem Seil fast ganz wegfallen konnten.

Die durch Seile und Transmissionen betriebenen Laufkrane bildeten in den 70er Jahren noch oft die Ausnahme gegenüber den durch Menschenkraft betriebenen Laufkranen, die auch in großer Anzahl in Wetter gebaut wurden. Menschliche Arbeitskraft wird durch Zugketten sehr unvollkommen ausgenutzt, an der Kurbel wesentlich besser, weshalb Bredt auch dieser Konstruktion überall den Vorzug gab. Aber die Kraft des Menschen war sehr beschränkt. Bredt gibt ein Beispiel: um eine Last von 10000 kg auf eine Höhe von 4 m zu heben, dazu brauchen 2 Arbeiter an den Zugketten 50 Minuten, 4 Arbeiter an den Kurbeln $12\frac{1}{2}$ Minuten. Es war somit eine Verbesserung, vom Zugkettenkran zum Laufkran mit Kurbel= antrieb und ständiger Bedienungsmannschaft überzugehen. Vielfach wünschte man aber auch, daß die Facharbeiter noch selbst ihren Kran bedienen konnten, und hierfür ordnete Bredt den Laufkran mit tiefhängender fester Winde an, damit die Arbeiter weniger Zeit gebrauchten, um an die Bedienungsstelle des Laufkranes zu kommen. Von Grund aus mußten sich die Arbeitsbedingungen des Laufkranes vereinfachen, als es gelang, den elektrischen Strom ihm nutzbar zu machen. Bredt hat bereits 1887 den ersten elektrisch angetriebenen Laufkran ausgeführt. Er weist darauf hin, daß sich diese Konstruktion schnell eingeführt habe, und er empfiehlt überall da den elektrischen Antrieb, wo ausreichend Strom auf dem Werk vorhanden sei. Bemerkenswert ist, wenn Bredt ausdrücklich hervorhebt, daß ihm der elektrische Teil hierbei keinerlei Schwierigkeiten gemacht habe. Allerdings betont er, daß daraus trotz der Vorzüge des elektrischen Antriebes doch nicht zu folgern sei, daß er unter allen Umständen vorzuziehen wäre. Bredt mußte damals, als er diese Ansicht niederschrieb, noch mit der Tatsache rechnen, daß durchaus nicht in allen Fabriken elektrischer Strom zur Verfügung stand. Die Reichweite der Elektrizitäts= werke war noch gering. Wollte man aber für einen Laufkran erst eine besondere elektrische Anlage schaffen, dann stiegen die Kosten so hoch, daß man den Seil= oder Wellenbetrieb, der den damaligen Ansprüchen noch vielfach genügte, vorziehen mußte. Der elektrische Laufkran kam deshalb zunächst nur für große Werke in Frage.

Abb. 65. Elektrischer Laufkran mit Schnellzuglokomotive.

Bredt geht auch auf die technische Kreise damals stark bewegende Frage ein, ob man nur einen Elektromotor mit ziemlich gleichmäßiger Umlaufszeit, der belastet und unbelastet stets in der gleichen Bewegungsrichtung arbeitete, oder ob man für jede der drei Bewegungen des Kranes einen besonders umsteuerbaren Elektromotor verwenden sollte. In dem einen Falle wurde der Kran genau wie bei den bisher bekannten Konstruktionen durch Wendegetriebe mit Reibungs= kupplung angetrieben. Die ganze Bauart blieb fast unverändert. Bei der zweiten Lösung konnten die Wendegetriebe ganz wegfallen. Im Preis war der Unter= schied, was den Kran anbelangte, gering. In der gesamten Anlage stellte sich damals, anfangs der 90 er Jahre, der Dreimotorenkran höher im Preise. Als Nachteil des Dreimotorenkranes sah Bredt die Schwierigkeit an, Licht und Kraft aus dem gleichen Stromkreis zu nehmen. Die Stromschwankungen waren zu stark. Ferner wurde als besonderer Nachteil empfunden, daß bei jedem Wechsel der Be= wegung die lebendige Kraft des Ankers vernichtet werden mußte. Bei häufigem Wechsel mit kurzen Pausen sah man hierin eine beträchtliche Kraftvergeudung. Auch die elektrischen Firmen waren sich über die zweckmäßigste Anordnung nicht im klaren. Die einen waren Anhänger des Dreimotorensystems, die anderen bekämpften es leidenschaftlich. Bredt bemerkte sehr richtig, daß die weitere Entwicklung dieser Frage davon abhängig sein werde, ob es gelänge, betriebsichere Elektromotore

138

mit brauchbarer Umsteuerung
herzustellen. Wenn diese Auf=
gabe ausgeführt sei, würde das
Dreimotorensystem die beste
Lösung darstellen.

Neben dem Laufkran kamen
für Maschinenfabriken auch
Drehkrane in Frage, die man
in leichter Bauart unter den
Laufkranen anbrachte, um die
teuern Krane zu entlasten und
für schwere Stücke freizuhalten.
Interessant waren hier die so=
genannten Velozipedkrane, die

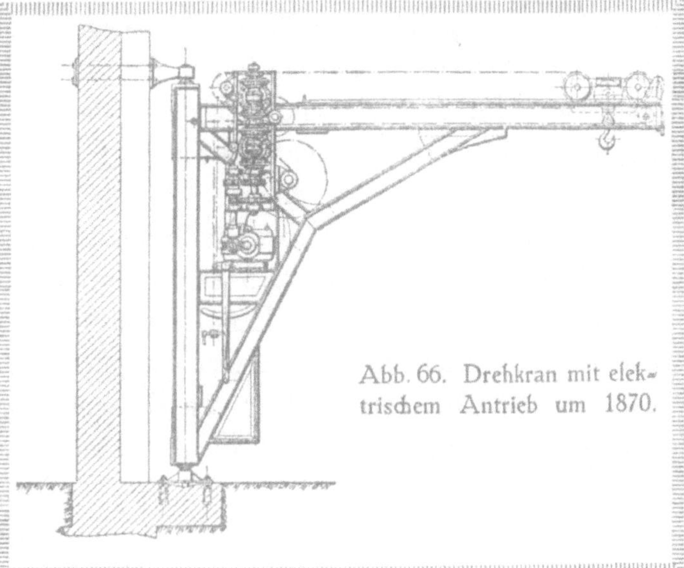
Abb. 66. Drehkran mit elek=
trischem Antrieb um 1870.

auch Ramsbottom Mitte der 60er Jahre zuerst für die Räder= und Achsendreherei
seiner Lokomotiv=Werkstätten in Crewe konstruiert hatte: fahrbare Drehkrane, die
auf einer einzigen Schiene laufen und unter den Dachbindern durch eine oder zwei
Schienen seitlich gehalten werden. Abb. 67 zeigt die Ausführung von Bredt. Neben
diesen Normalkonstruktionen kam natürlich auch eine Anzahl sehr interessanter
Bauarten für besondere Zwecke zur Ausführung. In Fabrikhöfen arbeiteten große
fahrbare Blockkrane, die Bredt damals bis 25000 kg Tragkraft ausführte, und fahr=
bare Drehkrane von ebenfalls recht erheblicher Leistung. Ferner hat Bredt Schiebe=
bühnen für den Eisenbahnbetrieb bereits in den 70er Jahren in hervorragender Aus=
führung geliefert. Er empfahl später besonders für diese Konstruktion den elektri=
schen Antrieb. Als er die hier behandelte Druckschrift herausgab, wurde gerade die
große Müngstener Brücke erbaut. Hierfür konstruierte Bredt besondere Montage=

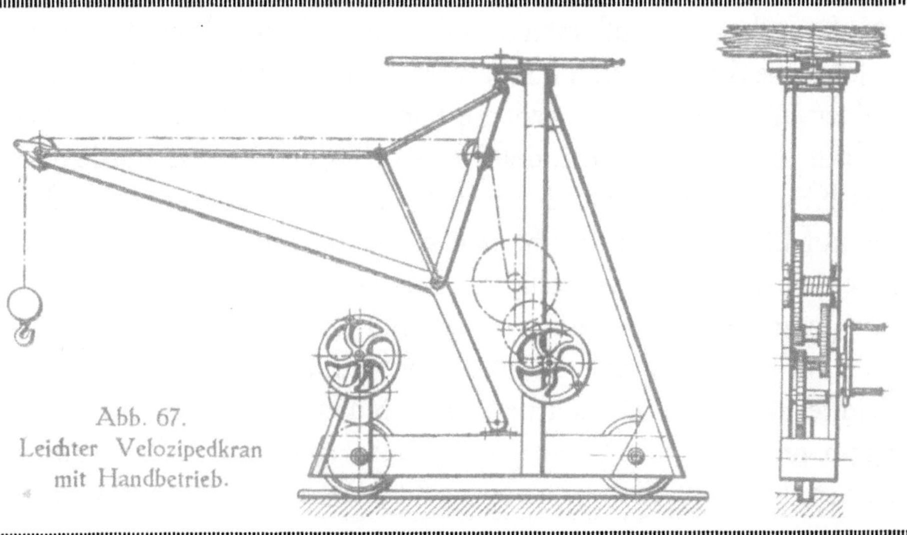
Abb. 67.
Leichter Velozipedkran
mit Handbetrieb.

krane, die es ermöglichten, die Brücken fliegend, ohne Baugerüst, aufzustellen. Die Krane mit 8000 kg Tragkraft hoben die einzelnen Brückenteile von der 70 m tiefen Talsohle. Um die Brückenträger durch die Krane möglichst wenig zu belasten, gab Bredt den Kranen verschiebbare Gegengewichte, um so die Last gleichmäßig auf beide Träger zu verteilen.

In einem besonderen Abschnitt behandelt Bredt seine Hebezeuge für Stahl= und Walzwerke. Hier erwarb er sich großes Ansehen. Ihm gelang es, durch geniale Konstruktionen die Leistungsfähigkeit der Eisen= und Stahlwerke be= trächtlich zu erhöhen. Auch hier knüpfte er zunächst an hervorragende eng= lische Konstruktionen an. Der von Bessemer zugleich mit seinem Verfahren ein= geführte feststehende hydraulische Blockkran war der Ausgangspunkt für diese Spezialkrane.

Der Druckwasserantrieb läßt sich bereits auf Bramah, der 1795 die hydraulische Presse erfand, zurück= führen. Er selbst hat später ver= sucht, diesen hydraulischen Antrieb zur Bewegung von Hebezeugen zu benutzen. Erfolg erzielte erst Arm= strong 1846, der das Druckwasser in Hochbehältern aufspeicherte und dann 1851 den Gewichtsakkumulator ein= führte. In England wurden Druck= wasserkrane zuerst 1847 im Hafen= betrieb angewandt. Große Bedeutung erlangte, wie bereits erwähnt, der

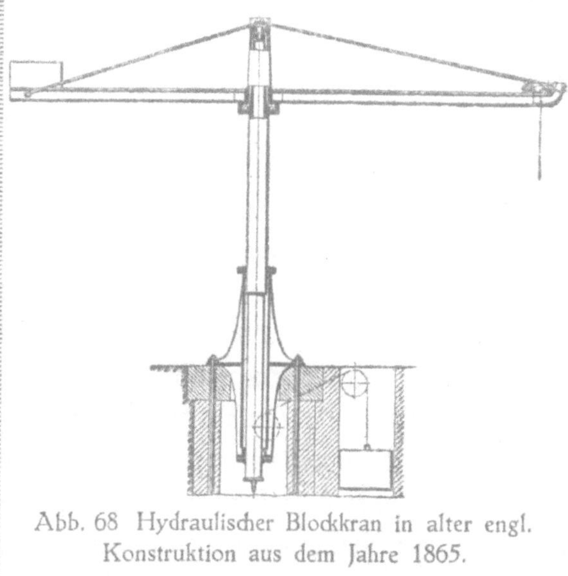

Abb. 68 Hydraulischer Blockkran in alter engl. Konstruktion aus dem Jahre 1865.

Druckwasserantrieb aber erst durch Bessemer, dessen Blockkrane einen großen Fortschritt darstellten, so daß man sich daraus wohl die Tatsache erklären kann, daß lange Jahre die Konstruktion fast unverändert beibehalten werden konnte. Erst als man dazu überging, immer größere und schwerere Blöcke zu gießen, mußte auch der Kran so schwer werden, daß es nachteilig empfunden wurde, die gesamte Masse des Kranes zugleich mit der zu hebenden Last zu bewegen. Der Plunger selbst war auf Biegung beansprucht und mußte im Durchmesser sehr viel größer gehalten werden, als dem erforderlichen Wasserdruck entsprach. Um an Druck= wasser zu sparen, erhielt der Plunger oben und unten eine Stoffbüchse, damit das Wasser nur auf eine Ringfläche arbeiten konnte. Der Plunger wurde sehr schwer. Um ihn leichter drehen zu können und zugleich das Biegungsmoment des Plungers zu verringern, mußte man ein Gegengewicht anbringen. Es mußten also zur Bewe= gung der Last gleichzeitig Plunger, Gegengewicht und Ausleger mitgehoben werden.

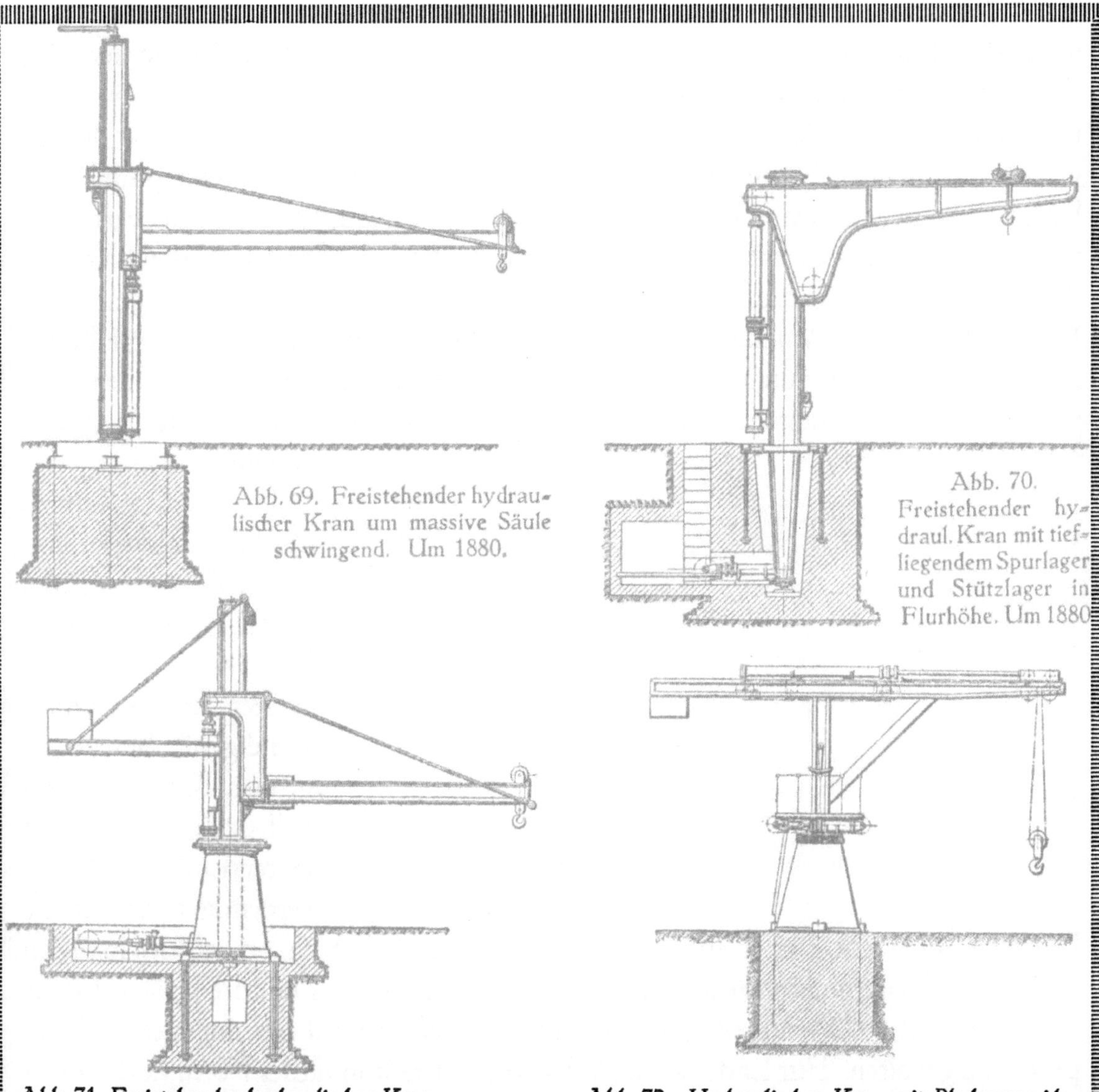

Abb. 69. Freistehender hydrau=
lischer Kran um massive Säule
schwingend. Um 1880.

Abb. 70.
Freistehender hy=
draul. Kran mit tief=
liegendem Spurlager
und Stützlager in
Flurhöhe. Um 1880

Abb. 71. Freistehender hydraulischer Kran
durch Blechpyramide gehalten. Um 1880.

Abb. 72. Hydraulischer Kran mit Blechpyramide.
Heben, Schwenken u. Katzenbewegung hydraulisch.

Um diese Übelstände zu beseitigen, kam Bredt auf den Gedanken, den Treibzylinder
vom Krangerüst zu trennen. Die Konstruktion hatte er bereits 1876 durchgeführt
und Stahlwerken empfohlen. Aber erst 1881 erhielt er den ersten Kran nach der
neuen Bauart in Auftrag. 1883 hat er sie in England und Deutschland veröffentlicht.
Als das Wesentliche seiner Konstruktion betont er, daß hierbei die Kransäule
ein selbständiges, von Zylinder und Plunger unabhängiges Organ bilde, daß man,
ohne den Gang des Kranes zu beeinflussen, in beliebiger Stärke und Sicher=
heit ausführen könne. Zylinder und Plunger sind von jedem Biegungsmoment
befreit und die Stoffbüchsen weder durch Drehen des Plungers noch durch seit=
lichen Druck belastet. Die Gerüste bildete Bredt meist aus Walzeisen, um an
Raum zu sparen. Die rechteckige Kastenform bevorzugte er, weil sie dem Aus=

leger eine besondere gute Führung gab. Es ließ sich das Biegungsmoment des
Auslegers mit Druckrollen gut auf die Säule übertragen. Etwa gleichzeitig und
unabhängig von Bredt hat Wellman in Amerika die gleiche Konstruktion durch=
geführt und am 17. September 1878 auch ein amerikanisches Patent darauf er=
halten. Die neuen Krane haben sich in Amerika sehr schnell allgemein verbreitet
und die alten Bessemerkrane vollständig verdrängt. In Deutschland dauerte es
länger. Bredt weist daraufhin, wie auch auf diesem Gebiet der Besuch der deutschen
Eisenhüttenleute in Amerika 1890 wesentlich dazu beigetragen habe, diese Kon=
struktionen in Deutschland einzuführen. In Wetter wurde sie in zahlreichen ver=
schiedenen Ausführungen gebaut. Die Abb. 69 bis 71 lassen einige Formen
erkennen.

Abb. 73. Fahrbarer Dampf=
kran mit hydraulischer Hub=
und Drehvorrichtung.

In den 90er Jahren,
als die Stahlwerke im=
mer größere Ansprüche
an die Leistungsfähig=
keit ihrer Maschinen
stellten, wurde es not=
wendig, alle Bewegun=
gen der Krane maschi=
nell, daß hieß damals in
erster Linie mit Was=
serdruck, auszuführen.
Entschloß man sich, zum Heben Ketten und Seile zu benutzen, so ließ sich in vielen
Fällen die Konstruktion wesentlich einfacher durchführen. Die tote Last fiel ganz
weg. Abb. 72 stellt eine solche Bauart dar. Der Kran wird hier durch eine Blech=
pyramide gehalten. Für Ladezwecke konstruierte Bredt in dieser Form auch Dreh=
scheibenkrane.

Den Transport vom Stahlwerk zum Walzwerk übernahmen damals meist fahrbare
Dampfkrane, die man auch als Blockkrane verwandte. Um den Raum möglichst
auszunutzen, konstruierte Bredt hierfür besondere Bauarten, bei denen nur der
Ausleger drehbar war, während Kessel, Maschine und Führerstand fest auf dem
Wagen aufgestellt waren. Abb. 73 zeigt eine solche Ausführung, bei der das
Gegengewicht mit dem Ausleger über den Kessel weg ausschwingen kann. Ein
Beispiel für einen größeren unmittelbar von der Dampfmaschine angetriebenen
Kran gibt Abb. 74.

Für die Walzwerke baute Bredt zu jener Zeit bemerkenswerte große Blockkrane,
die zum Auswechseln der Walzen dienten. Später, 1902, ging man in seiner Firma
noch einen Schritt weiter und baute schwere Laufkrane bis 150 t Tragkraft, mit
denen es möglich wurde, fertig zusammengestellte Walzengerüste auszuwechseln. Da

mals entstanden
bereits bemer=
kenswerte Son=
derkonstruktio=
nen, die die Blöcke
in die Öfen ein=
zusetzen hatten.
Die Anregung
zu derartigen
arbeitersparen=
den Maschinen
ging von Ame=

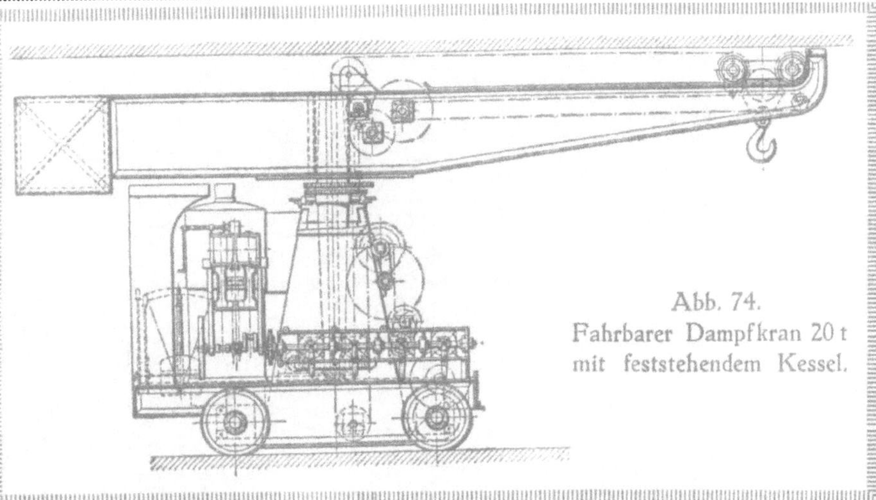

Abb. 74.
Fahrbarer Dampfkran 20 t
mit feststehendem Kessel.

rika aus, wo der Grund in sehr hohen Arbeitslöhnen zu suchen war. Bredt,
der 1890 an dem Besuch der deutschen Eisenhüttenleute in Amerika teilnahm
und viele wertvolle Anregungen mit nach Hause brachte, konnte dort sehen, in wie
weitgehender Weise man mit Druckluft oder Wasserdruck verwickelte Krankon=
struktionen zum Transportieren der Blöcke benutzte, die den Block greifen, heben,
wenden. Bredt glaubte, daß diese Apparate für die deutschen Verhältnisse noch
zu teuer seien, daß aber einfache Krankonstruktionen, die den Block in die Öfen
einsetzen und transportieren könnten, auch damals schon in vielen Fällen sich
bezahlt machen würden. Er hat deshalb einen ersten derartigen fahrbaren Block=
einsetzkran von 5000 kg Tragkraft für Thyssen in Mülheim ausgeführt. Die
Abb. 75 zeigt die Bauart. Der Antrieb erfolgte wie bei den Transmissions=Kranen
durch 3 Gruppen konischer Wendegetriebe. Die Geschwindigkeiten, die man beim
Längsfahren und beim Schwenken am äußersten Punkt des Kranes gemessen, er=
reichte, betrugen 90 m/min. Mit einem an dem Ausleger angebrachten Bügel konnte

man den Block aus
dem Ofen ziehen.
Mit dieser Bauart
begann die große
Reihe hervorragen=
der Sonderkonstruk=
tionen, die zum
Transport der immer
größer werdenden
Gußstahlblöcke
dienten, durch die der
Krankonstrukteur
in hohem Grade die

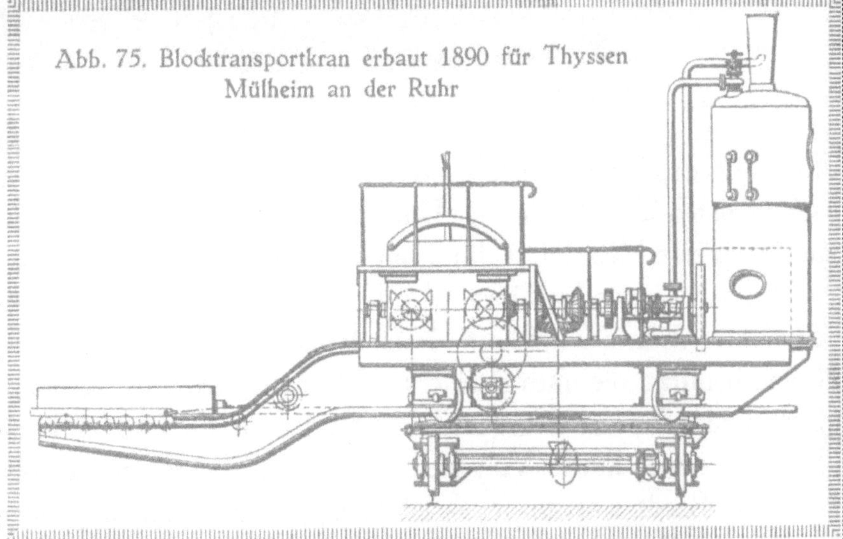

Abb. 75. Blocktransportkran erbaut 1890 für Thyssen
Mülheim an der Ruhr

Abb. 76. Elektrischer Laufkran zum Ausbau ganzer Walzgerüste.

Leistung des Stahlwerkes gesteigert hat. — Außer diesen Bauarten, die den ver=
schiedensten Zwecken in der Eisenindustrie dienten, hat Bredt noch zahlreiche be=
achtenswerte Hebezeuge für Hafenbetrieb, für Schiffswerften und andere Trans=
portaufgaben durchgeführt. Auch hierüber gibt er in der erwähnten Druckschrift
eine interessante Übersicht. Für den Hafenbetrieb wurden vielfach Dampfdreh=
krane benutzt, die nach dem ersten Konstrukteur als Brownsche Dampfdrehkrane
bezeichnet wurden. Diese Krane fanden in Deutschland zuerst im Hamburger
Hafen Verwendung. Von hier aus haben sie sich ein weites Anwendungsgebiet
erobert. Bredt war an der Ausführung dieser Krane in großem Umfange beteiligt.

Was die Förderung der Massengüter, wie Erze, Steine und Kohlen anbelangt,
so wurden damals vielfach Förderkübel mit Bodenklappen benutzt. Mit den
Dampfkranen konnte man unter günstigen Verhältnissen in zehn Stunden etwa
200 t Kohlen fördern. Der Kohlenverbrauch pro Stunde betrug 17 kg. Die
Krane wurden meist mit einer Tragkraft von 1500 kg ausgeführt. Neben diesen
Dampfkranen verbreiteten sich auch Konstruktionen mit gemeinschaftlicher Kraft=
quelle. Hierhin gehörten hydraulische Krane, Dampfkrane mit gemeinsamer
Kesselanlage und die auch hier sich bald einführenden Krane mit elektrischem
Antrieb. Bredt war sehr für die hydraulischen Krane eingenommen. Ihm galten sie
damals als die vollkommensten und elegantesten Werkzeuge, die einfach zu hand=
haben, sicher und schnell in ihren Bewegungen waren, und denen man Haltbarkeit
und geringe Unterhaltungskosten nachsagen konnte. Ihr Wirkungsgrad im Ver=
hältnis zum Brennstoffaufwand war gut. Ob die elektrische Kraftübertragung
günstiger sein würde, war für Bredt anfangs der 90er Jahre noch eine Frage, die
erst die Zukunft beantworten konnte. Als Hauptnachteil der Wasserdruckkrane
galt besonders in unserem Klima die Frostgefahr. Immerhin glaubte Bredt, auch
wenn er die Vorteile des elektrischen Antriebes im Gegensatz zu den Vertretern der
elektrischen Firmen etwas skeptischer ansah, doch an die Möglichkeit, daß der elek=
trische Antrieb, der bei den Werkstättenkranen sich schnell eingeführt hatte, auch
in Häfen bald in ausgedehntem Maße Verwendung finden würde. Die bis dahin
ausgeführten elektrischen Krane für Häfen waren vorzugsweise mit zwei umsteuer=
baren Motoren gebaut.

Was die Krane für größere Lasten anbelangt, so spielte hier lange Zeit die aus=
schlaggebende Rolle der Drehkran mit Wippausleger, der sogen. Derrick=Kran,
der noch in den 90er Jahren in England und Amerika fast ausschließlich Verwen=
dung fand. Die Konstruktion war einfach, man konnte, da die Ausladung des
Kranes veränderlich war, eine ziemlich große Fläche bestreichen, die Hauptglieder
waren nur auf Zug oder Druck, nur durch Eigengewicht auf Biegung beansprucht.
Nachteilig war die große Raumbeanspruchung. Neben diesen ältesten Kranen
wurde noch vielfach der sogen. Fairbairn=Kran gebaut, dessen ruhige und ele=
gante Form Bredt hervorhob. Den Ausleger bildete hier ein einziger gekrümmter
Träger mit kastenförmigem Querschnitt. Bredt hat für die Werften in Wilhelmshaven
und Kiel derartige Krane für Lasten bis zu 30000 kg und 13,5 m Ausladung zur
Ausrüstung der Schiffe ausgeführt. Diese Krane wurden noch von Hand betrieben.
An den Kurbeln arbeiteten zum Heben in kurzen Pausen mit Ablösung acht Arbeiter.

Besonderes Aufsehen machten damals Hebezeuge für sehr große Lasten,
Schwerlastkrane, mit denen man schwere Geschütze und ganze Kessel in die
Schiffe einsetzen konnte. Früher wurden nur selten derartige große Hebezeuge, die
Mastenkrane, gebraucht, bei denen die Vordermasten möglichst nahe an die Wasser=

kante gerückt wurden, das Ende des Hintergerüstes wurde durch eine lange Schraube wagerecht hin= und herbewegt. Der Kopf des Kranes mit der Last konnte somit in gleicher Weise senkrecht zur Hafenmauer bewegt werden. Auch diese Bauart ist in England entstanden. Man baute die Krane, um Masten in die Schiffe ein= setzen zu können, gern hoch, meist 30 bis 35 m. Bredt hat u. a. einen solchen 80 t Kran für die Stadt Amsterdam ausgeführt und zuweilen an Stelle der Schraubenspindeln Kettenzüge mit Schneckenradantrieb benutzt.

Je mehr der Verkehr in den Häfen und Werften stieg, um so mehr machte sich die geringe Ausnutzungsmöglichkeit dieser Mastenkrane bemerkbar. Sie konnten nur eine einzige Stelle am Ufer über dem Schienengleis bedienen. Es mußten deshalb die schweren Stücke den Kranen unmittelbar vorgelegt werden, erst dann konnten sie die Lasten aufnehmen. Bredt ersetzte 1882 zuerst die Mastenkrane durch Drehscheibenkrane. Hier konnten die schweren Stücke in der Nähe des Krans angefahren werden, sobald das Schiff an Ort und Stelle war, konnte man nunmehr ohne jeden Zeitverlust hintereinander die Lasten verladen. Diese Drehscheibenkrane, die vor Bredt bereits Armstrong einmal gebaut hatte, ohne daß sie Beachtung fanden, wurden jetzt schnell allgemein eingeführt. Einen Riesenkran, damals der größte Kran der Welt, hat Bredt 1887 für den

146

Hamburger Hafen geliefert, die Abb. 77 zeigt die Ausführung. Der Kran, durch einen kräftigen Mittelzapfen gehalten, ruht auf 32 Laufrollen. Man konnte 150 t mit einer Geschwindigkeit von 0,25 m/min., Lasten bis 18 t mit 2 m/min. Geschwindigkeit heben. Die größte Ausladung betrug 19,3 m, die Höhe 31 m. Der Kran wog ohne Ballast 245 t, mit Ballast ⟨Sand⟩ 495 t. Die bewegende Kraft gab eine Zwillingsdampfmaschine, die mit 80 Umdrehungen lief. Diese Drehscheibenkrane wurden auch von der Ausstellungsleitung in Chicago 1893 auf Grund der ausgestellten Photographien als eine besonders hohe Stufe der Ingenieurkunst rühmend hervorgehoben. Außer diesem Kran hat Bredt damals große Schwimmkrane gebaut, die besonders in Kriegshäfen gern benutzt wurden, weil es mit ihnen möglich war, schwere Stücke schnell nach dem Schiffe zu transportieren. Gleichzeitig leisteten sie bei der Montage gute Dienste. Auch diese Krane wurden damals meist als Mastenkrane ausgeführt.

Bemerkenswert sind einige Bauarten für Kohlenverladung, die Bredt für die holländische Staatsbahn ausgeführt hat. Mit der Anlage sollten die Kohlen unter größter Schonung verladen und zugleich die Schiffe mit Ballast versehen werden. Die Kohlenwagen wurden durch eine hydraulische Winde auf eine Plattform geschoben, die man durch einen unter Flur befindlichen hydraulischen Zylinder um 45° neigen konnte. Hierbei entleerte sich der Wagen in ein großes zylindrisches Fördergefäß, das im Mastenkran hing. Das Gefäß wurde in die Schiffsluke gesenkt und durch hydraulische Zylinder der Boden des Fördergefäßes gehoben, so daß die Kohlen sanft in den Schiffsraum gleiten konnten. Beim Verladen des Ballastes schwenkte man den Wagen durch den Kran unmittelbar über das Schiff und stellte ihn hier schräg, so daß der Inhalt sich unmittelbar in den Schiffsraum entleeren konnte. Die ganze Anlage war mit hydraulischem Antrieb durchgeführt.

So konnte Bredt, gestützt auf die großzügige Durchgestaltung eines von ihm in Deutschland eingeführten großen Arbeitsgebietes, Mitte der 90er Jahre in den Abschnitt der beispiellos raschen Entwicklung unseres Wirtschaftslebens eintreten. Es war ihm hiermit zugleich vergönnt, die seine Erwartungen weit übersteigende wirtschaftliche Entwicklung der aus einer bescheidenen kleinen Maschinenfabrik von ihm gleichsam neugeschaffenen Firma, die sich jetzt eines Weltrufes erfreute, zu erleben. Die Verwirklichung seiner Sehnsucht, sich vom Geschäftsleben, das er sehr wenig geschätzt hatte, zurückziehen und seinen wissenschaftlichen und künstlerischen Neigungen leben zu können, schien nahe zu sein Da traf ihn ein schweres Leiden. Den sicheren Tod in kurzer Zeit vor Augen, mußte er die letzten Monate seines Daseins erleben. Seine tief religiöse Lebensauffassung, die er vom Elternhaus mitgebracht und sich erhalten hatte, gab ihm in dieser schwersten Leidenszeit einen solchen inneren Frieden, daß er, wie alle, die ihm am nächsten standen, noch heute ergriffen zu berichten wissen, fast heiter,

ohne seine Lebensgewohnheiten irgendwie zu ändern, dem Ende entgegenging.
Bredt ist am 18. Mai 1900 in Wetter gestorben. Mit ihm ist nicht nur einer der
ersten deutschen Ingenieure von uns gegangen, sondern auch eine nach jeder Rich=
tung hin ausgezeichnete, harmonisch durchgebildete Persönlichkeit, die im Andenken
aller derer, die den Vorzug hatten, ihm näher zu stehen, dauernd in ehrenvollem
Andenken fortleben wird.

Wenn wir versuchen, Bredts Charakter kurz zu kennzeichnen, so fällt einem die
Ähnlichkeit mit einem anderen großen Ingenieur, James Watt, dem Erfinder der
Dampfmaschine, in die Augen, mit dem er jedenfalls die Vorliebe für vertieftes
wissenschaftliches Durchdenken von Problemen und die große scharf ausgesprochene
Abneigung gegen alle geschäftliche Tätigkeit teilte. Der Ausspruch von James
Watt, daß er sich viel lieber vor die Mündung einer geladenen Kanone stellen
wolle, als mit anderen Menschen geschäftlich zu verhandeln, könnte auch von
Bredt herrühren. Der Alltag mit seinen geschäftlichen Sorgen, das Hervorkehren
eigener Leistungen, die Notwendigkeit, auch mit Menschen zu verkehren, die einem
persönlich alles andere als sympathisch sind — alles dieses, das mit dem geschäft=
lichen Leben unzertrennlich verbunden ist, war Bredt zuwider. Er war der stille,
einsame, feine, in sich gekehrte Denker, der instinktiv bestrebt war, sich dem Lärm
und Geräusch des Alltags fernzuhalten. Daß er mit dieser seelischen Disposition
zum Fabrikunternehmer oft recht schlecht paßte, hat er selbst am meisten emp=
funden. Manchmal kam ihm wohl der Gedanke, daß er als Forscher und Gelehrter
an einer Technischen Hochschule eher am Platze gewesen wäre, aber treu und ge=
wissenhaft hat er an der Stelle ausgehalten, an die ihn das Schicksal gestellt hatte.
Daß er auch hier das Beste auf technischem Gebiet geleistet hat, haben wir bereits
berichten können. Jeder Ehrgeiz, reich zu werden, eine große Fabrik zu errichten,
lag ihm vollständig fern. Alle die zahlreichen Konstruktionen, die aus der Firma
während seiner Schaffenszeit hervorgegangen sind, rührten von ihm her, aber sie
trugen nach außen hin den Namen Stuckenholz. Ein Mitarbeiter des „Engineering“,
der in Wetter selbst sich das Material zu einer Veröffentlichung verschafft hatte,
mag dies besonders stark empfunden haben, denn in seinem größeren Bericht fügte
er am Schluß ausdrücklich hinzu, daß alle diese großartigen Schöpfungen nicht von
Herrn Stuckenholz, sondern von Herrn Bredt, herrührten. Auch in Deutschland
wurde Bredt persönlich vielfach als Herr Stuckenholz angeredet und auch dies ließ
er sich ruhig gefallen. Keinerlei Ehrgeiz verband er mit seinem Namen.

Seinen wissenschaftlichen Neigungen blieb die Zeit seiner recht karg bemessenen
Mußestunden. Mit besonderer Vorliebe betrieb er mathematische Studien. Dieses
Rüstzeug beherrschte er in einem Maß, das weit über das hinausging, was hoch=
schulgebildete Ingenieure in der Praxis gewöhnlich zur Verfügung hatten. Ein Hol=
steiner, Heinrici, der als Professor der Mathematik in London wirkte, war sein

mathematischer Freund, mit dem er viele Jahre hindurch seinen Urlaub gewöhnlich in der Schweiz verlebte und mit dem er mündlich und schriftlich mathematische Probleme mit großer Vorliebe behandelte. Zuweilen hat Bredt auch die Ergebnisse seiner wissenschaftlichen Forschung durch Veröffentlichung seinen Fachgenossen zugänglich gemacht, ohne mit dieser Arbeit merkwürdigerweise auch nur entfernt die Beachtung zu finden, die ihrem wissenschaftlichen Wert entsprochen hätte. In der Zeitschrift des Vereins deutscher Ingenieure hat er in den 80er Jahren über Zerknickungsfestigkeit und exzentrischen Druck, dann in den 90er Jahren über Biegungsfestigkeit, über Festigkeit von Röhren= und Kugelschalen mit innerem und äußerem Druck, über die Elastizität und Festigkeit krummer Stäbe, über das Elastizitätsgesetz und seine Anwendung für praktische Rechnung, über die Festigkeit der Schwungräder und Studien über die Zerknickungsfestigkeit veröffentlicht. . Auf eine seiner 1896 in der Zeitschrift des Vereins deutscher Ingenieure veröffentlichten wissenschaftlichen Arbeiten „Kritische Bemerkung zur Drehungselastizität" hat Professor Föppl in München als besonders berufener Beurteiler noch im vorigen Jahre in „Stahl und Eisen" hingewiesen. Föppl nennt diese Arbeit die bedeutendste der Bredtschen theoretischen Arbeiten und schätzte ihn gerade auf Grund dieser Ausführungen als selbständigen Denker hoch ein. Andererseits macht er allerdings darauf aufmerksam, daß es Bredt schwer wurde, seine Arbeiten so auszugestalten, daß es andern leicht möglich gewesen wäre, diesen Gedankengängen zu folgen. Darauf mag es wohl mit zurückzuführen sein, daß diese wertvollen Arbeiten lange Zeit unbeachtet geblieben sind. Die besprochene Arbeit bezeichnet Föppl als ein „gewiß sehr seltenes Beispiel dafür, wie ein scharfsinniger Geist trotz geringer theoretischer Schulung ohne jede eingehendere Kenntnis der wichtigsten vorausgehenden Arbeiten auf einem immerhin nicht ganz einfachen Gebiete die Wahrheit einfach erschaut, und zwar über die Grenzen hinaus, bis zu denen andere vor ihm schon gekommen waren, ohne daß er davon wußte." Es handelte sich hierbei um eine Berechnung des elastischen Verdrehungswinkels eines Stabes. Praktisch hatte diese Frage besondere Bedeutung bei den Walzeisen, bei den großen Tragkonstruktionen und auch bei dem Bau von Krangerüsten. Hieran hat Bredt wohl in erster Linie gedacht und sich deshalb im Zusammenhang mit seinen wissenschaftlichen Untersuchungen vorzugsweise mit I=Trägern beschäftigt. „Was er über diese sagt", schreibt Föppl, „ist wohl bis heute noch nicht übertroffen worden. Besonders seine Bemerkungen über die Stelle, an der die größte Beanspruchung auftritt, bei denen er sich gegen eine herrschend irrtümliche Ansicht wendet, sind vollkommen zutreffend und beweisen, wie tief er die ganze Frage durchdacht und erfaßt hat. Hierbei muß man bemerken, daß vor 20 Jahren die neueren Walzverfahren noch nicht bekannt waren, die inzwischen zu dünnwandigen, an den Flanschen breiter ausladenden und weniger abgeschrägten Querschnittprofilen geführt haben. Sonst würde Bredt wohl damals schon für diese Profile zu ungefähr denselben Schlüssen gelangt sein, die ich jetzt selbst gezogen habe: die Grundlagen dazu liefert seine Arbeit wenigstens ohne weiteres, also ohne daß man eine der anderen vorher besprochenen Vorarbeiten daneben auch zu Rate ziehen müßte."

An der letzten wissenschaftlichen Arbeit über Elastizität hat Bredt noch wenige Stunden vor seinem Ende gearbeitet. Es ist bisher noch nicht gelungen, einen Bearbeiter zu finden, der sie der Öffentlichkeit übergeben könnte. Das Manuskript hat Frau Bredt der technischen Hochschule in Karlsruhe vermacht.

Neben dieser wissenschaftlichen Tätigkeit bot ihm die Liebe zur Kunst Ablenkung vom Alltag und geistige Erholung. Bredt, der von Jugend an einen ausgesprochenen Sinn für zeichnerische Darstellung hatte, entwickelte diese Fähigkeit weiter, ohne auch hierin irgendeinen Ehrgeiz nach außen zu bekunden. Von seinen Wanderungen, die ihn, einen begeisterten Freund des Hochgebirges, meist nach der Schweiz führten, brachte er Skizzen nach Hause, die er dann in Wetter als Grundlage für seine Aquarelle und Ölbilder benutzte, sich und den seinen zur Freude. So vereinigten sich in Bredt die religiösen Empfindungen mit künstlerischem Schönheitsgefühl und tiefgehenden wissenschaftlichen Neigungen zu einer nach innen und außen in sich harmonisch abgerundeten großen Persönlichkeit. Seine hervorragenden Leistungen auf technischem Gebiete rechtfertigen nicht minder wie seine wissenschaftlichen Forschungsarbeiten, daß sein Andenken in der Geschichte der Technik erhalten bleibt.

Bredt hat seine Schöpfung in mächtigem Aufblühen verlassen müssen. Sein Nachfolger wurde Wolfgang Reuter, der am 6. Juni 1888 als junger 22jähriger Ingenieur aus Finnland nach Wetter verschlagen wurde. Reuter wurde am 24. Juni 1866 in Helsingfors geboren. Sein Vater, der aus Schleswig stammte, war 1862 bereits nach Helsingfors gekommen, hatte dort das Polytechnikum mit begründet und sich als Stadtbaumeister auf verschiedenen Gebieten betätigt. Reuter erhielt eine gute technische Ausbildung auf dem Polytechnikum seiner Geburtsstadt, die wesentlich durch seinen Vater beeinflußt und vervollständigt wurde. Auf der Schule in schwedischer Sprache erzogen, sollte er seine Kenntnisse im Deutschen durch einen Besuch Deutschlands festigen und hier, wenn möglich, sich eine dauernde Lebensstellung zu schaffen suchen. Durch Empfehlung eines Onkels, der in Iserlohn als Leiter der Kunstgewerbeschule tätig war, wurde der junge Reuter an Bredt empfohlen, und so kam er 1888 nach dem damals noch recht stillen, einsam gelegenen Wetter. Als seinen Kollegen fand er dort Kauermann, der dann von Stuckenholz zu Bechem & Keetman ging, und der später jahrelang in enger Arbeitsgemeinschaft mit Reuter arbeiten sollte. Reuter kam bei Bredt in eine ausgezeichnete Schule. Daß die Fabrik noch nicht groß war, sich also leicht nach jeder Richtung hin in technischer, betrieblicher und kaufmännischer Richtung übersehen ließ, war für die Ausbildungszeit ein großer Vorteil, denn Reuter lernte auf diese Weise die gesamte

Rudolf Bredt, geb. 17. IV. 1842, gest. 18. V. 1900.   Wolfgang Reuter, geb. 24. VI. 1866.

Tätigkeit, die der Leiter einer großen Maschinenfabrik verantwortungsvoll aus=
zuüben hat, hier in kleinem Umfange kennen. Auch die persönliche Einwirkung
Bredts auf einen jungen, aufnahmefähigen Ingenieur war groß und nachhaltig.
Die stille, bescheidene Größe des Mannes unterstrich die hervorragende technische
Leistung. Reuter lernte hier technische Einzelarbeit schätzen und hoch bewerten.
Hier erwarb er sich auch die Grundlage zu seiner späteren konstruktiven Betätigung
auf dem Sondergebiet des Kranbaues für Hüttenwesen.

it Reuter begann bei Stuckenholz eine neue Zeit. Alles in dem jungen, ge=
sunden, arbeitsfrohen Nordländer drängte nach vorwärts. In vieler Be=
ziehung ergänzte er seinen ihm mit jedem Jahr mehr zum Freunde gewor=
denen Lehrer. Reuter hatte Lust am geschäftlichen Kampf. Sein Taten=
drang freute sich an dem erzielten Erfolg. Der Wunsch, größer zu werden, war unzer=
trennlich mit seiner Persönlichkeit verbunden. Manchmal mag es ihm schwer geworden
sein, seine Ungeduld zu meistern, wenn er sah, wie geradezu unbeholfen Bredt in ge=
schäftlichen Dingen oft sein konnte, wie wenig ihm daran lag, seine Fabrik zu erweitern,
neuzeitliche Betriebsverfahren einzuführen und was sonst noch dazu gehörte, um die
Früchte seiner großen technischen Leistungen zu ernten. 1896 nahm Bredt Reuter
als Teilhaber in die Firma auf und bald reifte, durch das schwere Leiden Bredts be=
schleunigt, auch der Entschluß in ihm, seinem jungen Teilhaber sein ganzes Lebenswerk
zu übertragen. So wurde Reuter, der sich auch in Wetter durch die Verheiratung mit
Martha Blank, einer Urenkelin von Heinrich Kamp, dem Begründer der Mecha=

nischen Werkstätte, ein eigenes Heim begründet hatte, 1899 alleiniger Inhaber der Firma Ludwig Stuckenholz. Wie es ihm dann gelungen ist, von hier ausgehend, schrittweise zu immer größeren Organisationen innerhalb des Maschinenbaus vor= wärts zu gehen, wird an anderer Stelle noch kurz zu schildern sein.

Als Inhaber der Firma Stuckenholz hat Reuter in klarer Erkenntnis, daß die Ent= wicklung von Sonderkonstruktionen für Hüttenwerkanlagen noch nicht entfernt ab= geschlossen war durch das, was Bredt schaffen konnte, sich entschlossen, in erster Linie den Bedürfnissen praktischer Eisenhüttenmänner entsprechende Bauarten zu schaffen.

Im Anfang des Jahrhunderts versuchte man besonders praktisch brauchbare Lösungen für das Fassen der Gußform mit dem Block, Abstreifen der Gußform und das Einsetzen des Blocks in den Tiefofen und den weiteren Transport des Blockes bis zum Walzwerk zu finden. Reuter war überzeugt, daß letzten Endes auch bei diesen Sonderkonstruktionen der elektrische Antrieb sich durchsetzen würde, obwohl damals viele Fachmänner den elektrischen Antrieb hierfür noch nicht als genügend betriebssicher ansahen. In jahrelanger mühsamer Konstruktionsarbeit und unter Anwendung erheblicher Geldmittel entstanden in Wetter die Bauarten, die sich seitdem Bahn gebrochen haben, und die auch später von der Deutschen Maschinen= fabrik in großem Umfang für die Hüttenwerke geliefert werden konnten. Ein Bild der ersten elektrischen Abstreifkrane gibt uns der Holzschnitt Abb. 78.

Besondere Schwierigkeiten bot die Steuerung der verwickelten Bewegung, die die Zangenschenkel ausführen mußten. Zunächst mußte die Gußform gehalten und der Block durch den nach abwärts gehenden Ausdrückstempel herausgedrückt werden. Dabei entstehen Druckkräfte, die teilweise über 100 t steigen, so daß ein Festhalten der Kokille durch Körnerspitzen nicht möglich ist, man muß die Kokillen mit ihren angegossenen Nasen vielmehr in entsprechende Ösen der Zangenschenkel einhängen. Die Zange muß aber auch geeignet sein, später den ausgestoßenen Block durch Anpressen zweier Körnerspitzen zu erfassen, um den Block in den Tiefofen ein= setzen zu können. Diese Bedingung erfordert außerdem eine möglichst schlanke Zangenform, um die Tiefofengruben klein halten zu können, denn nur dann, wenn das Futter der Tiefofengrube den Block unmittelbar umgibt, ist ein gutes Durch= weichen des Blockes möglich. Die Zange ist durch einen starren, um seine senkrechte Achse drehbaren Stiel (nicht durch Ketten) mit der Laufkatze des Kranes verbun= den, um trotz größter Arbeitsgeschwindigkeiten ein sicheres, genaues Arbeiten zu erreichen. Ein derartiger neuzeitlicher Abstreifkran, bei dem, wie schon bei den ersten Bauarten, die Zange nur durch die Bewegung des Ausdrückstempels gesteuert wird, kann in der 10 stündigen Schicht bis zu 200 Blöcke abstreifen und in den Tiefofen einsetzen.

Sehr bemerkenswert ist, daß die immer höher werdenden Anforderungen an die Leistungsfähigkeit der Stahlwerke noch zu einer weitergehenden Arbeits=

teilung führten. Zu dem normalen Abstreifkran baute man besondere Krane, die
nur das Einsetzen der abgestreiften Blöcke in die Tieföfen zu besorgen hatten.
Reuter knüpfte dann auch weiter an die unter seiner Mitwirkung bereits zustande
gekommenen, von Bredt herrührenden Blocktransportwagen an und bildete, von
dem Bestreben ausgehend, den Hüttenflur frei zu bekommen, laufkranartige Bau=
arten durch, mit denen er die Blöcke je nach der gestellten Aufgabe, entweder vom
Lager in den Ofen oder aus dem Ofen auf den Rollgang transportieren konnte.
Abb. 79 zeigt eine dieser Bauarten aus dem Anfang des Jahrhunderts. Die Abb. 80
zeigt die weitere Entwicklung bis zur neuesten Zeit. Man ist hier von dem Be=
streben ausgegangen, die tiefliegenden Massen soweit als möglich zu vermin=
dern, um hierdurch größere Arbeitsgeschwindigkeiten, geringere Beanspruchungen
des Triebwerks und der Tragkonstruktion zu erzielen. Unten in der Nähe des
Blockes ⟨am Steuerstand⟩ sitzt nur noch das Zangenschließwerk. Alle anderen
Mechanismen sind oben auf die Laufkatze verlegt. Die Zangenform ist der jeweils
vorhandenen Lagerform im Ofen anzupassen.

Ähnlich im Aufbau sind auch die Muldenbeschickkrane, die von der Firma
Stuckenholz gebaut wurden, nachdem sie die Lizenz von Lauchhammer für diese
Maschinen erworben hatte. Gerade diese Konstruktionen sind dann später auch

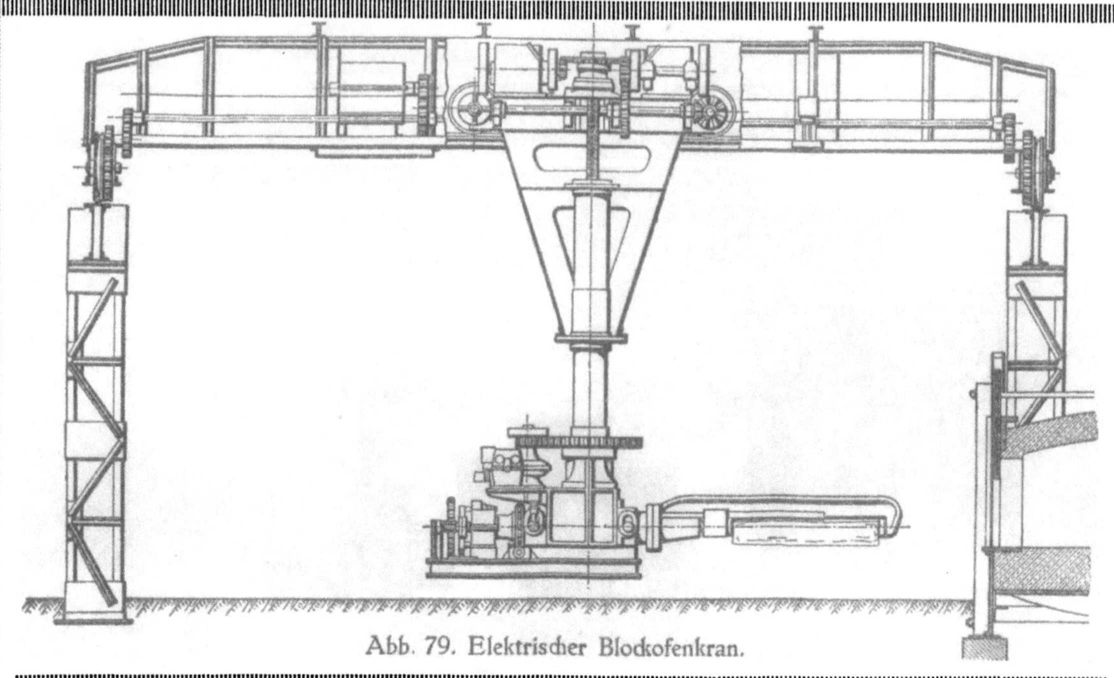

Abb. 79. Elektrischer Blockofenkran.

von der Deutschen Maschinenfabrik in sehr zahlreichen Ausführungen für Hütten=
werke geliefert worden.

Eine andere wichtige Aufgabe, die man damals in Wetter in Angriff nahm, war
die Umwandlung des alten dampfhydraulischen Gießwagens in einen rein elek=
trisch betriebenen Wagen. Die erste Form zeigt Abb. 81. Die Ansicht dieser
Konstruktion ist auch aus dem Holzschnitt 78 zu entnehmen.

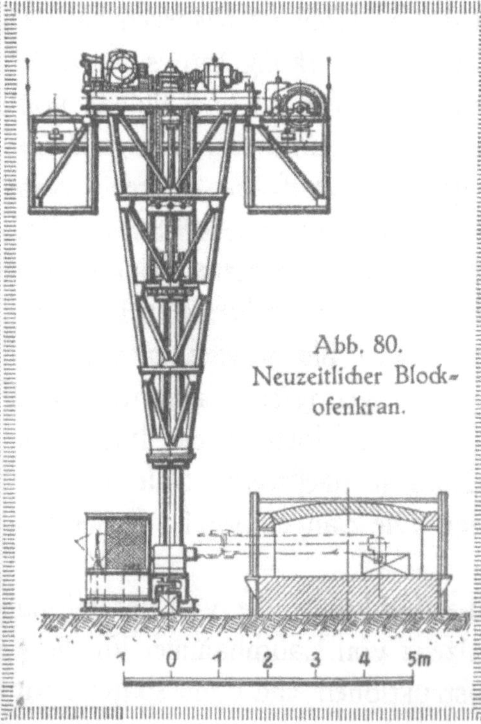

Abb. 80.
Neuzeitlicher Block=
ofenkran.

Bei den ersten Konstruktionen behielt man
durchaus die allgemeine von Trappen ge=
schaffene Anordnung, bei der die Gieß=
pfannen mit ihrer Tragkonstruktion senkrecht
gehoben wurden, bei. Ein Elektromotor hob
und senkte über eine stehende Säule mit Hilfe
zweier Gallschen Ketten die bewegliche Trag=
bühne. In neuester Zeit hat man auch diese
Konstruktion in noch viel höherem Maße dem
elektrischen Antrieb angepaßt und ist zu einer
langarmigen Hebelanordnung mit festem
Drehpunkt gekommen. Der Holzschnitt 83
zeigt eine solche Lösung.

Die Anforderungen an die Leistungsfähig=
keit der neuzeitlichen Hebezeuge stiegen um so
mehr, je größer die Fortschritte wurden. Man
begann einzelne Arbeitsperioden zeitlich genau

zu studieren. Hierbei trat
für viele Arbeitsvorrich=
tungen die Tatsache deut=
lich in Erscheinung, daß
sehr lange Zeiten noch not=
wendig waren, um das zu
transportierende Material
mit dem Hebezeug in Ver=
bindung zu bringen. Das
Auf= und Abladen spielte
zeitlich eine oft viel größere
Rolle, als der Transport
selbst. Hier lag es nahe,
nach Hilfsmitteln zu suchen,
um diese Zeit zu verkürzen.

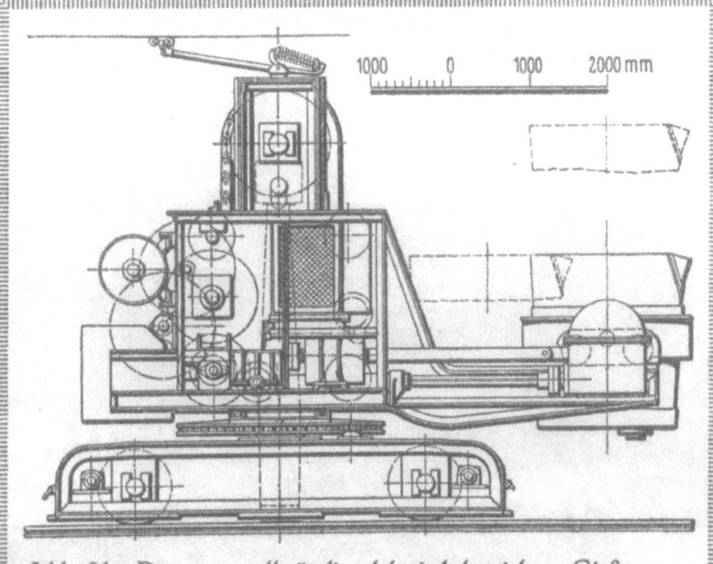

Abb. 81. Der erste vollständig elektrisch betriebene Gießwagen.

Bei Massengütern hatte man deshalb bald begonnen, nach amerikanischen Vorbildern
Greiferkonstruktionen einzuführen. Im Hüttenbetrieb war das Auf= und Abladen
von Schrott besonders zeitraubend und mühsam, für die Arbeiter auch sehr gefährlich.
Der immer mehr in Aufnahme kommende Martinofen vergrößerte aber auch wieder
die Anzahl dieser einzelnen Tätigkeiten. Hier konnte der elektrische Strom im Elek=
tromagneten Abhilfe schaffen. In Amerika hatte man deshalb frühzeitig versucht, den
Elektromagnet als Hebemagnet auszunutzen. In Deutschland war man anfangs
geneigt, hierin eine der damals zuweilen üblichen Übertreibungen in der Anwen=
dung des elektrischen Stromes zu sehen; man konnte sich schwer vorstellen, daß
unter den schwierigen Verhältnissen im praktischen Betrieb solche empfindliche
Konstruktionen dauernd Verwendung finden sollten. Reuter war überzeugt, daß
hier der elektrische Strom ein sehr wertvolles Hilfsmittel abgeben könnte und er
hat sich mit besonderer Tatkraft der Entwicklung des Lasthebemagneten zuge=
wendet. Um schnell voran zu kommen und die praktischen Erfahrungen des

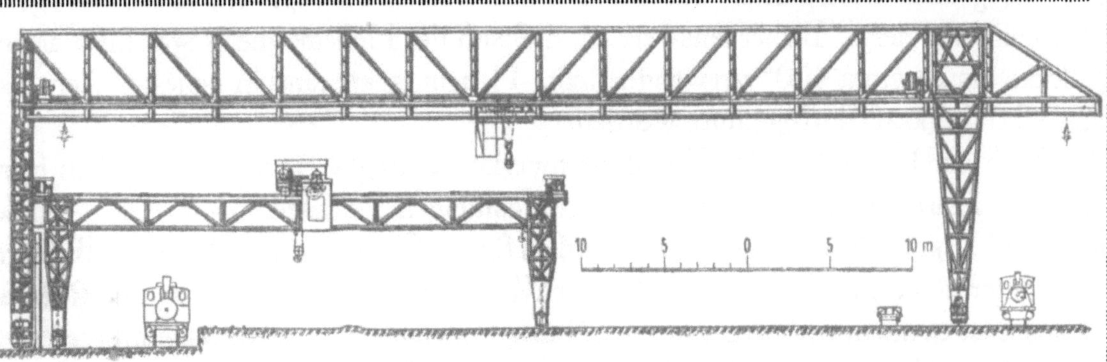

Abb. 82. Stabeisenverladebrücken der Gewerkschaft Deutscher Kaiser, Brockhausen.

Kranbauers und Hüttenmannes sofort zu verwenden, ging er dazu über, auch den elektrischen Teil der Lastmagnete in Wetter selbst herzustellen. So entstanden nacheinander eine Anzahl bemerkenswerter Hebemagnete, und die Firma begann, sie auch für die verschiedensten Zwecke zu benutzen.

Zuerst baute man Magnete für das Auf= und Abladen von Schrott. Bald ging man auch dazu über, das Fallwerk durch Hebemagnete zu bedienen. Der Holzschnitt 84 zeigt dieses Anwendungsgebiet. Die sehr günstigen Erfahrungen mit diesen Hebemagneten führten bald zu weiterer Verwendung. Man lernte es, die großen Blechplatten mit seiner Hilfe schnell zu regieren, ebenso Träger, Schienen und dergl. Bemerkenswert ist, daß sich der Hebemagnet sogar für warme Blöcke bis zu etwa 400° verwenden läßt. Hebemagnete sind in neuester Zeit bis zu 40 t Tragkraft durchgeführt worden.

Auch der Lagerplatz der Eisenhüttenwerke verlangte, wenn die Arbeiten hier gleichen Schritt halten wollten, nach leistungsfähigen Verladeanlagen. Die Abbildung 82 zeigt zwei derartige Verladebrücken für die Gewerkschaft Deutscher Kaiser.

Reuter und seinen Mitarbeitern Robert Weittenhiller, Dietrich Böllert und Richard Schmid ist es durch eifriges Studium der hüttentechnischen Forderungen nach mühevollen Versuchen gelungen, Konstruktionen zu schaffen, die in erheblichem Maße zur

156

Abb. 84. Magnetkrananlage auf einem Schrottplatz.

Steigerung der Leistungsfähigkeit der deutschen Eisenindustrie und damit zu deren beispielloser Entwicklung während der letzten zwei Jahrzehnte beigetragen haben. Wenn auch das Bestreben jeder der drei Einzelgesellschaften, bei dieser Entwicklung die erste zu sein, ohne Zweifel die technische Entwicklung beschleunigt hat, so trug doch nach der Fusion die planmäßige Benutzung aller Erfahrungen wesentlich dazu bei, das deutsche Hüttenwerk maschinell immer vollkommener auszugestalten. In= folge der grundlegenden Konstruktionen und der zahlreichen Lieferungen der drei Firmen wurde die Deutsche Maschinenfabrik bald auch für das Ausland in weitem Maße zur Mitarbeit herangezogen. Die Druckschriften der Firma zeigen, in welchem Umfange sie sich diese vielseitigen Erfahrungen mit Erfolg zu Nutze gemacht hat. Der nach dem Krieg noch schärfer werdende Wettbewerb wird auch weiterhin die Hüttenwerke in der ganzen Welt veranlassen, sich das technisch Vollendetste zu verschaffen. Deutsche Ingenieurleistung wird deshalb ihren Wert behalten und die Tatsache, daß vor wenigen Monaten der Deutschen Maschinenfabrik aus dem Auslande ein großes Eisen= und Stahlwerk zu günstigen Bedingungen bestellt wurde, mag als ein gutes Vorzeichen hierfür angesehen werden.

Auch die schon von Bredt angeknüpften engen Beziehungen zum Schiffbau suchte die Firma Stuckenholz unter Reuters Führung planmäßig zu erweitern. Von den

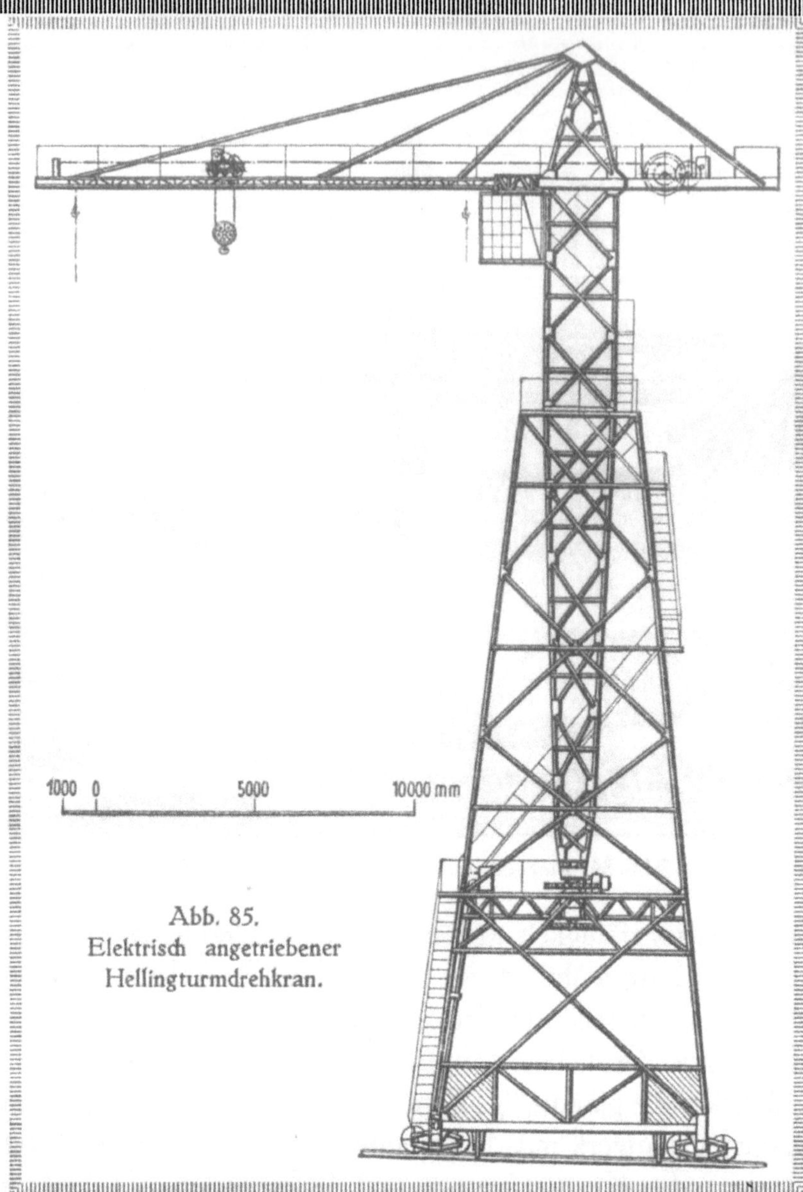

Abb. 85.
Elektrisch angetriebener
Hellingturmdrehkran.

Anlagen, die vor der Vereinigung zur Deutschen Maschinenfabrik in Wetter ent=
standen sind, seien nur die Drehlaufkatzen für die Hellinge der Germania=Werft
in Kiel erwähnt. Auch elektrisch angetriebene Hellingkrane sind damals in den
ersten Jahren dieses Jahrhunderts in Wetter entstanden. Die Abb. 85 zeigt
eine dieser Konstruktionen für den Bremer Vulkan.

DIE DUISBURGER MASCHINENBAU=AKTIEN= GESELLSCHAFT VORM. BECHEM & KEETMAN

echem & Keetman hatten, wie wir bereits gesehen haben, eine auf wohl= organisierte Werkstattarbeit sich gründende Massenfabrikation ins Leben gerufen. Die kleine Fabrik, der sie ihren Namen gegeben hatten, stellte in erster Linie Flaschenzüge, Winden, dann Ketten, Zahnräder und anderes her. Ihrem technischen und kaufmännischen Können gelang es bereits in den 60er Jahren, die Firma zufriedenstellend zu entwickeln. Damit war die Grundlage geschaffen, auf der man nunmehr, als das Wirtschaftsleben mit dem Sieg über Frankreich emporstrebte, weiterbauen konnte. Die Firma Bechem & Keetman verstand es, die gebotene Gelegenheit, schnell voranzukommen, zu be= nutzen. Der Umsatz der Firma verdoppelte sich im Jahre 1871/72 gegenüber dem vorhergehenden Jahr. Ende 1872 waren etwa 200 Arbeiter beschäftigt. Die Firma mag damals, was die Arbeiterzahl anbelangt, nicht viel hinter der Mär= kischen Maschinenbauanstalt in Wetter zurückgestanden haben. Die Entwicklung drängte in erster Linie dazu, die Gießerei auszubauen und zu vergrößern. Um aber nicht die eigene Firma hiermit zu stark zu belasten, entschloß man sich zunächst, für die Massenfabrikation von Eisengußwaren eine besondere Gesellschaft zu gründen. Die Firma zeichnete als Langhans, Bechem & Cie. Als persönlich haftende Gesellschafter traten ein: der Fabrikant August Langhans und der Bruder von Bechem, Gustav Bechem. Nur ein Jahr bestand die Firma, dann wurde sie aufgelöst und die Firma Bechem & Keetman übernahm das gesamte Vermögen.

Was nun das geschäftliche Ergebnis der Arbeit beider Begründer anbelangt, so haben wir genauere Zahlen aus den ersten Jahren, aus denen am 1. Juli 1869 sich der Gesamtgewinn der ersten 6½ Geschäftsjahre mit rund 60000 Talern er= mitteln läßt.

Leider machte sich bereits in diesen glücklichen Jahren des Emporkommens bei August Bechem eine Krankheit immer mehr bemerkbar, die er sich beim Aus= baggern des Dollart in seiner Tätigkeit bei der Isselburger Hütte zugezogen hatte. Gelenkrheumatismus mit hinzutretender Lungenentzündung hinderten ihn an der vollen Ausnützung seiner wertvollen Arbeitskraft. Die Krankheit wurde schlimmer, und so mußte er sich entschließen, Ende der 60er Jahre im Süden, in Algier, Heilung zu suchen. Die Besserung, die eintrat, war nur vorübergehend. Als er 1870 nach Deutschland zurückkam, gewann er Gewißheit, daß sein Lungenleiden und damit sein Ableben nicht mehr aufzuhalten war. Nur mit Unterbrechungen konnte er sich der Arbeit in der Fabrik widmen. 1873 verschlimmerte sich die Krankheit so, daß er jede Tätigkeit aufgeben mußte, wenige Wochen nach seinem Ausscheiden setzte der Tod seinem Schaffen für immer ein Ende.

Die Krankheit August Bechems auf der einen Seite, auf der anderen Seite das unaufhaltsame Vorwärtsdrängen, das nach dem Kriege 1870/71 alle Erwerbs= schichten Deutschlands wie ein Fieber ergriff, ließen Theodor Keetman überlegen, ob nicht eine Änderung des gesamten Aufbaues der Firma jetzt durchgeführt werden müßte. Wer stillsteht, geht zurück. Es gab nur eine Wahl zwischen dem Rückgang oder dem weiteren Ausbau den tatsächlich vorliegenden wirtschaftlichen Verhältnissen entsprechend. Für den Ausbau waren erhebliche Geldmittel not= wendig. Es wäre leicht gewesen, von den Banken Geld zu erhalten, aber Keetman hat zeitlebens den größten Wert darauf gelegt, von den Banken unabhängig zu bleiben. Er glaubte, aus seinem Bekanntenkreis genügend Geld erhalten zu können, wenn er jedem Geldgeber Gewinnbeteiligung in Aussicht stellen konnte. Die einfachste Form hierfür war die Aktiengesellschaft, und so entschloß man sich am 14. November 1872, die offene Handelsgesellschaft in eine Aktiengesellschaft mit dem Namen „Duisburger Maschinenbau=Aktien=Gesellschaft vormals Bechem & Keetman" umzuwandeln. 350000 Taler Aktienkapital hatte man schnell zusammenbekommen. Unter den Zeichnern finden wir außer Theodor Keetman und August Bechem den Vater Wilhelm Keetman und seinen Vetter August Keetman, den Schwager Hüls und einen Verwandten, v. Frowein in Elberfeld. Von Bechems Seite waren unter den Aktionären ein Bruder Gustav, Schwester Auguste, Vetter Hermann und Karl und Onkel Robert Bechem. Dazu kamen eine ganze Anzahl Geschäftsfreunde Keetmans, darunter Wichelhaus, Karl Poensgen, Franz Gieße, Direktor der Niederrheinischen Hütte in Duisburg und August Thyssen in Mülheim an der Ruhr. Das Kapital von 350000 Talern wurde in 700 auf den Inhaber lautende unteilbare Aktien von je 500 Talern festgesetzt. Den Vorsitz im Aufsichtsrat übernahm Franz Gieße. In der Revisionskommission saß August Thyssen. Vorstand der Gesellschaft waren August Bechem und Theodor Keetman. Die Aktiengesellschaft übernahm von der Handelsgesellschaft sämtliche Aktiva und Passiva zum Wert von rd. 407940 Talern. Hiervon wurden Bechem und Keetman 150000 Taler ausgezahlt.

Die erste bedeutsame Tat der Aktiengesellschaft war der Kauf der Maschinen= fabrik und Eisengießerei R. Bergmann & Thissen in Hochfeld bei Duisburg, die bis dahin etwa 100 Arbeiter beschäftigt hatte. Das Fabrikgelände, etwa 4 Morgen groß, lag verkehrstechnisch sehr günstig am Rheinkanal und hatte unmittelbare Verbindung mit der Eisenbahn. Man glaubte, auf diesem Wege am billigsten zu der dringend erforderlichen Erweiterung der gesamten Anlage zu kommen. Am 15. März 1872 ging die Firma zum Preise von 90000 Talern an die Duisburger

Maschinenbau=A.=G. über. Die Abteilung Hochfeld übernahm die Fabrikation von Hebezeugen und Schmiedestücken. Im alten Duisburger Werk blieb der übrige Maschinenbau. Die Leistung des gesamten Werkes war gegenüber den Anfängen auf das Zehnfache gestiegen.

Inzwischen war man auch nach und nach zum allgemeinen Maschinenbau über= gegangen und hatte hierbei besonders zu den Walzwerken Beziehungen angeknüpft. August Bechem hatte sich von der Entwicklung des Walzwerkbaues mancherlei versprochen, ohne daß es ihm gelang, seine großen Pläne durchzuführen. Sein Nach= folger H. Erdmann, der als ausgezeichneter Konstrukteur und Unternehmer be= zeichnet wird, war der richtige Mann auf diesem Gebiet, das Werk schnell vor= wärts zu führen. Die allgemeine Entwicklung des Werkes wurde natürlich durch den auf die Gründerjahre folgenden Zusammenbruch des zu rasch emporgewachsenen Wirtschaftslebens auch schwer getroffen. Mitten aus der Zeit höchster Arbeits= intensität kam man in die Zeit der Arbeitslosigkeit. Mit allen Mitteln mußte ver= sucht werden, Arbeit zu schaffen. Auch vor Notstandsarbeiten durfte man nicht zurückschrecken. Der neue technische Leiter hatte hier zusammen mit Keetman, dem erfahrenen, sicher rechnenden Kaufmann, schwere Jahre vor sich. Um geschäft= liche Beziehungen anzuknüpfen, führte Erdmann große Reisen aus. Eine seiner ersten Reisen ging nach dem Saargebiet, über Bayern nach Österreich, Schlesien, Sachsen, durch ganz Westfalen und das Rheinland, ohne daß er seiner Firma auch nur einen einzigen Auftrag von der großen Reise hätte mitbringen können. Man mußte Ersparnisse im Betriebe erreichen und versuchen, durch Ausgestaltung des Fabrikationsprogrammes den Kreis der Abnehmer zu erweitern. Erdmann be= mühte sich vor allem, auch den Walzwerkbau zu entwickeln. Zunächst galt es auch hier, Betriebsersparnisse anzustreben. Das war möglich, wenn man die frühere Walzenzugdampfmaschine, von der gewöhnlich nur verlangt wurde, daß sie stark war, in eine möglichst wirtschaftlich arbeitende neuzeitliche Dampfmaschine überführte. So entschloß sich die Firma, das Ausführungsrecht der sehr bekannt gewordenen Collmannsteuerung zu erwerben. Es wurden von nun an eine ganze Anzahl hervorragender sogenannter Präzisionsdampfmaschinen für Walzwerkantriebe ge= baut. Auch der Walzwerkbau selber wurde wesentlich verbessert. Eine Kon= struktion auf Lagereinstellung der Walzen außerhalb des Ständers mit Hilfe von Hebelschrauben ließ die Firma patentamtlich schützen. Die Konstruktion bewährte sich ausgezeichnet. Man begann, auch alte Walzenstraßen erfolgreich nach der neuen Bauart umzubauen. Auf diesem Wege kam man in den Walzwerkbau hinein. Alle möglichen Arten von Walzenstraßen wurden ausgeführt. Einen besonders folgenreichen Auftrag erhielt die Firma mittelbar durch die deutsche Marine, die danach trachtete, auch im Bezug von Panzerplatten sich vom Auslande unabhängig zu machen. Dillinger Hüttenwerke nahmen auf Anregung des Marineministers

von Stosch die Fabrikation von Panzerplatten auf. Das Hüttenwerk nahm den Auf=
trag an und entschloß sich, ein großes leistungsfähiges Panzerplattenwalzwerk ein=
zurichten. Für die Durchführung der Anlage hatte man Erdmann als Sachverstän=
digen gewonnen und dies führte dazu, daß die Duisburger Maschinenbau=A.=G.
den Auftrag auf ein großes Panzerplattenwalzwerk erhielt. Wenn man sich die
damals noch sehr bescheidenen Werkstätten und ihre Einrichtungen vorstellt, dann
muß man bewundern, daß es gelungen ist, ein solch großes Walzwerk mit allem,
was dazu gehörte, herzustellen. Die großen schweren Gewichte mußten mit Hand=
winden gehoben und verladen werden, die noch recht kleinen Hebezeuge reichten
nicht entfernt für diese Lasten aus. Die Oberleitung der Montage übernahm der
Meister Augustin, dem wir auch persönliche Erinnerungen aus jenen Zeiten, für
diese Schrift niedergelegt, verdanken. Unter seiner Führung konnte Mitte Ok=
tober 1877 die erste Panzerplatte in Deutschland gewalzt werden.

Naturgemäß mußte ein solch großer Auftrag, glücklich durchgeführt, den Ruf
der Firma ungemein kräftigen. Von da an begann der Walzwerkbau in immer
größerem Umfange innerhalb der Firma Bedeutung zu gewinnen. Für die Be=
arbeitung der mit dem Panzerplattenwalzwerk hergestellten Panzerplatten mußten
auch Bearbeitungsmaschinen geschaffen werden. Hiermit wurde der Oberingenieur
Thurm beauftragt. War es schon schwierig, das Walzwerk herzustellen, so war
diese große konstruktive Aufgabe noch ungleich schwerer zu lösen. Die Maschinen
sind gebaut worden, und zwar so vollendet in Konstruktion und Ausführung, daß
sie heute noch arbeiten und als Meisterwerke, die auf diesem Gebiete grundlegend
für die Bauart anderer Maschinen gewesen sind, bezeichnet werden können. Es
kamen hier in Frage: große Hobelmaschinen, Stoßmaschinen, mit denen die Schieß=
scharten bearbeitet wurden, gewaltige Bohrmaschinen und Hobelmaschinen für
windschiefe Flächen. Gerade diese Maschinen enthalten eine Unsumme scharf=
sinniger Geistesarbeit. Der Bau der großen Werkzeugmaschinen wurde später an
die Werkzeugmaschinenfabrik von Schieß abgegeben, in deren Arbeitsprogramm
sie besser paßten. Sehr unterstützt wurde die Duisburger Maschinenbau=A.=G.
durch den weitschauenden August Thyssen, der die Leistungsfähigkeit des Werkes
und ihrer leitenden Männer früh erkannte und die Entwicklung durch große Walz=
werkaufträge kräftig gefördert hat. Das schon erwähnte Patent Erdmann auf
Verstellung der Walzen mit Druckübertragung auf die Ständer und dadurch be=
dingte Druckentlastung der Walzenzapfen wurde für den Walzwerkbau so wichtig,
daß jahrelang fast alle neuen Anlagen in dieser Form gebaut wurden. Besonders
machte sich das Ende der 70er Jahre bemerkbar, als die ersten Thomas=Stahl=
werke entstanden. Mit dem Walzwerkbau entwickelten sich auch die Hilfsmaschinen,
Sägen, Scheren, Richtmaschinen usw., und gerade diesem Sondergebiet hat Erd=
mann vor allem seine Aufmerksamkeit zugewandt. Nachdem Erdmann am

5. Oktober 1884 infolge eines Unfalles, dem er zuerst keine Beachtung schenkte, plötzlich verstorben war, wurde der Ingenieur Horn von der Märkischen Maschinenbau-Anstalt in Wetter als technischer Direktor für die Firma gewonnen. Er hat sich besonders der Ausbildung schwerer Walzwerke und der Entwicklung aller Hilfseinrichtungen, die hierzu gehören, gewidmet. Das erste große Blockwalzwerk wurde für die Firma Hoesch und für den Hoerder Verein in Hoerde geliefert. Es folgten dann große Blechumkehrwalzwerke. Horn hat mit großer Sachkunde auch den hydraulischen Antrieb in hohem Maße in den Walzwerkbau eingeführt und ihn für diese Zwecke entsprechend ausgebildet. Nicht minder hat er sich auch der Vervollkommnung der bereits erwähnten großen Werkzeugmaschinen gewidmet, so daß auch hier die Firma sich eines guten Rufes erfreuen konnte. Unter ihm sind bereits große Träger- und Schienenstraßen, so u. a. für das Peiner Walzwerk und den Hoerder Verein, für das Osnabrücker Stahlwerk u. a. m. ausgeführt worden. 1892 gab Horn seine Stellung auf, um sich nach langer erfolgreicher Arbeit die wohlverdiente Ruhe zu verschaffen. Er war aber noch jahrelang als Konstrukteur und Vertreter von Firmen tätig. In der Duisburger Maschinenbau-A.-G. wurde der Direktor der Baroper Maschinenbau A.-G., Hessenbruch, sein Nachfolger.

Anfang der 90er Jahre war es eine Zeitlang schwierig, Aufträge zu bekommen. Man gab sich deshalb die erdenklichste Mühe, die Maschinen und Anlagen konstruktiv wesentlich zu fördern. So war man wohl gerüstet, als Mitte der 90er Jahre der große industrielle Aufschwung in Deutschland einsetzte. Einige Jahre vorher war auch der elektrische Strom in den Walzwerkbau eingedrungen und hatte bald Fortschritte gemacht. Man suchte die Vorteile der elektrischen Kraftübertragung auch den Hilfseinrichtungen des Walzwerkbaues zugute kommen zu lassen. Rollgänge, bis dahin durch besondere Dampfmaschinen oder durch Riemenübertragung betrieben, wurden nun elektrisch angetrieben. Auch die Anstellvorrichtung der Druckschraube, früher durch Wasserdruck betätigt, wurde jetzt elektrisch eingestellt. Ebenso wurden die Hebevorrichtungen und die Hebetische, ferner Ein- und Ausstoßvorrichtungen mit elektrischem Antrieb ausgeführt. Auch die hydraulischen Blockscheren und andere Arbeitsmaschinen suchte man dem

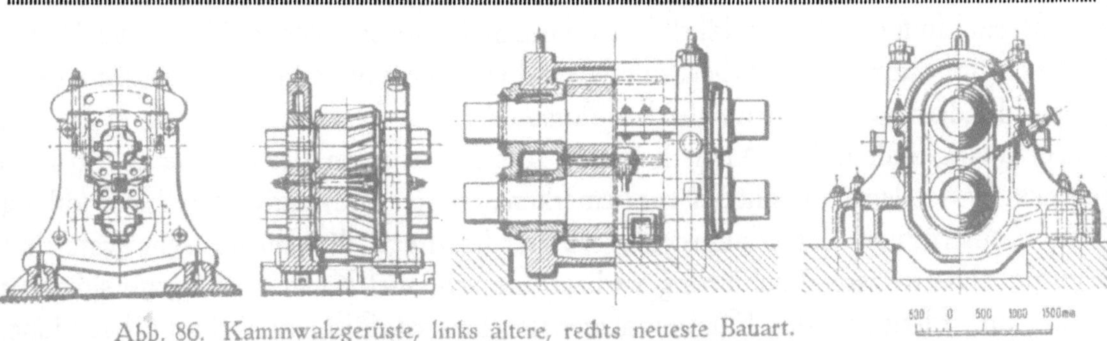

Abb. 86. Kammwalzgerüste, links ältere, rechts neueste Bauart.

elektrischen Antrieb planmäßig anzupassen. Besonders wurde die Konstruktion der Rollgänge wesentlich gefördert. In der Duisburger Maschinenbau=A.=G. ist auch der erste fahrbare Rollgang, und zwar für die Friedenshütte zu Morgenroth in Oberschlesien ausgeführt worden. Der Rollgang wurde mit Elektromotoren von je 60 PS betrieben, von denen der eine die Rollen mit 1,5, der andere das Fahrwerk mit 1,2 m/sek. Geschwindigkeit antrieb. Mit diesem fahrbaren Rollgang wurde es erst möglich, in einfacher brauchbarer Weise das Material von einem Walzengerüst zu einem zweiten quer zur Walzenrichtung zu verschieben. 1903 hat dann Benrath für das Triowalzwerk der Baildon=Hütte in Oberschlesien auch die ersten elektrisch betriebenen, fahrbaren Wipptische geliefert. Hinzu kamen weiter besondere Wende= vorrichtungen, die das Kanten des Blockes ermöglichten usw., so daß in immer größerem Umfange diese gefährliche und durch die ausstrahlende Wärme des Walz= gutes sehr beschwerliche Arbeit vom Menschen auf die Maschine übertragen wurde. Der Handlanger wurde durch den Ausbau dieser Hilfseinrichtungen mehr und mehr ausgeschaltet. Der Mensch wurde zum Steuermann, der die Maschinen nach seinem Willen lenken konnte. Sehr bemerkenswert ist auch die weitere Entwicklung der Konstruktion der Kammwalzgerüste, die durch die Firma sehr gefördert wurde. Die frühere Ausführung verbrauchte sehr viel Kraft und nutzte sich sehr stark ab. Heute ist das Kammwalzgerüst eine sorgfältig ausgebaute Maschine.

n den Zeiten des Niederganges pflegt man sich nach neuen Arbeits=
gebieten umzusehen. Die Beziehungen der Firma zum Bergbau legten
den Gedanken dar, zu versuchen, auch hier den Maschinen Eingang
zu schaffen. Man entschloß sich, den Bau von Gesteinbohrmaschinen
aufzunehmen, der vom Standpunkt der Fabrikation auch in die Abteilung des
Kleinmaschinenbaues, wie man sie von Anfang an zu entwickeln versucht hatte,
gut hineinpaßte.

Die ersten Versuche, ohne die Muskelarbeit des Menschen in Anspruch zu
nehmen, auf maschinellem Wege Sprenglöcher herzustellen, gehen bereits bis in die
60er Jahre zurück. Man hatte beim Bau des Mont=Cenis=Tunnels 1861 fran=
zösische Maschinen der Bauart Sommeiller verwendet. Es waren das Stoßbohr=
maschinen, bei denen der hin= und hergehende Kolben seine Energie auf den
Meißel überträgt. Der Stoßkolben wurde mit Anschlägen umgesteuert, die auf
das Steuergestänge, das den Steuerschieber zu bewegen hatte, einwirkten. Diese
Umsteuerungen waren den starken Stößen bei hoher Schlagzahl nicht gewachsen,
sie waren eine ständige Quelle von Reparaturen, und man war 1866 schon sehr
froh, wenn es gelang, eine Maschine 5 Tage lang zu gebrauchen, ohne sie aus=
bessern zu müssen. Bei 10 Maschinen rechnete man anfänglich auf je 1 Maschine mit
mehr als einem Bruch täglich. Die Verbesserungen mußten also bei der Steuerung
einsetzen. Man mußte versuchen, ohne die mechanischen Mittel von Anschlägen
und Knaggen die Umsteuerung des Stoßkolbens in dem Augenblick zu erreichen,
in dem der Bohrstahl die Bohrlochsohle getroffen hatte. Es galt dann ferner auch,
die Gesteinbohrmaschinen vom Tunnelbau auf die bergbaulichen Arbeiten un=
mittelbar zu übertragen.

Im rheinisch=westfälischen Bergbaugebiet kannte man um die Mitte des vorigen
Jahrhunderts nur Handbohrmaschinen. Die Leistungen waren gering, die schnelle
Entwicklung des Bergbaues wurde hierdurch merklich gehemmt. Ein Mann konnte
mit einer Handbohrmaschine immerhin etwa das Doppelte leisten als bei reiner
Handarbeit. Man konnte die Löcher bis zu etwa 2 m Tiefe bohren und kam so
mit wenigen Löchern aus. 1865 kam die erste Bohrmaschine in den Ruhrbezirk.
Sie wurde mit Preßluft betrieben und beim Abteufen von Schächten angewandt. An=
fangs der 70er Jahre hat man auch hier und da Dampf als Triebkraft angewandt.
Auch die Brandtsche drehendwirkende und mit Druckwasser betriebene Maschine
ist öfter zur Mitarbeit herangezogen worden. Der Hoerder Verein teufte 1873 bis 79
einen Schacht bereits mit 12 Maschinen ab.

Als bei Bechem & Keetman der Plan entstanden war, den Bau der Gestein=
bohrmaschinen aufzunehmen, lag ihnen daran, schnell mit wenig Lehrgeld brauch=
bare Maschinen auf den Markt zu bringen. Sie entschlossen sich deshalb, das
Ausführungsrecht einer Maschine, die bereits als gut bekannt war, zu erwerben,

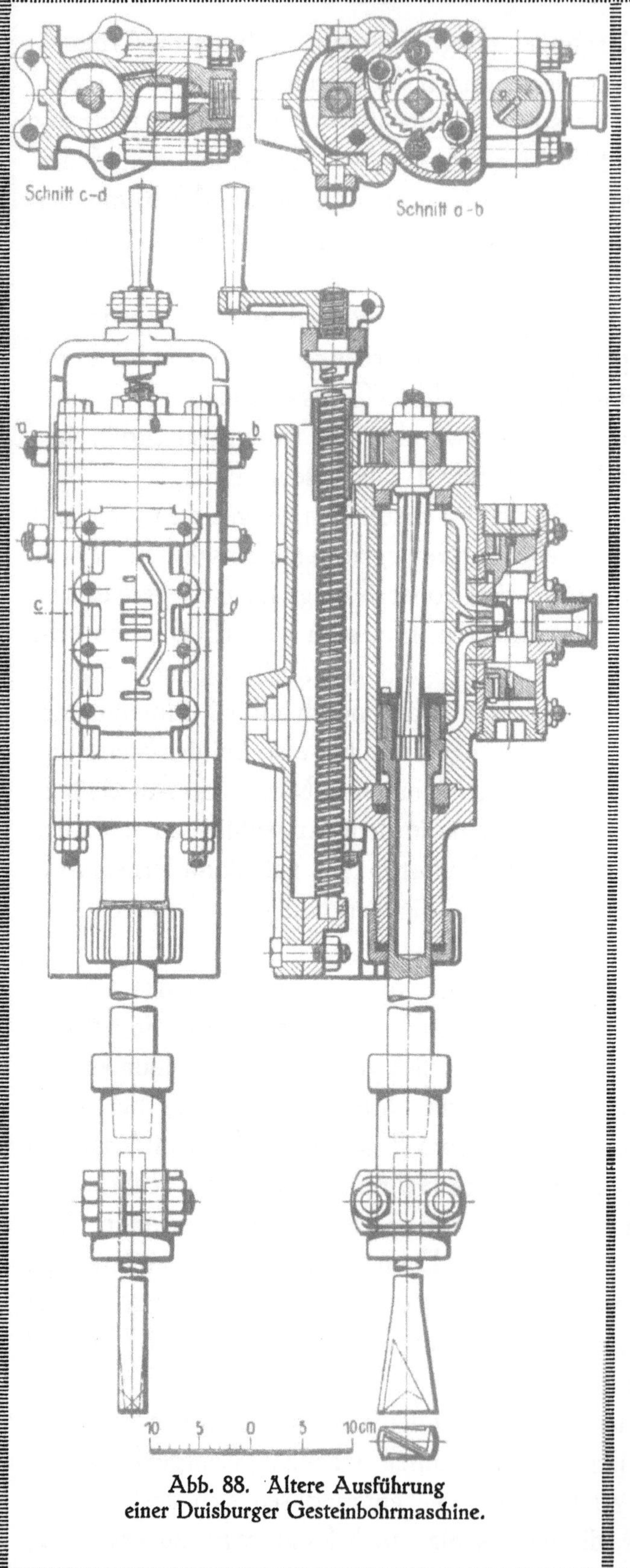

Abb. 88. Ältere Ausführung
einer Duisburger Gesteinbohrmaschine.

und sie wählten die Maschinen von Wortmann & Frölich. Frölich, später Gewerbeinspektor in Bar= men, hat sich frühzeitig mit der Aufgabe der maschinellen Boh= rung im Bergbau befaßt. Er fand auch eine brauchbare Lösung für die Steuerung. Bei seiner Maschine wurde der Steuerkolben durch die Arbeitsluft selbst gesteuert. Das war die Lösung, die auch die An= regung zu einer ganzen Anzahl später entstandener Bohrmaschi= nensteuerungen gab. Die Duis= burger Maschinenbau = A. = G. übernahm 1875 den Bau dieser Maschine, die damalige Unter= nehmerfirma Wortmann & Frö= lich in Düsseldorf behielt sich das Recht vor, die Maschinen selbst zu verkaufen. Die ersten Ma= schinen hatten 65 und 70 mm Zylinderdurchmesser und selbst= tätigen Vorschub. Der im Schlitten geführte Zylinder wurde nach jedem Stoß des Schlagkolbens, der Tiefe des auf der Bohrlochsohle herausgesprengten Gesteinkeiles entsprechend, vorgeschoben. Auch den Bohrstahl umzusetzen hatte man der Maschine überlassen. Die Gesteinbohrmaschine arbeitete selbsttätig. Der Bergmann hatte nur die Preßluft anzustellen, nach Ablauf der Maschine über die Länge des Bohrschlittens hinaus sie zurückzuziehen und einen längeren Bohrstahl einzusetzen. Der Werkmeister Jaeger bei der

Duisburger Maschinenbau=A.=G. hat 1879 versucht, die Gesteinbohrmaschine zu
verbessern. Er erhielt auch ein Patent auf eine Vorrichtung zum selbsttätigen Ver=
schieben und zum Feststellen des Bohrers. Diese Jaegersche Gesteinbohrmaschine
mit einem Kolbendurchmesser von 65 mm wurde nunmehr statt der Frölichschen
Maschine ausgeführt. Jaeger entschloß sich, den Bau seiner Maschinen selbst auf=
zunehmen. Er begründete 1888 in Duisburg eine Firma Hanner & Jaeger.
Nachfolger Jaegers bei der Duisburger Maschinenbau=A.=G. wurde Werk=
meister Augustin, der durch weitere Ausgestaltung der Fabrikation versuchte, die
vielen Klagen über die zu hohe Reparaturbedürftigkeit der Gesteinbohrmaschine
abzustellen. Man errichtete auf dem Werke einen Probierstand. Die Erfahrungen,
die man hier gewann, zeigten, daß der selbsttätige Vorschub mit der Fest=
stellung des Bohrers die Hauptursache der Betriebsstörungen war. Die Berg=
arbeiter in den Gruben konnten hiermit nicht fertig werden. Die Meinung wurde
laut, daß auch die Bedeutung dieser Konstruktion überschätzt worden war. Man
war von dem Bestreben ausgegangen, Arbeitskräfte zu sparen. Zur Bedienung
der Maschine wurde aber doch ein Mann gebraucht, der den Vorschub mit einer
Handkurbel leicht mit übernehmen konnte. Diese Quelle von Betriebsstörungen
wurde dadurch beseitigt, daß man auf den selbsttätigen Vorschub verzichtete
und die Arbeit wieder der Bedienung übertrug. Die Steuerung wurde noch weiter
verbessert, und man gab sich Mühe, besonders geeignetes Material für die Teile
der Bohrmaschine ausfindig zu machen. Durch Preßluft wurde ferner der Hub des
Stoßkolbens begrenzt und dadurch das sehr häufig vorkommende Zerbrechen
der Zylinderdeckel vermieden. So entstand aus all diesen Bestrebungen eine sehr
einfache Maschine, die wenig Reparaturen erfordert und sich auch billiger her=
stellen ließ. Die heute unter dem Namen „Duisburger Maschinen" bekannten
Gesteinbohrmaschinen haben sich weit verbreitet. 1889 erhielt die Firma ein Patent
auf ihre Ausführung. Man baute von da an drei Größen von 55, 70 und 85 mm
Kolbendurchmesser. Diese Maschinen waren auch auf der Düsseldorfer Aus=
stellung vertreten. Durch den Vergleich mit den anderen Konstruktionen erkannte
man aber, daß man bemüht sein mußte, das Anwendungsgebiet der Maschine zu
erweitern. So wurde die Schrämmaschine eingeführt und die Gesteinbohrmaschine
den neu auftretenden Bedingungen stets angepaßt.

Gesteinbohrmaschinen von Bechem & Keetman wurden bereits 1880 in den
Richtstollen auf der Nordseite des Gotthard=Tunnels verwendet. Im festen Granit
erzielte man einen täglichen Fortschritt von 4 bis 5 m. Mit Handbetrieb hätte man
unter den gleichen Verhältnissen kaum $^3/_4$ m Fortschritt erreichen können. Auch in
die Erzbergwerke des Harzes und des Siegerlandes wurden bald Bohrmaschinen
geliefert. In den Steinbruchbetrieben führten sich die Maschinen ebenfalls ein. Der
Kohlenbergbau als wichtiges Absatzgebiet konnte erst zuletzt erobert werden. Die

neuen Anlagen der Zechen waren meistens an Unternehmer vergeben, die im Akkord in der Weise arbeiteten, daß sie monatlich eine gewisse Strecke, in Metern ausgedrückt, fertigstellten. Lieferten sie mehr, so stieg der Preis für das laufende Meter, lieferten sie weniger, so wurde gekürzt. Diese Unternehmer beschäftigten ihre eigenen Arbeiter, und sie bestellten auch bei den Firmen Bohranlagen und führten den maschinellen Betrieb auf den Zechen ein. Die Zechenverwaltungen lernten auf die Weise zuerst die Vorteile des maschinellen Betriebes kennen und gingen nach und nach dazu über, ihn auch auf die täglichen Arbeiten zu übertragen. Hindernd machte sich zunächst der Mangel an geeigneten mit dem Bohrbetrieb vertrauten Arbeitern bemerkbar. Die Grubenverwaltungen schickten deshalb Bergleute nach den Fabriken, um den Bohrbetrieb zu lernen. Von den Fabriken andererseits wurden tüchtige Schlosser an die Zechen abgegeben, damit sie sich dort mit den bergbaulichen Betriebsverhältnissen vertraut machen konnten. So gelang es nach und nach, einen guten Stamm ausgezeichneter Arbeitskräfte heranzubilden. Auch die bergbaulichen Fachschulen machte man dieser Aufgabe dienstbar, indem man ihnen besondere Anlagen zur Verfügung stellte. Ferner hat man durch geeignete Fachmänner die Gruben bereisen lassen, die hier für das Anlernen sorgten. Hatten die führenden Firmen so versucht, die Nützlichkeit ihrer Maschinen nachzuweisen und das Bedürfnis danach zu wecken, so wurde damit doch auch zugleich die Aufmerksamkeit anderer Fabrikanten auf die Möglichkeit, in Gesteinbohrmaschinen lohnenden Absatz zu finden, gelenkt. Damals nahmen schnell hintereinander eine ganze Anzahl von Maschinenfabriken den Bau von Bohrmaschinen auf und die Zechen wurden von Reisenden überlaufen, die ihnen Bohrmaschinen, die eine immer billiger als die andere, zur Verfügung stellen wollten. Es kam die Sitte auf, ganze Anlagen zur Probe zu liefern. Man konnte es erleben, daß in einer Grube bis 5 Maschinenfabriken kostenlos um die Wette bohrten, um die Leistungsfähigkeit ihrer Maschinen zu beweisen. Die Notwendigkeit, diesem ungesunden Wettbewerb entgegenzutreten, führte dann 1906 zur Bildung eines Gesteinbohrmaschinen-Vereins, der sich bemühte, die Konkurrenz in angemessenen Grenzen zu halten.

Die Erfolge der Bohrmaschinen waren von vielen Einzelheiten abhängig. Einfachheit der Konstruktion war Bedingung. Um die Teile nicht zu sehr dem Verschleiß, der Gefahr des Bruches auszusetzen, mußten sie ausreichend bemessen sein, zugleich aber verlangte man, daß das Gewicht der gesamten Maschine möglichst niedrig gehalten wurde, zwei Bedingungen, die sich schwer miteinander vereinigen ließen. Ausschlaggebend war natürlich auch das Material des Bohrstahles selber. Die besten Maschinen konnten nicht befriedigen ohne guten Werkzeugstahl. Die Gesamtleistung war sehr abhängig von der Aufstellungsweise der Maschine. Hier strebte man bei dem vom Tunnelbau her bekannten großen Bohrwagen wesentliche Vereinfachungen an. Wichtig war, daß man sich entschloß, die Bohrmaschine unmittelbar auf die Säule zu setzen. Bedeutung erlangte die hydraulische Spannsäule. Aber auch diese Konstruktion zeigte manche Nachteile während des Betriebes. Um sie zu reparieren, waren stets geschulte Schlosser notwendig. Diese standen aber durchaus nicht überall zur Verfügung. So entschloß man sich 1894, eine Schraubenspannsäule zu konstruieren, die mit geringen Abweichungen bis heute noch allgemein verwendet wird.

Ein sehr bedeutsamer Fortschritt war die Verwendung der Gesteinbohrmaschine zum Schrämen der Kohlen. Ein früherer Grubenschlosser, Eisenbeis aus Welles=weiler, hatte 1899 eine Schwenkvorrichtung erfunden, mit deren Hilfe man unter Benutzung von Stoßbohrmaschinen einen wagerechten oder beliebig geneigten Schram herstellen konnte. Er bemühte sich, seine Konstruktion zur Ausführung zu bringen, wurde aber von allen Stellen, an die er sich wandte, abgewiesen. Bechem & Keetman erkannten den fruchtbaren Gedanken, der in der neuen Kon=struktion lag und entschlossen sich, sie durchzubilden und in den Betrieb einzuführen. Das Patent Eisenbeis ist dann in den nächsten 15 Jahren, wie es immer mit er=folgreichen Erfindungen zu geschehen pflegt, sehr scharf angegriffen worden. Vier Verhandlungen haben bis vor das Reichsgericht geführt, aber alle Bemühungen, das Patent zu Fall zu bringen, waren vergeblich. Von Duisburg aus sind viele Tausende dieser Eisenbeis=Maschinen in den deutschen Kohlenbezirken, in Öster=reich=Ungarn und England in Betrieb gekommen. Auch auf den Kohlenfeldern Südafrikas konnten sie festen Fuß fassen.

Als besonderen Erfolg konnte die Firma die Tatsache buchen, daß auf dem Inter=nationalen Bohrwettstreit in Johannisburg ⟨Transvaal⟩ im Jahre 1909/10 in einem achtmonatlichen Dauerversuch ihre leichte Preßluftbohrmaschine den einen der beiden Preise von 50000 Mark erhielt. Hierbei hatte man die Bohrleistung, den Luftverbrauch und die Ausbesserungskosten bei der Preisbestimmung in Rück=sicht gezogen.

Das Hauptabsatzgebiet für die Abteilung Bohr= und Schrämmaschinen blieben die Bergwerke. Sehr erheblich wurden die Kosten beeinflußt durch die zum Teil notwendig werdende Anschaffung langer Rohrleitungen, und man suchte sich hier dadurch zu helfen, daß man statt der ortsfesten großen Druckluftanlagen kleine fahrbare Kompressoren baute. Das wurde sehr erleichtert, da man mit der elek=trischen Kraftübertragung zugleich die Möglichkeit hatte, den Antrieb Elektro=motoren zu übertragen. Statt der langen kostspieligen Rohrleitungen genügten Drähte als Energieleiter.

Die Firma, die die Kompressoren zuerst von anderen Firmen bezogen hatte, ging bald dazu über, sie auch selbst herzustellen. Zuerst baute man einen Kom=pressor mit Ventilen amerikanischer Herkunft. 1890 begann man nach dem Patent Burkhardt & Weiß Schieberkompressoren zu fabrizieren. Aber auch damals war

man noch nicht besonders darauf bedacht, dieses Fabrikationsgebiet planmäßig auszubauen. Das wurde erst mit dem Jahre 1907 anders. Man richtete jetzt eine besondere Abteilung für Kompressorenbau ein und begann, die am meisten ver= langten Größen reihenweise herzustellen. Man konnte nun den Bauunternehmern für die Tunnel= und Gesteinbohrarbeiten, sowie den Steinbruchbesitzern voll= ständige Anlagen, Druckluftanlagen nebst Bohrmaschinen und allem, was dazu gehört, liefern.

Bei dem durchschlagenden Erfolg, den die Anwendung des elektrischen Stromes auf allen Arbeitsgebieten bisher gehabt hatte, lag es nahe, auch die Frage der elektrischen Kraftübertragung bei Bohrmaschinen sehr ernsthaft zu prüfen. In den Jahren 1898 bis 1903 hat die Duisburger Maschinenbau=A.=G. umfangreiche Versuche in dieser Richtung vorgenommen. Die Schwierigkeiten, die sich hier be= merkbar machten, lagen nicht nur auf konstruktivem Gebiet. Die Bergbehörden gestatteten nicht die Benutzung der elektrisch betriebenen Bohrmaschinen vor Ort mit Rücksicht auf die damit verbundene Feuersgefahr. Auch die technischen Schwierigkeiten schienen der Firma noch so groß, daß sie 1903 von der weiteren Fabrikation dieser Maschinen Abstand nahm.

Da sich das Absatzgebiet der Bohr= und Schrämmaschinen ständig erweiterte, ging man daran, die Fabrikation auf Massenherstellung einzurichten, um die Her=

stellungskosten soweit als irgend möglich zu verringern. 1903 begann man, plan=
mäßig die Konstruktion der Bohrmaschine von diesen Gesichtspunkten aus nach=
zuprüfen. So hat gerade die Fabrikation von Gesteinbohrmaschinen auch einen
wesentlichen Einfluß auf die betriebstechnische Entwicklung des Werkes ausgeübt.
Zeit= und arbeitsparende Sonderwerkzeugmaschinen wurden beschafft. Die nahe=
liegende Forderung der Auswechselbarkeit aller Teile, die für die schnelle Be=
schaffung der Ersatzteile wesentlich sein mußte, führte zur frühzeitigen Einführung
von Grenzlehren und zur Ausgestaltung der Maßkontrolle der einzelnen Teile vor
dem Übergang zur nächsten Bearbeitungsstufe. Hatte man beim Beginn der Fa=
brikation höchstens 10 bis 12 Bohrmaschinen gleichzeitig in Arbeit genommen, so
wurden jetzt an die Fabrik Aufträge bis zu 1000 Maschinen gegeben. In den Jahren
1880 bis 1885 führte man 325 Bohrmaschinen aus, im Zeitraum von 1891 bis 1895
610, in den Jahren 1901 bis 1905 1660 und in den zwei Jahren 1906 bis 1907 rund
2000 Maschinen. Hatte man in den ersten Jahren 10 bis 12000 M mit diesen Ma=
schinen umgesetzt, so erreichte man 1907 bereits einen Umsatz von 850000 M.

Die ständige Beschäftigung mit den durch Preßluft betriebenen hammerartig
wirkenden Bohr= und Schrämmaschinen ließ die Firma auch die Entwicklung der
Bohrhämmer, die, von Amerika ausgehend, sich große Arbeitsgebiete erobert hatten,
genau verfolgen. 1906 entschloß man sich im Anschluß an die Bohrmaschinen=
abteilung, die Herstellung dieser Preßluftwerkzeuge im Großen zu übernehmen.
Die Werkzeuge paßten sich gut in den Rahmen der vorhandenen Abteilungen ein,
und es gelang auch hier, technische und geschäftliche Erfolge zu erzielen.

Nach der Vereinigung zur Deutschen Maschinenfabrik wurde die Abteilung
planmäßig zu einer großen Abteilung für Preßluft=Anlagen ausgebaut, die auch
den Bau von Niethämmern, Stampfern und ähnlichen Preßluftwerkzeugen aufnahm
und insbesondere erfolgreich für die Verbreitung und Einführung der Preßluft in
immer neue Industriezweige wirkte und ihr Absatzgebiet so ständig erweiterte.

Ein anderes großes Arbeitsgebiet erschloß sich der Firma im Bau von
Hebezeugen der denkbar verschiedensten Art. Die Entwicklung geht
hier vom einfachen Flaschenzug bis zum Riesenkran. Flaschenzüge und
einfache Winden wurden bereits von Bechem & Keetman in den ersten
Jahren hergestellt. Als übliche Handelsware paßten sie gut in das auf Massen=
erzeugung eingestellte Fabrikationsprogramm der Begründer der Firma. Die ebenfalls
von Anfang an aufgenommene Herstellung von Ketten gab auch bald mancherlei
Anregung, sich um den Bau von Hebezeugen und Transportanlagen, in denen die
Ketten vielfach verwendet wurden, zu kümmern. Die Einrichtung von Walzwerken
und die damit erreichte engere Beziehung zum Eisenhüttenwesen überhaupt ver=
anlaßte ebenfalls, sich in steigendem Maße dem Hebezeugbau zuzuwenden. Von
den 90er Jahren an gewann dieser Zweig immer größere Bedeutung, zumal es

1890 gelungen war, A. Kauermann, der sich bei Bredt in Wetter zu einem aus=
gezeichneten Konstrukteur im Hebezeugbau ausgebildet hatte, für die Firma zu
verpflichten. Kauermann, 1867 in Barop bei Dortmund geboren, besuchte hier
die Gewerbeschule. Nach einer zweijährigen praktischen Arbeitszeit in der
Eisenbahn=Zentralwerkstatt absolvierte er die Fachschule in Hagen. Von hier
ging er 1897 zu Bredt, wo er in gleicher Weise wie W. Reuter, der wenige
Monate nach ihm als junger Ingenieur eintrat, die denkbar beste Gelegenheit
fand, mit den verschiedensten Arbeitsgebieten des Ingenieurs und Fabrikanten
vertraut zu werden. Kauermann kam zur rechten Zeit nach Duisburg. Der elek=
trische Antrieb hatte begonnen, in so starkem Maße auch dies Gebiet zu beein=
flussen, daß man daran denken mußte, auf dieser nunmehr gegebenen technischen
Grundlage neu aufzubauen. Die Entwicklungsmöglichkeiten hatten sich für Bau
und Benutzung von Hebezeugen ungemein erweitert. Hinzu kam der schnelle
wirtschaftliche Aufstieg im letzten Jahrfünft des 19. Jahrhunderts, der außergewöhn=
liche Anforderungen an die Leistungsfähigkeit gerade der Firmen stellte, die mit gut
durchgebildeten Hebezeugen die Leistungen im Bergbau und Eisenhüttenwesen,
im Schiffbau und der Maschinenfabrikation und vor allem auch im Verkehrswesen
wesentlich zu steigern vermochten. Hatte man bis zum Eintritt Kauermanns der
in Hochfeld ganz getrennt vom alten Duisburger Werk untergebrachten Abteilung
Hebezeuge von seiten der Leitung wenig Beachtung geschenkt, so wurde das anders,
als man sah, daß man durch moderne Konstruktionen Geld verdienen konnte.
Kauermann war es gelungen, sein bisher von der Firma noch gar nicht bearbeitetes

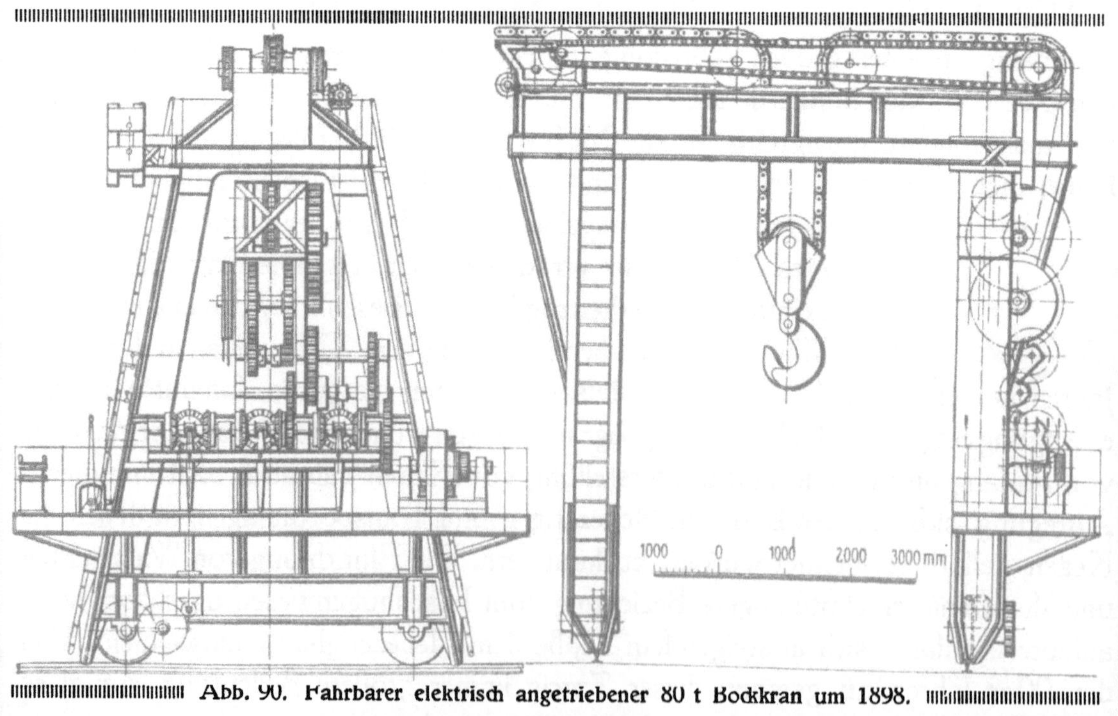

Abb. 90. Fahrbarer elektrisch angetriebener 80 t Bockkran um 1898.

August Kauermann, geb. 20. II. 1867.

Heinrich Erdmann, gest. 5. X. 1884.

großes Arbeitsfeld auf den Hafenbetrieb und Schiffbau auszudehnen. Er hatte den Ehrgeiz, mit den ebenfalls stark vorwärtsdrängenden Mitarbeitern der Abteilung seinem früheren Meister und Lehrherrn Bredt zu zeigen, was man auch in Duis= burg im Hebezeugbau jetzt zu leisten vermochte. Die Erfolge, die sich bald ein= stellten, bewiesen die großen konstruktiven Fähigkeiten, die sich in Duisburg auf dem Gebiete der Hebezeuge frei entfalten konnten. Aus der Fülle der Aufgaben, die in diesen Jahren gestellt und gelöst wurden, können naturgemäß hier auch wieder nur wenige als Kennzeichen der Entwicklung behandelt werden.

Nicht nur innerhalb der Fabrikationsräume, sondern auch auf den Lagerplätzen wurden die neuzeitlichen Hebezeuge immer unentbehrlicher. So bildeten sich hierfür bestimmte Bauarten aus, die insonderheit für das Verladen des Stabeisens und anderer Walzwerkerzeugnisse benutzt wurden. Derartige Bockkrane und Verlade= brücken hat man in Duisburg seit den 90er Jahren gebaut. 1896 hat die Firma einen Bockkran von 30 t Tragfähigkeit bei 12 m Spannweite für das Peiner Walz= werk in Betrieb gesetzt. Der Antrieb erfolgte durch ein endloses Seil, das von einer ortsfesten Kraftanlage aus angetrieben wurde. Die Arbeitsgeschwindigkeiten waren noch recht gering. Bei dem Heben begnügte man sich mit 2 m, beim Katzenfahren mit 2,6 und beim Kranfahren mit 13,9 m in der Minute. Bald begann man an den elektrischen Antrieb zu denken. Zunächst wurde auch die bisherige Kraftquelle einfach durch einen Elektromotor unter Beibehaltung sämtlicher Zahnräder und Wendegetriebe ersetzt. Für Gebrüder Sulzer in Winterthur lieferte die Firma

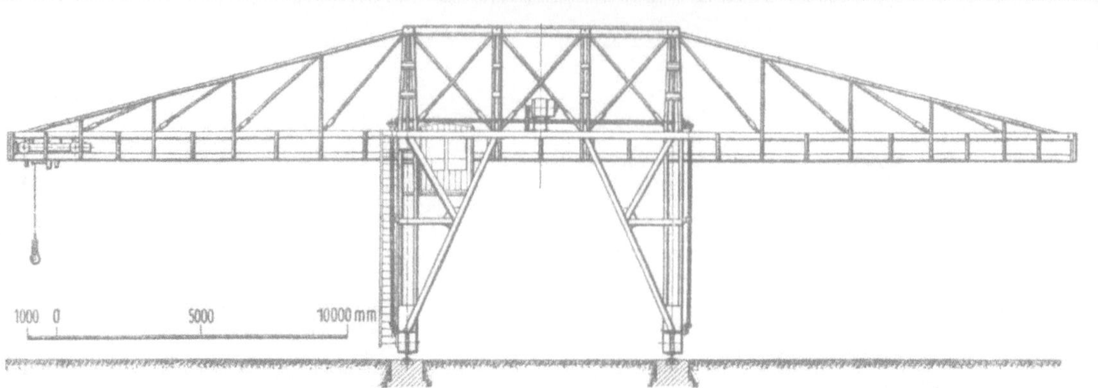

Abb. 91. Elektrisch angetriebener Verladekran 7,5 t Tragkraft, erbaut 1899.

1892 einen solchen Einmotoren=Kran, dessen Geschwindigkeiten in engen Grenzen gehalten wurden und nicht wesentlich über das hinausgingen, was bei der früheren Verladeanlage üblich war. Solche Krane sind dann im Laufe der 90 er Jahre in verschiedenen Anordnungen und Leistungen bis zu 80 t Tragkraft gebaut wor= den. 1899 baute man die erste Verladebrücke mit Mehrmotorenantrieb. Hatte man vorher als Lastorgan Gallsche Ketten benutzt, so wurden hier zum ersten= mal Drahtseile verwendet. Die großen Vorzüge des Mehrmotorenantriebes waren so in die Augen springend, daß man von da an ausschließlich diese Bauart benutzt hat. Die Geschwindigkeiten stiegen sehr beträchtlich. Bei einer Stabeisenverlade= brücke von 5 t Tragkraft und 43,3 m Spannweite, die man 1900 lieferte, hatte man für das Heben schon 12,5 m in der Minute, für das Katzenfahren 120 m und für das Brückenfahren 100 m in der Minute erreicht. Auch später ist man über diese Fahrgeschwindigkeiten in sehr seltenen Fällen hinausgegangen. Vielmehr wählte man

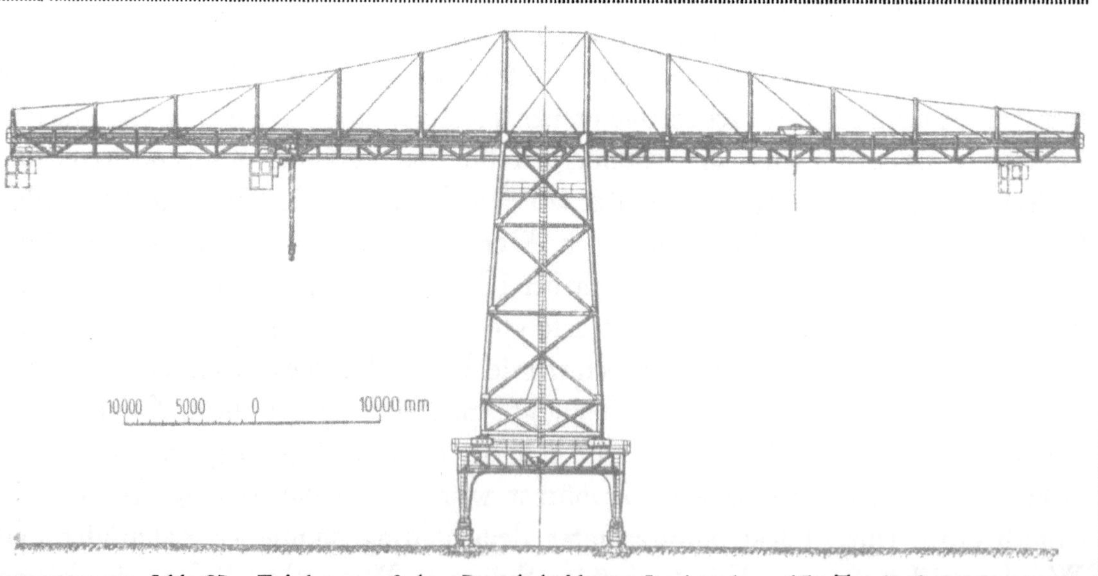

Abb. 92. Fahrbarer auf dem Portal drehbarer Auslegerkran 15 t Tragkraft.

des öfteren wieder geringere Geschwindigkeiten. Der Grund hierfür lag darin, daß der Kranführer bei den großen Geschwindigkeiten Anforderungen zu erfüllen hatte, denen er auf die Dauer gewöhnlich nicht gewachsen war. Nur die Hub=geschwindigkeit hat man bei späteren Verladeanlagen, um die Leistungsfähigkeit zu steigern, noch wesentlich erhöht. Man kam hier besonders beim Umschlag von Massengütern zu Geschwindigkeiten bis über 60 m/min.

Konnte man die Gesamtleistung der Anlage nicht durch Erhöhung der Ge=schwindigkeit steigern, so suchte man das Ziel dadurch zu erreichen, daß man die Tragfähigkeit der Gesamtanlage erhöhte, das hieß bei Massengütern die Ver=ladegefäße, Greifer und Kübel erheblich vergrößern. Wir sehen demnach, daß die Arbeitsgeschwindigkeiten schnell in die Höhe gehen, um dann allmählich wieder auf etwas ermäßigte, dem Betrieb angepaßte, Geschwindigkeiten zurückzufallen.

Die Steuerung dieser Verladeanlagen erfolgte etwa bis zum Jahre 1900 meist von einem fest eingebauten Führerstand aus. Je größer aber die Anlagen wurden, um so weniger war es dem Führer möglich, die Bewegung der Lasten in den End=stellungen von seinem festen Standort aus genau zu beobachten. Benrath war deshalb hier vorangegangen und hatte den Führerstand unmittelbar an die Katze angebaut, damit der Führer bei jeder Stellung die Last und das Arbeitsfeld un=gehindert überschauen konnte. Diese Neuerung hat sich vortrefflich bewährt und wurde auch von Bechem & Keetman und anderen Firmen bald übernommen. Abb. 92 ist ein kennzeichnendes Beispiel eines Kranes, bei dem diese Art der Steuerung von der Katze aus es allein ermöglicht, den Betrieb aufrecht zu erhalten.

Um die Leistungsfähigkeit noch zu steigern, wurden auch für die besonderen Zwecke der einzelnen Transportanlagen in steigendem Maße Sondereinrichtungen erfunden und gebaut. ·Man führte, um Träger zu verladen, lange am Hebezeug angebrachte Tragkonstruktionen mit sogenannten Pratzen ein, die sich bequem unter die zu verladenden Träger schieben ließen, so daß man auf diesem Wege auch zum Auf= und Abladen keine weiteren Hilfsarbeiter mehr brauchte. Um die Last abzuwerfen, konnten diese Pratzen mit Hilfe eines besonderen Wind=werkes gekippt werden. Derartige Trägerverladebrücken sind von Duisburg seit 1906 in großer Anzahl geliefert worden.

Auch auf dem großen Gebiet der Hafenkrane hat die Duisburger Maschinen=bau=A.=G. seit den 90er Jahren hervorragende Leistungen aufzuweisen. 1896 konnte sie in Verbindung mit der Helios A.=G. in Köln ihren ersten fahrbaren Drehkran mit elektrischem Antrieb für Hafenzwecke liefern. Die Entwicklung führte dann bald dazu, den einfach am Ufer fahrenden Drehkran durch den Por=talkran zu ersetzen, der mit seinem Fahrwerkgerüst die am Kai entlang verlegten Bahngeleise überspannt und die Güter auf dem kürzesten Weg vom Schiff in den Bahnwagen verlädt. Derartige Portalkrane haben sich vor allem durch Ausfüh=

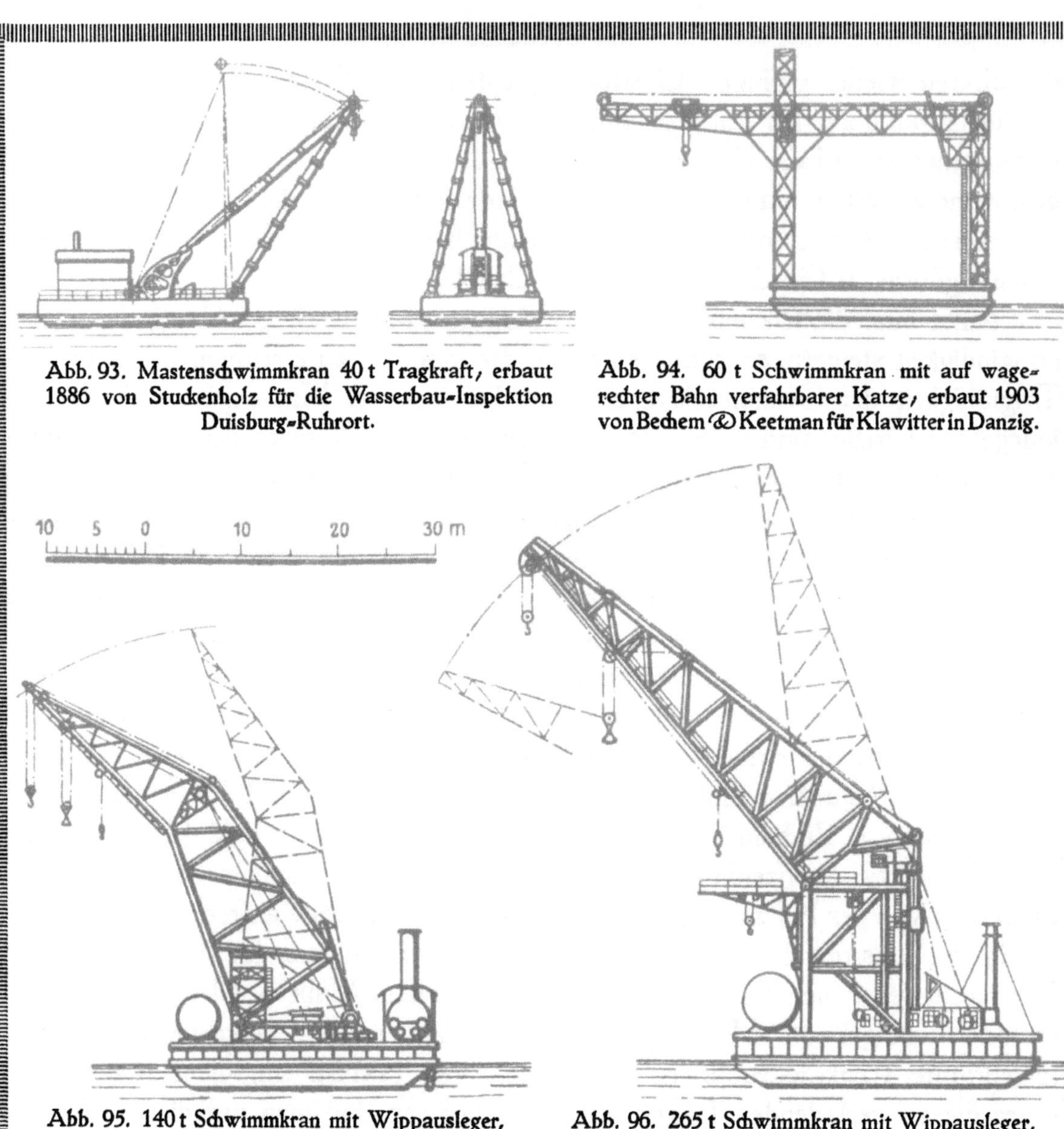

Abb. 93. Mastenschwimmkran 40 t Tragkraft, erbaut 1886 von Stuckenholz für die Wasserbau-Inspektion Duisburg-Ruhrort.

Abb. 94. 60 t Schwimmkran mit auf wagerechter Bahn verfahrbarer Katze, erbaut 1903 von Bechem & Keetman für Klawitter in Danzig.

Abb. 95. 140 t Schwimmkran mit Wippausleger, erbaut 1904 von Bechem & Keetman für die Werft Swan, Hunter & Wigham Richardson Ltd. in England.

Abb. 96. 265 t Schwimmkran mit Wippausleger, auf Turmgerüst, erbaut 1909 von Bechem & Keetman für die Baltische Staatswerft in Petersburg.

Die auf dieser und der nächsten Seite dargestellten 6 Schwimmkrane sind kennzeichnende, aber keineswegs erschöpfende Beispiele für die Entwicklung der schwimmenden Ausrüstungskrane. Im Verlaufe der letzten 33 Jahre sind in den 3 Werken in Wetter, Duisburg und Benrath 32 Schwimmkrane mit einer Gesamttragfähigkeit von über 3000 t gebaut worden, von denen gewöhnlich jeder seinen Vorgänger an Größe und Tragfähigkeit übertraf und eine Zeitlang als der größte Kran der Welt galt. 17 von diesen 32 Kranen wurden für das Ausland gebaut, von denen 2 von je 250 t Tragkraft für den Panama-Kanal bestimmt waren.

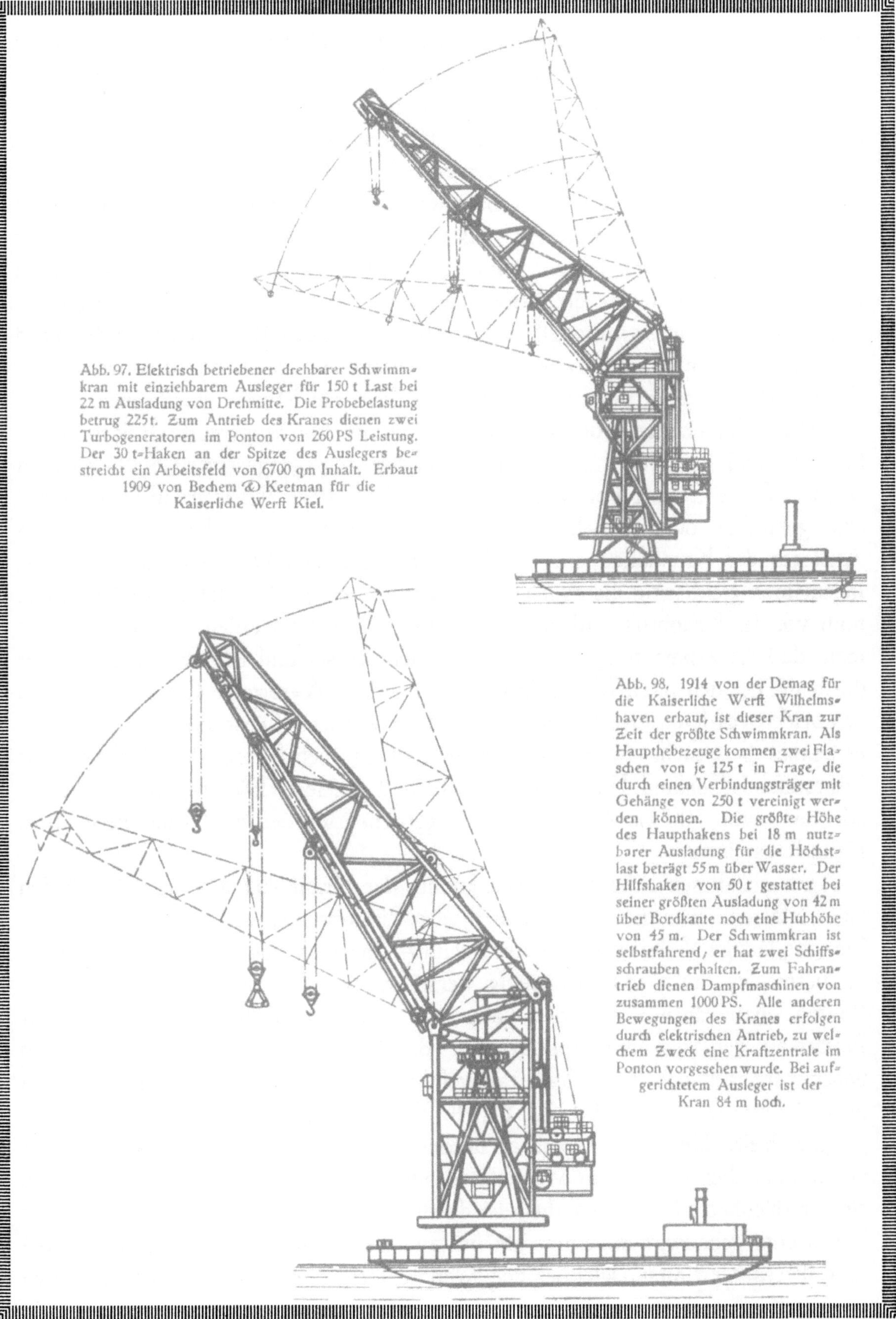

Abb. 97. Elektrisch betriebener drehbarer Schwimm=
kran mit einziehbarem Ausleger für 150 t Last bei
22 m Ausladung von Drehmitte. Die Probebelastung
betrug 225 t. Zum Antrieb des Kranes dienen zwei
Turbogeneratoren im Ponton von 260 PS Leistung.
Der 30 t=Haken an der Spitze des Auslegers be=
streicht ein Arbeitsfeld von 6700 qm Inhalt. Erbaut
1909 von Bechem & Keetman für die
Kaiserliche Werft Kiel.

Abb. 98. 1914 von der Demag für
die Kaiserliche Werft Wilhelms=
haven erbaut, ist dieser Kran zur
Zeit der größte Schwimmkran. Als
Haupthebezeuge kommen zwei Fla=
schen von je 125 t in Frage, die
durch einen Verbindungsträger mit
Gehänge von 250 t vereinigt wer=
den können. Die größte Höhe
des Haupthakens bei 18 m nutz=
barer Ausladung für die Höchst=
last beträgt 55 m über Wasser. Der
Hilfshaken von 50 t gestattet bei
seiner größten Ausladung von 42 m
über Bordkante noch eine Hubhöhe
von 45 m. Der Schwimmkran ist
selbstfahrend, er hat zwei Schiffs=
schrauben erhalten. Zum Fahran=
trieb dienen Dampfmaschinen von
zusammen 1000 PS. Alle anderen
Bewegungen des Kranes erfolgen
durch elektrischen Antrieb, zu wel=
chem Zweck eine Kraftzentrale im
Ponton vorgesehen wurde. Bei auf=
gerichtetem Ausleger ist der
Kran 84 m hoch.

rungen der Benrather Maschinenfabrik sehr schnell eingeführt und die Duisburger Maschinenbau A.=G. hat sich an der Entwicklung dieser Bauart beteiligt.

Besonders hervorragende Leistungen hat die Firma auf dem Gebiet der großen Schwimmkrane aufzuweisen. Hier hat Kauermann mit seinen Mitarbeitern in vorbildlichen Konstruktionen Meisterwerke der Technik geschaffen.

Die ersten Schwimmkrane, die gebaut wurden, unterschieden sich in keiner Weise von den ersten Schwerlastkranen. Es waren Mastenkrane, wie sie auch Bredt bereits Mitte der 80er Jahre erbaut hatte. Die Nachteile dieser Mastenkrane galten natürlich auch für die Schwimmkrane. Je größer und hochbordiger die Schiffe wurden, um so unmöglicher machte es der hohe Bordrand auch den noch so hoch gebauten Mastenkranen, die Schiffsbreite mit der Last zu überstreichen. Bechem & Keetman gingen deshalb dazu über, die Masten durch einen Fach= werksturm zu ersetzen, der an der Vorderkante um wagerechte Bolzen dreh= bar war und durch Schraubenspindeln an der entgegengesetzten Seite gehalten wurde. Diese Bauart bot auch die Möglichkeit, dem Ausleger im oberen Teil eine geknickte oder sichelartige Form zu geben, damit bei aufgerichtetem Ausleger der Kranhaken mit der Last nicht mit den Druckstreben kollidierte. Indem man gleichzeitig die Auslegergelenke so weit zurücksetzte, daß die Lasten noch vor der Kranbrust auf das Pontondeck abgesetzt werden konnten, erreichte man, daß die Abmessungen der zu hebenden Kessel und Maschinen nicht mehr durch die bei den alten Mastenkranen vorhandene A=förmige Öffnung zwischen den beiden vorderen Druckstreben beschränkt werden. Diese Bauart, 1904 zum erstenmal hergestellt, wurde in kurzer Zeit in mehrfachen Ausführungen für Deutschland, England, Frankreich und Rußland geliefert. Die Tragkraft der Krane schwankte von 100 bis 265 Tonnen. Angetrieben wurden die Krane meist durch Dampfmaschinen.

Auch bei diesen Schwimmkranen konnte der Kranhaken ebenso wie bei den alten Mastenkranen nur eine Linie in der Richtung des Auslegers bestreichen. Um das lästige Verholen des Kranes beim Aufnehmen und Absetzen der Lasten zu vermeiden, hatte man frühzeitig versucht, den Ausleger drehbar auf dem Ponton anzuordnen. Zunächst hatte man dazu Drehscheibenkrane bekannter Bauart auf den Schwimmkörper gesetzt. Bredt ebenso wie Bechem & Keetman haben vereinzelt derartige Krane ausgeführt, ohne sie jedoch zu empfehlen, da man sie für Tragkräfte über 35 bis 40 Tonnen und große Ausladungen nicht geeignet hielt. Dem beim Drehkran besonders lästigen Schiefstellen des Pontons suchte man ebenso wie beim Mastenkran oder beim Kran mit Turmausleger durch ein verschiebbares Gegengewicht oder durch Voll= bezw. Leerpumpen eingebauter Tanks entgegenzuwirken. Immerhin bestand die Gefahr, daß bei falscher Steue= rung dieses Gewichtsausgleiches der Kran kenterte. Die Vorteile eines drehbaren

Schwimmkranes waren zwar derart augenscheinlich, daß immer wieder von Seiten der Werften diese Forderung gestellt wurde, aber die Lösung der Aufgabe schien so schwierig, daß noch in der Ausgabe 1908 des Taschenbuches der Hütte ⟨Abteilung II. Seite 471⟩ diese Frage mit den Worten abgetan wurde: „Drehkran auf dem Schwimmkasten. Wird nur für mittelschwere Lasten ausgeführt, weil für schwere Lasten der Schwimmkasten unbequem breit ausgeführt werden müßte." Es war ein sonderbares Spiel des Zufalls, daß gerade vor Erscheinen dieses Jahrganges von anderer Seite eine Lösung gefunden worden war, so vollkommen, daß seitdem wesentliche Änderungen an der grundlegenden Bauart nicht mehr vorgenommen wurden.

Benrath hatte etwa 1904 begonnen, den Bau von Schwimmkranen aufzunehmen. Um den Vorsprung wettzumachen, den Bechem ⅋ Keetman infolge ihrer zahlreichen Ausführungen hatten, versuchte das Benrather Werk, die Leistungsfähigkeit der von ihm angebotene Krane zu erhöhen. Es ging von Anfang an darauf aus, einen brauchbaren, drehbaren Schwimmkran zu schaffen, der mit beliebig großen Abmessungen auch für die größten erforderlichen Lasten ausgeführt werden konnte, einen möglichst kleinen Schwimmkörper besaß und ohne bewegliche Gegengewichte in jeder Lage des Auslegers schwimmfähig war. Der Antrieb und die Steuerung des Kranes sollten den Benrather Traditionen entsprechend elektrisch erfolgen. Der erste elektrisch betriebene Riesenschwimmkran wurde 1907 für die Kaiserlich Japanische Marine erbaut. Das neue und kennzeichnende Merkmal dieser Bauart war die pendelnde Lagerung des ganzen drehbaren Teils auf dem Kopf einer etwa 17 m hohen Drehsäule, deren vier Eckstützen fest mit dem Ponton vernietet sind und die Zug= und Druckkräfte nur an 4 genau bestimmten Punkten auf das Ponton übertragen. Der drehbare Teil hat die Form einer die Stützsäule umgebenden Glocke und trägt oben den wippbaren Ausleger, während an seinem unteren, dem Ausleger abgekehrten Ende ein Betongegengewicht und darüber das Windwerk angebaut sind. Der Kran war unter Verzicht auf alles bewegliche Gegengewicht so ausgeglichen, daß der Kranführer mit ihm jede beliebige Bewegung ausführen konnte, ohne seine Aufmerksamkeit zwischen Last und Gegengewicht teilen zu müssen, wie bisher bei Kranen mit beweglichen Gegengewichten oder Ballasttanks. Senkrechte Spindeln, die an der Rückwand der Glocke gelagert waren, vermittelten das Aufrichten des Auslegers. Hub= und Einziehwerk war derart gekuppelt, daß die Last sich annähernd wagerecht bewegte. Der Steuerstand war oben an der Glocke angebracht, so daß der Kranführer freien Überblick erhielt. Für jede Bewegung war ein besonderer Elektromotor vorgesehen, der Strom wurde von einer im Ponton eingebauten elektrischen Zentrale geliefert. Der Kran hatte 110 t Tragkraft bei 20 m Ausladung, bezw. 75 t bei 27,5 m. Die größte Ausladung des 20 t=Hilfshakens betrug 42,5 m. Weitere

Ausführungen mit Tragkräften bis zu 150 t wurden in Deutschland und England in Betrieb genommen. Bechem & Keetman nahmen diese Bauart ebenfalls auf und lieferten 1909 einen solchen Kran für die Kaiserliche Werft in Kiel.

Den bis heute größten Kran nach dieser Konstruktion erbaute später die Deutsche Maschinenfabrik für Wilhelmshaven. Der Kran regierte bei 33,5 m Ausladung von Drehmitte eine Last von 250 t. Die Auslegerspitze in ihrer größten Höhe überragte den Wasserspiegel um 85 m. Das Ponton, 50 m lang und 30,5 m breit, hatte eigene Fahrmaschinen, die den Kran bei ruhigem Wetter mit 4,5 Knoten Geschwindigkeit bewegen konnten. Für den Antrieb dieses schwimmenden Hebe= zeuges standen 1000 PS zur Verfügung.

Wurden so im Laufe der Entwicklung neue Arbeitsgebiete der Firma zuge= führt und erfolgreich weitergeführt, so vergaß man auch nicht das Arbeitsfeld, mit dem man begonnen, mit dem man die ersten Geldmittel zum Größerwerden verdient hatte: die Kettenfabrikation. Die Herstellung von Ketten mittlerer Größe ist wesentlich geringer geworden, seitdem das Gußstahldrahtseil in so großem Umfange an die Stelle von Ketten getreten ist. Die hohe Bruchfestigkeit bei geringem Eigengewicht des Seiles, sein geräuschloses Arbeiten haben seine Über= legenheit über die Kette auf vielen Gebieten klar erwiesen. Die Aufgabe der Kettenfabrikation hat sich innerhalb der Firma immer mehr der Herstellung sehr schwerer Ketten für den Schiffbau und den Hebezeugbau zugewendet.

Von der Güte und Sicherheit dieser Ketten hängt ungemein viel ab, so daß sorgfältigste Herstellung durch gewissenhafte und geübte Facharbeiter Bedingung ist. Ihre maschinelle Herstellung hat sich noch nicht durchführen lassen. Da= gegen hat man den Grundsatz der weitgehenden Arbeitsteilung auch hier an= gewendet, um die Kosten möglichst niedrig zu halten. Mit ganz besonderer Sorgfalt sind Ankerketten herzustellen, da die Sicherheit des Schiffes mit der Besatzung unter Umständen vom Halten der Ankerkette abhängig sein kann. Jede Kette wird vor der Ablieferung zur Probe der $2\frac{1}{2}$ fachen Belastung, die sie im Betriebe auszu= halten hat, ausgesetzt. Die 30 m lange Kettenprüfmaschine ist für einen Preßdruck bis zu 200 at eingerichtet. Die Leistungen dieser Abteilung sind bis in die neueste Zeit fortwährend gestiegen. Ketten von ungewöhnlicher Größe sind aus der Schmiede hervorgegangen. So erhielt ein Hüttenwerk ein Gehänge aus 4 Ketten= strängen von 60 mm Gliedstärke mit einer Gesamttragfähigkeit von 100000 kg. Auch die größte je in Deutschland geschmiedete Kette, die 300 m lange Anker= stegkette des „Fürst Bismarck" mit Gliedern von 102 mm Durchmesser, wurde in Duisburg geschmiedet. Für diese in Längen von je 15 Faden mit Schäkeln, Ankerreserveschäkeln usw. hergestellte Kette war eine Bruchlast von 287 Tonnen vorgeschrieben. Die Zerreißproben mußten in der Materialprüfanstalt in Groß= lichterfelde vorgenommen werden, weil die Duisburger Presse hierfür zu schwach

war. Auch dort mußten die Ver=
suche bei 315,5 Tonnen Zug meist
abgebrochen werden, ohne daß es
immer gelang, das aus 3 Gliedern
bestehende Probestück zu zerreißen.

Die großen technischen Leistun=
gen, von denen hier nur einige im
Zusammenhang mit der Gesamt=
entwicklung kurz gekennzeichnet
wurden, bedingten ständige Erwei=
terung der Fabriken, der Betriebs=
einrichtungen. Das alte Werk, in
Duisburg = Neudorf gelegen, von
Wohnvierteln mehr und mehr um=
baut und eingeengt, wurde viel zu
klein. Es war ein Glück, daß die
Bestrebungen in der schlechten Zeit
der 80er Jahre, die darauf hinaus=

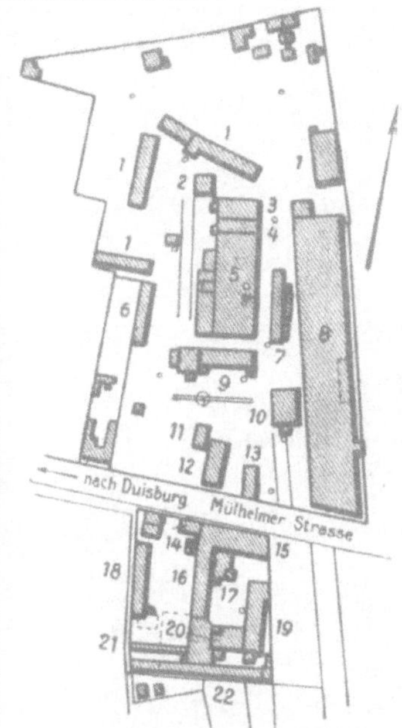

1. Modellschuppen
2. Fallbär
3. Putzerei
4. Schmiede
5. Gießerei
6. Holzschuppen
7. Lagerhaus
8. Mechanische Werkstatt
9. Schreinerei
10. Kesselhaus
11. Kaminkühler
12. Neue elektr. Zentrale
13. Pförtner und Speisesaal
14. Büro
15. Montierungs=Werkstatt
16. Dreherei
17. Kesselhaus
18. Technisches Büro
19. Kettenwalzwerk
20. Grobschmiede und neue
    Grobschmiede
21. Koksschuppen
22. Kettenschmiede

Abb. 99. Werk Neudorf im Jahre 1904.
Maßstab 1 : 6000.

gingen, das Werk in Hochfeld abzustoßen, keinen Erfolg gehabt hatten. Jetzt
ging man daran, diese Abteilung des Werkes, die große Erweiterungsmög=
lichkeit bot, und die für den Verkehr sehr günstig zum Kanal und zu den
Eisenbahnen lag, auszubauen. Die Abb. 162 zeigt, in welchem Umfange dies
bis heute geschehen ist. 1898 beschäftigte die Firma 696 Arbeiter, 1909 rd. 1200,
davon waren 144 Lehrlinge. 1907 war dann auch die Zeit gekommen, wo
man das alte Werk vollständig aufgeben konnte. Es ist das große Ver=
dienst Theodor Keetmans, daß er trotz seiner großen Sparsamkeit stets Mittel für
notwendige Ausgaben bereitgestellt hat. Er hatte frühzeitig erkannt, wie sehr
der Erfolg eines Unternehmens davon abhängt, in geschäftlich günstiger Zeit gut
und schnell zu liefern. Deshalb hat er auch von jeher Wert darauf gelegt, seiner
Fabrik stets möglichst vollkommene Arbeitsmaschinen zur Verfügung zu stellen.
Da der deutsche Werkzeugmaschinenbau damals besondere Maschinen für Massen=
fabrikation nicht in demselben Umfang wie Amerika zu liefern vermochte, hat
Keetman viele seiner Maschinen, wie Revolverdrehbänke und Automaten, Fräs=
maschinen usw. von Amerika bezogen.

Die ersten 25 Jahre der Aktiengesellschaft lassen deutlich erkennen, wie hervor=
ragend Keetman es als Geschäftsmann, Unternehmer und Fabrikleiter verstanden
hatte, unterstützt von tüchtigen Mitarbeitern, auch finanziell das Unternehmen auf
einen hohen Stand zu bringen. In diesen 25 Jahren wurden als Reingewinn insgesamt
fast 3 Mill. Mark verteilt, als Rücklage angesammelt 260000 Mark, für Neu=

Abb. 100.   Die große Montagehalle des Werkes Hochfeld.

anlagen wurden etwas über 2 Mill. Mark verausgabt, davon wieder fast die gleiche Summe abgeschrieben. In der genannten Zeit wurde also das Stammkapital, das seit dem Jahre 1872 1,5 Mill. Mark betrug, nahezu doppelt zurückgezahlt und daneben wurden noch die Neuanlagen vollständig abgeschrieben.

Keetman hatte planmäßig schon im Anfang das Auslandsgeschäft gepflegt. Der Erfolg, den er hier aufzuweisen hatte, ließ ihn den Gedanken erwägen, sich, um das groß gewordene russische Geschäft noch zu erweitern, an einer in Südrußland zu begründenden Maschinenfabrik zu beteiligen. Die günstigen Verhältnisse Ende der 90er Jahre unterstützten dieses Streben. Man beschloß, vom Stammkapital der neuen Gesellschaft, daß 900000 Rubel betragen sollte, 250000 zu übernehmen, um auf diesem Wege der Duisburger Firma die Leitung des Unternehmens zu sichern. Um diese Geldmittel zu beschaffen und das Betriebskapital, das in jenen Zeiten der Hochkonjunktur in dem Hauptwerk selbst sehr notwendig gebraucht wurde, nicht anzugreifen, entschloß man sich, 400 neue Aktien zu 1500 M zum Kurse von 125 auszugeben. Auch hier gelang es Keetman, die Vermittlung der Börse und der Banken zu vermeiden. 1899 brauchte man wieder erhebliche Geldmittel, um den Betrieb entsprechend den neuen Anforderungen zu erweitern. Es wurde eine Kapitalerhöhung auf 900000 Mark beschlossen und auch diesmal wieder ohne Börsen und Banken durchgeführt. Kaum hatte man sich in das große russische Unternehmen eingelassen, da begann im Jahre 1900 die so überaus starke Aufwärtsbewegung im deutschen Wirtschaftsleben sich umzukehren. Hatte man in den letzten 90er Jahren 15 vH Dividende verteilt, so fiel für das Jahr 1900/01 die Dividende auf 9 vH, und im nächsten Jahre blieb sie ganz aus. Während man in den 90er Jahren an Rohgewinn durchschnittlich 22 vH des Aktienkapitals erarbeitet hatte, gelang es, seit 1900 nur auf durchschnittlich 14 vH zu kommen. Der Grund hierfür lag in erster Linie in den russischen Unter= nehmungen, die sich nicht entfernt so entwickelten, wie man erwartet hatte. Die Jekaterinoslawer Maschinenbau A.=G., 1897 begründet, mußte gleich nach Inbe= triebnahme ihr Aktienkapital von 900000 auf 1,5 Mill. Rubel erhöhen. Die Beteili= gung von Bechem & Keetman stieg einschließlich der Unkosten auf über 860000 Mark. Bald kamen schwere Zeiten über das neue Werk. Bechem & Keetman schrieben bereits 1901 ihre Beteiligung auf etwa 720000 Mark ab, im nächsten Jahre waren neue Abschreibungen notwendig, da die russischen Verhältnisse immer unsicherer wurden. Die erwarteten Aufträge waren ausgeblieben, große Verluste traten ein. Um das Werk zu halten, wurde 1903 ein Kapital von 1,2 Millionen Mark zu 5 vH aufgenommen, von denen Bechem & Keetman allein die Hälfte zur Deckung ihrer großen Forderungen übernahmen. Man hoffte, über die schwerste Krisis hinwegzukommen. Da machte die russische Revolution 1904 mit ihren Folgeerscheinungen auch diesen Hoffnungen ein rasches Ende. Die For= derungen der Duisburger Maschinenbau A.=G. an die russische Firma betrugen damals über 1,6 Millionen Mark. Im Ganzen verloren Bechem & Keetman an dieser russischen Gründung rund 2 Millionen Mark, das war nicht weniger als zwei Drittel ihres eigenen Aktienkapitals. Durch die russische Gesellschaft waren also nicht nur die Reserven zum größten Teil verloren gegangen, auch das Betriebs= kapital war so vermindert, daß dadurch die freie Entwicklung des eignen Geschäftes beeinträchtigt wurde. 1905 entschloß sich daher die Firma, neue Kapitalien durch Ausgabe von 1 Million Mark 4¹/₂ vH hypothekarisch eingetragener Obliga= tionen zu beschaffen. Die weitere Ausdehnung des Geschäftes, die Errichtung von Neubauten und der 1907 aufgenommene Plan, die beiden Abteilungen des Werkes in der Fabrik Hochfeld zu vereinigen, erforderten neue Mittel. Die An= lagen in Hochfeld mußten zu diesem Zweck ganz bedeutend erweitert werden, da das zusammengelegte Werk dreimal so groß wie das stillgelegte war. Diese Zeit mußte all den Maßnahmen die Wege ebnen, die darauf hinzielten, Ausgaben zu ersparen und die Leistung zu erhöhen. Auch der Gedanke, sich mit anderen Werken zu einer Interessengemeinschaft zusammenzuschließen, lag auf diesem Wege.

Bereits Mitte der 80er Jahre hatte man versucht, zwischen der Duisburger Maschinenbau A.=G. und Ludwig Stuckenholz in Wetter sich freundschaftlich

Abb. 101. Stapellauf des Dampfers Vaterland auf der Werft von Blohm & Voß, Hamburg.

bei der Verfolgung von einzelnen großen Aufträgen zu verständigen. Keetman
hat dann 1895 mit Bredt nochmals ein Abkommen getroffen, die Preise auf
einigermaßen befriedigender Höhe zu halten. 1904 hat man dann weiter mit
Firmen, die das gleiche Arbeitsgebiet pflegten, wegen eines Zusammenschlusses
verhandelt und auch Pläne zur vollständigen Verschmelzung erörtert, ohne
jedoch hiermit Erfolg zu erzielen. Dies sollte, wie an anderer Stelle
noch zu berichten sein wird, erst am Ende des ersten
Jahrzehnts des neuen Jahrhunderts gelingen.

DIE BENRATHER MASCHINENFABRIK ACTIENGESELLSCHAFT

de Fries & Co. / Die Kranfabrik in Benrath / Das Hüttenbüro.

Die jüngste der Maschinenfabriken, deren Entwicklungsgang hier zu schildern ist, kennzeichnet das bewußte von keinerlei Tradition gehemmte wagemutige Vorwärtsdrängen auf neuen Bahnen, das planmäßige Ausnutzen jeden technischen Fortschritts. Die Benrather Maschinenfabrik hatte sich durch bahnbrechende technische Leistungen und nicht minder große kaufmännische Erfolge in überraschend schnellem Aufstieg zu einer weit über Deutschlands Grenzen hinaus angesehenen großen Maschinenfabrik entwickelt. Der Begründer der Firma, der auch für viele Jahre mit weitschauendem Blick ihre Richtung bestimmt und für das Zuströmen großer Aufträge gesorgt hat, war Wilhelm de Fries. Er stammte aus einfachen Verhältnissen. Am 2. Februar 1856 zu Orsoy im Düsseldorfer Regierungsbezirk als Sohn eines Kohlenhändlers geboren, besuchte er die Volksschule und mußte, da sein Vater starb, frühzeitig der Mutter im Geschäft, mit dem auch Gastwirtschaft und Fischerei verbunden war, helfen. Oft genug hat er in seiner Jugendzeit noch selbst die Kohlen aus dem Schiff schleppen müssen. Er wollte Maschinenbauer werden und so machte er eine vierjährige Lehrzeit bei einem Mechaniker in Duisburg durch, um dann 1874 als Schlosser bei der Maschinenfabrik von Breuer & Schuhmacher in Köln ein Jahr lang tätig zu sein. Die Wanderlust trieb ihn den Rhein herauf nach Zürich. Es folgten drei Jahre Militärdienst. Während dieser Zeit wurde de Fries zur Ausbildung als Waffenmeister nach der Artilleriewerkstatt in Spandau kommandiert. Nachher finden wir ihn in den Werkstätten der rheinischen Eisenbahn als Lokomotivheizer. Frühzeitig hatte de Fries erkannt, daß ohne eingehende technische Kenntnisse das Vorankommen vom gelernten Arbeiter an recht langsam und schwierig war. Er benutzte deshalb seine Ersparnisse, um das Technikum in Mittweida zu besuchen. Nach dieser Schulzeit ging er als Konstrukteur zu der Maschinenfabrik von Schieß in Düsseldorf und von da führte ihn sein Weg zu Bechem & Keetman nach Duisburg. Auch hier hielt er es nicht lange aus. Er kam zu der Firma Losenhausen A.-G. in Düsseldorf, um als Ingenieurkaufmann die Kundschaft zu besuchen und als Reisender der Firma Aufträge zuzuführen. Hier mag er seine große Fähigkeit, Aufträge zu werben, mit der Kundschaft zu verkehren, ihr Vertrauen zu gewinnen, zuerst in vollem Umfange erkannt haben, jedenfalls war das eine Tätigkeit, die ihm durchaus zusagte, er entschloß sich, diese für das ge-

schäftliche Vorankommen so wichtigen Fähigkeiten fortan für eigene Rech=
nung auszunutzen. Im August 1891 gründete er mit seinem Bruder Heinrich de
Fries und Anton Röper in Düsseldorf die Firma de Fries & Co. Zuerst dachte
de Fries an ein reines Handelsgeschäft für technische Artikel. Bald aber entschloß
er sich, auch eine kleine Maschinenfabrik dem Geschäft anzugliedern, um den
Fabrikationsgewinn bei Gegenständen, für die er besonders lohnenden Ab=
satz fand, mitzunehmen. In erster Linie wurden Brückenwagen, Flaschenzüge und
andere kleine Hebezeuge angefertigt. Die Geschäftsräume der Firma lagen in der
Bismarckstraße, die Werkstätten in der Kölnerstraße. Die erste große Lieferung
der Firma war ein Handlaufkran von 10 m Spannweite, der in der nächsten
Nachbarschaft deshalb Bewunderung erregte, weil man ihn kaum aus dem zu
engen Torweg und der zu engen Straße herausbefördern konnte. Zehn kleinere
Werkzeugmaschinen, von einer Lokomobile angetrieben, waren die Betriebsausstat=
tung. Anfangs beschäftigte man etwa 30 Arbeiter, später stieg die Zahl auf über
60. Bald waren die Räume zu eng, man mußte sich nach einem geeigneten Ort um=
sehen und sich zu Neubauten entschließen, wenn man das Werk weiter entwickeln
wollte. Wilhelm de Fries entschied sich für Benrath, einen Nachbarort bei Düsseldorf.
Er erwarb dort ein etwa 3 Morgen großes Grundstück, das, wenn man von den
bescheidenen Anfängen in Düsseldorf ausging, für lange Zeit ausreichen mußte.
Die neue Fabrik wurde errichtet und als selbständiges Unternehmen unter der
Firma „Benrather Maschinenfabrik G. m. b. H." am 1. April 1896 begründet,
die Leitung übernahm Wilhelm de Fries. Heinrich de Fries mit Anton Röper
führten die Firma de Fries & Co. in Düsseldorf weiter. Anfangs baute de Fries
in Benrath in erster Linie große Wagen und kleinere Hebezeuge, vor allem klei=
nere Laufkrane, fast ausschließlich für Handbetrieb. In der ersten Zeit war es
nicht leicht, genügende Aufträge für die größer gewordene Fabrik zu bekommen.
Dann aber begann der rasche Aufstieg des deutschen Wirtschaftslebens in der
zweiten Hälfte der 90er Jahre. Frische Unternehmungslust regte sich. Überall
drängte man vorwärts, suchte die Betriebe zu erweitern, wirtschaftlicher und
leistungsfähiger auszugestalten. Den Hebezeugen mußte, das erkannte de Fries
klar, bei dieser Aufwärtsbewegung eine besonders hervorragende Rolle zufallen,
wenn es gelang, sie unter Berücksichtigung des damals in die Augen sprin=
genden technischen Fortschritts, der Elektrotechnik, leistungsfähiger zu ge=
stalten. Diese außergewöhnlich großen Möglichkeiten, voranzukommen, waren
de Fries vollständig klar geworden, als er mit jungen Ingenieuren der Union=
Elektrizitäts=Gesellschaft, die, von Loewe begründet, auf amerikanischen Er=
fahrungen aufbauend, rasch in Deutschland ein Gebiet nach dem andern für
den elektrischen Strom eroberte, zusammen kam. Die Union hatte sich in
erster Linie die Aufgabe gestellt, die Möglichkeiten, die bereits 1879 Werner

von Siemens mit seiner kleinen elektrischen Bahn auf der Ausstellung in Berlin aller Welt vor Augen geführt hatte, in großem Maßstabe in die Praxis einzuführen. Im engen Zusammenarbeiten mit ausgezeichneten Maschinenkonstrukteuren gelang es, die Elektromotoren aus Erzeugnissen von Mechanikern zu betriebsicheren, auch den schweren Anforderungen des Bahnbetriebes entsprechenden Maschinen umzuwandeln. Hier hatte der Elektromotor zu zeigen, daß der elektrische Strom auch unter harten Bedingungen erfolgreich arbeiten konnte. Mit dem Motor allein war es nicht getan. Es mußten auch betriebsicher arbeitende Schalter geschaffen werden. So entstanden walzenförmig ausgebildete Schaltapparate, die sogen. Kontroller, wie sie sich heute überall eingeführt haben. Damals war das Jugendzeitalter der elektrischen Starkstromtechnik. In der gleichen Weise wie nach der Erfindung der Dampfmaschine, nachdem man ihre große Anwendungsmöglichkeit erkannt hatte und daran dachte, plötzlich alles mit Dampf zu betreiben, machte sich jetzt das Bestreben geltend, die neue Kraftübertragung allen Gebieten der Technik zugänglich zu machen. Der elektrische Strom wurde volkstümlich. Je weniger man von den Schwierigkeiten wußte, die hier zu überwinden waren, um so hoffnungsfroher sah man schon die Zeit gekommen, in der alles „elektrisch" betrieben werden konnte. Daß man hierbei in erster Linie auch an die Hebezeuge dachte, lag nahe, hatte doch Werner von Siemens in Mannheim auf der Ausstellung 1880 das erste elektrisch betriebene Hebezeug im Betriebe vorgeführt. Es sollte aber noch Jahre dauern, ehe dieser unmittelbar elektrisch angetriebene Aufzug Nachfolger erhielt. Wie wir bereits gesehen haben, wurden schon in den 80er Jahren Elektromotoren für Hebezeuge und Transportanlagen als Antriebsquelle benutzt. Gegenüber den bei Laufkranen verwendeten Triebseilen mit Leitrollen und Spannvorrichtungen oder den schwerfälligen unbeholfenen Vierkantwellen mit ihren Pendellagern war der leicht anbringbare Elektromotor eine große Verbesserung. Alle anderen Teile des Kranes, an die man sich gewöhnt hatte, Zahnräder und Wendegetriebe, wurden unverändert beibehalten. Derartig elektrisch betriebene Laufkrane sind von der Helios A.=G. bereits 1885 benutzt worden und wie schon erwähnt, hat Bredt für Blohm &Voss 1887 einen solchen Kran geliefert.

Hiermit aber waren die Möglichkeiten, die der elektrische Strom gerade für die Entwicklung des Hebezeugs bot, nicht entfernt erschöpft. Das erkannten damals besonders deutlich die Ingenieure Essberger und Geyer der Union=Elektrizitäts= Gesellschaft. Während die berühmte Frankfurter elektrische Ausstellung 1891 auf dem Gebiet der Krane, gegenüber dem was vorher geschehen war, so gut wie nichts Neues brachte, stellten die Ingenieure der Union 1893 ihre Forderungen, die sie an ein elektrisch betriebenes Hebezeug stellten, etwa in der folgenden Form als Richtlinien auf: Sie verlangten, daß jede Bewegung des Kranes ihren eigenen Motor

erhalte, daß der Motor mit dem Rädergetriebe dauernd mit dem Triebwerk ver=
bunden sei, also stillstehe, wenn das entsprechende Triebwerk stehe. Sie verlangten
weiter, daß der Motor mit Hilfe des Steuerapparates unter steter Kontrolle des
Kranführers sein müsse und daß die Geschwindigkeit jeder einzelnen Bewegung
durch den Schaltapparat in den weitesten Grenzen reguliert werden könne. Beim
Abstellen des Stromes müßten die Triebwerke durch elektromagnetische Bremsen
gesperrt werden. Auf die Entwicklung der von dem Elektrotechniker zu erfüllenden
Forderungen nahm die Union maßgebenden Einfluß. Für den mechanischen Teil
suchte man hervorragende Krankonstrukteure zu interessieren; bei Wilhelm de Fries
und seinen Mitarbeitern sowie bei der aufwärtsstrebenden Benrather Maschinenfabrik
fand man das größte Entgegenkommen und die erfolgreichste Mitarbeit. Geeignete
Elektromotoren und Steuerapparate wurden von der Union konstruiert. Der Bahn=
motor gab die Grundlage für die weitere Entwicklung ab. Diese langsam laufen=
den Motoren waren staub= und wasserdicht gekapselt und hielten auch rohe Be=
handlung aus. Sie konnten ohne weiteren Schutz im Freien arbeiten. Die Steuer=
apparate, anfangs mit offenen auf Platten aufgebauten Kontakten versehen, wur=
den bald durch die aus dem Bahnwesen entwickelten Kontroller ersetzt. Besonderes
Aufsehen erregte die sogen. Universalsteuerung nach dem Patent Geyer=Essberger,
bei der die Last sich stets im Sinn der Bewegung des Steuerhebels bewegte. Ein
Elektromagnet wirkte auf eine Bandbremse. Bei der ersten Ausführung der Elek=
tromagnete fiel das Bremsgewicht nach Abstellen des Stroms frei herunter, das
Bremsband erlitt starke Stöße, es lag die Gefahr des Abreißens und Abstürzens
der Last vor, was mit Rücksicht auf die unter der Last arbeitenden Menschen
unbedingt vermieden werden mußte. Der Ingenieur Bode der Benrather Maschinen=
fabrik ordnete unter dem Bremshebel eine Dämpferpumpe mit Luftkatarakt an.
Diese wurde dann von der Union mit dem Elektromagneten vereinigt und doppel=
wirkend ausgebildet. So entstand im Laufe der Jahre der heute im Kranbau all=
gemein übliche Bremsmagnet. Ein dem vorher erwähnten Arbeitsprogramm der
Union entsprechender Kran wurde 1893 auf dem Hofe der Berliner Fabrik der
Öffentlichkeit vorgeführt. Auch die Skeptiker waren überrascht durch die stoß=
freie Bewegung und die Sicherheit des Betriebes sowie durch den verhältnismäßig
geringen Energieverbrauch des Kranes. Es war ein Glück für die Benrather
Maschinenfabrik, daß sie in dieser Entwicklungszeit auch über hervorragende
Konstrukteure verfügte, die unter Benutzung dessen, was der Elektrotechniker
ihnen bot, den neuzeitlichen Hebezeugbau ein großes Stück vorwärts zu bringen
vermochten.

Mit der Begründung der Benrather Maschinenfabrik 1896 war auch Otto Briede,
ein hervorragender Ingenieur, der von Bechem & Keetman aus Duisburg kam,
in die Firma eingetreten und bildete mit Wilhelm de Fries zusammen den Vorstand.

Otto Briede, geb. 29. 12. 1864, gest. 8. 2. 1914.   Wilhelm de Fries, geb. 2. 2. 1856, gest. 21. 2. 1919.

Briede hatte noch einen englischen Ingenieur Moore und einen Ingenieur Müller mitgebracht. Einige Wochen später trat der Ingenieur Bode ein. Otto Briede, am 29. Dezember 1864 zu Cassel geboren, hatte eine gute technische Ausbildung genossen und in der Lokomotivfabrik von Henschel in Cassel praktisch gearbeitet. Von 1887 bis 1896 war er in der Maschinenfabrik Bechem & Keetman, Abteilung Hochfeld, tätig und hatte sich dort umfassende Erfahrungen im Hebezeugbau erworben.

Wilhelm de Fries war überzeugter Anhänger der neuen elektrischen Entwicklung. Er sah vor allem die großen Verkaufsmöglichkeiten vor sich, wenn er seiner Firma gleichsam als besonderes Kennzeichen den Ruf verschaffte, der technischen Entwicklung, wenn möglich, stets einen Schritt voranzueilen. Er hat damals seinen Freunden gegenüber immer die Forderung vertreten „bei dem Laufkran muß die Katze zugleich heben und fahren können und auch der Kran muß immer fahren können". Dieses instinktive Gefühl für große Entwicklungsmöglichkeiten erklärt auch seine großen geschäftlichen Erfolge. Hinzu kam der eigene feste Glaube an das, was er sagte. Eine reiche Phantasie setzte ihn in die Lage, immer neue Seiten für die Zweckmäßigkeit und die Vorteile der von ihm empfohlenen Bauarten ins Feld zu führen. Hinzu kam die große Fähigkeit, Menschen behandeln zu können. Er war der geborene Verkaufsingenieur, dem der Kampf um die Aufträge zur anregenden Nervenspannung wurde. Bei solchen Verhandlungen konnte er allerdings zuweilen auch manches versprechen, was seinen Ingenieuren nicht

immer leicht geworden ist, sogleich praktisch auszuführen. Wilhelm de Fries liebte
es, im Verkehr mit seiner Kundschaft das Wort „unmöglich" zu streichen.

an begann jetzt in Benrath in größerem Maßstabe Dreimotoren=
Laufkrane zu bauen und konstruierte einen solchen Kran von
20 t Tragkraft. Die Union=Berlin beschrieb diesen Kran in ihren
Druckschriften und gab ihm hiermit zugleich mit dem Namen der
neuen Firma weiteste Verbreitung. Zahlreich liefen die Aufträge auf Laufkrane
ein, man begann bald, diese Konstruktion und ihre Anfertigung einheitlich zu
organisieren. Es wurden Normalien ausgearbeitet. Dieses Normalisieren ver=
billigte die Herstellung so weit, daß man bei guten Preisen den Wettbewerb
mit anderen Firmen, die auf lange Erfahrungen hinweisen konnten, aufzu=
nehmen vermochte. Vor allem wurde durch das Normalisieren erreicht, daß
man die Laufkatzen reihenweise auf Vorrat bauen konnte. Man war hierdurch
in der Lage, kurze Lieferzeiten einzuhalten, und das allein mußte natürlich auf
das Geschäft in jener Zeit, in der alle Welt eine möglichst schnelle Erweiterung
der Anlagen erstrebte, ungemein günstig wirken. Benrath war die erste Ma=
schinenfabrik, die in dieser Weise bei Hebezeugen normalisierte und in größeren
Mengen nach einheitlichem Plan herstellte. Auch dem Kleinhebezeugbau blieb man
treu und suchte diese Konstruktion weiter zu entwickeln. Das gelang einige Jahre
später durch die 1900 patentamtlich geschützte Bauart einer Motorlaufwinde: ein
elektrisch angetriebenes Hebezeug mit Gallscher Kette, dessen ganzes Windwerk
pendelnd gelagert war, so daß auch bei einseitigem Zug Biegungsbeanspruchungen
der Kettenglieder trotz der Steifheit der Gallschen Kette nicht auftreten konnten.
Auch diese Motorlaufwinden wurden normalisiert und in großer Zahl auf Vorrat
ausgeführt. Man konnte somit schnell liefern und die Winden auch unter sehr ge=
ringen Änderungen den verschiedensten Verwendungszwecken leicht anpassen.
Tausende dieser Winden sind geliefert worden und erst gegen Ende 1908 begann
man die Bauart allmählich aufzugeben. An ihre Stelle trat der von der Deutschen
Maschinenfabrik durchgebildete Elektrozug mit Drahtseil als Lastorgan.

Neben den Laufkranen für die verschiedensten Fabriken machte sich im Hafenbe=
trieb in steigendem Maße ein großes Bedürfnis nach neuzeitlichen leistungsfähigen
Hebezeugen geltend. Zuerst hatte man in Hamburg Versuche mit elektrischem
Kaikranbetrieb durchgeführt. Bereits 1890 wurden zwei elektrisch betriebene Halb=
portalkrane dort aufgestellt mit einer Tragkraft von 2,5 t bei 10 m Ausladung
und 1 m/sk Hubgeschwindigkeit. Es folgte dann in Rotterdam eine elektrisch be=
triebene Portalkrananlage. Anfangs 1897 begann die Benrather Maschinenfabrik
sich mit großer Tatkraft der weiteren Entwicklung dieser elektrisch betriebenen
Portalkrane im Hafenbetrieb anzunehmen. Es wurde von der Firma auf eigenes
Wagnis hin ein Probekran erbaut und auf dem Werk in Benrath in Betrieb gesetzt.

Die Union hatte die Motoren und den Kontroller mit der schon erwähnten Uni=
versalsteuerung geliefert. Als man dann im Frühjahr 1898 in Hamburg größeren
Bedarf an Hafenportalkranen hatte, sandte man Sachverständige nach Benrath,
um den dort stehenden Portalkran zu besichtigen. Die Stromverbrauchsversuche
und die Arbeitsproben fielen so gut aus, daß der Hamburger Staat den Kran
übernahm und eine größere Anzahl Portalkrane gleicher Bauart in Auftrag gab.
So wurden nunmehr in Hamburg die elektrisch betriebenen Portalkrananlagen in
großem Umfange eingeführt. 1900 waren bereits 58 Krane aufgestellt. 1904
kamen 135 weitere Krane hinzu. Im ganzen hat die Benrather Maschinenfabrik
allein bis zum Jahre 1908 nicht weniger als 200 elektrische Drehkrane für den
Hamburger Hafen geliefert.

Als man zu Anfang des Jahres 1898 sah, welch große Aufträge auf den ver=
schiedenen Arbeitsgebieten, vor allem auch für den Hafenbetrieb zu erwarten waren,
entschloß man sich, für diese Arbeitsgelegenheit rechtzeitig Vorsorge dadurch zu
treffen, daß man der Firma einen weiteren Rahmen gab. So wurde am 16. Mai
1898 die Gesellschaft mit beschränkter Haftung in eine Aktiengesellschaft über=
geführt. Zugleich ging man daran, die Werkstätten sehr wesentlich zu vergrößern.
In erster Linie mußten die Konstruktionsbüros erweitert werden, um in der Lage
zu sein, den in immer stärkerem Maße gestellten großen neuen Aufgaben, wie sie

die Entwicklung der Verladebrücken, der Riesenkrane, der Sonderkrane für Hütten=
werke usw. mit sich brachte, gerecht zu werden. Die Aktiengesellschaft hatte an
bebauter Grundfläche rund 5200 qm in Benrath übernommen. 1898 wurden so=
gleich eine große Montagehalle nebst Bearbeitungswerkstätte, eine Konstruktions=
werkstätte, Modelltischlerei, Hammerschmiede, ein neues Magazin, eine mecha=
nische Werkstatt, eine Werkstatt für elektrische Installation und das Verwaltungs=
gebäude gebaut. Die Neubauten hatten zusammen rund 10600 qm nutzbare
Arbeitsfläche. Die Arbeiterzahl stieg außergewöhnlich und man beschloß, sich an
einer Gesellschaft für gemeinnützige Bauten in Benrath zu beteiligen, um der Fabrik
einen festeren Bestand geschulter Arbeiter zu sichern.

Der erste Geschäftsbericht der Aktiengesellschaft stellte ein „befriedigendes
Geschäftsergebnis" fest und führte von den Arbeitsleistungen besonders 30
für den Hamburger Hafen gelieferte Portalkrane an, die bereits im Septem=
ber 1898 in Betrieb waren. 24 weitere Portalkrane waren bestellt. Beson=
ders erwähnt wurde der für Bremerhaven zu liefernde Riesenkran, über den
an anderer Stelle noch zu sprechen sein wird. Auch große Lösch= und Lade=
vorrichtungen hat man bereits in diesem Jahre für den Dortmund=Ems=Kanal
gebaut. Gemeinsam mit der Union wurden große elektrische Lokomotiven für
Bergwerke hergestellt, und man beschäftigte sich bereits mit der Ausarbeitung und
Konstruktion von allen möglichen Sonderkranen für Hüttenwerke, „wie solche
bisher in Deutschland nicht im Gebrauch waren". Man konnte im ersten Jahr bei
einem Reingewinn von fast 391000 M 12 vH Dividende zahlen. Den Vorstand
der Aktiengesellschaft bildeten Wilhelm de Fries und Otto Briede.

Zu den Hafenkranen kamen bald in großem Umfange Verladebrücken in den
verschiedensten Korstruktionen. Auch hierzu war die Anregung von Amerika
nach Deutschland gekommen. Die großen Massen, Kohle, Erz und andere Massen=
güter, die bei sehr hohen Arbeitslöhnen zu transportieren waren, hatten in Amerika
zuerst dem Ingenieur Gelegenheit gegeben, die primitive Form der menschlichen

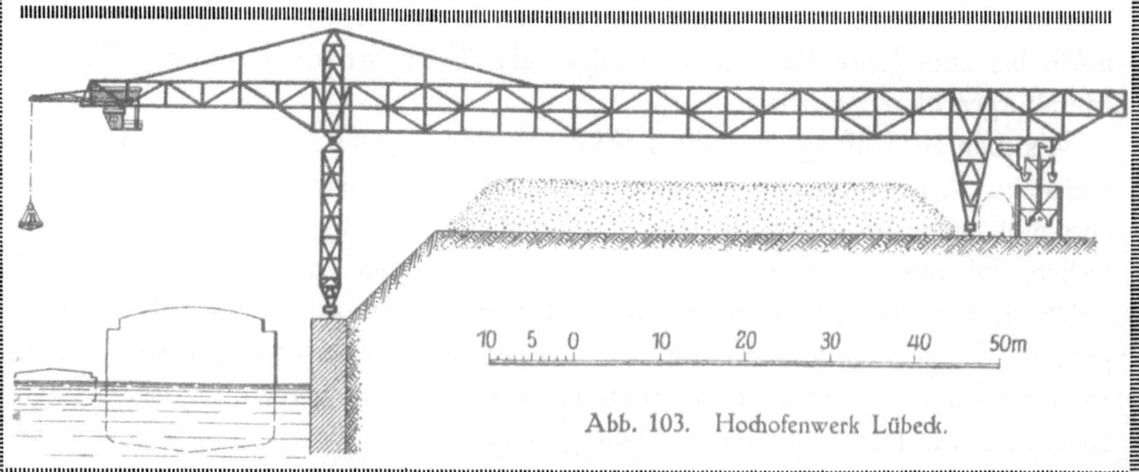

Abb. 103. Hochofenwerk Lübeck.

Arbeitsleistung durch große in ihrer Anlage kostspielige aber in ihrem Betriebe sich doch als wirtschaftlich erweisende Transportanlagen zu ersetzen. Benrath hat sich bei der Durchführung dieser Verladeanlagen zielbewußt von den amerikanischen Vorbildern freizumachen gesucht. Die Firma hat auch hier gegenüber den ersten amerikanischen Konstruktionen mit feststehendem Windwerk und verwickelten Seilführungen von Anfang an den Grundsatz des Dreimotorenkranes durchgeführt. Nur auf besonderen Wunsch der Besteller sind Anlagen mit feststehendem Wind= werk ausgeführt worden.

1896 hat Benrath die erste größere Verladeanlage für einen Kohlenlagerplatz in Mülhausen i. Elsaß ausgeführt. Hier arbeitete noch ein Dampfdrehkran mit Greiferbetrieb am Hafen, der die Kohle aus dem Kahn in einen Füllrumpf schüttete, der am Kopf einer Verladebrücke mit 32 m Spannweite eingebaut war. Aus diesem Füllrumpf füllte man die Kohle in kleine Schmalspurwagen, die im Innern des Brückenträgers liefen und anfangs noch durch Arbeiter geschoben und gekippt werden mußten. Auf dem Lagerplatz selbst mußte die Kohle ebenfalls noch von Hand aufgeschaufelt und in Pferdefuhrwerken verladen werden.

Es folgten sodann zwei bereits elektrisch betriebene Verladebrücken für den Kohlenlagerplatz des Rheinisch=Westfälischen Kohlensyndikats in Rheinau. Bei diesen Brücken liefen oben auf den Brückenträgern schon Laufkatzen, bei denen rechts und links an einem starr an der Laufkatze befestigten Ausleger je ein zwei= teiliger Klappkübel herabhing, der vom Führerstand aus geöffnet und geschlossen werden konnte, um so den Inhalt der Kübel in die Eisenbahnwagen zu entleeren. Gefüllt mußten die Kübel noch durch Schaufeln werden. Um die Kohle über den Lagerplatz zu verteilen, benutzte man in der Brücke fahrende kleine Wagen, die zunächst wie bei den Gruben= bahnen durch ein endloses Seilbe= wegt wurden. 1897 baute man aber diese Brük= ken bereits der= art um, daß statt des end= losen Seiltriebes kleine elektrische Schlepplokomo= tiven verwandt wurden. Die

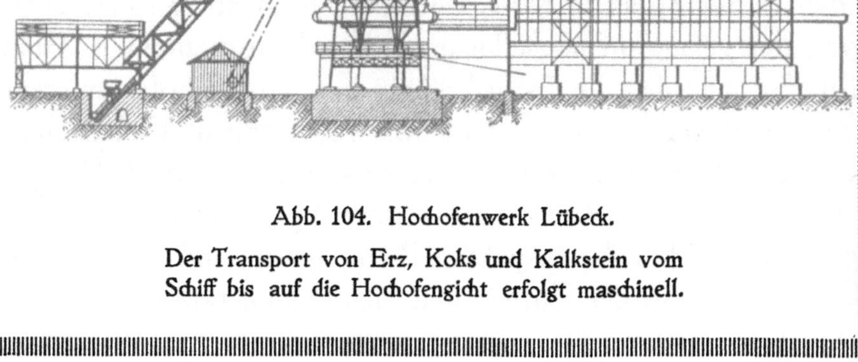

Abb. 104. Hochofenwerk Lübeck.

Der Transport von Erz, Koks und Kalkstein vom Schiff bis auf die Hochofengicht erfolgt maschinell.

späteren Brücken erhielten Selbstgreifer zur Beförderung des Verladegutes und wurden auch mit der von der Benrather Maschinenfabrik patentamtlich geschützten Ausleger= laufkatze versehen. Anfang 1903 lieferte man für Rotterdam die erste Verladebrücke mit auf der Brücke laufendem Drehkran. Es folgten dann andere große Anlagen für die verschiedensten Zwecke im In= und Auslande, die sich fast alle durch un= gewöhnlich große Abmessungen oder große Leistungen auszeichneten. Um allen auf dem Gebiete des Transportwesens auftauchenden Aufgaben gewachsen zu sein, nahm man auch den Bau von Elektrohängebahnen und Drahtseilbahnen auf, da derartige Anlagen häufig im Zusammenhang mit Kranen und Verladebrücken bestellt wurden. Trotzdem auch auf diesem Gebiete eine ganze Reihe bemerkens= werter Anlagen ausgeführt wurde, entschloß man sich 1911 nach der Fusion, in= folge einer Vereinbarung mit der Firma Bleichert & Co., zur Aufgabe dieser Abteilungen. Abb. 103/104 zeigt eine derartige Verladeanlage für das Hochofen= werk Lübeck, 4 fahrbare Brücken mit Auslegerlaufkatzen fördern Erz und Koks aus den Seedampfern auf den Lagerplatz oder mit Hilfe einer an den Brücken vorbeiführenden Drahtseilbahn in die Erzbunker.

Die Eisenkonstruktionen für die ersten Verladebrücken waren noch von außer= halb bezogen worden. Es stellte sich aber sehr bald das Bedürfnis ein, auch diese Konstruktionen, für die man als Lieferant die volle Verantwortung über= nehmen mußte, selbst herzustellen. Das immer mehr sich geltend machende Be= streben der Auftraggeber, auch Gegenlieferungen zu verlangen, mag den Ent= schluß, eine Eisenkonstruktionsabteilung zu begründen, wesentlich erleichtert haben. Es wurden zu diesem Zweck besonders große Werkstätten, die größte 250 m lang bei 30 m lichter Weite, eingerichtet, in denen man die immer größer werdenden Eisenkonstruktionen selbst herstellen konnte. Ferner wurden Maschinenbauwerk= stätten von 20 m lichter Höhe erbaut, um so in der Lage zu sein, auch große Kran= konstruktionen in den Werkstätten zusammenzubauen.

In dieser Weise betriebsmäßig vorzüglich eingerichtet, konnte man auch daran gehen, die größten Aufgaben, die der Kranbau stellen konnte, zu übernehmen. Im scharfen Wettbewerb mit Stuckenholz und Bechem & Keetman versuchte man am Ende des Jahrhunderts, Aufträge auf Riesenkrane zu erhalten. Wilhelm de Fries erkannte, daß er nur Aussicht hatte, einen solchen Auftrag zu erhalten, wenn es seinen Ingenieuren gelang, neue Gedanken praktisch durchzuführen. Eine neue Konstruktion mußte man dem Drehscheibenkran von Stuckenholz und dem aus dem Mastenkran hervorgegangenen Derrickkran von Bechem & Keetman entgegensetzen. So entstand der Hammerkran, dessen kennzeichnende T=förmige Form die weitere Entwicklung der Riesenkrane ausschlaggebend beeinflußt hat. Den ersten Auftrag erteilte die Hafenbauinspektion Bremerhaven, und der damalige Staatsbaumeister Günther hat an der Entwicklung des Hammerkranes wesent=

lich mitgearbeitet. Der feststehende Bock ist hier als vierkantiger eiserner großer Turm ausgebildet. Der drehbare Teil ist T=förmig und wird durch den den senk= rechten Teil umschließenden Turm gehalten. Die Last, an einer Laufkatze auf= gehängt, ist auf dem wagerechten Teil des Auslegers bewegbar. Gleichzeitig kann die Last mit dem Ausleger in vollem Kreisbogen bewegt werden. Den Turm mußte man so hoch ausführen, daß der Ausleger über die Takelage des Schiffes hinweggeschwenkt werden konnte. Man kam so zu großen Höhen. Der Kran in Bremerhaven erreichte bereits eine lichte Höhe von 30 m über der Kaimauer.

Bechem & Keetman nahmen noch im gleichen Jahre, 1900, die Bauart auf und lieferten für die Germaniawerft in Kiel einen 150 t Hammerkran, der abweichend von der Benrather Konstruktion ein dreiseitiges Stützgerüst erhielt. Bei den ersten Turmkranen war der Tragarm nach beiden Seiten gleich lang, um das Gewicht auszugleichen. Zum Ausgleich von Last und Laufkatze wurde auf dem Gegen= gewichtsarm ein Betongewicht angebracht. Um an Gewicht zu sparen, wurde später das Hubwerk auf dem rückwärtigen Ausleger angeordnet. Für den Bau der Windwerke der Riesenkrane war die Verwendung von zwei Spilltrommeln mit Seilaufspeicherung anstelle der bis dahin im Kranbau üblichen Seiltrommel mit Aufwicklung des ganzen Hubseiles bedeutungsvoll. Hierdurch erreichte man we= sentlich kleinere Abmessungen. Diese Anwendung der Spilltrommelbauart rührte von Wilhelm de Fries her und wurde ihm auch geschützt.

Bei den Ausführungen, die dem Kran für Bremerhaven folgten, hat man den rückwärtigen Arm des Auslegers kürzer gemacht, um am Gewicht zu sparen, und Bechem & Keetman hatte, um den Winddruck auszugleichen, den kürzeren Gegengewichtsarm mit Blech verkleidet. Bald aber wurde klar, daß der Winddruck in dieser Beziehung eine verhältnismäßig geringe Rolle spielte, so daß man die Blechverkleidung des Gegengewichtsarmes später nicht wieder ausführte. 1903 ließ man bei einem Kran für England die Hauptkatze auf den kurzen Aus= legerarm laufen und versah den langen Ausleger mit einer zweiten wesentlich leichteren Hilfskatze. Eine elektrische Sicherheitsvorrichtung sorgte dafür, daß beide Katzen nicht zu gleicher Zeit arbeiten konnten. Eine Katze mußte stets am Ende des Auslegers stehen, bevor die andere Katze auf dem anderen Ausleger arbeiten konnte. Hierdurch wurde jedes Gegengewicht entbehrlich.

1907 kam die Benrather Maschinenfabrik zu einer neuen Konstruktion ihres Hammerkranes. Bis dahin hatten die Krane ein vierseitiges oder dreiseitiges Stütz= gerüst erhalten, das die Kippmomente des unmittelbar auf das Fundament sich stüt= zenden Auslegers aufnahm. Für die Firma Johann Tecklenborg A.=G., Geeste= münde, führte man nunmehr eine von dem Chefkonstrukteur der Abteilung Riesen= krane, dem Ingenieur Karl Böttcher, herrührende Konstruktion durch, bei der die Kransäule als eine nach oben verjüngte vierseitige Pyramide durchgebildet, mit ihren

Die Entwicklung der Schwerlastkrane

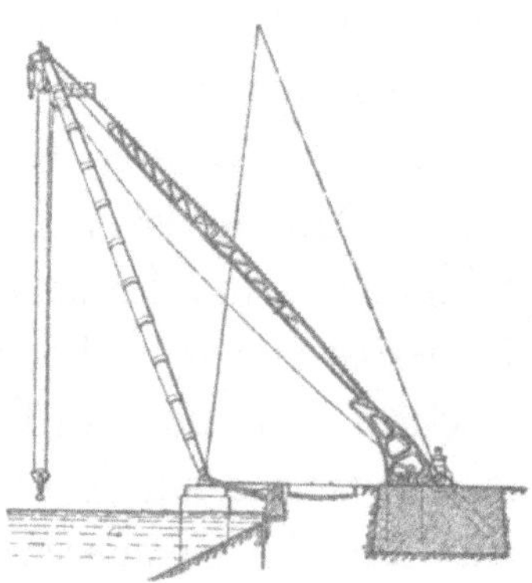

Abb. 105.

Abb. 106.

Mastenkran von Stuckenholz 1881 für Amsterdam erbaut. Tragkraft 80 t. Arbeitsfeld eine Linie senkrecht zur Kaikante. Abmessung der Last begrenzt durch die Öffnung zwischen den Druckstreben.

1887 von Stuckenholz für den Hamburger Staat erbaut. Tragkraft 150 t, Ausladung 17,2 m, Dampfantrieb. Arbeitsfeld eine Kreislinie von 34,4 Durchmesser. Zu jener Zeit der größte Kran der Welt.

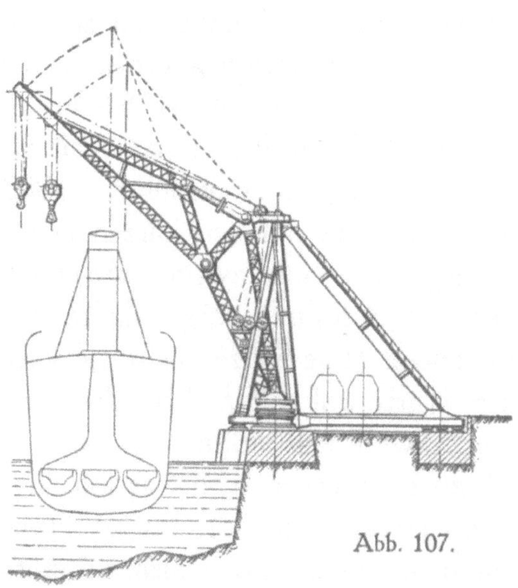

Abb. 107.

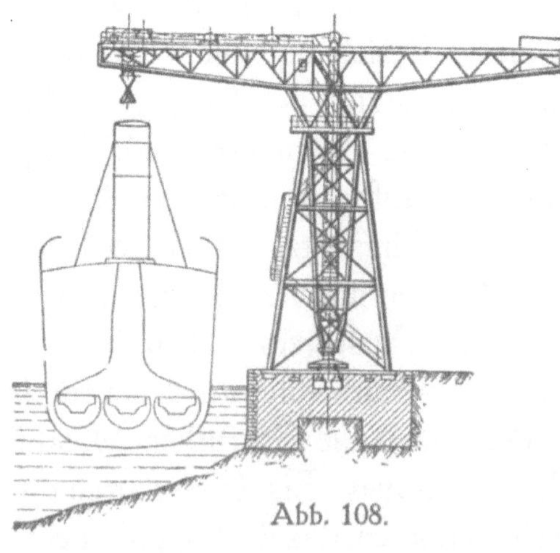

Abb. 108.

1896 von Bechem & Keetman für die Werft von Blohm & Voß in Hamburg erbaut. Tragkraft 150 t bei 17,5 m Ausladung. Größte Ausladung 32,5 m für 30 t am Hilfshaken. Der Kran ist nur um 240 Grad drehbar. Der erste Riesenkran aus Eisenfachwerk.

1900 von Benrath für das Kaiserdock in Bremerhaven erbaut. Tragkraft 150 t bei 22 m Ausladung. Der Lasthaken hängt an einer auf dem wagerechten Lastarm verfahrbaren Katze. Antrieb elektrisch. Die erste Ausführung nach der Hammerkranbauart.

Die Entwicklung der Schwerlastkrane

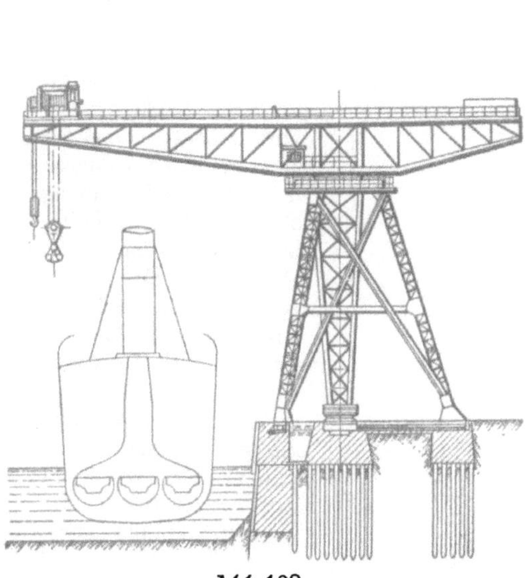

Abb. 109.

1901 von Bechem & Keetman für Friedrich Krupp A.=G. Germania=Werft in Kiel=Gaarden erbaut. Tragkraft 150 t bei 22,75 m Ausladung. Größte Ausladung 37,65 m für 45 t am Hilfshaken. Das Stützgerüst bildet eine dreiseitige Pyramide.

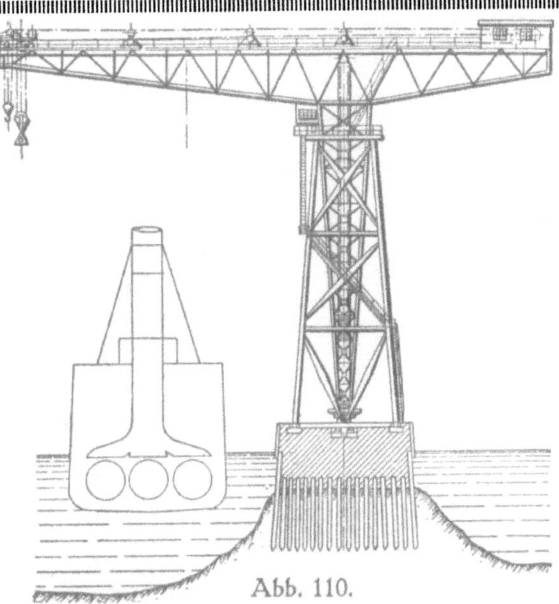

Abb. 110.

1901 von Benrath für die Howaldtwerke in Kiel erbaut. Tragkraft 150 t bei 20 m Ausladung. Größte Ausladung 42,4 m bei 15 t Last am Hilfshaken. Höhe bis Oberkante Ausleger 47,15 m. Der Kran steht auf einer Mole und kann zwei Schiffe bedienen.

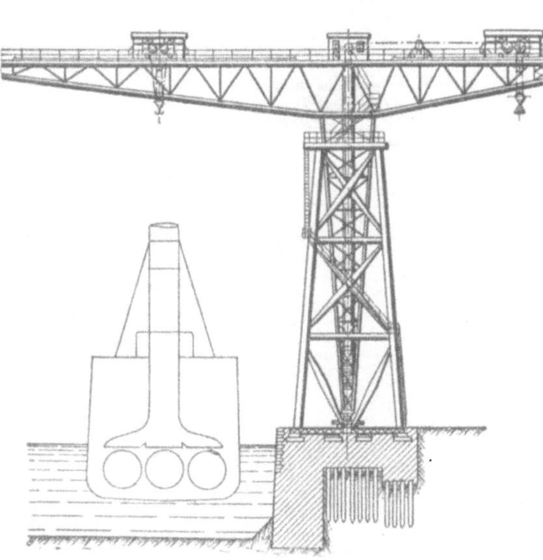

Abb. 111.

1902 von Benrath für William Beardmore & Co. in Glasgow erbaut. Tragkraft 150 t bei 22 m Ausladung. Größte Ausladung 42,5 m für 30 t Last am Lasthaken der 50 t=Katze auf dem langen Auslegerarm. Jede Katze trägt ein unabhängiges Windwerk. Das Haupt=hubseil wird in einem Flaschenzug aufgespeichert.

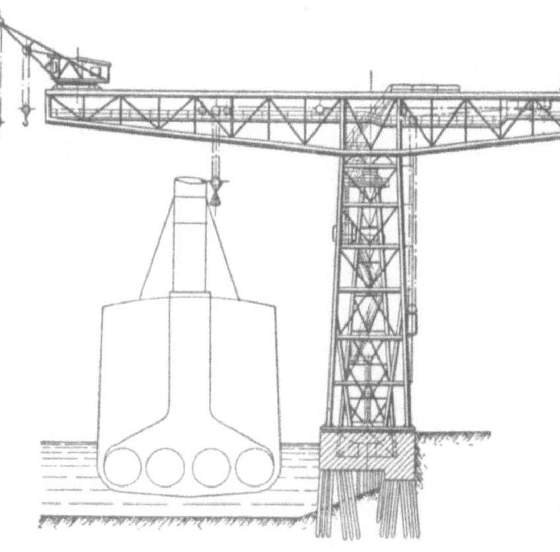

Abb. 112.

1907 von Benrath für Johann C. Tecklenborg A.=G. Geestemünde erbaut. Tragkraft 150 t bei 20 m Ausla=dung. Größte Ausladung 47,5 m für 5 t Last am Hilfs=haken des oben auf dem Ausleger fahrenden Dreh=kranes. Die erste Ausführung mit fester Mittelsäule und Fachwerksglocke am Ausleger.

Die Entwicklung der Schwerlastkrane

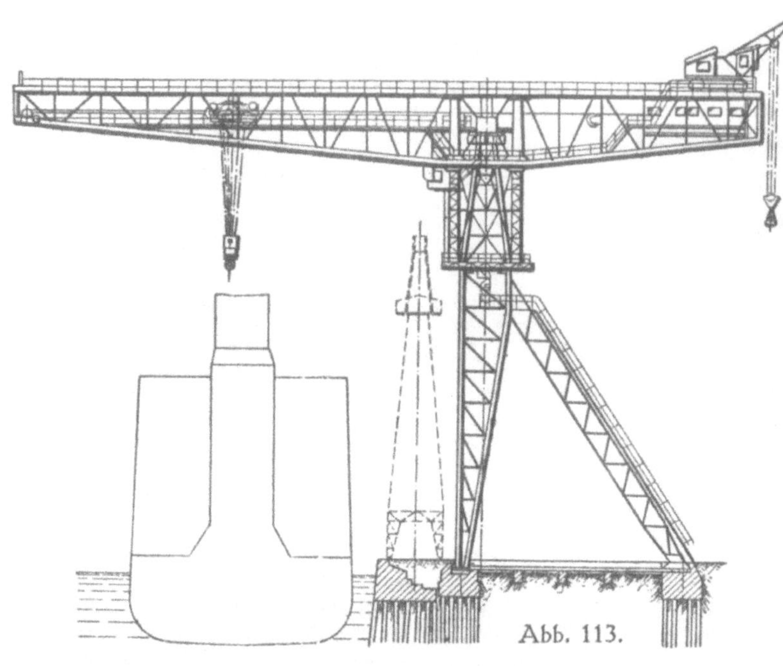

1911 von der Demag für die Vulcanwerke in Hamburg erbaut. Tragkraft 200 t bei 23,75 m Ausladung. Größte Ausladung 59,45 m bei 5 t am Hilfshaken des fahrbaren 20 t Drehkrans. Das Stützgerüst wurde dreibeinig ausgebildet, um Platz für die am Kai fahrenden Turmkrane zu schaffen und den örtlichen Verhältnissen Rechnung zu tragen. Der Kran wurde erbaut zur Ausrüstung des Dampfers „Imperator".

Abb. 113.

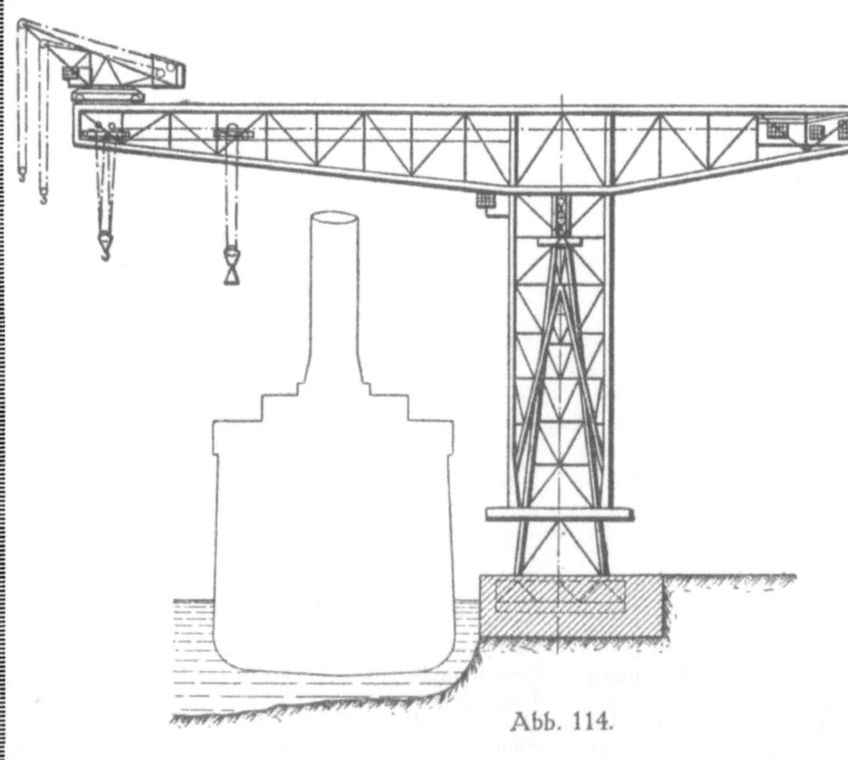

1913 von der Demag für die Werft F. Schichau in Elbing erbaut. Tragkraft 250 t bei 25 m Ausladung. Größte Ausladung der vor der Hauptkatze laufenden Hilfskatze 56 m bei 50 t Last. Der fahrbare Hilfsdrehkran auf dem Ausleger hat 20 t Tragkraft bei 7,5 m Ausladung und 5 t bei 10 m. Der Durchmesser des Arbeitsfeldes beträgt 132,5 m.

Abb. 114.

Die Entwicklung der Schwerlastkrane

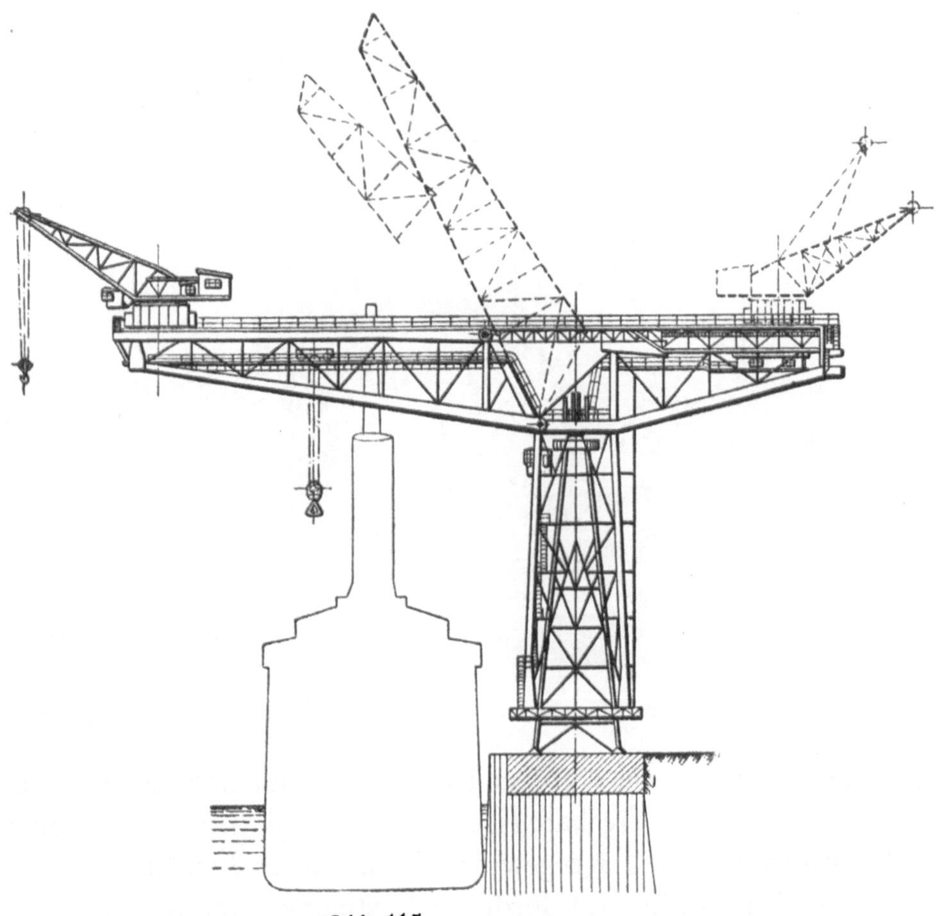

Abb. 115.

Hammerwippkran 1913 von der Demag für die Werft von Blohm & Voß in Hamburg erbaut. Tragkraft 250 t bei 34,5 m Ausladung. Größte Ausladung 53 m bei 110 t Last. Der 55,4 m lange Lastarm kann hochgeklappt werden, dann ist der Kran 96 m hoch. Der fahrbare Drehkran auf dem Ausleger hat 20 t Tragkraft bei 10 m Ausladung und 10 t bei 18 m. Das vom Kranhaken bestrichene Arbeitsgebiet hat 147 m Durchmesser und ist 17000 qm groß. Der Kran wurde erbaut zur Ausrüstung des Dampfers „Vaterland", er ist heute der größte Kran der Welt.

Aus der großen Reihe der von der Deutschen Maschinenfabrik und ihren Vorgängern gebauten Schwerlastkrane wurden diese elf Beispiele ausgewählt. Sie kennzeichnen wesentliche Entwicklungsabschnitte, ohne natürlich die zahlreichen Konstruktionen, die aus den Werkstätten in Benrath, Duisburg und Wetter hervorgegangen sind, irgendwie zu erschöpfen, denn in diesen Werkstätten sind seit dem Jahre 1881 an feststehenden und fahrbaren Riesenkranen mit mehr als 25 t Tragkraft für Werften und Docks 57 hergestellt worden mit einer Gesamttragfähigkeit von rd. sechs Millionen kg, darunter allein 38 Krane mit einer Tragkraft von je 100 t und mehr.

vier Füßen unmittelbar in einen großen Fundamentblock eingelassen wurde. Auf
diese Säule stützte sich der drehbare Kranteil, der sie glockenartig umschloß. Das
auf der Kransäule ruhende Eigengewicht des drehbaren Teiles und das Gewicht
der angehängten Last wirkte den durch das Lastmoment auftretenden Zugkräften
im Fundament entgegen, wodurch dieses erheblich kleiner wurde und die Kosten
etwa auf die Hälfte verminderte. Das Eigengewicht des Kranes und der Last wurde
so zur Standsicherheit des Kranes mitbenutzt. Außerdem hatte man damit den
Vorteil, den Drehmittelpunkt des Kranes wesentlich näher an die Vorderkante der
Kaimauer heranrücken zu können, wodurch die Ausladungen des Kranes, ver=
glichen mit den früheren Konstruktionen, also kleiner sein konnten. Dieser Kran
zeigte auch noch eine weitere der Benrather Maschinenfabrik geschützte Verbes=
serung. Die Firma Joh. Tecklenborg A.=G. in Geestemünde verlangte, daß man
mit dem Kran auch die bis zu 60 m hohen Masten der von der Werft zu bauen=
den großen Fünfmaster=Segelschiffe einsetzen könne. Den Kran selbst wollte man
nicht so hoch bauen. So kam denn der Ingenieur Bode auf den Gedanken, die
auf dem Obergurt des Auslegers laufende Katze in das Innere zu verlegen und
einen oben auf dem Ausleger laufenden Drehkran von 20 t Tragkraft anzubringen.
Man konnte hierdurch die Masten unabhängig von der Höhe des Kranes seitlich

aufnehmen und einsetzen. Diesen Drehkran ließ man über die ganze Länge des vorderen und rückwärtigen Auslegers fahren, während die Laufkatze für die Haupt= last nur auf dem vorderen Arm fuhr. Elektrische Schaltungen sorgten dafür, daß der Drehkran beim Arbeiten der Laufkatze am hinteren Ende des Gegengewichts= auslegers steht und so als Gegengewicht dient. Wenn der Drehkran arbeitet, so steht die Laufkatze in der innersten Stellung. Der hier zu betrachtenden Zeit vorausgreifend, sei erwähnt, daß die letzte Entwicklung der Hammerkrane im Jahre 1913 durch Verbindung eines einziehbaren Auslegers mit dieser Bauart er= reicht wurde. In diesem Jahre wurde für Blohm & Voß ein solcher Riesen= kran, von 250 t, heute der größte Kran der Welt, erbaut.

Die Entwicklung der von Benrath geschaffenen neuen Schwimmdrehkrane wurde schon früher geschildert. Der Erfolg, den Benrath mit der neuen Bauart hatte, war so groß, daß schon einige Wochen nach der Bestellung des ersten für Japan be= stimmten Schwimmkranes auch eine irische Werft einen solchen Kran in Auftrag gab, der mit 152,5 t Tragkraft und 30,5 m Ausladung von Drehmitte alle be= stehenden Krane weit in den Schatten stellte. Bald folgten Bestellungen für Bremer= haven und die Germania=Werft und später nach der Fusion für den Panama= Kanal und die Kaiserliche Werft in Wilhelmshaven, bei denen die Tragkraft sogar auf 250 t gesteigert wurde.

Erwähnenswert sind auch Schiffsaufzüge, die mit Zugkräften bis zu 300 t zum Aufziehen von Dampfern bis zu 3000 t Raumgehalt für die verschiedensten Staaten geliefert wurden. Ferner brachte der Schiffbau weitere große Aufträge durch die in steigenden Maße verlangten hohen fahrbaren und feststehenden Hellingkrane sowie Hellinggerüste. Bei einer dieser Anlagen, die für Japan ausgeführt wurde, benutzte man in dem Hellinggerüst außer leichten Kranen auch einen Laufkran von 30 t, mit dem man, während noch das Schiff auf der Helling lag, die Panzer= platten anbringen und die Hilfsmaschinen einsetzen konnte.

Mit dem Beginn des neuen Jahrhunderts schienen wieder für eine Zeitlang die reiche Ernte bringenden Jahre des wirtschaftlichen Aufstieges beendet. Der Ge= schäftsbericht der Benrather Maschinenfabrik vom Jahre 1900/01 berichtet, daß die Fabrikerweiterungen in diesem Jahre völlig abgeschlossen wurden, daß man das Betriebskapital auf 4,5 Millionen Mark erhöht habe, daß aber der Rückgang der Konjunktur zugleich stark einsetze. Ein Teil der Besteller habe bereits die fertig vor= liegenden Maschinen nicht abgenommen mit der Begründung, die Neubauten seien noch nicht weit genug vorgeschritten. Der Jahresumsatz blieb um ein Viertel gegen das Vorjahr zurück. Die erzielten Preise überschritten nur wenig die Selbstkosten. Eine Anzahl kleinerer Kranbauanstalten entstanden und der Wettbewerb machte sich immer stärker bemerkbar, zumal auch größere Werke aus Mangel an anderer Beschäftigung begonnen hatten, den Kranbau aufzunehmen. Die Firma mußte deshalb ihrerseits ebenfalls versuchen, andere Arbeitsgebiete zu gewinnen. Hier lag das Eisenhüttenwesen am nächsten, für das sie bereits begonnen hatte, eine große Anzahl elektrisch betriebener Sonderkrane zu liefern.

Die Firma begründete deshalb 1901 eine besondere Abteilung „für den Bau aller Maschinen für den Hüttenbetrieb, vor allem mit elektrischem Antrieb". Auch hier suchte man soweit als möglich amerikanische Erfahrungen sich zunutze zu machen und diese Konstruktionen den deutschen Verhältnissen sinngemäß anzupassen. Besondere Beachtung verdienten die großen Hochofenbegichtungsanlagen. Je größer die in neueren Hochofenwerken verarbeiteten Rohstoffmengen wurden, umso notwendiger mußten auch leistungsfähige Hebe- und Fördereinrichtungen werden. Um welche Massen es sich hier handelt, ergibt sich aus der Leistung neuzeitlicher Anlagen. Öfen, die täglich 400 t Roheisen erzeugen, gehören heute nicht einmal zu den größten Anlagen, werden doch bereits mit Öfen mehr als 600 t Eisen erzielt. Ein Hochofenwerk, bei dem 8 Öfen mit je 400 t Tagesleistung in einer Reihe stehen, muß mit einem Gesamttagesbedarf an Rohstoffen (Koks, Erze, Zuschläge) von rund 11 200 bis 11 800 t rechnen, die den Öfen in etwa 20 Stunden zugeführt werden müssen. Für die Zufuhr dieser Massen zum Werk muß mit noch kürzerer Zeit gerechnet werden, da beim Transport meist nicht mit Doppelschichten gearbeitet wird. Große auch maschinell gut eingerichtete Lagerplätze sind von Bedeutung, damit man nicht von der Hand in den Mund leben muß. Die Aufgabe, diese großen Rohstoffmassen ununterbrochen Tag und Nacht in möglichst gleichmäßiger Folge von der Hüttensohle aus dem Hochofen zuzuführen, hat zuerst in Amerika, dann in Deutschland zu einer Reihe bemerkenswerter Lösungen geführt. Außer einem unbedingt zuverlässigen Betrieb verlangte man möglichste Schonung des Materials, insonderheit des Koks, der durch vielfaches Umladen leidet, gleichmäßige Verteilung des Fördergutes im Ofen und Ersparnis von Arbeitern. Ohne hier auf die gesamte neuzeitliche Entwicklung eingehen zu können, sei nur der Weg angedeutet, der eingeschlagen wurde.

Die alten niederen Hochöfen hatten selten besondere Begichtungsanlagen nötig. Später baute man senkrecht stehende Aufzüge, bei denen die Wagen in der obersten Stellung mit dem Fördergut von den Arbeitern bis zur Gicht gezogen und dort gekippt wurde. Man kam sodann zu Schrägaufzügen, bei denen es gelang, die Fördergefäße unmittelbar bis zur Gicht maschinell zu fördern. Die Gichtverschlüsse wurden planmäßig weiter ausgebildet, wobei versucht wurde, ihre Bewegung in der Weise vor dem Aufzug abhängig zu machen, daß das Einschütten des Rohstoffes selbsttätig in den Ofen erfolgen konnte. In Deutschland suchte man, von der Notwendigkeit ausgehend, den verhältnismäßig weichen Koks so sehr als möglich vor dem Zerreiben zu schützen, Konstruktionen zu entwickeln, bei denen ohne mehrfache Umladung das Fördergut in den Ofen gebracht werden konnte. So entstanden

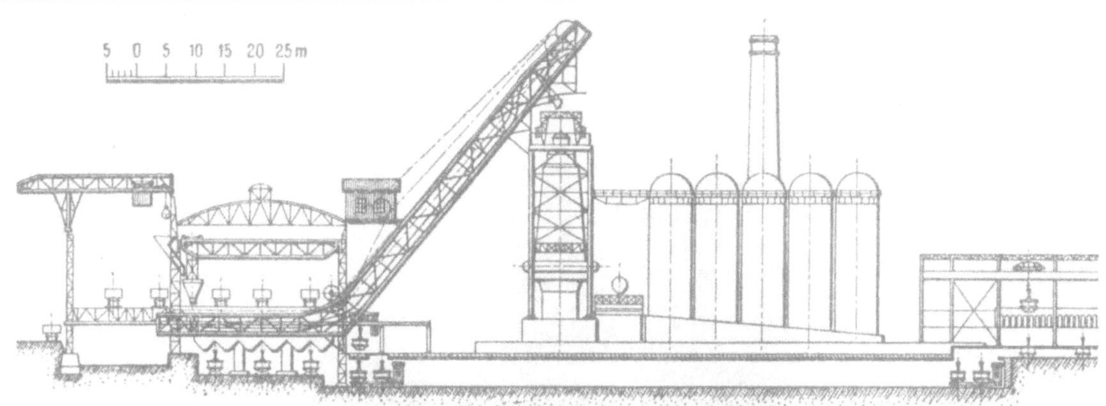

Abb. 117. Hochofenanlage der Gewerkschaft Deutscher Kaiser, Hamborn.

Schrägaufzüge mit Trichterkübeln, die unmittelbar auf die Gicht des Ofens aufge=
setzt auch für gleichmäßige Aufgabe des Materials sorgten. Während der Antrieb
früher bei den alten senkrechten Aufzügen vorwiegend durch Dampfmaschinen,
die oft oben auf den Hochöfen lagen, erfolgte und auch Druckluft zeitweise benutzt
wurde, hat seit 1900 hier der elektrische Antrieb sich eingeführt.

Diese Schrägaufzüge mit Trichterkübel waren bereits vor den ersten Ausfüh=
rungen der Benrather Maschinenfabrik mehrfach mit Erfolg auch in Deutschland
hergestellt worden. Die Benrather Maschinenfabrik übernahm die Bauart, die die
Firma Heinrich Stähler, Dampfkesselfabrik in Weidenau an der Sieg, baute,
sie hat gemeinsam mit dieser Firma eine größere Zahl von leistungsfähigen
Schrägaufzügen für die verschiedensten Hochofenwerke ausgeführt. Eine neuzeitliche
Hochofenbegichtung, 1909/1911 ausgeführt für die Gewerkschaft Deutscher Kaiser
in Hamborn, zeigt Abb. 117.

Ferner wurden für die Hochofenwerke große Roheisenwagen zum Transport
des Roheisens ausgeführt, zum Teil elektrisch betrieben mit Fassungsraum von
40 t. 1903 hat Benrath auch den ersten Roheisenmischer an das Stahlwerk Rothe
Erde in Aachen geliefert. Diese Roheisenmischer gewannen eine umso größere
Bedeutung, je mehr man mit Rücksicht auf Brennstoffersparnis dazu überging, vom
Hochofen das Stahlwerk unmittelbar zu versorgen. Die Zwischenschaltung des
Sammelbehälters zwischen Hochofen und Konverter bot auch den großen Vorteil,
neben der Mischung eine Reinigung des Eisens, eine Entschwefelung, zu er=
reichen. Die erste Anregung zu ihrer Einführung hatte Alfred Trappen schon im
Jahre 1885 durch einen Aufsatz in Stahl und Eisen gegeben, wobei er zunächst
allerdings nur an die Kleinbessemerei gedacht hatte, um die Schwierigkeiten zu be=
heben, am Hochofen in kurzen Zwischenräumen kleine Eisenmengen abstechen zu
müssen. Dieser erste Mischer wurde entgegen dem Rat der Benrather Maschinen=
fabrik noch ohne Heizung ausgeführt und mußte deshalb bereits nach Jahresfrist

außer Betrieb gesetzt werden, da er infolge unvorsichtiger Bedienung einfror. Bald darauf hat Benrath einen geheizten Roheisenmischer für die Vereinigte Königs= und Laurahütte von 300 t Inhalt geliefert, dem weitere Ausführungen folgten. Es sei bereits an dieser Stelle erwähnt, daß die Deutsche Maschinenfabrik hier auf= bauend neuerdings einen Mischer bis zu einer Größe von rd. 1400 t ausgeführt hat. Die ersten kippbaren Flachherdmischer sind von der Benrather Maschinen= fabrik 1907 erbaut worden.

Die neuzeitlichen Stahlwerke stellten, wie wir bereits früher hervorgehoben haben, außerordentlich große Anforderungen an den Kranbau. Auf diesem Gebiete kam die Benrather Maschinenfabrik vor allem in scharfen Wettbewerb mit Stucken= holz. Hier war man unter der Leitung von W. Reuter ebenfalls zielbewußt an den weiteren Ausbau gerade dieser Sonderkrane herangegangen und hatte unter Über= windung großer Schwierigkeiten den elektrischen Antrieb erfolgreich durchgeführt. Unter den vielen in diesem Zusammenhang in Frage kommenden Anforderungen sind besonders bemerkenswert die für die Martinöfen geschaffenen Beschickungs= vorrichtungen, die auf mehreren großen Werken in Amerika, u. a. in den Werken von Carnegie, bereits 1893 im Betrieb waren. Sie wurden damals mit Dampf, durch Wasserdruck oder Druckluft, betrieben. Mit ihrer Hilfe konnte man Roh=

eisen und Alteisen in wesentlich größeren Mengen und vor allem in sehr viel kürzerer
Zeit, als es bis dahin von Hand möglich war, in den Ofen befördern. Für den Ofen-
betrieb hatte dies den großen Vorzug, daß nunmehr die Türen nur ganz kurze
Zeit geöffnet wurden. Die ersten amerikanischen Maschinen waren noch sehr
umfangreich, in ihren Antriebsverhältnissen sehr verwickelt und hatten den wesentlichen Fehler, daß der Löffel zur Aufnahme des Schrots noch fest mit der Maschine
verbunden war, so daß es notwendig wurde, diesen Löffel an der Maschine selbst
zu beladen. Es kamen dann in dem Wellmannschen Stahlwerk in Thurlow bei
Philadelphia wesentlich verbesserte Maschinen, die elektrisch betrieben wurden, in
Benutzung und man ging daran, diese auch in Europa einzuführen. Die erste
elektrisch betriebene Chargiermaschine wurde 1895 auf dem Eisenwerk Rheinau
der Aktiengesellschaft Lauchhammer gebaut und hier in Betrieb genommen. Die
Benrather Maschinenfabrik hat sich bereits seit 1898 mit dem Bau dieser elektrisch
betriebenen auf Hüttenflur fahrenden Beschickungsmaschinen beschäftigt. In vielen
Werken wurde es bei den ersten Maschinen als sehr lästig empfunden, daß der
Raum in der ganzen Länge vor den Öfen für die Maschinen freigehalten werden
mußte. Der Transport von Beschickungsmaterial war umständlich und auch mit
Gefahr verbunden. Die Geschwindigkeit, besonders für das Längsfahren der
Maschinen, war sehr beschränkt. Man ging deshalb dazu über, Maschinen auf
hochgelegener Bahn laufen zu lassen. Die Firma Stuckenholz hatte bereits 1903
derartige Beschickungsmaschinen mit 5 umsteuerbaren Elektromotoren gebaut.
Diese Konstruktion ist dann grundlegend für weitere Ausführungen auch bei
der Benrather Maschinenfabrik geworden.

Im Walzwerkbau hat man in Benrath zunächst begonnen, Rollgänge, Kantvorrichtungen usw., in ausgezeichneter Weise mit elektrischem Antrieb versehen,
durchzubilden. Auch alle anderen Hilfseinrichtungen und Hebezeuge, wie sie
der Walzwerkbetrieb erfordert, wurden hier unter Berücksichtigung amerikanischer Erfahrungen in neuzeitlicher Form durchkonstruiert und mit Erfolg eingeführt. Diese vielseitige Beschäftigung für den Walzwerkbetrieb führte dazu,
auch vollständige Walzwerke einzurichten, als es schwer wurde, ausreichende
Aufträge im Hebezeugbau zu erhalten. So wurden von Benrath eine große Zahl
mustergültig durchgeführter Walzwerke verschiedenster Bauart hergestellt. Hier
mußte sich naturgemäß der Wettbewerb mit Bechem & Keetman sehr stark bemerkbar machen. Der Tradition der Benrather entsprach es, auch hier wieder zu
versuchen, den elektrischen Strom auch zum Antrieb der Walzwerke selbst zu
benutzen. Gemeinsam mit der Allgemeinen Elektricitäts-Gesellschaft, der Rechts-
nachfolgerin der Union, führte Benrath dann 1903 und 1904 die ersten elektrisch
betriebenen großen Walzwerke aus. Beide waren für Weiterlieferung an die Firma
Balcke, Tellering & Co. A.-G., Hilden, bestimmt und zwar für die neuerrichteten

Walzwerke zum Walzen nahtloser Rohre nach dem System Briede. Die Leistung des Elektromotors lag bei dem einen zwischen 360 bis 720, bei dem anderen zwischen 500 und 1000 PS. Beide Motore waren unmittelbar mit der Walzenstraße verkuppelt. Der Motor mit der kleineren Leistung für Schrägwalzwerkantrieb arbeitete mit 140 bis 190 Umdrehungen in der Minute, die zweite Anlage zum Antrieb des Pendelwalzwerks mit 220 bis 300 Umdrehungen. Die Spannung betrug 500 Volt. Eine ganze Anzahl weiterer Motore, besonders für elektrischen Antrieb, sind dann in der Folge von der Allgemeinen Elektricitäts-Gesellschaft für Benrath geliefert worden.

Innerhalb des Walzwerkbaues gewann die Ausführung von Rohrwalzwerken, deren Grundgedanken Briede bereits 1901 patentiert wurden, große Bedeutung. Eines der ersten Rohrwalzwerke nach dem Briedeschen Verfahren, zugleich mit einem Schrägwalzwerk und Radscheibenwalzwerk, wurde 1902 nach den Vereinig-ten Staaten geliefert.

Der Geschäftsbericht von 1902/1903 stellte fest, daß man mit den Erfol-gen der neuen Abteilung Hüttenwesen besonders zufrieden sein konnte. Neben elektrisch betriebenen Rohrwalzwerken werden vom Bericht vollständige Draht-walzwerke einschließlich der Öfen und Haspeln, eine Triovorstraße, eine große Mischeranlage von 500t, Gießwagen, elektrisch betriebene Warmsägen, elektrische Rollgangsantriebe und Beschickungsvorrichtungen für Siemens-Martin-Öfen besonders erwähnt. Trotzdem der Umsatz um etwa $33\frac{1}{3}$ vH höher war, konnte man doch bei einem Reingewinn von 190178 M nur eine Dividende von 4 vH verteilen, und auch die Goldene Ausstellungsmedaille, die man sich in Düsseldorf mit einer sehr nennenswerten Ausstellung erworben hatte, konnte an dem geschäftlichen Ergebnis nichts ändern. Man durfte nur hoffen, infolge der auf dieser Ausstellung angeknüpften weiteren Geschäftsverbindungen neue lohnende Aufträge zu erhalten.

Im folgenden Jahre 1903 schied Otto Briede aus dem Vorstand aus, um sich unabhängig von der Firma der Verwertung seiner Rohrwalzwerkpatente wid-men zu können. Da ein großer Teil der Aktien in den Besitz der Berlin-Anhalt. Maschinenbau A.-G. übergegangen war, traten Generaldirektor Blum in Ber-lin und Direktor Roth in Dessau von dieser Firma an die Stelle von Briede. Als Vorsitzender des Aufsichtsrates wurde Ed. Arnhold, Berlin, gewählt. Das Geschäftsjahr wurde jetzt dem Kalenderjahr gleichgesetzt. Das gesamte Kal-kulationswesen suchte man nach dem Muster der Berlin-Anhalt. Maschinenbau A.-G. zu verbessern. 1904 richtete man eine besondere Abteilung für Hängebahnen und Transportanlagen ein, im folgenden Jahr mußte man bereits wieder Neu-bauten in Angriff nehmen, ohne jedoch das Geschäftsergebnis, in Dividende aus-gedrückt, verbessern zu können. Im Geschäftsbericht vom Jahre 1906 wird auf

Abb. 119. Die große Eisenbahnwerkstatt in Benrath.

den neuen Aufschwung der gesamten Industrie hingewiesen, durch den sich auch
die außergewöhnliche Steigerung der Aufträge erklären läßt. Der Mangel an ge=
schulten Arbeitern machte sich stark fühlbar und der scharfe Wettbewerb drückte
die Preise so, daß trotz der großen Beschäftigung die Dividende nicht über 5 v H
stieg. Die Arbeiterzahl betrug damals 872 und stieg im folgenden Jahr auf die
Höchstzahl von über 1200. Im Bericht vom Jahre 1908 mußte den Aktionären
mitgeteilt werden, daß das Geschäftsergebnis sehr ungünstig sei. Die Arbeiter=
zahl war wieder auf rd. 880 heruntergegangen. Der Mißerfolg war, wie die Ge=
schäftsleitung feststellte, „auf die geringen Preise zurückzuführen, die infolge des
scharfen Wettbewerbs eingehalten werden mußten". Unter diesen Umständen fielen
die jetzt einsetzenden Bestrebungen auf Abschluß einer Interessengemeinschaft mit
den beiden Firmen, mit denen man im schärften Wettbewerb stand, natürlich auf
besonders günstigen Boden. Wilhelm de Fries hat diesen gegenseitigen Preisdruck
in dem Wettbewerb von jeher schwer empfunden, besonders stark in den Krisen=
jahren 1904/06. Er hat damals bereits zielbewußt auf einen Zusammenschluß der
Maschinenfabriken hingearbeitet und wenigstens versucht, im Auslandsgeschäft eine
Vereinigung zustande zu bringen, die lohnende Preise gewährleistete.
Nachdem die Vereinigung mit Wetter und Duisburg zustande gekommen war,

schied Wilhelm de Fries aus dem Vorstande aus und begründete mit Georg
Nicolai die offene Handelsgesellschaft Wilhelm de Fries & Co. zu Düsseldorf.
Auch diese Firma, die sich mit dem Verkauf von Hebezeugen und anderen Ma=
schinen befaßte, hat in ihren ersten 10 Jahren ansehnliche Erfolge erzielt. Am
21. Februar 1919 ist Wilhelm de Fries durch den Tod aus seiner erfolgreichen
industriellen Tätigkeit abberufen worden.

Den bedeutenden technischen Aufgaben der Benrather Maschinenfabrik hat er
seine hervorragenden kaufmännischen Fähigkeiten zur Verfügung gestellt. Er hat
den Wert der neuzeitlichen Propaganda auch für den Absatz großer Maschinenan=
lagen erkannt. Trotzdem er über Sprachkenntnisse nicht verfügte, hat er mit Vor=
liebe und seltener Fähigkeit das Auslandsgeschäft, soweit es möglich war, per=
sönlich verfolgt. Als er der englischen Firma Harland & Wolff in Belfast den
ersten großen 150 t Schwimmdrehkran verkaufte, bot der Generaldirektor der
Werft ihm an, wenn der Kran seine Aufgabe zur Zufriedenheit durchführe, dann
solle de Fries die deutsche Flagge an der Spitze des Auslegers dieses Riesenkranes
hissen und sie solle dort solange bleiben, bis der Wind sie selber herunterhole. Die
Fahne ist tatsächlich auch 70 m über Wasser, weithin über Land und Meer
sichtbar angebracht worden und die Tatsache, daß die deutsche Flagge über einem
britischen Hafen wehe, hat die englische Presse und die Stadtverordnetenver=
sammlung in Belfast nicht wenig aufgeregt. Den Gegnern der deutschen Industrie
konnten allerdings solche kleinen Unterstreichungen deutscher technischer Lei=
stungen in England nur willkommen sein, denn die Organisation des Wider=
standes, den sie dem Eindringen deutscher Technik in England entgegensetzten,
wurde dadurch erleichtert. Das Auslandsgeschäft hat Wilhelm de Fries
auch weiterhin dadurch zu fördern gesucht, daß er mit ersten
Maschinenfabriken in England, Frankreich, Österreich=
Ungarn und Rußland Verträge abschloß und ihnen
dadurch die Möglichkeit bot, Benrather Normal=
konstruktionen im Auslande auszuführen.

DIE DEUTSCHE MASCHINENFABRIK A.-G.

Der Wettbewerb der Stammfirmen / Der Beginn des Zusammenschlusses / Die treibenden Kräfte / Die führenden Männer / Der Zusammenschluß zur Demag / Das technische Arbeitsgebiet und seine Organisation / Angliederung der Firma Rudolf Meyer & Co. / Technische Leistungen / Organisation und Verwaltung / Rückblick und Ausblick.

ie im Verhältnis zu den hervorragenden technischen Leistungen oft so geringen wirtschaftlichen Ergebnisse mußten die Leiter der Maschinenfabriken immer wieder vor die Frage stellen, ob es nicht möglich sei, durch Preisvereinbarungen, Abgrenzung der Arbeitsfelder oder durch vollständigen Zusammenschluß von Firmen gleicher oder ähnlicher Arbeitsgebiete den das Einzelunternehmen wirtschaftlich so schwer belastenden Wettbewerb auf ein erträgliches Maß einzuschränken. Was sich auf diesem Wege erreichen ließ, hatte der Bergbau und die Eisenindustrie an vielen Beispielen gezeigt. Das so viel zitierte freie Spiel der Kräfte hatte man hier längst auf das für die gesamte wirtschaftliche Entwicklung erträgliche Maß zurückgeführt. Man dachte nicht daran, einem Prinzip zuliebe sich dauernd wirtschaftlich zu schädigen. Die Entwicklung ging hier von der losen Vereinbarung von Fall zu Fall bis zur vollkommenen Verschmelzung der Unternehmungen. Für den Maschinenbau erschien es um so schwerer, diesen Beispielen zu folgen, je mehr die große technische Einzelleistung in den Vordergrund rückte. Hatte man es dort mit Massenartikeln zu tun, deren Güte sich leicht abschätzen ließ, deren Vertrieb nach listenmäßigen Preisen organisiert werden konnte, so spielte im Maschinenbau die persönliche Bewertung der oder jener verwickelten Konstruktion für die Beurteilung oft eine ausschlaggebende Rolle. Es war auf dem Gebiet des Bergbaues und der Eisenindustrie leichter, sich über Güte, Leistung und Preis zu verständigen. Derartige Vereinbarungen mußten aber jeder Art von Zusammenfassung vorangehen. Auch gemeinsame Verkaufsorganisationen ließen sich auf Grund leicht beurteilbarer Massenerzeugnisse eher schaffen, als im Maschinenbau, bei dem sich jeder strafferen Vereinigung große Schwierigkeiten entgegenstellten. Diese lagen in den stark differenzierten und schwer einheitlich zu beurteilenden Erzeugnissen nicht minder als in der hohen Einschätzung der vollen Selbständigkeit, die den Leitern dieser Industrie, die zumeist aus eigener Kraft sich mühevoll aus kleinen Verhältnissen emporgearbeitet hatten, eigen war. Der Zwang, nicht nur Ehre und Ruhm, sondern auch Geld zu verdienen, um sich wirtschaftlich weiter entwickeln zu können, führte auch hier dazu, die Formen

der nutzbringenden Gemeinschaftsarbeit auszubauen. Der schrankenlose Wett=
bewerb hatte zweifelsohne auf vielen Gebieten die technische Entwicklung
stark vorwärts getrieben. Konnte man doch dauernd nur dann auf gewinn=
bringende Aufträge rechnen, wenn man besondere Vorteile gegenüber seinen
Mitbewerbern zu bieten hatte. Großen Nutzen davon hatten die Abnehmer der
Maschinen, die meist, je schärfer der Wettbewerb der konkurrierenden Maschinen=
fabriken war, um so weniger Neigung verspürten, den Mehrwert derartiger Ver=
besserungen auch durch angemessene höhere Preise anzuerkennen. Schließlich be=
siegte die Sorge um den wirtschaftlichen Fortbestand des Unternehmens auch die
tiefeingewurzelte Abneigung, sich mit seinen Gegnern im Kampf um die Aufträge
freundschaftlich zu verständigen. Man begann, sich in steigendem Maße in wirt=
schaftlichen Vereinen und Verbänden zusammenzuschließen und lernte es, zunächst
auf den allen gemeinsamen Gebieten einheitlich zusammen zu arbeiten. Diese
Gemeinschaftsarbeit nahm mit jedem Jahr größeren Umfang an. Sie erzog dazu,
das Vereinende dem Trennenden voranzustellen. Die gesamte Entwicklung der
Technik drängte auf Zusammenfassung. Das Größerwerden der Unternehmen
ergab sich zwangläufig aus wirtschaftlichen Gründen, die in der technischen Ar=
beitsweise verankert lagen. Der Ehrgeiz der Führer kam meist erst in zweiter
Linie und konnte hier höchstens beschleunigend wirken. Oft genug hätten viele
der maßgebenden Männer gern dieser Entwicklung zum Größerwerden Halt ge=
boten und sich viel lieber mit dem Erreichten begnügt, als sich von neuem mit
immer größerer Verantwortung zu belasten. Nur die innere Wahrheit des Sprich=
wortes, daß, wer stillsteht, zurückgeht, die man täglich erleben konnte, warnte
vor derartiger Selbstgenügsamkeit.

Daß sich auch in der Fertigindustrie mit sehr hochwertigen und denkbar ver=
schiedenen Erzeugnissen große einheitliche Unternehmungen schaffen ließen, hatte
die elektrische Industrie bewiesen. Die Riesenfabriken von Siemens & Halske
und Siemens=Schuckert auf der einen, die der Allgemeinen Elektricitäts=Gesellschaft
auf der anderen Seite zeigten, was die Zusammenfassung technisch und wirt=
schaftlich bedeuten kann. Auch innerhalb des eigentlichen Maschinenbaues begann
man zu festeren Vereinigungen bis dahin sich bekämpfender oder im Arbeitsge=
biet sich gut ergänzender Fabriken zu kommen. So hatten 1898 die altberühmten
Maschinenfabriken in Augsburg und Nürnberg mit der ihnen bereits ange=
gliederten Brückenbauanstalt in Gustavsburg sich zu der „Maschinenfabrik Augs=
burg=Nürnberg A.=G." vereint, die auch bald daran ging, im Westen, in Duis=
burg, eine eigene Fabrik zu errichten.

Besonderes Aufsehen erregte der Zusammenschluß der Firmen, von denen hier
zu berichten ist. Die Entstehung der Deutschen Maschinenfabrik A.=G., die von
der Duisburger Maschinenbau A.=G., der heutigen bis zum Übermaß ent=

wickelten Freude an der Neubildung von Worten durch Zusammensetzen der
Anfangsbuchstaben entsprechend, das Kennwort „Demag" als Telegrammadresse
und Firmenbezeichnung übernommen hat, wurde in weiten Kreisen als ein kenn=
zeichnendes Beispiel für die neuzeitliche Arbeitsvereinigung innerhalb der Maschinen=
industrie angesehen. Wie sie entstand, soll kurz berichtet werden.

Wir sahen bereits, daß in Wetter die beiden räumlich benachbarten, in
ihrem Arbeitsgebiet einander ergänzenden Firmen, die Märkische
Maschinenbau=Anstalt und die offene Handelsgesellschaft Ludwig
Stuckenholz, sich vereinigt hatten. In den letzten Jahren vor der Ver=
einigung weist die Märkische Maschinenbau=Anstalt wenig befriedigende wirt=
schaftliche Ergebnisse auf. Ihr sorgsam auf das bisher Erreichte sich stützender
Direktor war wenig geeignet, neue Wege zu neuen Zielen einzuschlagen. Bei
Stuckenholz strebte ein junger tatenlustiger Besitzer, dem der Wunsch, groß zu
werden, im Blute lag, durch die Vereinigung nach größeren Zielen.

Stuckenholz stand im Hebezeugbau im schärfsten Wettbewerb mit Benrath und
Duisburg, die Märkische mit den gleichen Firmen im Stahlwerk= und Walzwerk=
bau. Märkische und Stuckenholz vereint, mußten einen vollwertigen Gegner zu
den beiden anderen Firmen auf ihrem Gesamtarbeitsgebiet abgeben. Hinzu kam
noch, daß die Abnehmer von Stuckenholz und der Märkischen ungefähr die glei=
chen waren. Es mußten sich also auch in der Auftragswerbung wie in der Ver=
waltung Ersparnisse erzielen lassen. Beide Firmen waren etwa gleich groß, sie
hatten ungefähr die gleiche Arbeiterzahl. So entschloß man sich 1906, sie zu
einer gemeinsamen Aktiengesellschaft zu vereinen, was aus steuertechnischen
Gründen in der Form geschah, daß die Märkische die Firma Stuckenholz in sich
aufnahm. Jede der Gesellschaften wurde mit 1½ Millionen M bewertet. Das
Aktienkapital beider betrug also 3 Millionen M. Für Reuter bedeutete es einen
schweren Entschluß, vom selbständigen Fabrikbesitzer zum Leiter und damit auch
zum Beamten einer Aktiengesellschaft zu werden.

Aus zwei Spezialfirmen war nunmehr eine geworden, die unaufhaltsam dahin
drängte, ihr Arbeitsgebiet noch weiterhin zu ergänzen und abzurunden. Der
schärfste Wettbewerb für Wetter lag in Benrath und Duisburg. Überall begeg=
neten sich die drei Firmen. Stellt man, wie dies auf Seite 218 versucht wurde, die
Verteilung der wichtigsten Arbeitsgebiete der drei Firmen vor ihrer Vereinigung
übersichtlich zusammen, so ergibt sich daraus ohne weiteres, wie stark sich die
Arbeiten überdeckten und ergänzten. Galt es, große Verladeanlagen, riesige Schwer=
lastkrane, feststehend oder schwimmend, oder Krane für Hütten= und Walzwerke,
Walzenzugmaschinen und die denkbar verschiedensten Walzwerkeinrichtungen,
zu liefern, immer konnte man mindestens drei Angebote erhalten, die in sich
meistens gleichwertig waren, und bei denen gewöhnlich nur der niedrigste Preis den

Ausschlag gab. Die Folgen des schrankenlosen Wettbewerbs machten sich naturgemäß in wirtschaftlich schwierigen Zeiten besonders stark bemerkbar. Die Geschäftsberichte von Benrath klagen in den letzten Jahren vor der Vereinigung über ständig geringer werdende Erträgnisse trotz vieler Aufträge und großer technischer Leistung.

Bechem & Keetman, die in den für den Zusammenschluß entscheidenden Jahren durch die Gründung der russischen Fabrik ein Drittel ihres Aktienkapitals eingebüßt hatten, waren durch diesen Verlust anlehnungsbedürftig geworden. Der Gedanke, den scharfen Wettbewerb durch Vereinbarungen zu mildern, war bereits früher zum Ausdruck gekommen.

Reuter nahm Gelegenheit, diese Fragen dauernd mit einem besonders hervorragenden Kenner der wirtschaftlichen Verhältnisse im Industriegebiet, dem Direktor der Deutschen Bank C. Klönne in Berlin, zu besprechen. Klönne, der Reuter verwandtschaftlich und freundschaftlich nahe stand, hatte durch seinen Rat bereits die Vereinigung zwischen der Märkischen und Stuckenholz sehr gefördert.

Klönne stammte aus einer alten rheinischen Kaufmannsfamilie. 1850 in Solingen geboren, war er längere Zeit in Amsterdam und London, dann auch in Rußland an einer Bank tätig. Mit 26 Jahren wurde er Direktor der Westfälischen Bank in Bielefeld, 1879, drei Jahre später, wurde er Direktor des A. Schaffhausenschen Bankvereins. In dieser Stellung verstand er es, sehr weitreichende Beziehungen zur rheinisch-westfälischen Industrie anzubahnen. 1901 trat er in den Vorstand der Deutschen Bank ein, dem er 14 Jahre angehörte. Von hier aus vermochte er die gesamte großindustrielle Entwicklung zu übersehen und zu beeinflussen. Gesundheitliche Rücksichten zwangen ihn, am 1. Januar 1915 sein Amt aufzugeben; schon am 20. Mai des gleichen Jahres starb er.

Sein Nachfolger als Vorsitzender im Aufsichtsrat wurde der Direktor der Deutschen Bank, Oskar Schlitter, dessen reiche Erfahrungen und weit verzweigte Beziehungen, besonders zu der westdeutschen Industrie, für die Deutsche Maschinenfabrik A.-G. wesentlich in Betracht kamen.

Klönne hat Reuter dringend dazu geraten, die engste Vereinigung mit den Firmen in Wetter, Duisburg und Benrath zu versuchen. Der erste Schritt nach dieser Richtung geschah in Düsseldorf. Es trafen sich dort die leitenden Personen, de Fries aus Benrath, Wilhelm Keetman und Kauermann aus Duisburg und Reuter aus Wetter. Zunächst fanden rein persönliche Besprechungen statt und man beschloß, sich in vertraulicher Form in Einzelfällen zu verständigen, um besonders bei großen Aufträgen ein zu weitgehendes Unterbieten zu verhindern. Von diesen vertraulich behandelten Einzelfällen kam man bald zu vertraulichen generellen Abmachungen. Auf die Dauer wurde es aber als unbequem empfunden, solch weitgehende Verpflichtungen vor der Öffentlichkeit geheim zu halten. So entschloß man

Carl Klönne, gest. 20. V. 1915.   Oskar Schlitter, Vorsitzender des Aufsichtsrats.

sich denn 1906, eine Interessengemeinschaft zwischen den drei Werken zu bilden. Der Weg hierzu ging durch langwierige Verhandlungen, denen umfangreiche Gut= achten, große statistische Aufstellungen und Berechnungen zugrunde gelegt wur= den. Besonders bemüht war man, Vergleichs= und damit Verteilungsmaßstäbe zu finden. Man untersuchte in langen Zahlentafeln, wie die bisherigen Aufträge sich auf die einzelnen Bauarten verteilt haben, welche Ausgaben auf Konstruktion, Projektierung= und Offertenabteilung, auf Montage und Propaganda entfallen und ermittelte auch diese Anteile prozentual zur gesamten Auftragssumme. Die Aufstellungen zeigen beträchtliche Schwankungen, wie dies durch die ver= schiedenen Preise bei verschiedener wirtschaftlicher Lage sich ergibt. Bei Benrath z. B. stieg der Anteil der Unkosten auf Auftragswerbung, Konstruktion und Montage von 3,4 vH der Auftragssumme im Jahre 1906 auf 7,88 vH im Jahre 1908.

Sehr viel Überlegung erforderte die Verteilung der Aufträge. Zunächst dachte man daran, die Bauarten auf die einzelnen Firmen in der Weise zu verteilen, daß die eine nur noch Laufkrane, und die andere nur Drehkrane usw. bauen sollte. Als man dann anfing, für die zurückliegenden Jahre die Aufträge so zusammenzustellen, zeigte sich, daß diese Form der Verteilung zu ganz ungleichmäßiger Beschäftigung der einzelnen Firmen führen würde, was natür= lich unbedingt vermieden werden mußte. Hinzu kam noch als große Schwierig= keit, daß keine der Firmen — und vor allem keiner der Ingenieure —

Konstruktionen abgeben wollte, die man mit vieler Mühe praktisch brauchbar entwickelt hatte. Man glaubte auch, daß bei großen Aufträgen, die sich aus den verschiedensten Kranbauarten zusammensetzen konnten, die Auftraggeber kaum damit einverstanden sein würden, wenn Teile des Auftrages anderen Firmen übertragen würden. Vor allem aber war es die Sorge für möglichst gleich= mäßige Beschäftigung der Werkstätten, die eine solche Verteilung der Aufträge von vornherein unzweckmäßig erscheinen ließ. Man schlug dagegen vor, jede der beteiligten Firmen solle im wesentlichen nur das anbieten, was sie bereits ausgeführt habe, und möglichst wenig von Normalkonstruktionen abweichen, auch auf den augenblicklichen Stand der Fabrikation sei Rücksicht zu nehmen. Dieser Gedanke mußte den technischen Fortschritt erschweren und konnte kaum eine ge= rechte Verteilung sichern.

Wesentlicher war der Hinweis auf die großen Vorteile, die zu erreichen sein mußten, wenn man dazu überging, die Hauptmaschinenelemente innerhalb der drei Firmen zu normalisieren. Die Einzelheiten sollten so weitgehend festgelegt werden, daß man die Teile auf Vorrat herstellen konnte. Kurze Lieferfristen und billige Herstel= lung waren so zu erreichen. Die eine Firma konnte der anderen aushelfen. Bei der Abrechnung würde sich auch bald zeigen, welche Firma am billigsten arbeite. Erfahrungen der einzelnen Firmen würden hierbei zwanglos ausgetauscht und die technischen Entwicklungsmöglichkeiten nicht allzu stark eingeschränkt werden.

Erleichtert wurden die endgültigen Entschließungen dadurch, daß nur mit we= nigen Personen zu verhandeln war. In Benrath war Briede ausgeschieden, es kam nur noch de Fries in Frage, der sich mit Keetman, Kauermann und Reuter zu verständigen hatte. Die Banken spielten noch keine Rolle. Auch beim Aufsichts= rat handelte es sich nur um wenige ausschlaggebende Persönlichkeiten. Die Berlin= Anhalt. Maschinenbau A.=G., die bei Benrath, wie wir gesehen haben, stark beteiligt war, hatte den Vorsitzenden ihres Aufsichtsrates, Ed. Arnhold, auch zum Vorsitzenden des Aufsichtsrates von Benrath wählen lassen. Klönne war Vor= sitzender in Wetter und August Keetman Vorsitzender in Duisburg. Es war also leicht, zwischen den führenden Persönlichkeiten die Fühlung herzustellen. Die Interessengemeinschaft bestimmte, daß jeder der Direktoren für die eigene und auch zugleich für die anderen Firmen mit verantwortlich sein sollte. Sehr günstig war es, daß die drei Firmen etwa auf gleicher Höhe standen, so daß die erfahrungs= gemäß besonders schwierigen Verhandlungen über die Verteilung der Anteile sich einfach gestalteten; jeder Firma wurde ein Dritteil zuerkannt. Alle Einnahmen der drei Firmen kamen in eine gemeinsame Kasse.

Die Bekanntgabe dieser Interessengemeinschaft erregte großes Aufsehen. Die Kundschaft fühlte sich benachteiligt, vielerorts fürchtete man eine allzu starke wirt= schaftliche Ausnutzung der durch diese Vereinigung erlangten Machtstellung. Für die Interessengemeinschaft selbst ergaben sich naturgemäß große Vorteile. Sie lagen in erster Linie in der vollkommenen wirtschaftlichen Ausnutzung der gesamten Betriebsanlagen, in dem Vermeiden kostspieliger Doppelarbeit, insbesondere auch beim Ausarbeiten von Angeboten. Trotz der engen Vereinigung der Firmen machte sich aber immer noch im Innern ein Wettbewerb bemerkbar, der seinen natürlichen Grund in dem Streben hatte, dem eigenen Aufsichtsrat stets möglichst günstige Ergebnisse vorweisen zu wollen. Man suchte deshalb die Vereinigung noch enger zu gestalten. Nach der Verschmelzung der drei Firmen konnten wichtige Abteilungen wesentlich vereinfacht werden. Hatte bisher jede der drei Firmen ein großes Patentbüro, so genügte jetzt eins. Das gleiche galt für die Werbetätigkeit der literarischen Büros und anderes mehr. Die Zahl der Beamten im Verhältnis zu der Gesamtleistung wurde geringer. Die absolute Zahl stieg trotz dieser Arbeitsersparnis, da die Arbeitsgebiete sich erweiterten und die Zahl der Aufträge sehr stieg. Die großen oft mit teurem Lehrgeld erkauften Erfahrungen der drei Firmen, bis dahin ängstlich voreinander gehütet, wurden ausgetauscht. Hatte jede Firma vor der Vereinigung die Konstruktionen in erster Linie empfohlen, die auszuführen für sie am vorteilhaftesten war, so konnte man jetzt den Kunden innerhalb des Arbeitsgebietes aller drei Firmen wesentlich objektiver die für den jeweiligen Zweck besonders geeignete Ausführung empfehlen.

Wilhelm de Fries war am 1. April 1909 aus der Firma ausgeschieden. Von da an übernahmen Reuter und Kauermann gemeinschaftlich die alleinige Geschäftsführung der drei Firmen. Reuter blieb zunächst in Wetter, Kauermann in Duisburg. Damit wurde es notwendig, die Büros von Benrath nach Wetter und Duisburg zu verlegen. Diese Büroverlegung machte damals in weiten Kreisen erhebliches Aufsehen, denn hierdurch wurden auch alle die vielfältigen Beziehungen des Einzelnen zur Gesamtheit berührt. Ebenso empfanden die Gemeinden, die viele steuerzahlende Familien verloren, den Wechsel besonders. Den Beamten wurde es zum Teil sehr schwer, ihren Wohnsitz zu ändern, ohne die endgültige Entwicklung übersehen zu können. Eine ganze Reihe älterer Beamten schied damals aus der Firma. Die Fabrikation und den Betrieb ließ man natürlich im Benrather Werk, das mit seinen ausgezeichneten Konstruktionswerkstätten ein sehr wesentlicher Teil der Gesamtfirma bleiben mußte. Auch diese Vereinigung konnte man noch nicht als letzten Schritt ansehen, denn die räumliche Trennung der beiden verantwortlichen Direktoren und ihrer Büros führte zu einer sehr starken persönlichen Belastung. Man entschloß sich deshalb, die drei Werke auch in der Verwaltung zusammenzufassen, und so entstand am 27. Juni 1910 die Deutsche Maschinenfabrik A.-G. Aus steuertechnischen Gründen nahm die Benrather Maschinenfabrik, die das größte Aktienkapital unter den drei Firmen hatte, die Duisburger Maschinenbau-A.-G. und die Märkische Ma-

DEMAG-DUISBURG

1920
1921
1921
1921

1918
Koxit G.m.b.H.
Duisburg.

1917
Gesellschaft f.
Maschinelle
Druckentwäs-
serung mbH.
Urdingen.

1906
Maschinen-
fabrik Schiess
A.-G.
Düsseldorf

Deutsche
Maschinenfabrik AG.
AG. Duisburg
1910

1910

1911
Nasspress-
G. m.b.H.
Wiesbaden.

1909
Hydraulik
G.m.b.H.
Duisburg.

1906

1906
Ernst Schiess
Werkzeugmaschinen-
fabrik A.-G.
Düsseldorf.

Märkische
Maschinen-
bauanstalt
Ludwig
Stuckenholz
A.-G.
/Wetter %.Ruhr.

1900

1898
Benrather
Maschinen-
fabrik ,A.-G.
/Benrath.

1890

1891
De Fries + C⁰
/Düsseldorf.

1880

1879
Gewerkschaft
Orange

1873
A.-G. Schalker.
Vereinf. Kessel-
fabrikation.

1873
Rudolf Meyer, A.-G.
/Mühlheim %.Ruhr.

1872
Märkische
Maschinen-
bauanstalt,
Kamp + Comp
/Wetter %.Ruhr.

1872
Duisburger
Maschinenbau-
A.-G. vorm. Bechem
+ Keetman.

1866
Ernst Schiess
Werkzeugmaschinenfabrik
und Eisengiesserei
I/ Düsseldorf

1870

1862
Bechem +
Keetman
/Duisburg.

1860

1850

1840

1832
Maschinenfabrik
Kamp + Comp.
/Wetter %.Ruhr.

1830

1830
Ludwig Stuckenholz
/Wetter %. Ruhr.

1820

1819
Mechanische Werkstätte Harkort + C⁰ /Wetter %. Ruhr.

10067

✱ = Jahr der Gründung /   = Firmenänderung – oder
verschmelzung / ——➤ = Jnteressengemeinschaften.

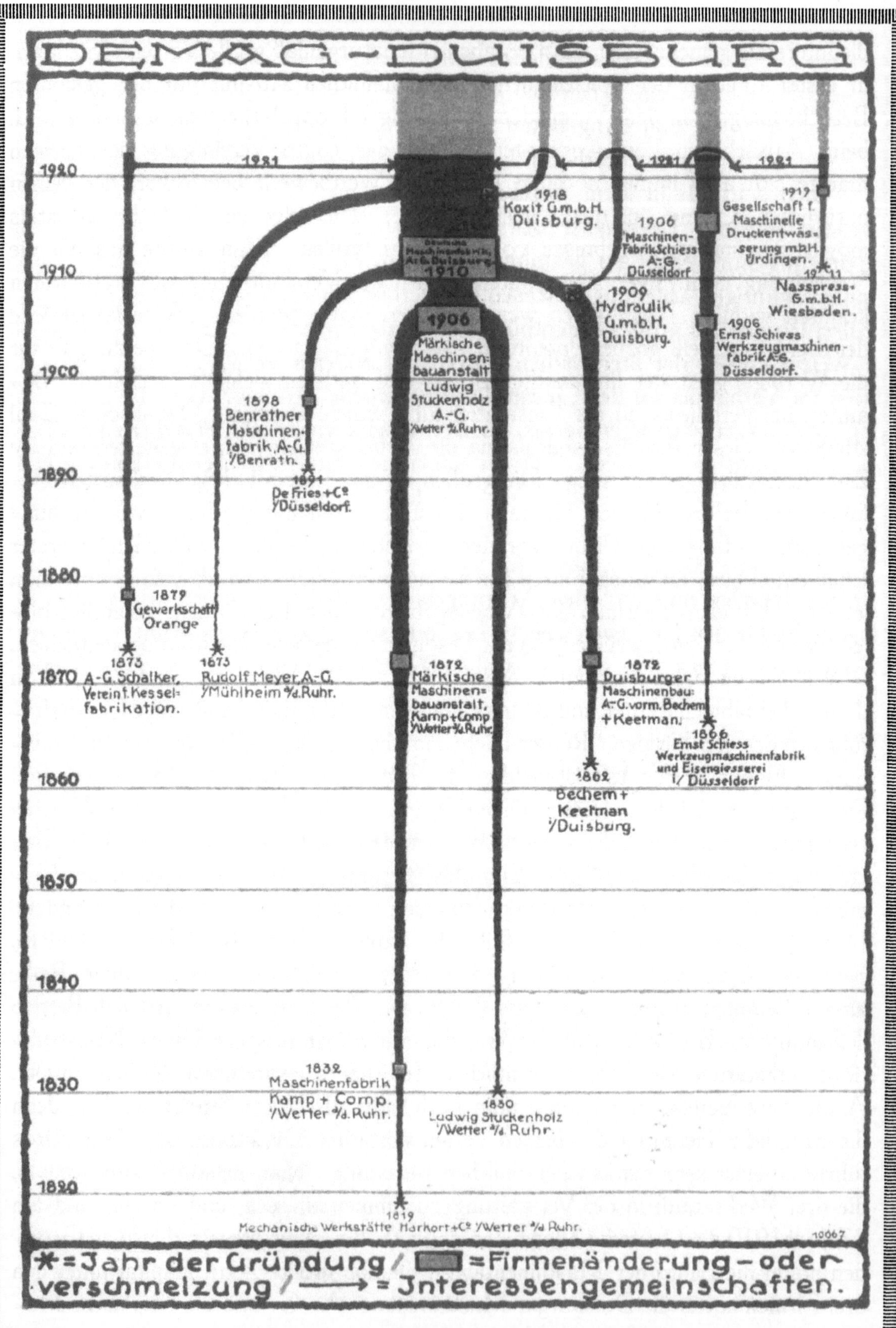

216

schinenbau=Anstalt vormals L. Stuckenholz in sich auf. Reuter und Kauermann
wurden die alleinigen Vorstandsmitglieder. Die Firma erhielt damit zwei voll=
ständig gleichberechtigte technische Direktoren, deren Arbeitsgebiete in der Weise
geteilt waren, daß Reuter die kaufmännische und geschäftliche Organisation und
die Bearbeitung der Hüttenwerke übernahm, während Kauermann die Bearbeitung
.der Werften, Häfen usw. und den gesamten Betrieb hatte. Bei der praktischen
Durchführung dieser Arbeitsteilung stellte sich ein starkes Nebeneinanderarbeiten
heraus, da natürlich jeder der Direktoren sich im wesentlichen nur in seinem Ar=
beitsgebiet für zuständig und verantwortlich hielt. Eine freundschaftliche Ausein=
andersetzung zwischen Reuter und Kauermann führte dann dazu, daß Kauermann
als Generalvertreter der Deutschen Maschinenfabrik nach Berlin ging, eine Stellung,
die sich besonders durch das immer enger werdende Zusammenarbeiten mit den
Behörden als wünschenswert herausgestellt hatte. Um die freundschaftliche enge
Zusammenarbeit mit Kauermann zu sichern, sollte er in den Aufsichtsrat der
Deutschen Maschinenfabrik eintreten. Dies unterblieb, da Kauermann durch die
Berufung als alleiniger Direktor der Schieß=A.=G. einen neuen großen Wirkungs=
kreis, der seinen Neigungen, sich unmittelbar im praktischen Betrieb zu betätigen,
entsprach, gefunden hatte. Reuter hatte nunmehr als Generaldirektor die end=
gültige Entscheidung, damit aber auch allein die Verantwortung für die weitere
Entwicklung des großen Unternehmens.

Nach dem vollständigen Zusammenschluß der Firmen ging man daran,
die einzelnen Arbeitsgebiete planmäßig zu ergänzen. Man kam dazu, in un=
gleich höherem Maße als bisher vollständige Anlagen für den Bergbau, für
Stahl= und Walzwerke, für Häfen und Werften auszuführen. Wie stark
diese Überlegungen den Wunsch auf Vereinigung unterstützen mußten, ergibt
sich besonders klar aus der folgenden Zusammenstellung. Für einige wichtige
Arbeitsgebiete sind hier für die drei Firmen, die Märkische in Wetter, Duisburg
und Benrath angegeben, wo sich ein besonders starker Wettbewerb vor der Ver=
einigung bemerkbar machte. Daraus zugleich lassen sich die gegenseitigen Er=
gänzungsmöglichkeiten entnehmen. Im innern Betrieb konnte man die Herstellung
der Aufträge planmäßig auf die einzelnen Werkstätten verteilen. Die Betriebs=
mittel ließen sich besser als bisher ausnutzen, ein Vorteil, der für das wirt=
schaftliche Gesamtergebnis stark ins Gewicht fallen mußte. Benrath hatte die
besten und größten Einrichtungen für Eisenkonstruktionen. Der Eisenbau mit
den großen Tragkonstruktionen für den Hebezeugbau, die Herstellung großer
eiserner Fabrikbauten wurde deshalb hier zusammengefaßt. Die Duisburger
Werkstätten bildeten den Kern der eigentlichen Maschinenfabrik. Die schweren
Maschinen, die großen Gebläse= und Walzenzugmaschinen, die Walzwerke, die
Dampfhämmer, Scheren, Pressen und was alles noch in das Arbeitsprogramm

Die Verteilung der Hauptarbeitsgebiete auf die drei Betriebs=werkstätten Wetter, Duisburg und Benrath vor der Fusion.

	Wetter	Duisburg	Benrath
BERGBAU UND PRESSLUFTANLAGEN:			
Fördermaschinen und Haspel	■		
Gesteinbohrmaschinen		■	
Förderkörbe		■	
Kompressoren		■	
Ketten	■	■	
HOCHOFENANLAGEN:			
Hochofenaufzüge			■
Gebläsemaschinen	■		
Gichtverschlüsse			■
Roheisenwagen	■		■
STAHLWERKSANLAGEN:			
Gebläsemaschinen	■	■	
Gießwagen	■	■	■
Konverter	■		
Paketierpressen			■
Mischer			■
Schmiedepressen	■	■	
Stahlwerkskrane	■	■	■
WALZWERKSANLAGEN:			
Schwere Blockwalzwerke	■	■	■
Walzwerke für Schienenträger und Profileisen	■	■	■
Walzwerke für Mitteleisen, Feineisen, Draht	■	■	■
Walzwerke für Grobblech und Panzerplatten	■	■	
Walzwerke für Feinblech	■	■	
Walzwerke für Universaleisen	■	■	
Walzwerke für nahtlose Rohre	■		■
Walzwerke für Bandagen und Radscheiben	■		■
Krane für Walzwerke und Lagerplätze	■	■	■
Hilfsmaschinen	■	■	■
Walzenzugmaschinen	■	■	
WERFTANLAGEN:			
Hellinganlagen und Krane	■	■	■
Schwerlastkrane	■	■	■
Schwimmkrane	■	■	■
HAFENANLAGEN:			
Hafenkrane	■	■	■
Verladeanlagen	■	■	■
EINRICHTUNGEN FÜR FABRIKEN USW.:			
Normale Krane	■	■	■
Elektrische Kleinhebezeuge (Massenherstellung)			■
Lasthebemagnete	■		
Dampfhämmer	■	■	
Dampfkrane	■	■	■

hineingehört, werden hier hergestellt. Duisburg behielt ferner die Kettenfabrikation, den Bau der Bergwerksmaschinen und der Preßluftwerkzeuge. Der für die Massen=erzeugung in Frage kommende Zweig der Fabrikation wurde hier in einer be=sonderen Abteilung zusammengefaßt.

Wetter hatte die Aufgabe, in seiner großen, noch weiter ausgebauten Gießerei alle drei Firmen mit Guß zu versorgen. Die Gießerei konnte deshalb gleichmäßiger als bisher beschäftigt und damit wirtschaftlicher ausgenutzt werden. Wetter erhielt ferner als Sondergebiet den Bau der Hüttenwerkkrane zugewiesen, ebenso wurden in den dortigen Werkstätten Winden, Laufkatzen, kleinere Laufkrane, soweit man sie auf Vorrat herstellen konnte, gefertigt. Die Herstellung der so vielfach für die verschiedensten Erzeugnisse der Firma gebrauchten Zahnräder wurde einer be=sonderen Abteilung überwiesen, die ihre Erzeugnisse auch außerhalb der eigenen Firma absetzte.

Zur planmäßigen Arbeitsverteilung auf die einzelnen Werkstätten kam das Streben, die Arbeitsgebiete zu ergänzen. Das war, wie wir gesehen haben, auch bereits ein wichtiger Grund für die Vereinigung der Werke gewesen. Immer stärker trat der Wunsch in den Vordergrund, große Arbeitsgebiete, die einen ge=meinsamen Abnehmerkreis·umfaßten, möglichst vollständig zu bearbeiten. Bei dieser Ausdehnung und Abrundung des Arbeitsfeldes konnte es zweckmäßig wer=den, zu „Reuters gesammelten Werken", wie in Industriekreisen ein Witzwort die Vereinigung der Firmen zur Deutschen Maschinenfabrik benannt hatte, einen oder den anderen neuen Band hinzuzufügen. Dieser Fall trat ein, als man daran ging, die Bergwerksabteilung weiter auszubauen. Hierbei erschien es wünschens=wert, das Fabrikationsgebiet der Aktiengesellschaft Rudolf Meyer zu Mülheim an der Ruhr, das Groß= und Hochdruckkompressoren, Druckluftlokomotiven und Gesteinbohrmaschinen umfaßte, in sich aufzunehmen. Aus der Entstehungs=geschichte dieses neuesten Gliedes im Rahmen der Deutschen Maschinenfabrik seien hier einige Angaben zusammengestellt.

Der Begründer der Firma, Rudolf Meyer, war seit 1876 Teilhaber der Maschinenfabrik von Becker & Jordan, die 1883 von August und Josef Thyssen, Friedrich Hoosemann und Franz Burgers mit 150000 M in die Aktiengesellschaft Mülheimer Maschinenfabrik umgewandelt wurde. Im folgenden Jahre ging diese Firma durch Liqui=dation in den Besitz von Thyssen & Co. über. Die Fabrik, wie sie zuletzt in der Aktienstraße in Mülheim bestand, wurde von Rudolf Meyer 1885 neu begründet. Meyer starb im Mai 1899. Das Werk leitete nach ihm der Ingenieur Th. Giller. 1907 wurde das Unternehmen in eine Aktiengesellschaft mit einem Kapital von 1,5 Mill. übergeführt, eine Summe, die 1909 auf 2 Mill. erhöht wurde. Am 12. März 1918 wurde die Verschmelzung der Aktiengesell=

|||||||||||||||||||||||||||||||||| Abb. 120. Montagehalle für Großkompressoren im Werk Mülheim. ||||||||||||||||||||||||||||||||||

schaft mit der Deutschen Maschinenfabrik zu Duisburg beschlossen. Die Firma hatte sich durch ausgezeichnete Konstruktionen Rudolf Meyers auf dem Gebiet des Kompressorenbaues und der Gesteinbohrmaschinen entwickelt. 1885 war bereits der erste einstufige Luftkompressor mit Kataraktventilen geliefert worden. 1894 hatte die Firma eine Druckluftlokomotive mit 50 at Füllungsdruck für Versuchsfahrten auf dem Werke gebaut, 1904 wurden die ersten HochdruckKompressoren für 200 at Enddruck hergestellt. Zu dem Erfolg der Kompressoren trug die Bauart der Ventile sehr viel bei. 1901 hatte man das Plattenventil eingeführt, das man 1909 durch den Bau des Blattfederventiles noch vereinfachte und verbesserte. Im Kompressorenbau war man bald zu großen Abmessungen gekommen. Eine der größten von der Firma gelieferten Anlagen wurde 1910 fertiggestellt, die in einem südafrikanischen Bergwerkbetrieb mit 18000 cbm stündlicher Leistung arbeitet. 1912 konnte man auch die ersten Turbokompressoren für eine Kruppsche Zeche liefern.

Unbequem war nur, daß man hierbei zu einer vierten, wieder räumlich von den anderen getrennten Fabrikationsstätte in Mülheim kam. Als sich die Gelegenheit bot, Grundstück und Fabrikräume günstig an die Allgemeine ElektricitätsGesellschaft in Berlin abzutreten, die hier eine Reparaturwerkstatt für das

Industriegebiet einrichten wollte, griff man zu. 1919 wurde der Fabrikbetrieb in Mülheim aufgelöst und Maschinen und Einrichtungen nach Duisburg überführt.

Erwähnenswert ist an dieser Stelle auch die enge Gemeinschaftsarbeit mit A. Borsig, Berlin=Tegel, auf dem Gebiet der hydraulischen Pressen und dem was dazu gehört, der man die Form einer besonderen Gesellschaft gegeben hat. 1909 begründete man die Hydraulik G. m. b. H. mit einem Kapital von 600000 M, das zu gleichen Teilen auf die beiden einzigen Gesellschafter kommt. Die Hydraulik ist nur als Ingenieurbüro anzusehen, das Aufträge einholt, Projekte bearbeitet und alle konstruktive Arbeit leistet. Die Ausführung der Aufträge liegt allein der Deutschen Maschinenfabrik und A. Borsig ob.

Die Kriegszeit mit ihren großen Waffenaufträgen für die Industrie hatte 1916 dazu geführt, in Zella in Thüringen eine Fabrik zu erwerben und dort, am Sitz einer alten Handfeuerwaffenindustrie, die Herstellung von Gewehren im großen einzurichten. Die weite Entfernung von Duisburg erschwerte jedoch das Zu= sammenarbeiten so erheblich, daß man sich entschloß, die Fabrikation aufzugeben und die Fabrik zu verkaufen, zumal die Herstellung von Waffen sich zu wenig in das bisherige Arbeitsgebiet einfügte. Dieser Ausflug in die Waffenindustrie blieb deshalb eine kurze Kriegsepisode.

Haben wir so gesehen, wie die Deutsche Maschinenfabrik entstanden war, so bleibt uns noch übrig, da die Zeitspanne von 9 Jahren, die die Firma bis heute zurückgelegt hat, zu kurz ist, um eine abschließende geschichtliche Würdigung zu ermöglichen, den heutigen Stand der Entwicklung kurz zu skizzieren. Ohne hier= bei auch nur entfernt auf Vollständigkeit Anspruch machen zu können, wird es im Rahmen der gesamten geschichtlichen Entwicklung wünschenswert sein, hiermit gleichsam den Faden späteren Bearbeitern des heute noch in der Zukunft liegen= den Werdegangs der Firma weiter zu geben.

Neben der kurzen Schilderung der technischen Leistungen wird hier auch die Darstellung der inneren und äußeren Organisation der Firma von Wert sein.

TECHNISCHE LEISTUNGEN

Wir sahen, wie bereits für die Vereinigung der Firmen der Wunsch nach möglichst vollständiger Beherrschung großer Arbeitsgebiete maßgebend war. In den Druckschriften der Deutschen Maschinen= fabrik findet man immer wiederkehrend den Hinweis, daß die Firma vollständige Stahlwerke, Walzwerke, Werfteinrichtungen usw. baue. Die großen Eisenbauwerkstätten in Benrath ermöglichen es, ganze Fabrikbauten zu über= nehmen, so daß man von schlüsselfertiger Ablieferung dieser großen Werke sprechen kann.

ARBEITSGEBIET DER DEUTSCHEN MASCHINENFABRIK 1922

1. Einrichtungen für Bergwerke, Steinbrüche und Tunnelbauten

Förderanlagen:

Aufsetzvorrichtungen f. Förderkörbe · Förderkorbbeschickungen · Koks- Lösch- und Verladeanlagen
Aufzüge · Fördermaschinen mit Dampfbetrieb · Kreiselwipper
Aufzugsgerüste · Fördermaschinen mit elektrischem · Madruck-Ringpressen
Brikettierungsanlagen · Antrieb und mit Köpescheibe · Schachtfördergerüste
Couffinhalpressen · Ketten · Seilklemmen
Dampfkrane · Kettenbahnen · Seilscheiben mit schmiedeeis. Kranz
Förderhaspel · Kohlenstampfmaschinen f. Koksöfen · Wetterschleusen, selbsttätige
Förderkörbe · Koksausdrückmaschinen · Zwischengeschirre

Preßluftanlagen:

Abbauhämmer · Kesselsteinabklopfer · Schüttelrutschenmotore
Bohrhämmer · Kompressoren · Spannsäulen
Druckluftlokomotiven · Meißelhämmer · Stangenschrämmaschinen
Elektrische Bohrmaschinen · Niethämmer · Stauchmaschinen für Gesteinbohrer
Elektropneumat. Gesteinbohrmasch. · Preßluftstampfer · Stoßbohrmaschinen
Großkompressoren · Rotationskompressoren · Turbokompressoren
Hochdruckkompressoren · Säulenschrämmaschinen · Vakuumpumpen
Keillochhämmer · Schärfmaschinen für Gesteinbohrer · Verbundkompressoren

2. Hochofenanlagen

Begichtungseinrichtungen, selbst- · Gießmaschinen · Schlackenwagen
tätige · Granulierungsanlagen für Hochofen- · Schlagwerkskrane
Bunkeranlagen für Erz und Koks · schlacke, Patent Buderus · Schrägaufzüge, Besonderheit System
Eisenhochbauten · Hochofengerüste · „Stähler & Demag"
Gebläsemaschinen · Hochofenpanzer · Trichterdrehwerke
Gichtgasreinigungsanlagen · Masselbrecher · Verladeanlagen für Erz und Koks
Gichtverschlüsse · Masselverladekrane mit Magneten · Winderhitzer
Gießbettkrane · Roheisenwagen · Zubringerwagen

3. Thomas- und Martin-Stahlwerke, Elektrostahlwerke

Abschervorrichtungen für Gieß- · Eisenhochbauten · Martinofen-Beschickkrane und -ma-
knochen · Elektrostahlöfen · schinen
Beschickkrane für Martinöfen · Fallwerkskrane mit Lastmagneten · Mischerkrane
Blockabstreifkrane · Flachherdmischer · Muldentransportkrane
Blocktransportkrane mit Zangen und · Gebläsemaschinen · Paketierpressen mit elektr. Antrieb
Magneten · Gießkrane · Rundmischer
Bodeneinsetzmaschinen f. Konverter · Gießwagen jeder Bauart · Schrottransportkrane mit Lastmag-
Bodenstampfmaschinen f. Konverter · Konverter · neten
Dolomitanlagen · Martinöfen, feststehend und kippbar · Tiefofenkrane

4. Walzwerksanlagen

Bandagenwalzwerke ⸗⸗⸗⸗⸗⸗⸗⸗⸗⸗ Feineisenwalzwerke⸗⸗⸗⸗⸗⸗⸗⸗⸗⸗ Sägen ⸗⸗⸗⸗⸗⸗⸗⸗⸗⸗⸗⸗⸗⸗⸗⸗⸗
Bandeisenhaspel ⸗⸗⸗⸗⸗⸗⸗⸗⸗⸗⸗ Kaltwalzwerke ⸗⸗⸗⸗⸗⸗⸗⸗⸗⸗⸗⸗ Scheibenräderwalzwerke ⸗⸗⸗⸗⸗⸗⸗⸗
Biegemaschinen ⸗⸗⸗⸗⸗⸗⸗⸗⸗⸗⸗⸗ Kantvorrichtungen⸗⸗⸗⸗⸗⸗⸗⸗⸗⸗⸗ Scheren ⸗⸗⸗⸗⸗⸗⸗⸗⸗⸗⸗⸗⸗⸗⸗⸗⸗
Blechrichtmaschinen ⸗⸗⸗⸗⸗⸗⸗⸗⸗ Knüppelwalzwerke ⸗⸗⸗⸗⸗⸗⸗⸗⸗⸗ Schienen⸗Bohr⸗ und Fräsmaschinen
Blechscheren ⸗⸗⸗⸗⸗⸗⸗⸗⸗⸗⸗⸗⸗⸗ Kontinuierliche Rohrwalzwerke⸗⸗⸗ Schrägwalzwerke ⸗⸗⸗⸗⸗⸗⸗⸗⸗⸗⸗
Blechwalzwerke⸗⸗⸗⸗⸗⸗⸗⸗⸗⸗⸗⸗⸗ Kontinuierliche Walzwerke ⸗⸗⸗⸗⸗⸗ Schweißrohrwalzwerke ⸗⸗⸗⸗⸗⸗⸗⸗
Blockdrücker ⸗⸗⸗⸗⸗⸗⸗⸗⸗⸗⸗⸗⸗⸗ Laufkrane ⸗⸗⸗⸗⸗⸗⸗⸗⸗⸗⸗⸗⸗⸗⸗ Schwellen⸗Kapp⸗ u. Lochmaschinen
Blockeinsetzkrane ⸗⸗⸗⸗⸗⸗⸗⸗⸗⸗ Lochmaschinen ⸗⸗⸗⸗⸗⸗⸗⸗⸗⸗⸗⸗ Stahlwalzen, gehärtete⸗⸗⸗⸗⸗⸗⸗⸗
Blockkipper⸗⸗⸗⸗⸗⸗⸗⸗⸗⸗⸗⸗⸗⸗⸗ Magnetkrane ⸗⸗⸗⸗⸗⸗⸗⸗⸗⸗⸗⸗ Universalwalzwerke⸗⸗⸗⸗⸗⸗⸗⸗⸗⸗
Blockkrane ⸗⸗⸗⸗⸗⸗⸗⸗⸗⸗⸗⸗⸗⸗ Panzerplattenwalzwerke ⸗⸗⸗⸗⸗⸗⸗ Verladekrane ⸗⸗⸗⸗⸗⸗⸗⸗⸗⸗⸗⸗⸗
Blockscheren ⸗⸗⸗⸗⸗⸗⸗⸗⸗⸗⸗⸗⸗ Pilgerschrittwalzwerke ⸗⸗⸗⸗⸗⸗⸗⸗ Verschiebevorrichtungen für Blöcke
Blockwalzwerke⸗⸗⸗⸗⸗⸗⸗⸗⸗⸗⸗⸗ Platinenkühlvorrichtungen⸗⸗⸗⸗⸗⸗⸗   usw.⸗⸗⸗⸗⸗⸗⸗⸗⸗⸗⸗⸗⸗⸗⸗⸗⸗⸗⸗
Blockziehkrane ⸗⸗⸗⸗⸗⸗⸗⸗⸗⸗⸗⸗ Platinenwalzwerke⸗⸗⸗⸗⸗⸗⸗⸗⸗⸗ Walzendrehbänke ⸗⸗⸗⸗⸗⸗⸗⸗⸗⸗
Brammenwalzwerke⸗⸗⸗⸗⸗⸗⸗⸗⸗⸗ Pratzenkrane ⸗⸗⸗⸗⸗⸗⸗⸗⸗⸗⸗⸗⸗ Walzenwechselkrane ⸗⸗⸗⸗⸗⸗⸗⸗⸗
Dachwippen ⸗⸗⸗⸗⸗⸗⸗⸗⸗⸗⸗⸗⸗⸗ Profileisenwalzwerke ⸗⸗⸗⸗⸗⸗⸗⸗⸗ Walzenzugmaschinen ⸗⸗⸗⸗⸗⸗⸗⸗⸗
Dampfkrane⸗⸗⸗⸗⸗⸗⸗⸗⸗⸗⸗⸗⸗⸗ Reduzierwalzwerke ⸗⸗⸗⸗⸗⸗⸗⸗⸗⸗ Warmbetten ⸗⸗⸗⸗⸗⸗⸗⸗⸗⸗⸗⸗⸗
Drahthaspel ⸗⸗⸗⸗⸗⸗⸗⸗⸗⸗⸗⸗⸗⸗ Richtmaschinen ⸗⸗⸗⸗⸗⸗⸗⸗⸗⸗⸗ Wellrohrwalzwerke ⸗⸗⸗⸗⸗⸗⸗⸗⸗⸗
Drahtwalzwerke ⸗⸗⸗⸗⸗⸗⸗⸗⸗⸗⸗ Rohrwalzwerke ⸗⸗⸗⸗⸗⸗⸗⸗⸗⸗⸗ Wipptische ⸗⸗⸗⸗⸗⸗⸗⸗⸗⸗⸗⸗⸗⸗
Drehkrane ⸗⸗⸗⸗⸗⸗⸗⸗⸗⸗⸗⸗⸗⸗ Rollgänge⸗⸗⸗⸗⸗⸗⸗⸗⸗⸗⸗⸗⸗⸗ Ziehbänke ⸗⸗⸗⸗⸗⸗⸗⸗⸗⸗⸗⸗⸗⸗
Hebetische ⸗⸗⸗⸗⸗⸗⸗⸗⸗⸗⸗⸗⸗⸗ Rolltische ⸗⸗⸗⸗⸗⸗⸗⸗⸗⸗⸗⸗⸗⸗ Zurichtereimaschinen ⸗⸗⸗⸗⸗⸗⸗⸗⸗

5. Werfteinrichtungen

Bootskrane⸗⸗⸗⸗⸗⸗⸗⸗⸗⸗⸗⸗⸗⸗ Kompressoren⸗⸗⸗⸗⸗⸗⸗⸗⸗⸗⸗⸗ Riesenkrane ⸗⸗⸗⸗⸗⸗⸗⸗⸗⸗⸗⸗⸗
Dampfhämmer ⸗⸗⸗⸗⸗⸗⸗⸗⸗⸗⸗ Krane für Trocken⸗ und Schwimm⸗ Schiffs⸗Aufschleppvorrichtungen ⸗⸗
Dampfkrane⸗⸗⸗⸗⸗⸗⸗⸗⸗⸗⸗⸗⸗⸗   docks ⸗⸗⸗⸗⸗⸗⸗⸗⸗⸗⸗⸗⸗⸗⸗⸗ Schleusentore ⸗⸗⸗⸗⸗⸗⸗⸗⸗⸗⸗⸗⸗
Eisenhochbauten ⸗⸗⸗⸗⸗⸗⸗⸗⸗⸗⸗ Kranschiffe für Bergungszwecke ⸗⸗ Schmiedepressen ⸗⸗⸗⸗⸗⸗⸗⸗⸗⸗⸗
Hebeschiffe für Unterseeboote ⸗⸗⸗ Laufkrane ⸗⸗⸗⸗⸗⸗⸗⸗⸗⸗⸗⸗⸗⸗⸗ Schwimmkrane ⸗⸗⸗⸗⸗⸗⸗⸗⸗⸗⸗⸗
Hellinggerüste⸗⸗⸗⸗⸗⸗⸗⸗⸗⸗⸗⸗⸗ Meißelhämmer ⸗⸗⸗⸗⸗⸗⸗⸗⸗⸗⸗ Turmdrehkrane, fest und fahrbar
Hellingkrane⸗⸗⸗⸗⸗⸗⸗⸗⸗⸗⸗⸗⸗⸗ Niethämmer ⸗⸗⸗⸗⸗⸗⸗⸗⸗⸗⸗⸗ Verholspille ⸗⸗⸗⸗⸗⸗⸗⸗⸗⸗⸗⸗⸗
Ketten ⸗⸗⸗⸗⸗⸗⸗⸗⸗⸗⸗⸗⸗⸗⸗⸗⸗ Nietmaschinen⸗⸗⸗⸗⸗⸗⸗⸗⸗⸗⸗⸗ Werftmaschinen ⸗⸗⸗⸗⸗⸗⸗⸗⸗⸗⸗

6. Hafeneinrichtungen und Lagerplatzausrüstungen

Bekohlungs⸗Einrichtungen ⸗⸗⸗⸗⸗⸗ Kippdrehscheiben⸗⸗⸗⸗⸗⸗⸗⸗⸗⸗⸗ Schwebefähren⸗⸗⸗⸗⸗⸗⸗⸗⸗⸗⸗⸗
Brücken, bewegliche⸗⸗⸗⸗⸗⸗⸗⸗⸗⸗ Klappkübel⸗⸗⸗⸗⸗⸗⸗⸗⸗⸗⸗⸗⸗⸗ Schwimmkrane ⸗⸗⸗⸗⸗⸗⸗⸗⸗⸗⸗
Dampfkrane⸗⸗⸗⸗⸗⸗⸗⸗⸗⸗⸗⸗⸗ Kompressoren⸗⸗⸗⸗⸗⸗⸗⸗⸗⸗⸗⸗ Spille ⸗⸗⸗⸗⸗⸗⸗⸗⸗⸗⸗⸗⸗⸗⸗⸗⸗
Drehscheiben⸗⸗⸗⸗⸗⸗⸗⸗⸗⸗⸗⸗⸗ Landungsbrücken⸗⸗⸗⸗⸗⸗⸗⸗⸗⸗ Verladebrücken, auch in Verbindung
Eisenhochbauten ⸗⸗⸗⸗⸗⸗⸗⸗⸗⸗⸗ Preßluftanlagen ⸗⸗⸗⸗⸗⸗⸗⸗⸗⸗⸗   mit Drahtseilbahnen und Elektro⸗
Greifer für Erz und Kohle ⸗⸗⸗⸗⸗ Rangierwinden ⸗⸗⸗⸗⸗⸗⸗⸗⸗⸗⸗   Hängebahnen ⸗⸗⸗⸗⸗⸗⸗⸗⸗⸗⸗
Hafenkrane⸗⸗⸗⸗⸗⸗⸗⸗⸗⸗⸗⸗⸗⸗ Schiebebühnen⸗⸗⸗⸗⸗⸗⸗⸗⸗⸗⸗ Wagenkipper⸗⸗⸗⸗⸗⸗⸗⸗⸗⸗⸗⸗⸗

7. Einrichtungen für Werkstätten, Gießereien, Maschinenhäuser usw.

Andrehvorrichtungen f. Kraftmasch. Gießerei⸗Einrichtungen ⸗⸗⸗⸗⸗⸗⸗ Motorlaufwinden⸗⸗⸗⸗⸗⸗⸗⸗⸗⸗⸗
Aufzüge ⸗⸗⸗⸗⸗⸗⸗⸗⸗⸗⸗⸗⸗⸗⸗ Gießkrane⸗⸗⸗⸗⸗⸗⸗⸗⸗⸗⸗⸗⸗⸗ Preßluftanlagen ⸗⸗⸗⸗⸗⸗⸗⸗⸗⸗⸗
Dampfhämmer ⸗⸗⸗⸗⸗⸗⸗⸗⸗⸗⸗ Ketten ⸗⸗⸗⸗⸗⸗⸗⸗⸗⸗⸗⸗⸗⸗⸗⸗ Schmiedekrane⸗⸗⸗⸗⸗⸗⸗⸗⸗⸗⸗
Dampfkrane⸗⸗⸗⸗⸗⸗⸗⸗⸗⸗⸗⸗⸗ Konsolkrane⸗⸗⸗⸗⸗⸗⸗⸗⸗⸗⸗⸗⸗ Schmiedepressen ⸗⸗⸗⸗⸗⸗⸗⸗⸗⸗
Drehkrane, feststehend und fahrbar Kuppelöfen ⸗⸗⸗⸗⸗⸗⸗⸗⸗⸗⸗⸗⸗⸗ Schmiedestücke ⸗⸗⸗⸗⸗⸗⸗⸗⸗⸗⸗
Eisenhochbauten ⸗⸗⸗⸗⸗⸗⸗⸗⸗⸗⸗ Kuppelofenaufzüge ⸗⸗⸗⸗⸗⸗⸗⸗⸗ Spindelpressen ⸗⸗⸗⸗⸗⸗⸗⸗⸗⸗⸗
Elektrozüge ⸗⸗⸗⸗⸗⸗⸗⸗⸗⸗⸗⸗⸗ Lasthebemagnete⸗⸗⸗⸗⸗⸗⸗⸗⸗⸗ Velozipedkrane⸗⸗⸗⸗⸗⸗⸗⸗⸗⸗⸗
Exzenterpressen ⸗⸗⸗⸗⸗⸗⸗⸗⸗⸗⸗ Laufkrane ⸗⸗⸗⸗⸗⸗⸗⸗⸗⸗⸗⸗⸗⸗ Zahnräder ⸗⸗⸗⸗⸗⸗⸗⸗⸗⸗⸗⸗⸗

Harkort hatte nach dem ersten Jahrzehnt der Mechanischen Werkstätten die wichtigsten Arbeiten des neuen Unternehmens aufgezählt. Es ist nicht uninteressant, dieser Aufstellung auf Seite 38 das Arbeitsprogramm der Deutschen Maschinenfabrik, die sich als Nachfolgerin der Mechanischen Werkstätte betrachten kann, gegenüber zu stellen. Auf den technischen Grundlagen, die die Stammfirmen der Deutschen Maschinenfabrik in langjähriger Entwicklung geschaffen haben, hat sie erfolgreich weitergebaut. Vieles von dem heutigen Arbeitsprogramm konnte deshalb bei der Schilderung der technischen Entwicklung innerhalb der einzelnen Firmen bereits behandelt werden.

Der Fortschritt der Technik stellte gerade den Maschinenbau immer wieder vor neue Aufgaben, für die neue Lösungen gefunden werden mußten. Allerdings auf Zeiten stürmischer Neuentwicklung folgen ruhige Abschnitte. Aufregende romantische Pionierarbeit wird abgelöst durch Zeiten ruhigen Ausbaues. Nicht immer kann Neuland erobert werden, es gilt auch, Begonnenes den wechselnden Ansprüchen der Praxis anzupassen und planmäßig auszugestalten. Gerade auch diese Zeiten, in denen Aufsehen erregende, alles Bisherige schnell überholende neu errungene Ziele fehlen, bedürfen nicht minder gewissenhafter, sorgfältiger Ingenieurarbeit. Jedenfalls bot auch das erste Jahrzehnt der Deutschen Maschinenfabrik für technisch bemerkenswerte Arbeit genügend Anlaß. Mehrfach konnte darauf hingewiesen werden, wie bahnbrechend die Einführung des elektrischen Stromes auf die Arbeitsgebiete, die hier zu betrachten waren, gewirkt hat. Die Elektrotechnik hat in ihrem Siegeszug dem Maschinenbau ganz neue Entwicklungsmöglichkeiten eröffnet. Schneller wohl als selbst die zukunftsfrohen Freunde der neuen Technik es für möglich gehalten haben, hat sich der elektrische Antrieb auf den denkbar verschiedensten Gebieten durchgesetzt.

Bestimmend für die heutige technische Entwicklung ist das Streben, die Leistungsfähigkeit zu erhöhen, die Herstellung zu verbilligen, und sich von der immer kostspieliger werdenden menschlichen Arbeit unabhängiger zu machen, die zudem für die heutigen Arbeitsanforderungen vielfach nicht mehr ausreicht. Die Verhältnisse, wie sie Krieg und Revolution mit sich gebracht haben, werden diese Entwicklungsrichtung noch wesentlich verstärken. Sparen wird zum Hauptwort der neuen schweren Zeit.

Versuchen wir kurz, das zu ergänzen, was wir über die technische Entwicklung bei der Betrachtung der einzelnen Firmen bereits berichten konnten, um so wenigstens an einigen Beispielen aus der neuesten Zeit festzustellen, welche Aufgaben in der Deutschen Maschinenfabrik dem Maschinenbau heute gestellt werden, gegenüber der Zeit, als Harkort und Kamp vor hundert Jahren die kleine Werkstätte begründeten, die damals mit Recht von den maßgebenden Kreisen als neuzeitlichste Maschinenfabrik Deutschlands betrachtet wurde.

Die Deutsche Maschinenfabrik wird heute als die größte Fabrik für Hebe=
zeuge angesehen. Ungefähr zwei Drittel ihrer Gesamterzeugung fallen unter
den Begriff Hebezeuge und Transportanlagen. Man braucht nur die Druckschriften
der Firma flüchtig durchzublättern, um einen Begriff zu bekommen von der Viel=
seitigkeit dessen, was heute unter Hebezeugen zu verstehen ist.

Das neuzeitliche Transportwesen wird beherrscht durch den Umschlag der
Massengüter. In endlosen Zügen rollen die riesigen Massen von Kohle und Erz,
Eisen und Stahl und die aus ihnen gefertigten Erzeugnisse durch die Länder.
Dieser riesige Massentransport stellte die Eisenbahn nicht minder wie den Schiffs=
verkehr vor neue große Aufgaben. 1913 verkehrten auf deutschen Eisenbahnen
500 Mill. Tonnen Güter. Davon entfielen 259 Mill. Tonnen allein auf Eisen,
Erz, Kohlen, Koks und andere Brennstoffe. In der Grube, am Schacht, be=
ginnt bereits die Arbeit des Maschinenbauers. Wir haben gesehen, daß in
dem ersten Entwicklungsabschnitt der Firma hier und da auch Fördermaschi=
nen gebaut wurden, ohne daß dieser Fabrikationszweig damals zu Bedeutung
gelangte. Zu einem besonderen Arbeitsgebiet wurde das bergbauliche Förder=
wesen erst Anfang der 90er Jahre in der Duisburger Maschinenbau A.=G.
Die großen Lieferungen an Ketten für den Bergbau führten dazu, auch die
Verbindungsteile zwischen Förderkorb und Seil, die sogen. Zwischengeschirre,
anzufertigen. Man verbesserte die damals übliche Befestigung des Seils mit einer
Schlinge durch Einführung von Seilklemmen, bei denen das Seil, ohne es zu biegen,
durch lange Klemmbacken festgehalten wird. Zur sorgfältigen Prüfung der Seil=
befestigung sind Einrichtungen getroffen, um jede Klemme vor dem Versand einer
starken Belastungsprobe zu unterwerfen. 1900 begannen Bechem & Keetman auch
den Bau von Förderkörben aufzunehmen, der von der Deutschen Maschinen=
fabrik ebenfalls in ihr umfangreiches Arbeitsprogramm mit eingeschlossen wurde.
Tausende von Förderkörben aller Art und Größen konnten geliefert werden.

Besondere Sorgfalt widmete man der weiteren Durchbildung der Fangvorrich=
tungen, durch die der Absturz des Förderkorbes auch bei Seilbruch verhindert
werden sollte. Auch hier hat die Firma die Möglichkeit zu eingehenden Fallver=
suchen geschaffen, um Wirkungsweise und Zuverlässigkeit ihrer Bauarten in der
Fahrt nachzuweisen. 1908 wurde die Bergbau=Abteilung durch Aufnahme der
Herstellung von Fördergerüsten und Seilscheiben erweitert. Diese Scheiben wer=
den mit schmiedeeisernem Kranz und Armen aus U=Eisen angefertigt. In
Größen von 3 bis 7 m ausgeführt, fallen die Scheiben sehr leicht aus, wodurch
infolge der geringeren Massenwirkung auch der Verschleiß zwischen Seilkranz
und Seil vermindert wird.

In den letzten Jahren vor dem Kriege wurde besondere Aufmerksamkeit der
Mechanisierung der Hängebänke zugewendet. Man mußte gerade hier versuchen,

die Leistung der Förderanlage zu erhöhen. Dazu kam, daß auf diesem Wege wesent=
lich an Bedienungsmannschaften gespart werden konnte. Das mechanische Beschicken
der Körbe und die selbsttätige Regelung des Wagenumlaufs vom Schacht zu den
einzelnen Entladestellen der Wagen, sowie die selbsttätige Wiederzuführung der
Wagen zum Schacht wurde planmäßig entwickelt. Die erste größere Anlage dieser
Art für selbsttätige Beschickung der Förderkörbe mit geneigten Schienen ist seit
dem Jahre 1915 in Oberschlesien in Betrieb. Kurze Zeit vor dem Kriege wurde
auch der Bau einer durch Patent geschützten Wetterschleuse aufgenommen, bei
der die Förderwagen durch elektrisch angetriebene Kettenbahnen ohne Wetter=
verlust durch Schleusenkammern in ausziehende Schächte gebracht werden können.
Anfang des Jahrhunderts hatte die Märkische Maschinenbau=Anstalt in Wetter
sich dem Arbeitsgebiet der bergbaulichen Förderung erneut zugewandt. Man
begann, Förderhaspeln in größerem Umfange herzustellen. 1908 wurden bei
Auflösung der Maschinenbau=Abteilung der seit den 60er Jahren im Bergbau
führenden Maschinenbau=A.=G. Union in Essen die gesamten Zeichnungen
und Modelle übernommen, und man begann, den Bau größerer Fördermaschi=
nen aufzunehmen. Im gleichen Jahre konnte man bereits eine große elektrisch
betriebene Fördermaschine für die Gelsenkirchener Bergwerks=A.=G. aus=

führen, bei der eine Nutzlast von 8800 kg mit einer Geschwindigkeit von 20 m/sk gefördert wurde. Der Bau der Fördermaschinen ist dann innerhalb der Deutschen Maschinenfabrik weiter entwickelt worden. Neben elektrisch betrie= benen Fördermaschinen wurde die Dampffördermaschine ebenfalls nicht vernach= lässigt. Auch hier verlangte man in neuerer Zeit eine möglichst hohe wirtschaftliche Ausnutzung des Brennstoffs neben großer Sicherheit im Betriebe. Das führte dazu, in dieser Beziehung an die Dampffördermaschine die gleichen Anforderungen zu stellen wie an die beste Betriebsmaschine.

Die der Erde entnommenen wertvollen Schätze an Kohle und Erzen gilt es, den verschiedensten Verwendungsgebieten zuzuführen. Dampfschiff und Eisen= bahn teilen sich in diese Aufgaben. Ein Transport von Massen, die jedes Jahr steigen, ist hier zu bewältigen. Viel Zeit und viel menschliche Arbeit verbrauchte das Ein= und Ausladen. Hier ermöglichte erst die vielseitige Anwendung neu= zeitlicher Hebezeuge eine weitere Steigerung der gesamten Leistungsfähigkeit. Der Transport der Massengüter bildet eine der bemerkenswertesten Abschnitte auf dem Gebiet des Hebezeugbaues. Das Auf= und Abladen von Kohle und Erz von Menschenhand mit Schaufeln wurde in weitgehendem Maße durch mecha= nischen Greiferbetrieb ersetzt. Benrath hat innerhalb der jetzigen Firma den Bau von Greifern zuerst aufgenommen und besondere Versuchseinrichtungen ge= schaffen, um neue Konstruktionen durch planmäßigen Versuch weiter zu ent= wickeln.

Für das schnelle Entladen der Eisenbahnwagen wurden in großem Umfang die Wagenkipper entwickelt, die Bredt bereits in den '80er Jahren hier und da aus=

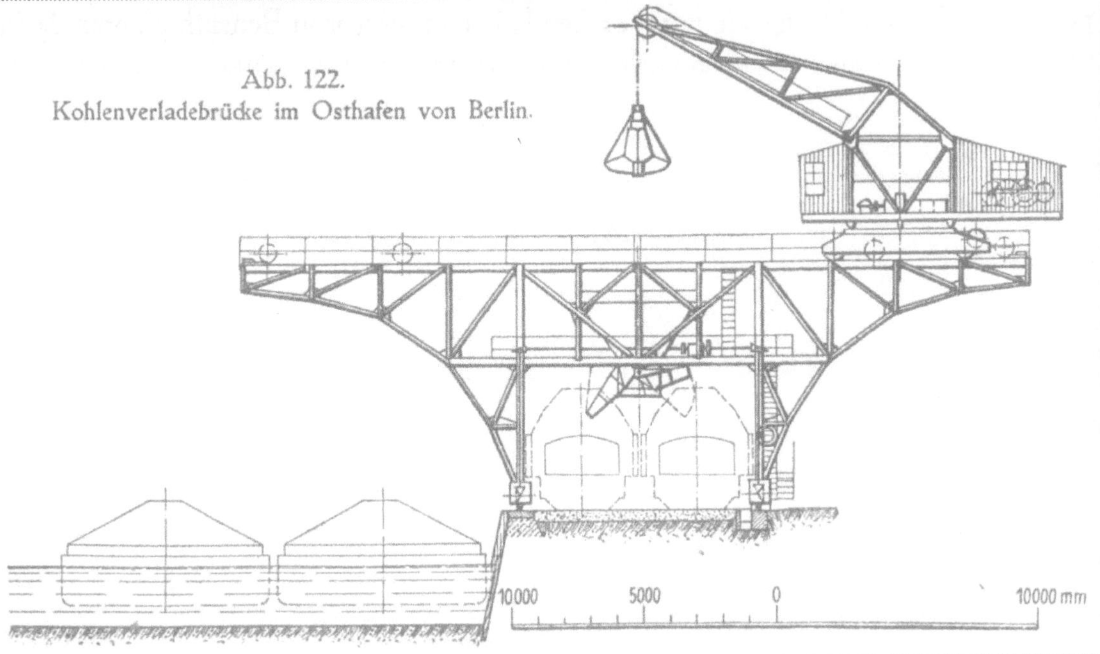

Abb. 122.
Kohlenverladebrücke im Osthafen von Berlin.

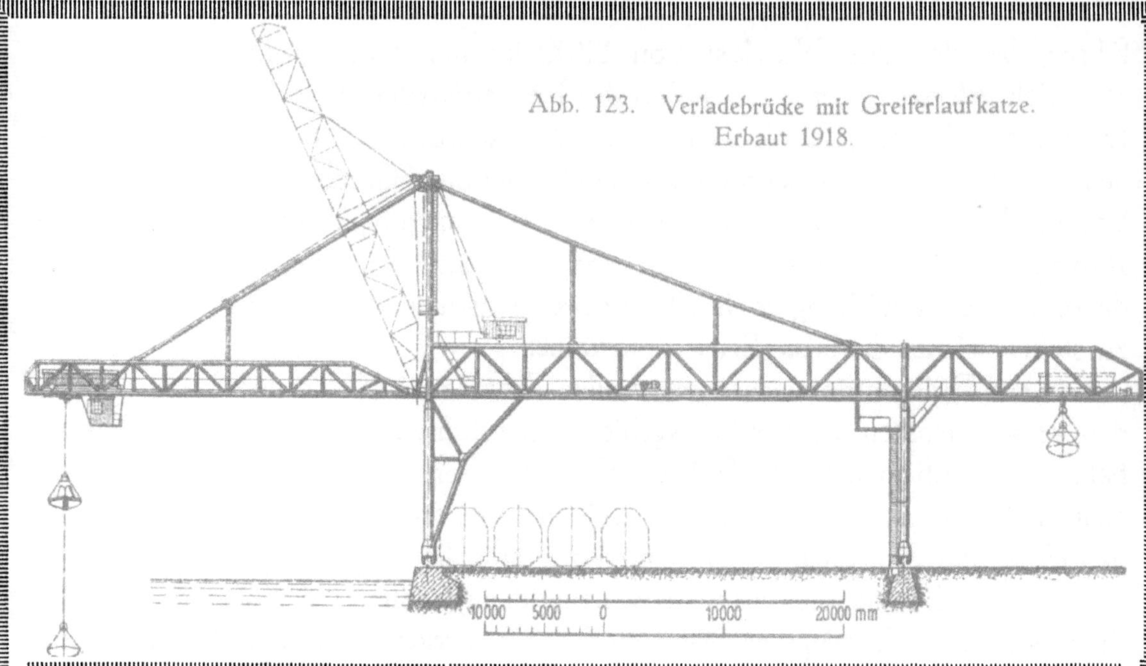

Abb. 123. Verladebrücke mit Greiferlaufkatze.
Erbaut 1918.

geführt hatte. Handelte es sich zunächst in der Hauptsache darum, die Kohlen, die mit Eisenbahnwagen angefahren wurden, in den Häfen in Fluß= oder Seeschiffe umzuladen, so gingen erst in der neuesten Zeit auch große industrielle Werke, wie Städtische Gas= und Elektrizitätswerke, dazu über, die Kohlen= wagen auf mechanischem Wege zu entladen, und die Kohle dann durch Becher= werke, Greiferkrane und andere Vorrichtungen in die Lagerräume und Lager= plätze zu befördern.

Im Rahmen der hier zu betrachtenden Firmen sind die Anlagen für den Trans= port von Massengütern, wie wir gesehen haben, zuerst von Benrath planmäßig in

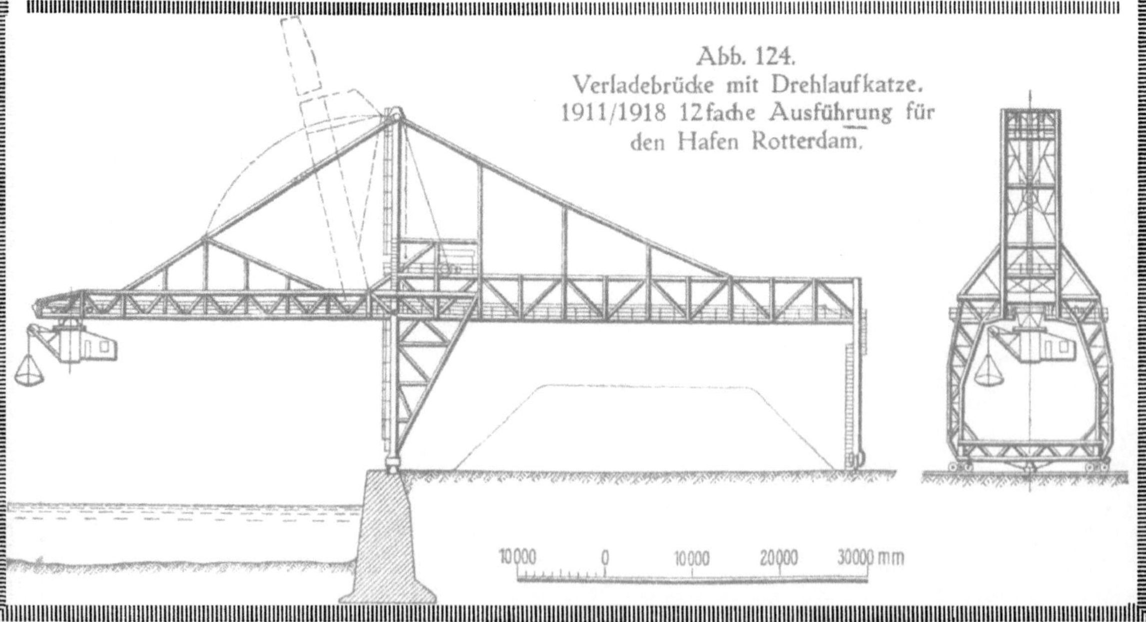

Abb. 124.
Verladebrücke mit Drehlaufkatze.
1911/1918 12fache Ausführung für
den Hafen Rotterdam.

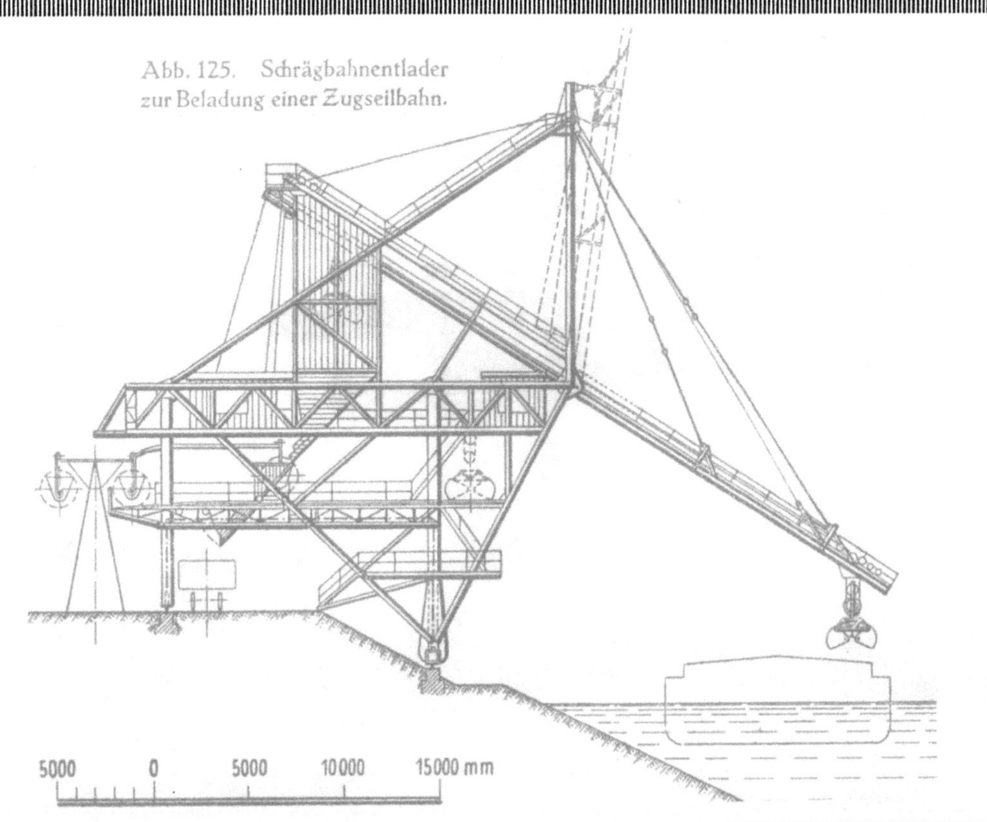
Abb. 125. Schrägbahnentlader
zur Beladung einer Zugseilbahn.

großem Umfang entwickelt worden. Weit gespannte fahrbare Brücken, ausge=
rüstet mit Laufkatzen und Drehkranen, beherrschen weiträumige Lagerplätze. In
Verbindung mit anderen mechanischen Vorrichtungen, die das Verladen der Massen=
güter erleichtern, bieten sie denkbar verschiedene Lösungen für die mannigfachen
Aufgaben, die gerade auf diesem Gebiete dem konstruierenden Ingenieur gestellt
werden. Einige kennzeichnende Ausführungen veranschaulichen die Abb. 122
bis 126.

Wir finden die ältesten Kipperanlagen in Häfen. Bei wechselnden Wasser=
ständen wurden hier Vorkehrungen getroffen, um die Wagen entweder in teleskop=

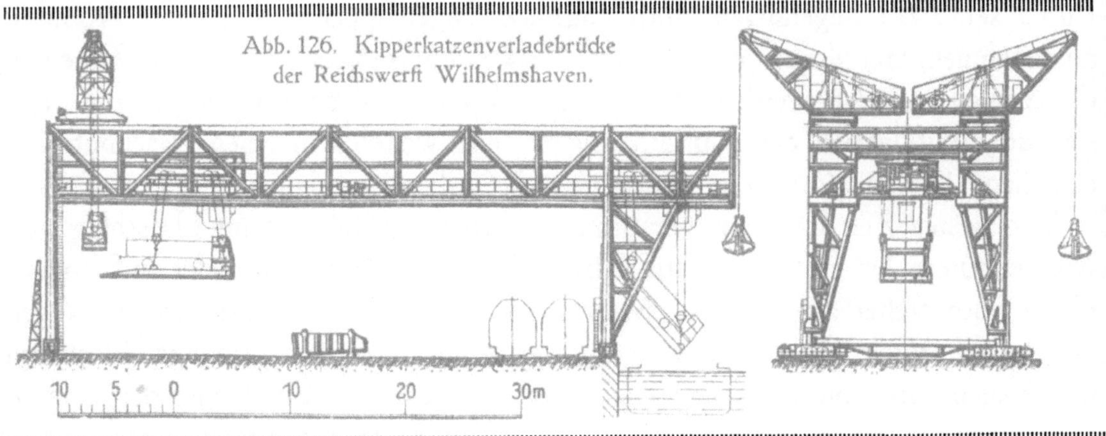
Abb. 126. Kipperkatzenverladebrücke
der Reichswerft Wilhelmshaven.

artig ausschiebbare Trichter oder auf ausschiebbare Rutschen zu entleeren und die Sturzhöhe der Kohlen so zu verringern. Die ersten Kipper waren Schwerkraftkipper, bei denen unter Benutzung des Ladegewichts die Kippbewegung ausgelöst wurde, die man durch Bremswirkung beherrschte. Später ging man dazu über, hydraulisch angetriebene Kipper herzustellen, aber auch hier brachte erst die Einführung des elektrischen Betriebes den Übergang zur neuesten Zeit.

Man kam zu Kippern, die bei ununterbrochenem Betrieb bis zu 40 Wagen in der Stunde zu entleeren vermochten. Neben den feststehenden Kippern hat die Firma seit 1911 angefangen, auch fahrbare Wagenkipper nach Bauart Aumund aufzunehmen, mit denen je nach dem Verwendungszweck bis zu 15 Wagen in der Stunde entladen werden können. Die Kipper sind so eingerichtet, daß man sie nach Aufklappen der Auflaufzungen ohne weiteres in einen Eisenbahnzug einreihen, sie also leicht an verschiedenen Orten benutzen kann.

In neuester Zeit hat man versucht, die Leistungsfähigkeit im Umschlag von Massengütern bei Entladung aus Eisenbahnwagen zum Schiff oder auf Lager=plätze noch weiter zu steigern. Man schiebt hierbei die zu entladenden Wagen auf eine Plattform, die in Seilsträngen an einer fahrbaren Katze hängt. Plattform mit Wagen wird von der Katze angehoben und über das Schiff oder den Lager=

platz gefahren und durch Kippen bis zu einer Neigung von 45° entleert. Die ent=
leerten Wagen werden in der gleichen Weise auf einem neben dem Vollgleis lie=
genden Leergleis abgesetzt. Die Firma hat dieser Ausführungsform den Namen
Kipperkatzenbrücke beigelegt. Als Vorteil wird die große Steigerung der Um=
schlagleistung angesehen, verbunden mit einer weitgehenden Schonung der Eisen=
bahnfahrzeuge im Vergleich zum Greiferbetrieb. Die erste Verladeanlage dieser
Bauart ist im Jahre 1915 auf der Reichswerft in Wilhelmshaven in Betrieb gekommen.
Da es sich hier um große Umschlagsmengen handelte, hat man die Kipperkatze auf
jeder der beiden Verladebrücken noch durch zwei Greiferdrehkrane von 7,5 t Trag=
kraft und 8 m Ausladung unterstützt. Mit der Kipperkatze konnte man stünd=
lich etwa 18 Wagen in das Schiff entladen, beim Verladen von 20 t Wagen also
360 t. Die beiden Brückendrehkrane konnten ferner noch vom Lagerplatz etwa
140 t verladen, so daß sich mit der gesamten Anlage stündlich rd. 500 t Kohle
in das Schiff befördern ließen.

Im Hafenbetrieb spielen die Hebezeuge, je kostspieliger der Schiffsraum wird,
je mehr es also darauf ankommt, die Entladezeiten abzukürzen, eine immer größere
Rolle. Eine neuzeitliche Hafenanlage ist deshalb ohne ausreichende Ausrüstung mit
verschiedenartig verwendbaren Hebezeugen undenkbar. Wir haben gesehen, in
wie weitgehendem Maße sich die drei Firmen gerade diesem Arbeitsgebiet zu=
gewandt haben, und die Deutsche Maschinenfabrik hat hier mit voller Kraft weiter
gearbeitet. Abgesehen von dem feststehenden und schwimmenden Riesenkran sind
noch viele andere Konstruktionen in den verschiedensten Abmessungen entstanden.
Eine besonders große Rolle im Hafenbetrieb spielen die Portalkrane. Bemerkens=
wert ist, daß in der letzten Zeit auch Schwimmkrane, die zu Anfang fast aus=
schließlich im Schiffbau zur Ausrüstung der großen Kriegsschiffe und Handels=
dampfer benutzt wurden, mit großem Erfolg heute in kleinerer Bauart zum Ent=
laden von Massengütern dienen. Der Schwimmkran bietet im Hafenbetrieb manche
Vorteile. Er kann an ein mitten im Hafen verankertes Schiff heranfahren und
von hier aus die Entladung in Leichter vornehmen. Es ist ferner durch den
Schwimmkran möglich, mehrere Schiffsluken, ohne die Fahrzeuge verholen zu
müssen, zu bedienen. Dadurch, daß man mit Schwimmkranen im freien Wasser
be= und entladen kann, entlastet man das Ufer, was aus wirtschaftlichen Gründen
mit Rücksicht auf die günstigen Ergebnisse für den Hafeneisenbahnbetrieb oft
sehr erwünscht ist. Auch Werften benutzen in neuester Zeit Schwimmkrane zur
Beförderung von Werkstücken an der Helling oder der Werft entlang.

Ein anderes Transportmittel, seit langem im Schiffsbetrieb als Ankerspill be=
kannt, hat man mit elektrischem Antrieb versehen in neuerer Zeit für den Hafenbetrieb
zum Heranholen von Schiffen oder Eisenbahnwagen oder zum Bedienen von Dreh=
scheiben und Schiebebühnen vorteilhaft benutzt. Benrath hatte um 1900 seine ersten

elektrisch betriebenen Spille für den Hamburger Hafen ausgeführt. Die Deutsche
Maschinenfabrik hat sich der weiteren Durchbildung gerade dieser Maschinen zuge=
wandt. Es wurden Normalkonstruktionen geschaffen, die die vielseitigste Ver=
wendung zuließen. Die Zugkraft dieser Bauarten liegt zwischen 200 und 5000 kg,
und je nachdem ist eine Leistung des Elektromotors von 2,5 und 30 PS erforderlich.
Die Seilgeschwindigkeit beträgt bei der kleinsten Ausführung 30 m, bei der größten
15 m in der Minute. Die zahlreichen Verwendungsmöglichkeiten der Spille wer=
den auch ihre praktische Bedeutung in der Zukunft noch weiter steigern.

Kann man den elektrischen Antrieb im Hebezeugbau heute als normal ansehen,
so hat auch die unmittelbare Verwendung der Dampfkraft im Kranbau sich
erhalten. Die Deutsche Maschinenfabrik hat deshalb ihre Aufmerksamkeit noch
weiterhin der Entwicklung der fahrbaren Dampfkrane gewidmet, die überall da
benutzt werden, wo elektrischer Strom nicht zur Verfügung steht. Die Verwend=
barkeit des fahrbaren Dampfkranes wird noch dadurch gesteigert, daß er nicht nur
zur Hebung von Lasten, sondern auch zum Verschieben von Eisenbahnwagen
benutzt werden kann. Bei den normalen Ausführungen werden Dampfdrucke von
8 at, Kessel von etwa 7 qm Heizfläche bei 0,35 qm Rostfläche verwendet. Zum
Antrieb dient eine liegende umsteuerbare Zwillingsmaschine von 160 mm Hub.
Die größte zulässige Belastung stellt sich bei 4,75 m Ausladung auf rund

6000 kg, bei 9 m Ausladung auf 2000 kg. Erfahrungsgemäß lassen sich inner=
halb dieser Belastungsgrenze auf Bauplätzen und Werften fast alle größeren Ar=
beiten bequem erledigen. Aber auch auf Fabriken und Werkstätten, wo beson=
dere Verhältnisse den Gebrauch des elektrischen Kranes ausschließen, hat sich der
fahrbare Dampfkran als wirksames Betriebsmittel erhalten. Nicht minder bedeut=
sam ist das neuartige Hebezeug im Schiffbau. Die Werft wird heute beherrscht
durch die vielseitig verwendbaren Krane. Vom alten primitiven mit Seilen
verspannten Mastenkran, wie man ihn vom Schiff her kannte, geht in Deutsch=
land in diesem Jahrhundert der Weg bis zu maschinell vollständig beherrschten
Hellinganlagen von gewaltigen Abmessungen, mit denen es erst möglich wurde,

die Meisterwerke deutschen
Schiffbaues, die Riesendamp=
fer, fertigzustellen. Die Abb.
131/142 zeigen an Aus=
führungsbeispielen der Deut=
schen Maschinenfabrik diesen
bewundernswerten Werde=
gang.

Welche Bedeutung das neu=
zeitliche Hebezeug in den ver=
schiedensten Anwendungs=
formen im Hüttenwesen er=
langt hat, haben wir bereits
bei der Geschichte der ein=
zelnen Firmen dargelegt. Die
Deutsche Maschinenfabrik hat
die hier eingeschlagene Bahn
planmäßig weiterverfolgt. Die
Mechanisierung der Hoch=

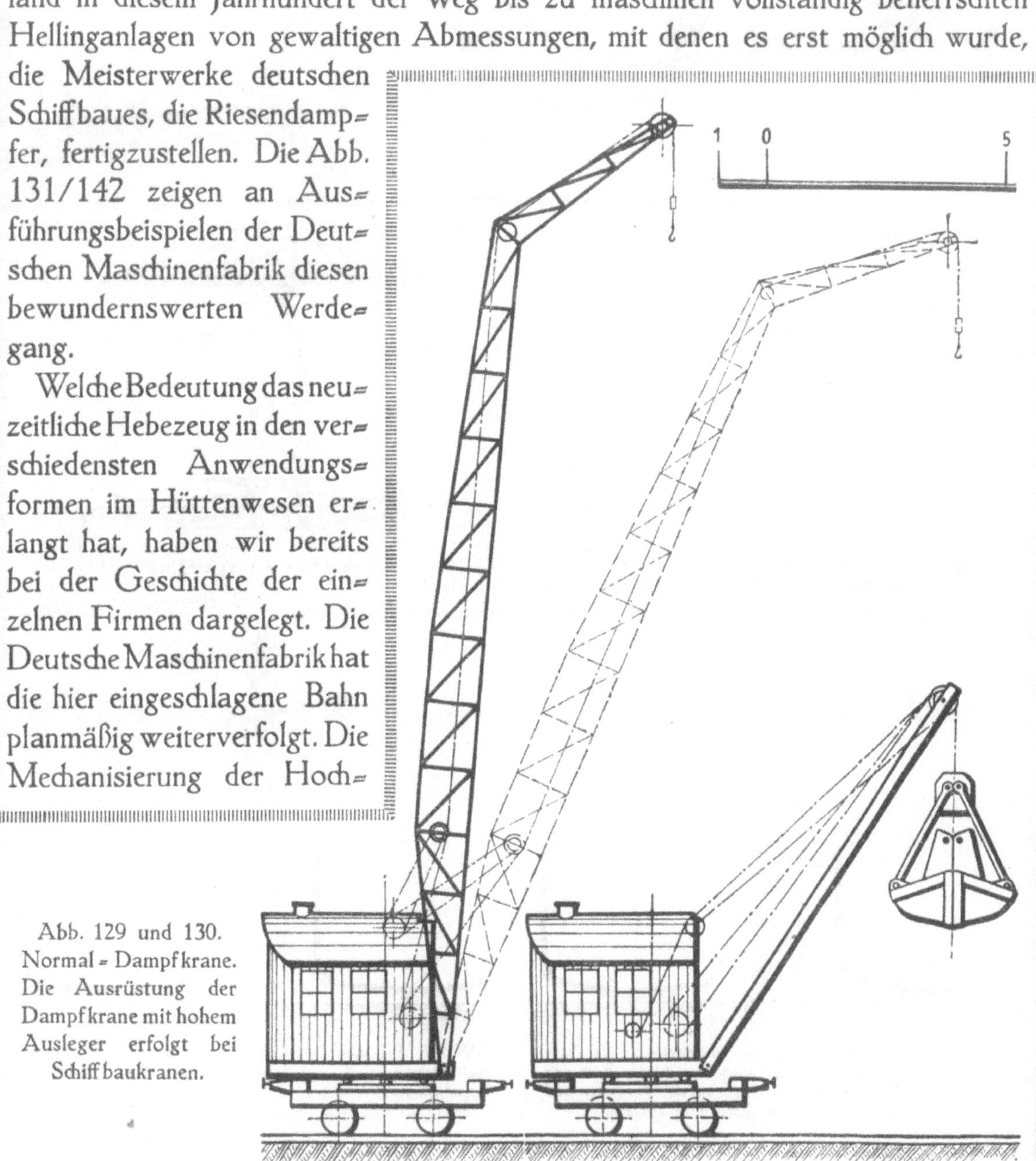

Abb. 129 und 130.
Normal = Dampfkrane.
Die Ausrüstung der
Dampfkrane mit hohem
Ausleger erfolgt bei
Schiffbaukranen.

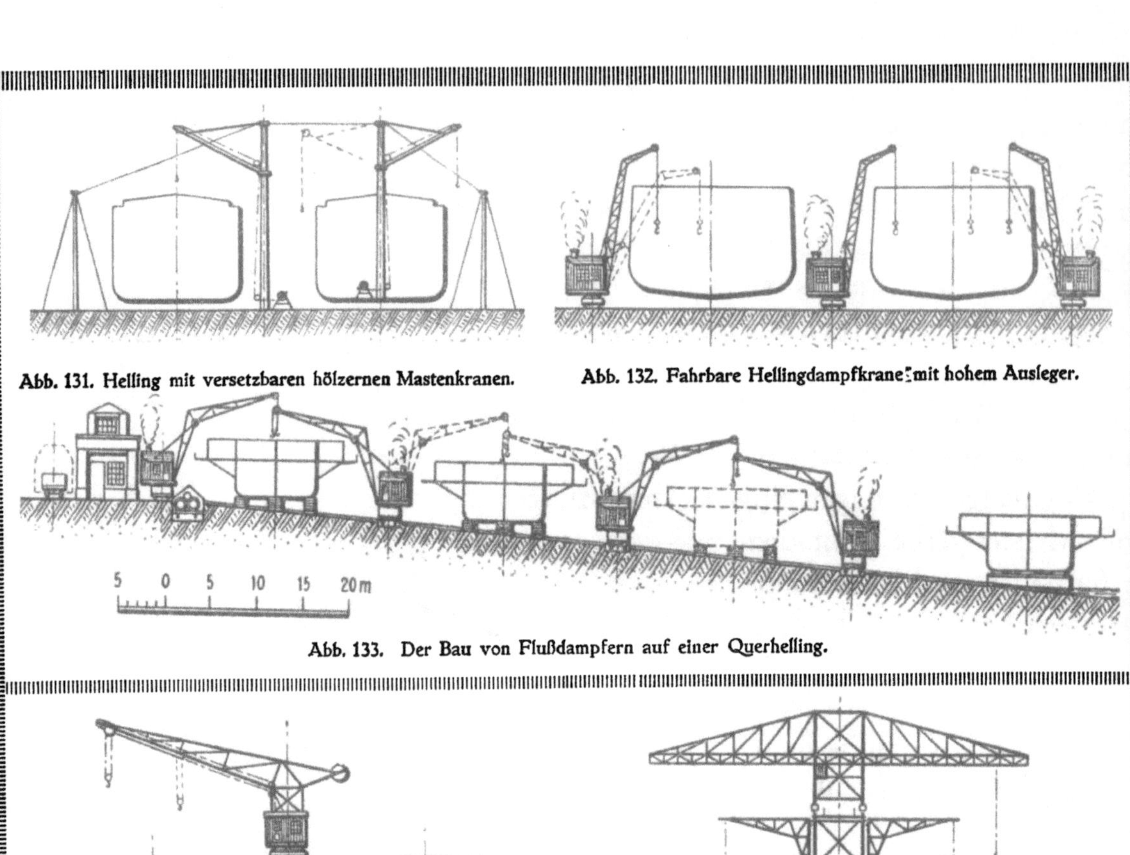

Abb. 131. Helling mit versetzbaren hölzernen Mastenkranen.

Abb. 132. Fahrbare Hellingdampfkrane mit hohem Ausleger.

Abb. 133. Der Bau von Flußdampfern auf einer Querhelling.

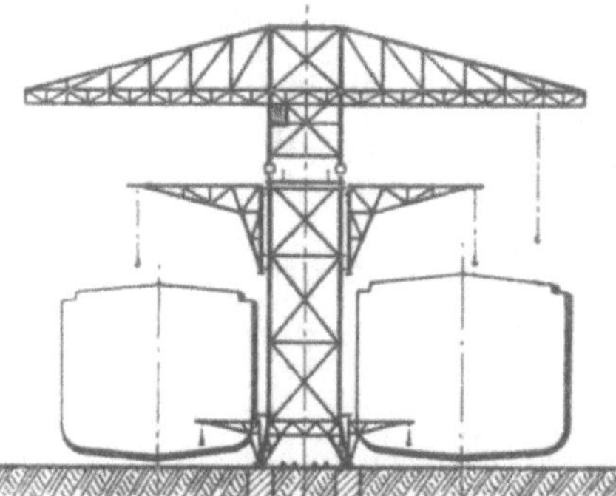

Abb. 134. Elektrischer Drehkran auf Hochbahn zur Bedienung von zwei Bauplätzen. Erbaut für A.-G. Weser, Bremen.

Abb. 135. Elektr. Auslegerkran u. fahrb. Konsolkrane auf 185 m langer Hochbahn. Erbaut für Bremer Vulkan, Bremen-Vegesack.

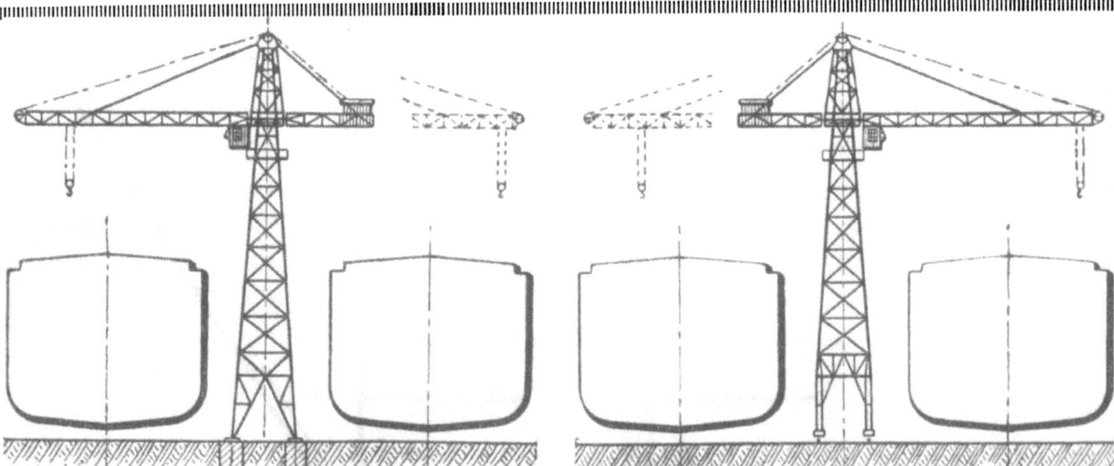

Abb. 136. Feststehender elektrischer Turmdrehkran. Bei Aufstellung mehrerer Krane werden diese verschieden hoch gemacht, so daß die Ausleger übereinander wegschwenken und die Krane sich beim Arbeiten nicht hindern.

Abb. 137. Fahrbare elektrische Turmdrehkrane. Die Krane werden zweckmäßig ebenfalls verschieden hoch ausgeführt. Portalspannweite 6—8 m. Die Kranbahn darf eine Neigung bis 1:80 aufweisen. Zuerst erbaut für Bremer Vulkan.

234

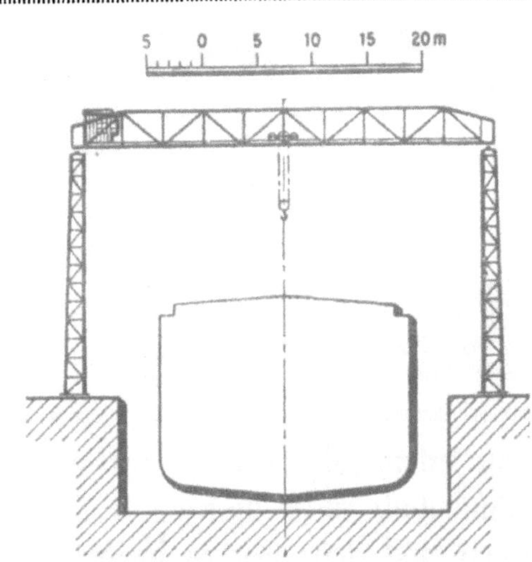

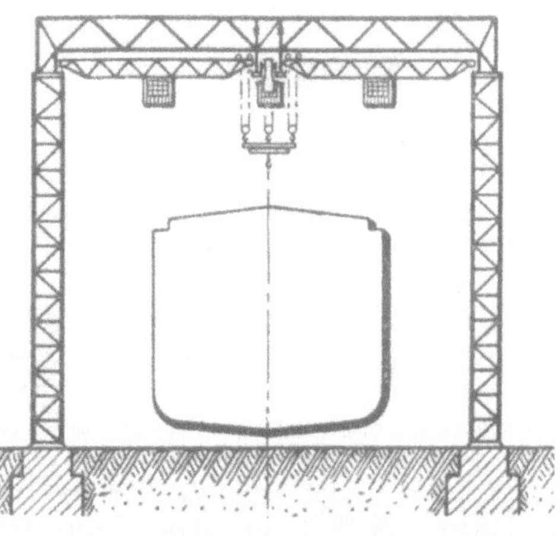

Abb. 138. Elektr. Hellinglaufkran über einem Baudock. Erb. f. G. Seebeck A.-G., Bremerhaven. Ein Hebezeug f. d. ganze Schiffsbreite.

Abb. 139. Hellinganlage der Howaldtwerke, Kiel. 175 m lang, ausgerüstet mit 2 Laufkranen und 1 Katze von je 5 t Tragkraft.

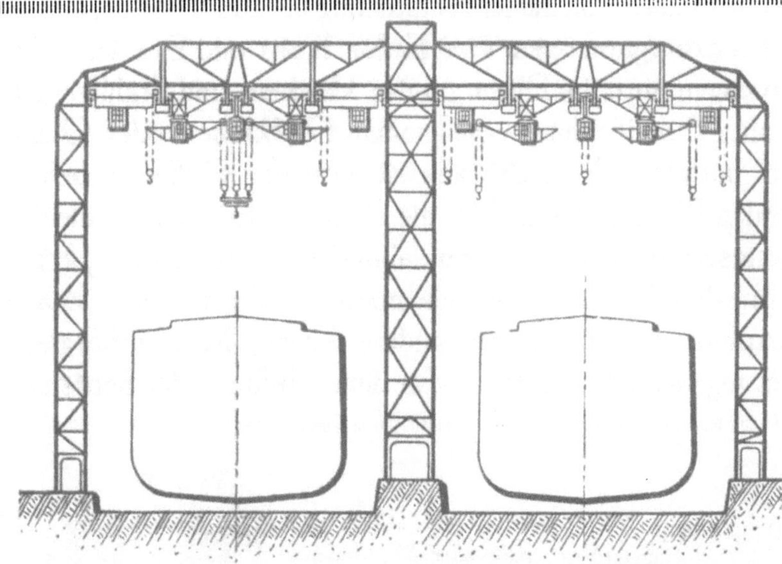

Abb. 140. Zweischiffige Hellinganlage der Vulcanwerke Hamburg. Die Krananlage besteht aus 4 Laufkranen, 2 Laufkatzen und 4 Drehlaufkatzen von je 6 t Tragkraft. An der Außenhaut können je 2, über dem Kiel je 3 Haken zusammenarbeiten.

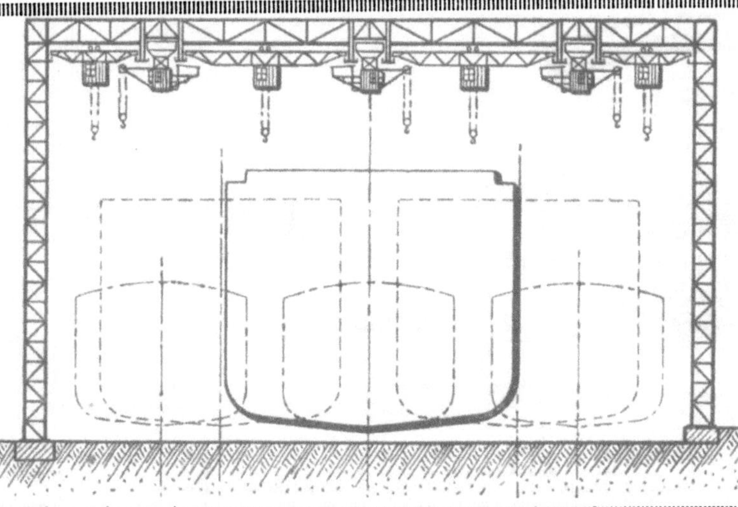

Abb. 141. Weitgespannte Hellinganlage der Howaldtwerke, Kiel, ausgerüstet mit 2 Laufkranen von je 5 t, 2 Laufkranen von je 10 t und 3 Laufkatzen von je 5 t Tragkraft. Weitgehende Unterteilung der Hellingbreite in einzelne Kranfelder.

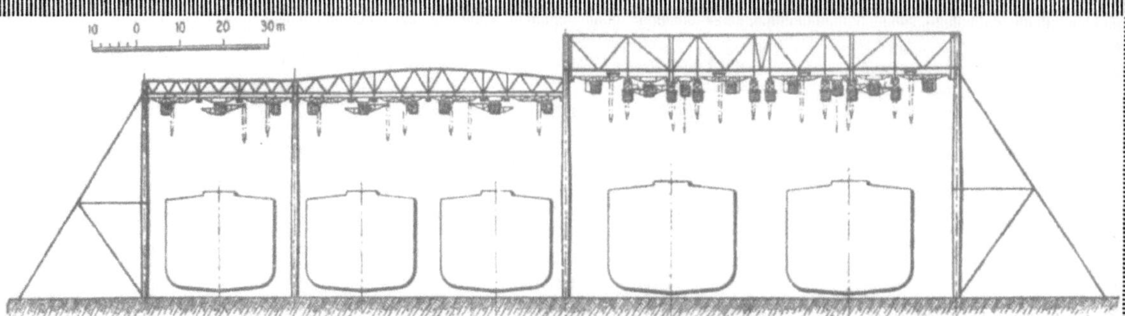

Abb. 142. Hellinganlage der Werft von Blohm & Voß, Hamburg. Ausgerüstet mit 34 Kranen und einem Versatzkran.

ofenbetriebe, der Stahl= und Walzwerke hat mit jedem Jahr weitere Fortschritte gemacht. Selbst an den Öfen ist der Maschinenbau nicht spurlos vorüber= gegangen. Abgesehen von den Bessemer=Birnen und den riesigen beweglichen Mischern, sind nun auch die gemauerten Martinöfen beweglich ausgeführt worden.

Das Hebezeug begleitet das Eisen von seiner Entstehung bis zum Fertigprodukt. Auf großen leistungsfähigen Schrägaufzügen wird Kohle, Koks und Erz den Öfen zugeführt. Auf Roheisenwagen wird das Eisen zu den Mischern und Stahlwerken gebracht. Die Blöcke, unter Zuhilfenahme von großen Gießkranen oder Gieß= wagen gegossen, werden, nachdem Abstreifkrane sie von der Gußform befreit haben, von schnellarbeitenden Blockkranen gefaßt, die sie in die Tieföfen zur gleich= mäßigen Durchwärmung einsetzen. Andere Krane ähnlicher Konstruktion packen mit Zangen die Blöcke in schmalen Öfen, um sie nunmehr der weiteren Bear= beitung im Walzwerk zuzuführen. Und wieder andere Krane, Muldenchargier= krane, dienen zur Beschickung der Martinöfen. Von dem Umfange der heute er=

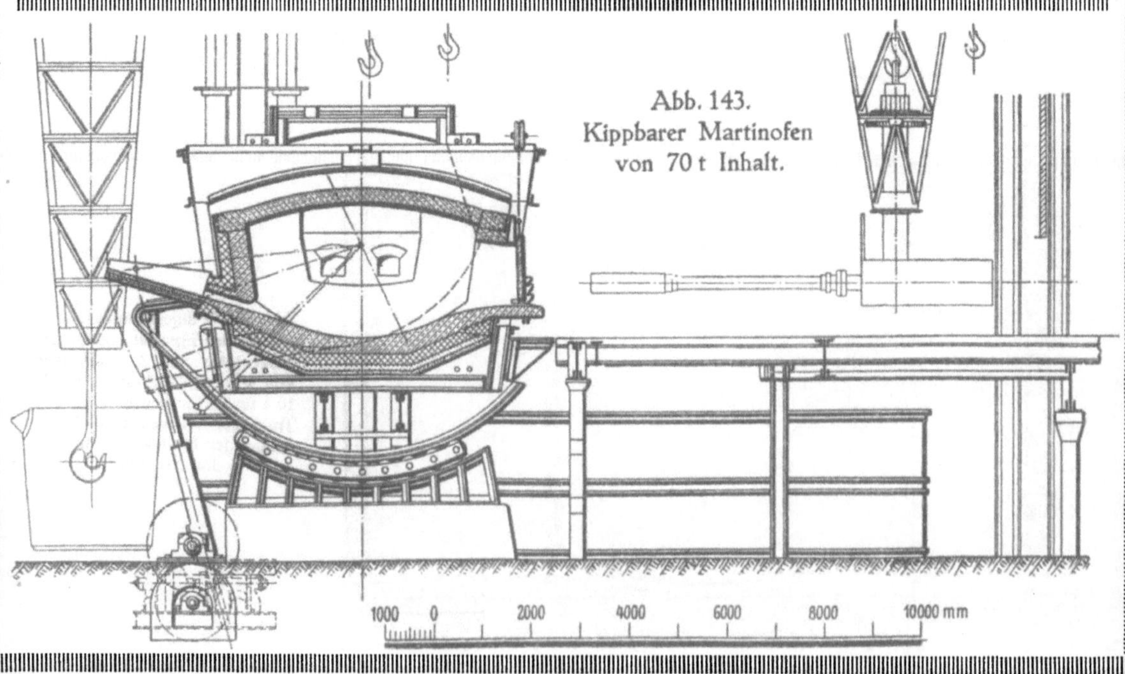

Abb. 143.
Kippbarer Martinofen
von 70 t Inhalt.

reichten Mechanisierung der Stahlwerke geben die Abb. 144/148 eine deutliche Vorstellung. Auch die ursprünglich vor allem als Laboratoriumsöfen benutzten und später in der Aluminium= und Karbidindustrie verwendeten Elektroschmelzöfen fanden in den letzten Jahren in weitestem Maße bei der Stahlerzeugung Verwendung, da mit ihrer Hilfe ein überaus hochwertiger Stahl erschmolzen werden kann. Sie werden fast allgemein als Kippöfen hergestellt, auf welche die beim Bau der Mischer= und Martinöfen gesammelten Erfahrungen erfolgreich Anwendung fanden, da von der Deutschen Maschinenfabrik vor allem große Öfen bis zu 25 und 30 t Inhalt gebaut wurden.

Im Walzwerk selbst spielen die verschiedensten Arten von Hebezeugen und Transporteinrichtungen, mit den Walzwerken zu einem Ganzen verbunden, eine wichtige Rolle. Der festliegende und der fahrbare Rollgang gehören hier zu den unentbehrlichsten Bewegungsvorrichtungen für die Walzprodukte. Auf den großen Lagerplätzen der fertigen Walzprodukte ist das Hebezeug ebenfalls unentbehrlich. Auch hier treffen wir, wie bei den Transportanlagen für Massengüter, auf große fahrbare Brücken. Bei der Verladung der Walzprodukte brauchte man für die Verbindung des zu hebenden Stückes mit dem Kran eine verhältnismäßig lange Zeit. Die Leistungsfähigkeit der ganzen Anlage wurde hierdurch herab=

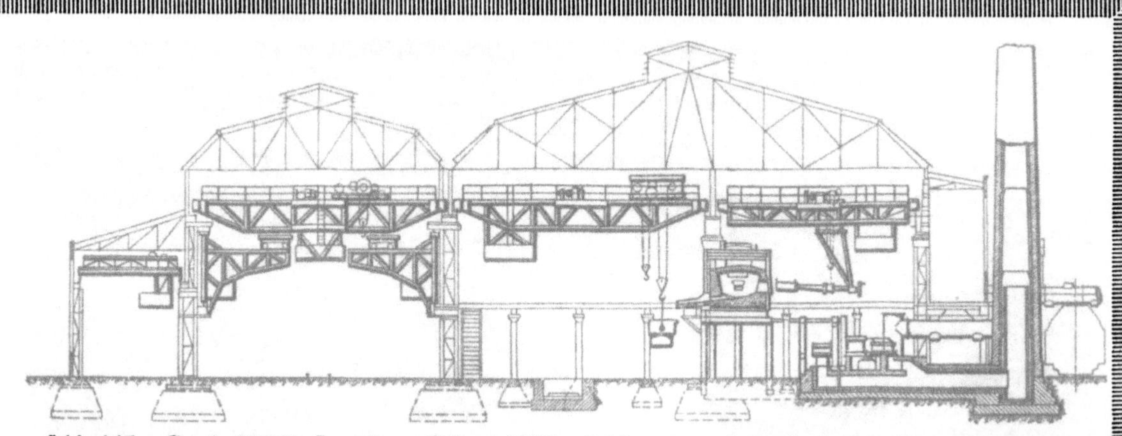

Abb. 145. Geschoßfabrik Spandau. Erbaut 1916. 7 Monate nach Baubeginn in Betrieb gesetzt.

gedrückt. In mühsamer Arbeit mußten die Ketten um die sehr oft unhandlichen Stücke geschlungen werden, bevor der Kran seine Arbeit beginnen konnte. Hier bedeutete die Einführung der Lasthebemagnete einen großen Fortschritt, der sich in Parallele mit dem Greiferbetrieb bei Kohle und Erz stellen läßt. Wie in den Hüttenbetrieben, so ist heute auch in allen anderen eisenverarbeitenden Werkstätten das Hebezeug für rationelle Fabrikation unentbehrlich. Die Abb. 149/153 zeigen,

Abb. 147. Roheisenmischanlage mit elektrisch kippbarem Flachherd-Mischer.

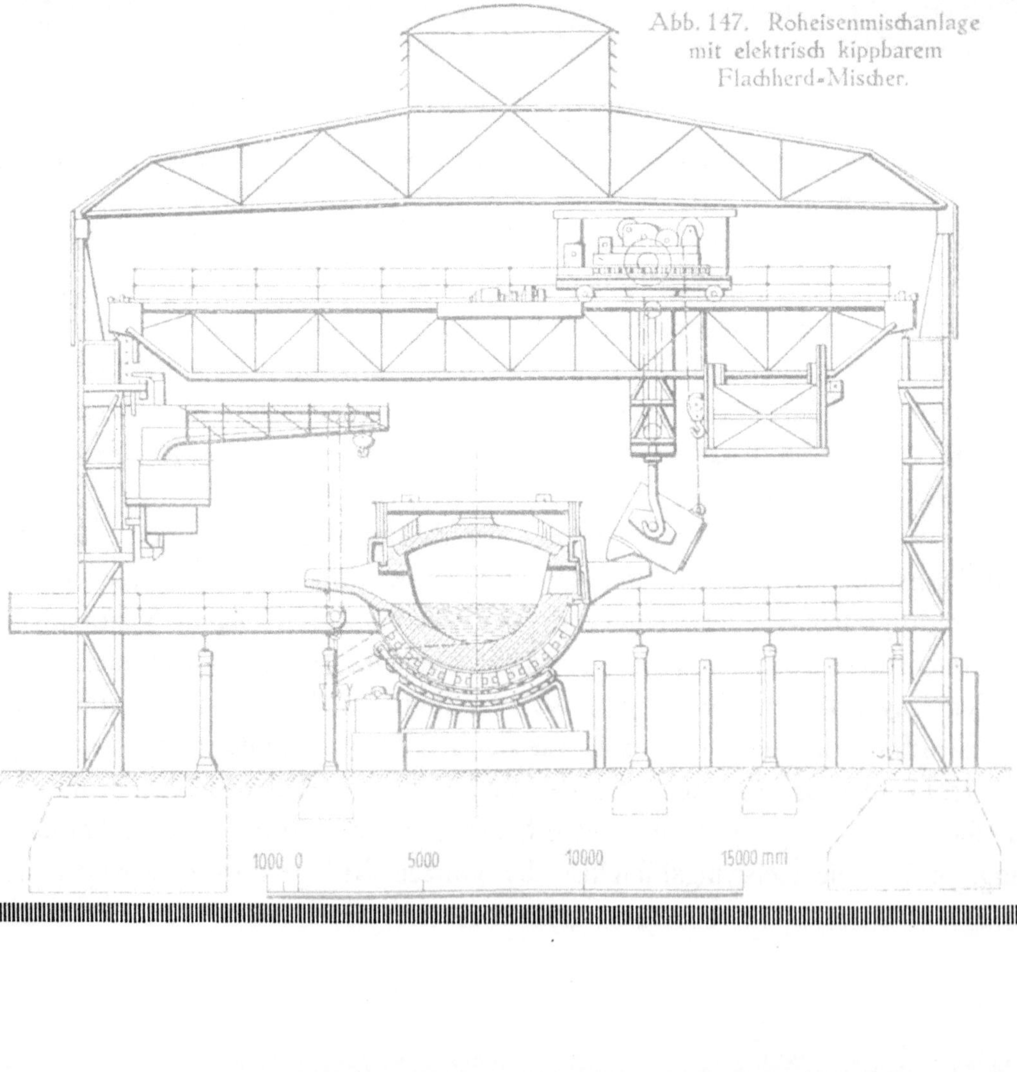

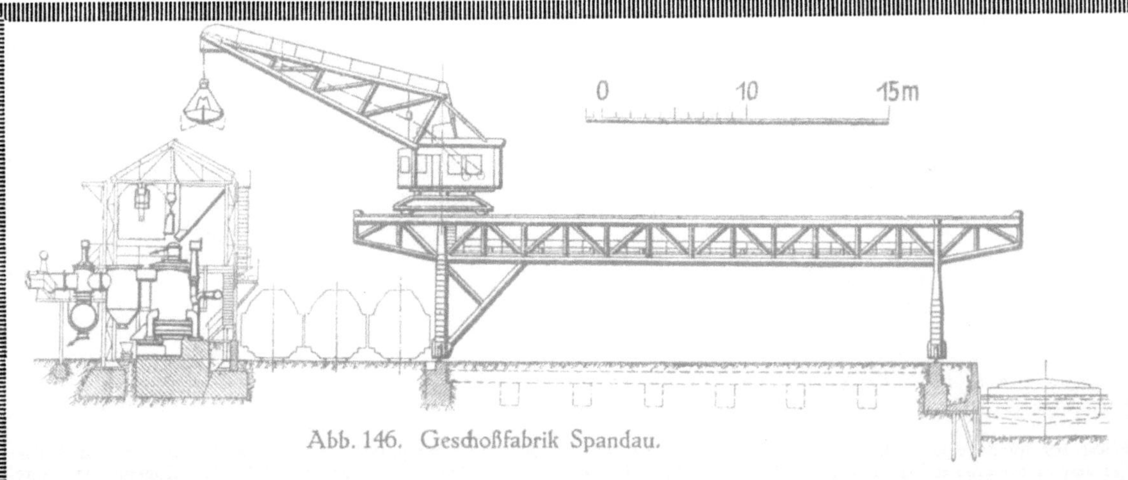

Abb. 146. Geschoßfabrik Spandau.

wie weitgehend heute Eisengießereien und Maschinenfabriken mit den verschieden=
sten Arten von Kranen arbeiten.

eben dem großen Gebiet der Hebezeuge hat die Deutsche Maschinen=
fabrik der Überlieferung ihrer Stammfirmen getreu auch an der
weiteren Entwicklung der vielgestaltigen Arbeitsmaschinen des
Eisenhüttenwesens mitgewirkt. Abgesehen von Einrichtungen für
Hochofenanlagen und Stahlwerke handelt es sich hier in erster Linie um die
Walzwerke nebst all den vielen Maschinen, die zu vollständigen Walz=
werkanlagen hinzukommen. Die Blockwalzwerke, auf denen die vom Stahl=
werk kommenden Rohblöcke vorgewalzt werden, werden als Umkehrwalzwerke
ausgeführt. Die früher übliche hydraulische Anstellung und Ausbalanzierung
der Oberwalzen suchte man in den letzten Jahren durch elektrische Antriebe
zu ersetzen, wie denn überall auf diesem Gebiete der elektrische Strom sich gegen=

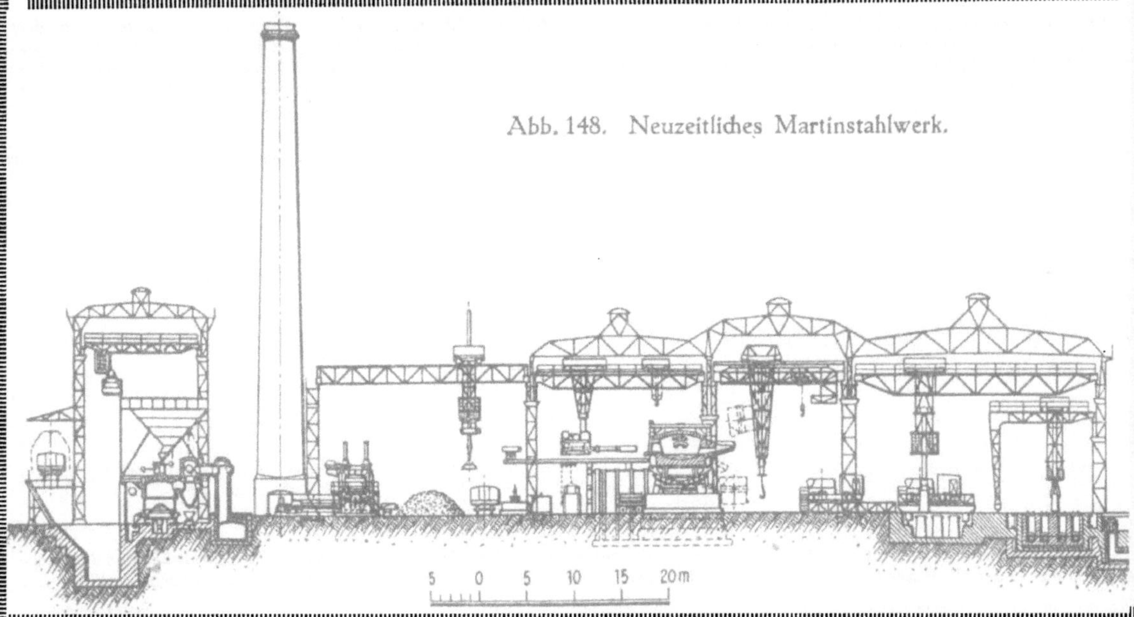

Abb. 148. Neuzeitliches Martinstahlwerk.

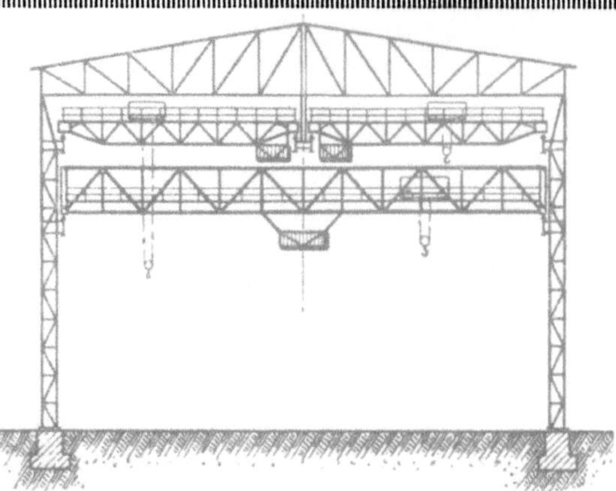

Abb. 149. Montagehalle. Der untere Laufkran dient für den Transport der größten Lasten, während die beiden oberen Laufkrane große Beweglichkeit haben und deshalb vorwiegend leichtere Lasten transportieren. Die Unterteilung der Halle in zwei Felder mit zwei obenlaufenden Kranen empfiehlt sich bei getrennten Arbeitsgebieten rechts und links in der Halle.

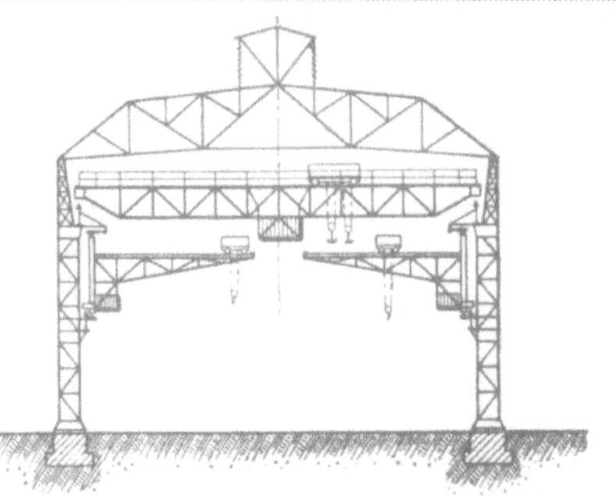

Abb. 150. Montagehalle. Laufkran rd. 75 t Tragkraft mit Hilfshubwerk 15 t, Konsolkrane mit 5 bis 10 t Tragkraft und feste Wandschwenkkrane, die für die Bedienung einzelner großer Sonder-Werkzeugmaschinen dienen. Der Führerkorb des großen Kranes ist zweckmäßig in die Mitte zu verlegen, damit die Konsolkrane ungehindert verfahren können.

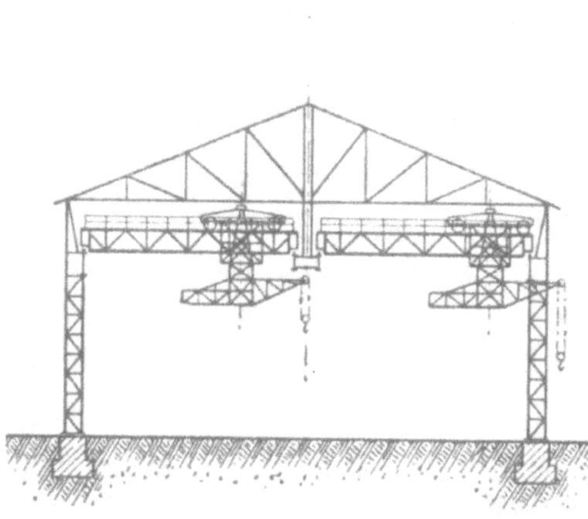

Abb. 151. Stahlgießerei. In jedem Kranfeld laufen 2 Drehlaufkrane von je 30 t Tragkraft. Die Krane können Material außerhalb der Halle aufnehmen und die Grundfläche restlos bestreichen. In der Mitte der Halle können mit allen 4 Kranen zusammen Stücke bis 120 t gehoben werden.

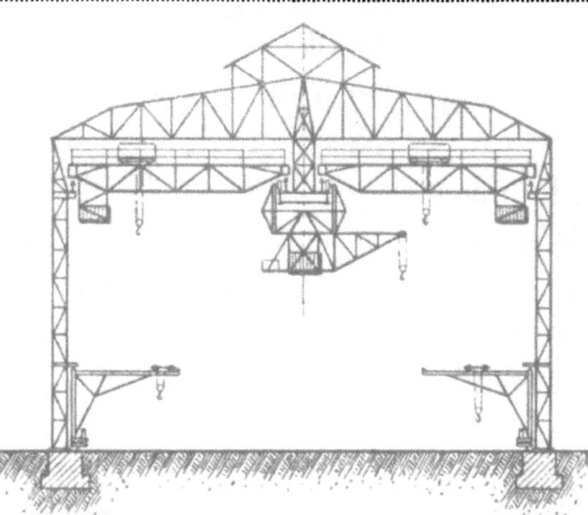

Abb. 152. Montagehalle. Die Drehlaufkatze in der Mitte der Halle übernimmt die Zuführung der Lasten zu den beiden getrennten Arbeitsgebieten der Deckenlaufkrane. Die Schwenkkrane an einzelnen Säulen bedienen besonders große Werkzeugmaschinen oder Arbeitsplätze.

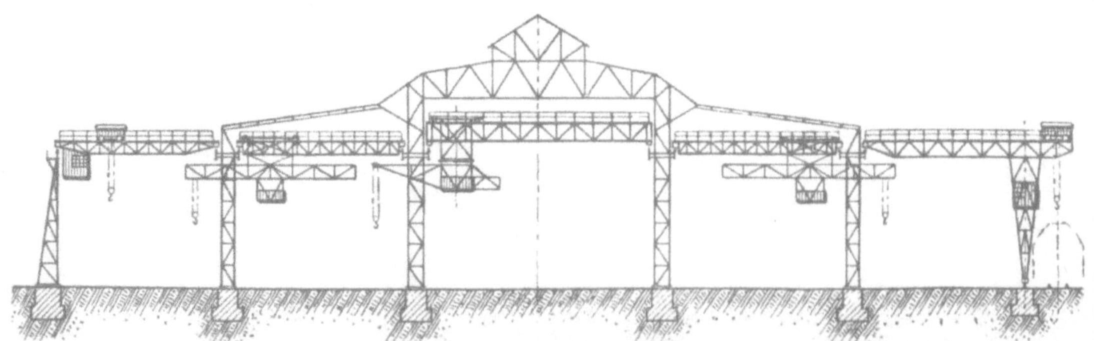

Abb. 153. Bearbeitungswerkstatt. Durch die Anordnung der Laufkrane mit verschiebbarem Ausleger in den Seitenhallen und des Drehlaufkranes in der Mittelhalle ist das Zubringen des Materials von den beiden Lagerplätzen rechts und links nach dem Mittelschiff möglich.

über dem Druckwasser durchgesetzt hat. Man suchte sich die Vorteile einheitlicher Antriebsart zu verschaffen, indem man auch die Kant= und Verschiebeapparate, die allgemein durch Druckwasser betätigt wurden, elektrisch betrieb. Ausbalan= zierung und Anstellung der Oberwalze hat man zu einem Organ vereint, wo= durch das ganze Walzengerüst wesentlich vereinfacht werden konnte. Ohne be= sondere Schwierigkeiten konnte man bei dieser neuen Konstruktion auch den Walzenhub sehr groß machen, man hat mit diesen elektrischen Anstellungen Walz= werke mit einem Walzenhub bis zu 1 m ausgeführt. Bei der konstruktiven Durch= bildung mußte, je größer die Leistungen wurden, umsomehr Wert darauf gelegt werden, ein unwandelbares feststehendes Gerüst auch bei größten Beanspruchungen zu erhalten. Man hat deshalb die Ständerfüße sehr verbreitert und durch schwere Querstücke die Ständer oben miteinander verbunden. Um welche Beanspruchungen es sich bei diesen Blockwalzwerken handelt, kann man sich vorstellen, wenn man überlegt, daß Blöcke von 6 bis zu 7 t Gewicht hier vorgewalzt werden. Brammen= walzwerke für Blechstraßen verarbeiten sogar bis zu 12 t schwere Blöcke, und die Rohblöcke für Panzerplatten wiegen bis zu 120 t. Die Walzenzugmaschinen werden als Verbundmaschinen mit hintereinanderliegendem Zylinder oder auch als Gleich= stromdampfmaschine gebaut. Dampfspannung bis zu 14 at Überdruck, hohe

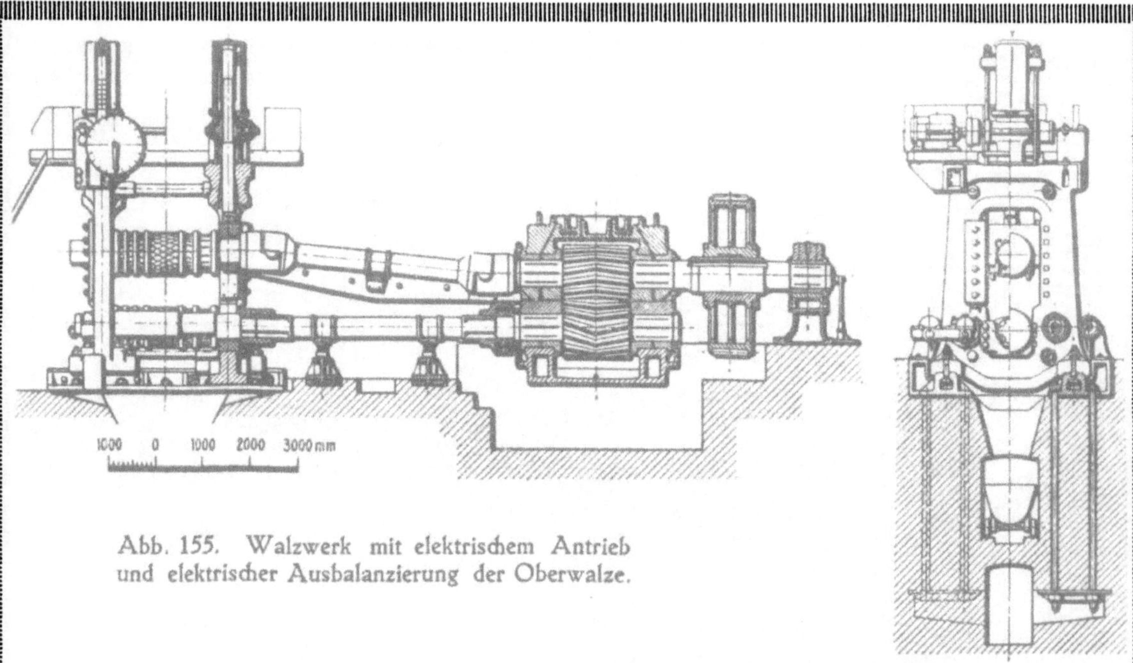

Abb. 155. Walzwerk mit elektrischem Antrieb
und elektrischer Ausbalanzierung der Oberwalze.

Überhitzung sind heute üblich. Eine der größten von der Deutschen Maschinen=
fabrik gebauten Walzenzugmaschinen leistet mit 4 Zylindern in Tandemanord=
nung von 1200 und 1800 mm Durchmesser und 1500 mm Hub bei 10 at Dampf=
spannung und 180 Umdrehungen in der Minute rund 30000 PS. Das entspricht
etwa der Leistungsfähigkeit von 30 großen Schnellzugslokomotiven.

Als Beispiel für heute erreichte Leistungen sei das von Bechem & Keetman für
die Rombacher Hüttenwerke gebaute Umkehrknüppelwalzwerk angeführt. Auf
diesem Walzwerk mit Walzen von 800 mm Durchmesser, das durch einen umsteuer=
baren Elektro=Doppelmotor von 15000 PS Höchstleistung angetrieben wird, wer=
den beim Auswalzen von Blöcken von 200 mm Durchmesser zu Knüppeln von
82 und 50 mm Durchmesser 95000 und 61000 kg in der Stunde erzielt. Bei einem
Gewicht von 19,5 kg je laufenden Meter des 50er Knüppels ergibt das in der 10stün=
digen Schicht eine solche Eisenstange von 31 km Länge. Eine besondere Gruppe
von Walzwerken dient dem Auswalzen von Schienen, Trägern und Profileisen.

Das auf dem Blockwalzwerk vorgewalzte Material wird je nach dem für die
einzelnen Profilarten eingelegten Satz kalibrierter Walzen zu den verschiedensten
Sorten schwerer Profile fertiggestellt. Die Arbeitsgerüste müssen hier so aus=
geführt sein, daß ein Walzenwechsel möglichst schnell ohne zeitraubende Zwischen=
arbeiten durchgeführt werden kann. Schwere Profilwalzwerke werden in Duo=,
leichtere in Trioanordnung gebaut. Bei den Duo=Walzwerken wird das Walzgut
in die einzelnen Kaliber durch Arbeitsrollgänge, die vor und hinter den Straßen
angeordnet sind, eingeführt, bei den Trio=Walzwerken dienen hierzu außerdem fest=
stehende oder fahrbare Hebe= oder Wipptische, die mit Druckluft, Wasserdruck,

vielfach auch elektrisch betrieben werden. Die Rollen werden durchweg elektrisch betätigt. Um das Walzgut von dem einen zum anderen Gerüst zu transportieren, werden elektrisch betriebene Schleppzüge oder fahrbare Hebetische benutzt. Wenn das Eisen zum letztenmal die Walzen verläßt, führt ein Rollgang den Stab zu den Sägen, wo er in bestimmte Längen geteilt und dann auf einen Rost, das so= genannte Warmbett, geschleppt wird, um dort langsam abzukühlen. Von hier geht das Walzgut in die Zurichtung, wo es fertig bearbeitet und versandbereit gemacht wird. Mit einem neuzeitlichen Schienenwalzwerk lassen sich stündlich 60 bis 70 t Schienen, je nach dem gewählten Schienenquerschnitt, herstellen oder mit an= deren Worten, bei 41 kg Gewicht für 1 m Vollbahnschiene werden stündlich 1700 m Schienen gewalzt.

Andere Walzwerksanlagen dienen zur Herstellung der kleinen Profileisensorten. Man spricht von Mitteleisen= und Feineisenwalzwerken, die in Trio= oder Doppel= duoanordnung ausgeführt werden. Die Walzen haben hier kleineren Durchmesser und laufen schneller, da auch das Abkühlen des in großen Längen zu walzenden Stabs rascher erfolgt. Diesen Walzenstraßen werden sogenannte Knüppel zu= geführt, die meist vor dem Fertigwalzen noch ein Vorgerüst oder eine mehr= gerüstige kontinuierliche Vorstraße durchlaufen, bevor sie, von Warmscheren in mehrere Stücke geteilt, ohne nochmalige Anwärmung der Fertigstraße überwiesen werden. Nach Durchlaufen dieses Fertiggerüstes wird das Material weiter durch Scheren und Sägen unterteilt, dem Warmbett und nach dem Erkalten den Zurichte= maschinen zugeführt.

Eine besondere Rolle spielt bei diesen Mitteleisenwalzwerken das Doppelduo= Gerüst. Derartige Walzwerke mit zwei Walzenpaaren in einem Walzengerüst hat man bereits Mitte der 80er Jahre ausgeführt, als man die Erfahrung gemacht hatte, daß bei einer Duostraße eine genaue Bemessung des Walzstabes leichter durchzuführen war als bei einer Triostraße. Früher hat man die Doppelduo= Walzwerke mit Vorliebe in Stahlwalzwerken zum Auswalzen genauer Fasson= stäbe benutzt. In neuerer Zeit ist man auch dazu übergegangen, auf ihnen Profil= eisen, vornehmlich Bandeisen, herzustellen.

Kontinuierliche Walzenstraßen hat bereits Trappen in den 80er Jahren aus= geführt. Sie haben dann in Amerika, wo es sich darum handelte, Massen= bedarf an einzelnen Eisensorten zu befriedigen, weitere Ausbildung erfahren und sind in neuerer Zeit in steigendem Maße auch in Deutschland eingeführt worden. Im Gegensatz zu nebeneinanderstehenden Walzengerüsten der an= deren Profilwalzwerke sind hier die Gerüste hintereinander angeordnet. Man benutzt sie hauptsächlich zur Herstellung von Halbfabrikaten und zwar in erster Linie von sogenannten Knüppeln. Auch Platinen für die Eisenblechherstellung wurden vorteilhaft auf diesen Walzwerken hergestellt. Neben der größeren

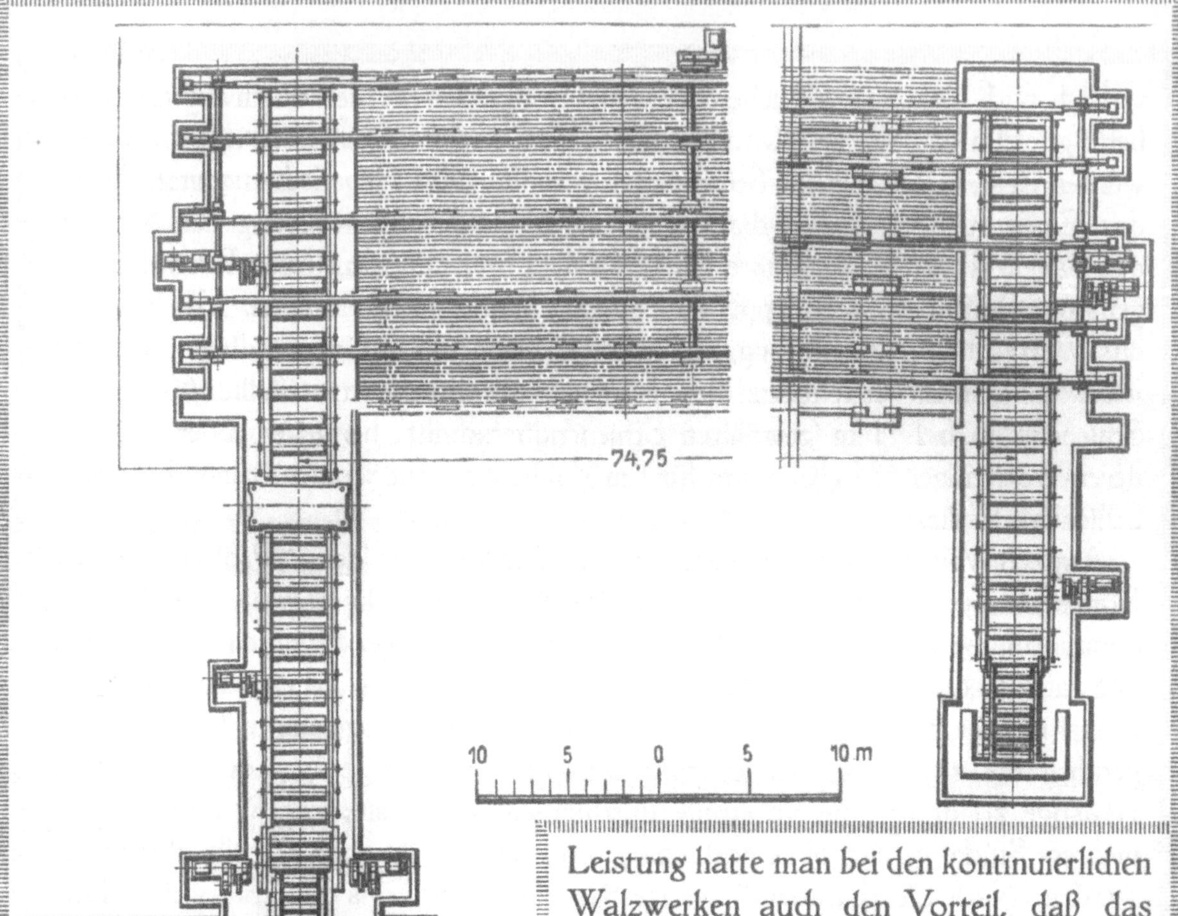

Abb. 156. Umkehr=Blechwalzwerk. Erbaut 1913 für Port Talbot Steel Co., Port Talbot, England. Gewicht der größten Bramme rd. 20 t. Das Warmbett ist 74,75 m lang.

Leistung hatte man bei den kontinuierlichen Walzwerken auch den Vorteil, daß das Walzgut die Vorstraßen wesentlich wärmer verläßt, wodurch an Kraft gespart wird. Als Fertigstraßen sind sie in Europa im Gegensatz zu Amerika, wo man auch kontinuierliche Schienenstraßen im Betriebe hat, weniger benutzt worden, da man die Profile nicht in der gleichen Genauigkeit wie auf den normalen Walzwerken zu erzielen vermochte. Für europäische Verhältnisse kommen auch deswegen rein kontinuierliche Fertigstraßen weniger in Betracht, da hier die Fertigstraßen ein sehr reichhaltiges Walzprogramm aufweisen müssen und die Spezialisierung auf wenige Walzprofile mit Rücksicht auf hiesige Absatzverhältnisse noch nicht weit genug durchgeführt worden ist.

Eine Sonderbauart der Walzwerke bildet

die Kaltwalzmaschine, auf der man hauptsächlich sogenannte endlose Bänder aus den verschiedensten Metallen, wie sie besonders von der Kabelindustrie, von Stanz= werken, Metallwarenfabriken usw. gebraucht werden, herstellt.

Der Draht spielt als Walzwerkprodukt ebenfalls eine große Rolle. Auch hier sind die Gesamtanlagen mit allen ihren Teilen in der Deutschen Maschinen= fabrik zu hoher Leistungsfähigkeit weiter entwickelt worden. Während die älteren Drahtstraßen oft nur mit einer Produktion bis zu 30000 kg rechneten und hierbei aus einem Blockgerüst, aus einer Vorstraße und einer Fertigstraße bestanden, baut man heute große Drahtwalzwerke mit mehreren kontinuierlichen Vorstraßen und Fertigstraßen, die Leistungen bis zu 250 t in 10 Stunden und darüber aufweisen. Ein von der Deutschen Maschinenfabrik für ein niederrheinisches Hüttenwerk ausgeführtes derartiges Drahtwalzwerk besteht aus einer sechs= und einer achtgerüstigen kontinuierlichen Vorstraße und einer sechsgerüstigen Fertigstraße. Für dieses Walzwerk wurde eine Leistung von 150 t in 10 Stun= den gewährleistet; es sind mehrfach Produktionen von 250 t erreicht worden. Ein für Fried. Krupp in Rheinhausen gebautes Drahtwalzwerk erzeugt in 10 Stunden 180 bis 200 t Draht von 5 mm, das heißt Drahtlängen von 1180 bis 1300 km.

Zu dem Drahtwalzwerk gehören konstruktiv gut durchbildete Wickelvorrich= tungen. Bei kleinen Mengen kommen einfache Haspel, bei größeren Massen senk= recht angeordnete Wickeltrommeln zur Anwendung. Sie werden häufig mit Riemen von der Walzenstraße aus angetrieben, damit Wickel= und Walzgeschwindigkeit auch bei der Umlaufsänderung dauernd übereinstimmen, um Zerren oder Stauchen des Drahtes zu vermeiden.

Ein anderes wichtiges Walzprodukt ist das Blech. Das Ausgangsprodukt sind hier Blöcke von rechteckigem Querschnitt, Brammen genannt, bis zu 120000 kg Gewicht für Panzerplatten. Man unterscheidet zwischen Panzerplattenwalzwerken, Grob=, Mittel= und Feinblechwalzwerken. Die schweren Blechwalzwerke von über 950 mm Walzendurchmesser werden fast ausschließlich in Duo=Anordnung gebaut, während Walzwerke mit kleineren Walzendurchmessern in Trio=Anordnung mit heb= und senkbaren Wippen hergestellt werden. Das vom Walzwerk kommende Blech wird Richtmaschinen zugeführt, um Wellungen des Blechs auszugleichen. Bevor man das Blech durch Scheren in bestimmte Größen zerteilt, wird es in neu= zeitlichen Anlagen elektrisch oder hydraulisch gewendet, um seine Beschaffenheit auf allen Seiten prüfen zu können. Nachdem das Blech durch Scheren geteilt und durch Saumscheren die bestimmte Breite erzielt ist, wird es, bevor es versandfertig ist, nachgeglüht und gerichtet.

Zuweilen wird auch noch weitere Verarbeitung des fertiggewalzten Bleches ent= sprechend seinen verschiedenen Verwendungszwecken verlangt. Es treten dann

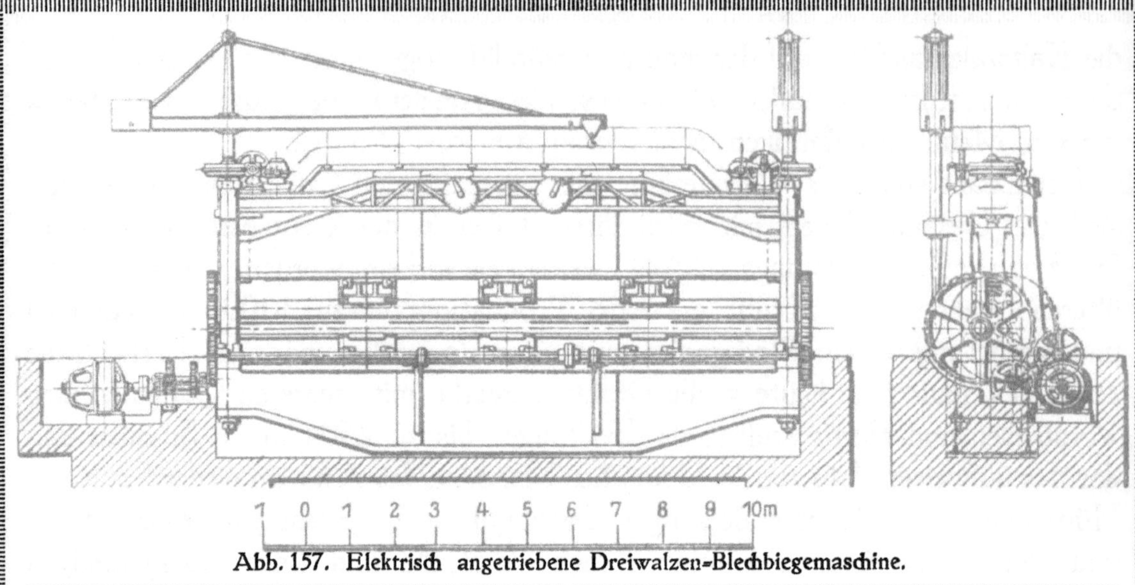

Abb. 157. Elektrisch angetriebene Dreiwalzen=Blechbiegemaschine.

elektrisch betätigte Blechkantenhobelmaschinen, bei denen in neuerer Zeit auch elek=
tromagnetische Aufspannung erfolgreich benutzt wurde, in Tätigkeit, ferner auch
Blechlochmaschinen, bei denen man vollkommen selbsttätig ganze Lochreihen her=
stellen kann. Weiter sind hier zu erwähnen Blechbiegemaschinen und Biegepressen,
die man für besonders schwere Arbeiten verwendet. Zum Biegen von Panzer=
platten wurden Pressen bis zu 12000 t Preßdruck gebaut.

Auf Feinblechwalzwerken stellt man Bleche unter 3 mm Stärke aus den ver=
schiedensten Materialien her. Größte Länge dieser Bleche ist etwa 4 m, größte
Breite etwa 1,5 m. Die Straßen bestehen meist aus einem Vor= und einem bis
drei Duo=Fertiggerüsten. Bei der Anfertigung von dünnen Blechen unter 1 mm
Stärke, wie sie für Stanz=, Geschirr= und Weißbleche benutzt werden, sind die
Bleche, um diese geringe Stärke zu erreichen, ein bis mehrere Male gefaltet. Auch
dies wird durch besondere sogenannte Dopplermaschinen, die vor den Walzen
aufgestellt sind, bewirkt. Mit den Feinblechwalzwerken sind vielfach auch Beizereien
verbunden, da man die Feinbleche, die in Geschirr= und Emaillierwerken benutzt
werden, mit Zinn, Zink oder Emaille überzieht. Diese Bleche müssen vorher sorg=
fältig gereinigt werden. Für den metallischen Überzug ist eine vollkommen metallisch
reine Oberfläche erforderlich. Mit Rücksicht auf die größere Leistungsfähigkeit
und die ebenfalls hierdurch erreichbare Ersparnis an Löhnen und Transportkosten
führt die Firma mechanisch angetriebene Beizereien aus.

Von den Walzwerken für Sonderzwecke seien hier noch die Radreifenwalzwerke
erwähnt, die auch zu Trappens Zeit bereits von der Märkischen Maschinen=
bau=Anstalt erfolgreich ausgeführt wurden, ferner auch die Walzwerke, mit denen
man die Radscheiben in ähnlicher Weise wie die Bandagen durch Walzen
herstellt.

Abb. 158. 1150er Duo-Umkehr-Blockstraße.

enkbar vielseitige Verwendung in der Technik findet das Rohr. Ne= ben den gegossenen Rohren haben in den letzten Jahrzehnten in steigendem Maße Rohre aus Schmiedeeisen und Stahl Verwendung gefunden. Neben den geschweißten Rohren gelang es im letzten Jahrzehnt des vorigen Jahrhunderts durch ein von Mannesmann genial erfundenes Walzverfahren nahtlose Rohre herzustellen. Wenn auch die an diese Erfindung sich anknüpfenden weitgehenden Hoffnungen nicht in ganzem Umfang erfüllt sind, so ist doch das nahtlose Rohr der Technik auf den verschiedensten Gebieten un= entbehrlich geworden.

Bei der Schweißrohrherstellung handelt es sich um stumpf oder überlappt ge= schweißte Rohre. Die Gasrohre, die ältesten Schweißrohre, sind stumpf geschweißt. Es handelt sich hier um Abmessungen von $^1/_8$ bis 2 Zoll. Die für die Herstellung benutzten Blechstreifen werden auf einer Ziehbank durch einen Trichter gezogen, wodurch die Rohrform hergestellt wird, gleichzeitig erfolgt an der Berührungsstelle die Schweißung. Noch warm wird das Rohr in ein Maßwalzwerk und eine Richt= maschine gesandt. Bei den überlappt geschweißten Rohren, die man in Größe von $1^1/_2$ bis 16 Zoll Durchmesser und in Längen bis 8 m herstellt, wird der ganze Blechstreifen in Schweißöfen erhitzt. Das in der Ziehbank vorgerundete Rohr wird dann in einem Kaliberwalzwerk über einen Dorn gewalzt, wodurch die Blechränder

zusammengeschweißt werden. Man
spricht hier von patentgeschweißten
Rohren. Rohre von 300 mm bis
3000 mm werden in der Weise an=
gefertigt, daß man Bleche in kaltem
Zustand auf einer Biegemaschine
vorrundet, mit einem Gasfeuer die
Naht fortschreitend erhitzt und durch
Hämmern die Schweißung vornimmt.

Die nahtlosen Rohre, die heute
in der Industrie, im Schiffbau, im
Luftschiff= und Flugzeugbau, als
glatte und gewellte Kesselschüsse,
Turbinenzylinder, Rohre für hochge=
spannte Luft, als Geschützrohre,
Wasser= und Dampfleitungsrohre,
als Tragmasten, Siederohre u. a. m.
die größte Verwendung finden,
werden in zwei Arbeitsvorgängen
hergestellt. Bei dem ersten Vorgang
wird der massive Block der Länge
nach gelocht. Das kann durch das
von Mannesmann erfundene Schräg=
walzwerk oder durch den Dorn einer
hydraulisch betätigten Presse ge=
schehen. Im zweiten Arbeitsvorgang
wird durch Walzwerke der gelochte
Rohrblock zum fertigen Rohr aus=
gewalzt.

Das Pilgerschrittverfahren zum
Auswalzen des auf dem Schräg=
walzwerk gelochten Blockes ist nach
Ausführungspatenten von Briede
zuerst von Benrath in großem Stil
durchgeführt worden. Reuter hat
dann in Wetter, da ihm durch die
Patente Benraths die Mitarbeit bei
diesem Verfahren zunächst verlegt
war, sich dem sogenannten schwe=

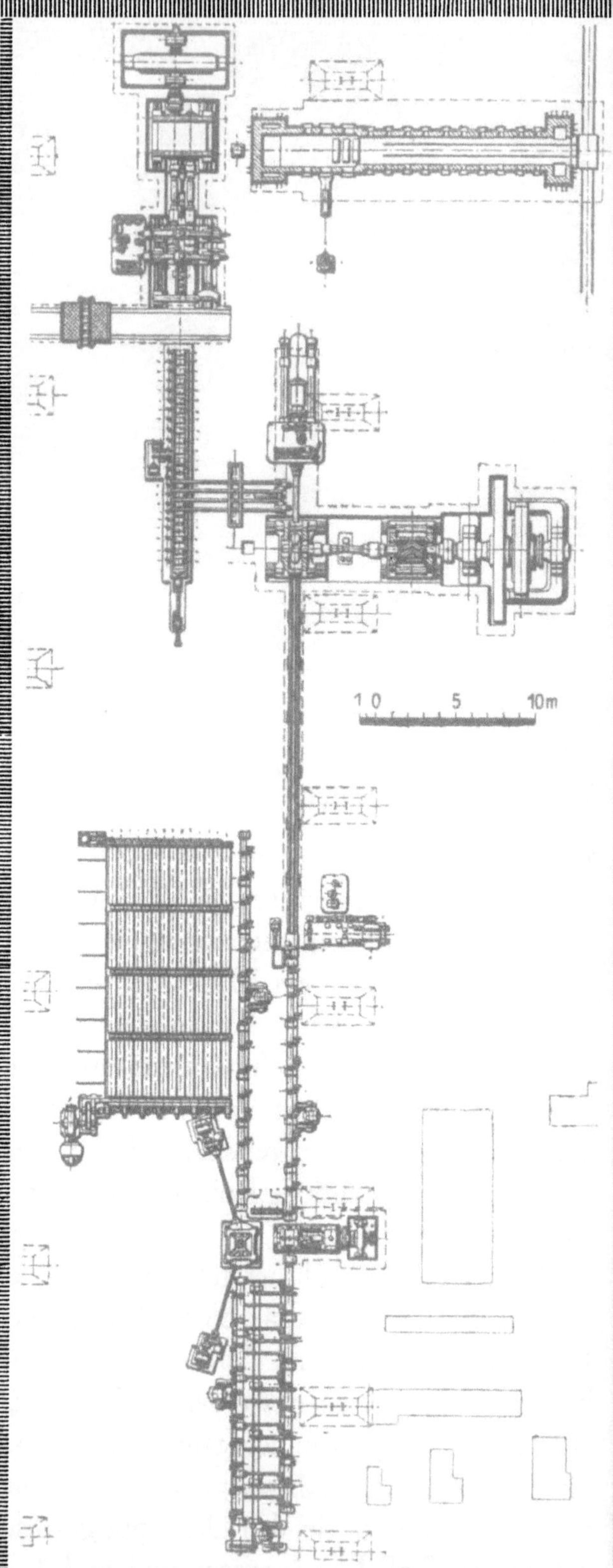

Abb. 159. Gesamtplan eines Rohrwalzwerkes mit
vollständig maschinellem Materialdurchgang.

dischen Verfahren zugewandt, bei dem mit hydraulischen Pressen der Block vorgelocht wird. Nach der Vereinigung hat dann die Deutsche Maschinenfabrik beide Verfahren weiter entwickelt und je nach den vorliegenden Arbeitsbedingungen und Ansprüchen an die Leistungsfähigkeit das eine oder andere ausgeführt.

Bei dem schwedischen Verfahren werden vierkantige Stäbe auf einer Presse in einer Matrize gelocht und gleichzeitig rund gepreßt. Mit diesen hydraulischen Pressen stellt man Hohlblöcke mit 150 mm lichtem Durchmesser her. Die Rohrluppen werden dann auf normalen vier- bis fünfgerüstigen Duowalzwerken über einem Dorn aufge= walzt. Auf diesen Straßen entstehen Rohre von 60 bis 150 mm äußerem Durch= messer. Die Rohre sind in der Regel 6 bis 8 m lang. Wenn die Rohre als Gas= rohre unter zwei Zoll Durchmesser Verwendung finden sollen, wird der Außen= durchmesser mit Hilfe eines Reduzierwalzwerkes entsprechend vermindert. Es werden hierfür kontinuierlich arbeitende Reduzierwalzwerke, die aus etwa 18 kreuz= weise angeordneten Walzenpaaren bestehen und mit zunehmender Geschwindig= keit arbeiten, gebaut. In manchen Fällen wird noch eine Kaltzieherei an das Walz= werk angeschlossen. Hier werden die Rohre mit einem Dorn durch eine Matrize gezogen.

Die Erfindung der Gebrüder Mannesmann in Remscheid, mit Hilfe von wind= schief zueinander liegenden Walzen aus massiven Blöcken Hohlkörper herzustellen, fällt in das Ende der 80er Jahre. In den 90er Jahren erregte diese Erfindung das größte Aufsehen, man glaubte an eine schnell zur Tat werdende allgemeine Umwälzung der technischen Entwicklungsmöglichkeiten. Das Lehrgeld, das man bei dieser wichtigen Erfindung in jahrelangen Versuchen zu zahlen hatte, war ungewöhnlich groß. Es zeigte sich, daß durchaus nicht, wie man anfangs wohl gehofft hatte, jedes beliebige Material auf diesem Wege zu verarbeiten war. Nur das beste, gleichmäßigste Material war im Schrägwalzverfahren zu verwenden. Heute wird das Schrägwalzwerk nicht zum Herstellen fertiger Rohre, sondern nur als Blockwalz= werk benutzt. Auf ihm wird der Rundstab zu einem Hohlkörper von etwa 20 bis 30 mm Wandstärke. Aus dieser ersten Stufe des Rohres werden dann auf Fertig= walzwerken, die ebenfalls auf einer Erfindung der Gebrüder Mannesmann beruhen und heute als Pilgerschrittwalzwerke bezeichnet werden, Rohre von 8 bis 12 m Länge aus einem Stück erzeugt. Die Wandstärken liegen dann je nach der Ver= wendung des Rohres zwischen 2½ und 12 mm. Von der Deutschen Maschinen= fabrik werden die Schrägwalzwerke zum Lochen von Blöcken in vier verschiedenen Größen hergestellt. 35 derartige Walzwerke konnten bisher geliefert werden, mit denen man bei einem Walzvorgang Hohlblöcke mit einem lichten Durchmesser von 15 bis 360 mm und einem äußeren Durchmesser von 25 bis 480 mm her= stellt. Das Pilgerschrittverfahren dient dazu, nahtlose Rohre in großen Längen und Durchmessern herzustellen. Die Arbeit leistet hierbei nur ein mit Kaliber

versehenes Walzenpaar, dem entgegengesetzt zur Drehrichtung der Hohlkörper
mit seinem im Innern liegenden zylindrischen Stahldorn zugeführt wird. Es tritt
nunmehr ein wechselweises Vor= und Rückwärtsschreiten des Werkstückes ein,
bei dem der auszuwalzende hohle Block zum dünnwandigen glatten Rohr ausge=
streckt wird. Der ganze Vorgang spielt sich so schnell ab, daß eine Hitze hierfür
ausreicht. Auf den bisher von der Firma ausgeführten Pilgerschrittwalzwerken
lassen sich Rohre von 1³/₄ bis 14 Zoll äußerem Durchmesser herstellen. Zu einem
vollständigen Rohrwalzwerk gehören noch für Zurichtung und versandfertige
Herstellung der Rohre mancherlei weitere Maschinen und Einrichtungen. Von
einer neuzeitlichen Rohrfabrik, bei der aus dem rohen Block Rohre der verschieden=
sten Art entstehen, kann Abb. 159 eine Vorstellung geben. Gerade diese neu=
zeitlichen großen Rohrwalzwerksanlagen zeigen, in wie hohem Umfange es heute
gelungen ist, wichtige technische Arbeitsprozesse zu mechanisieren und von
menschlicher Arbeitsleistung unabhängig zu machen.

ORGANISATION UND VERWALTUNG.

Die Technik ist nie Selbstzweck, stets handelt es sich um ihre wirt=
schaftliche Anwendung. Technik und Wirtschaft sind einander be=
dingend untrennbar verbunden. Die innerhalb einer Firma organi=
sierte Gemeinschaftsarbeit ist deshalb technisch wirtschaftlicher Art.
Bedürfnisse müssen erkannt und geweckt werden. Aufträge sind einzuholen, die
Sorge um ausreichende Arbeit lastet schwerer auf den leitenden Personen, als es sich
Arbeiter und Angestellte mit festgesetzter Arbeitszeit oft vorstellen. Für die Auf=
gaben sind technisch und wirtschaftlich die besten Lösungen zu finden. Den Werk=
stätten liegt es ob, die Konstruktion durchzuführen. Durch viele Köpfe und Hände
geht das Werk auf seinem Werdegang vom ersten Gedanken bis zur fertige Waren
produzierenden Anlage. Für das richtige möglichst reibungslose Zusammenar=
beiten der zahlreichen menschlichen Faktoren, die in einer großen Firma aufeinander
angewiesen sind, sorgt die Organisation der Firma, die hier in ihren Zusammen=
hängen zu schildern ist.

Grundgedanke der Organisation ist, die Abwicklung der Geschäfte möglichst
einfach zu gestalten, die Verantwortung auf viele Schultern zu verteilen und da=
durch auch die Arbeitsfreudigkeit der leitenden Männer der einzelnen Abteilungen
zu erhöhen.

Die Hauptabteilungen sind nebeneinander angeordnet. Es läßt sich deshalb die
ganze Organisation leichter umgruppieren. Vor allem ist es möglich, den Ge=
schäftsumfang durch Hinzufügen neuer Abteilungen beliebig zu erweitern, ohne
den Organisationsplan an sich ändern zu müssen. Sämtliche Abteilungen sind in

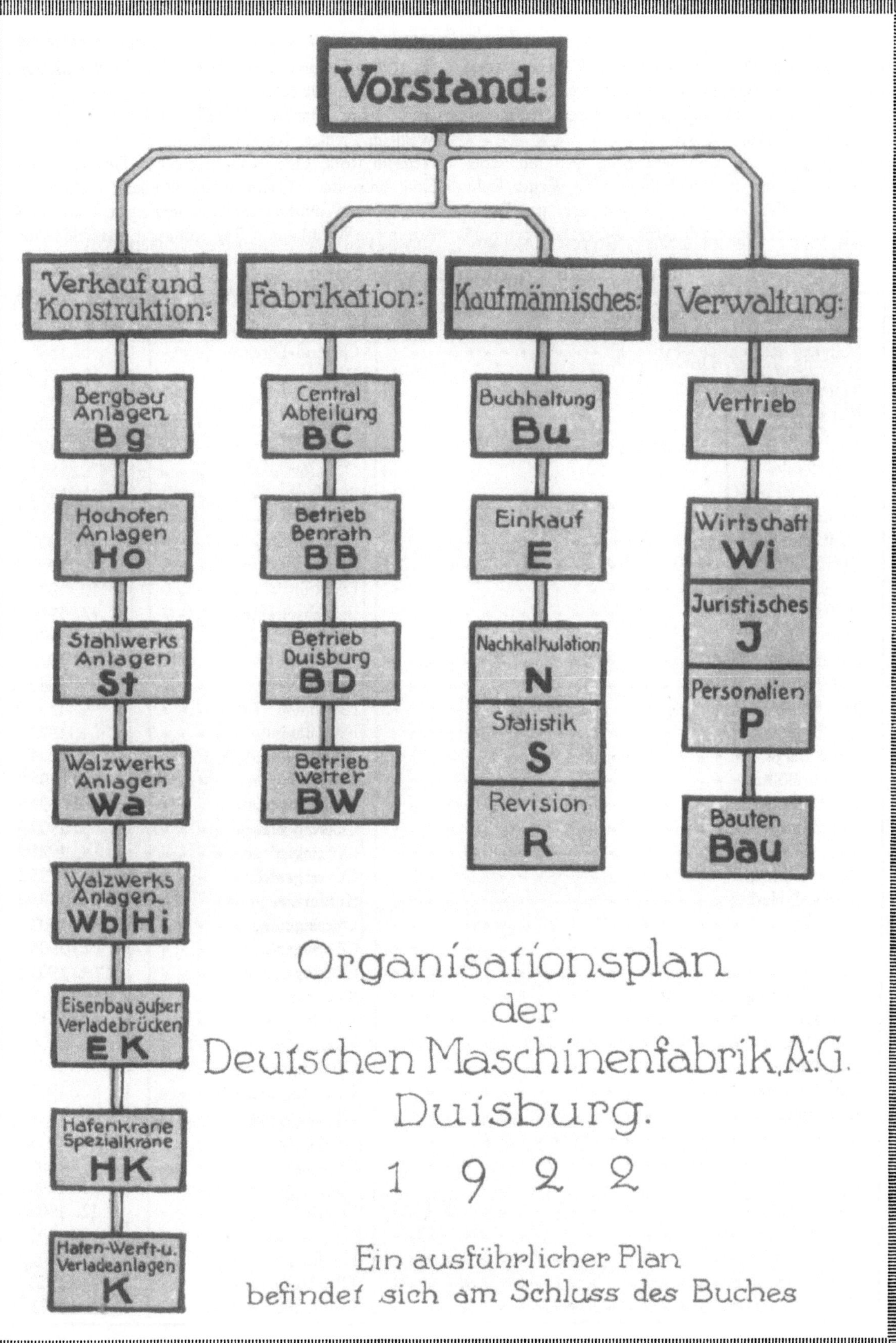

Vorstand:
Verkauf und Konstruktion:
Fabrikation:
Kaufmännisches:
Verwaltung:
Bergbau Anlagen Bg
Hochofen Anlagen HO
Stahlwerks Anlagen St
Walzwerks Anlagen Wa
Walzwerks Anlagen Wb Hi
Eisenbau außer Verladebrücken EK
Hafenkrane Spezialkrane HK
Hafen-Werft-u. Verladeanlagen K
Central Abteilung BC
Betrieb Benrath BB
Betrieb Duisburg BD
Betrieb Wetter BW
Buchhaltung Bu
Einkauf E
Nachkalkulation N
Statistik S
Revision R
Vertrieb V
Wirtschaft Wi
Juristisches J
Personalien P
Bauten Bau
Organisationsplan
der
Deutschen Maschinenfabrik, A:G.
Duisburg.
1 9 2 2
Ein ausführlicher Plan
befindet sich am Schluss des Buches

Aufsichtsrat:

Oscar Schlitter, Dir. d. Deutschen Bank, Berlin, Vors.
Otto Krawehl, Bergassessor, Essen, stellvertr. Vors.
Wilhelm Bauersfeld, Bankdirektor, Essen/Ruhr ‒ ‒
Hugo von Gahlen, Düsseldorf ‒ ‒ ‒ ‒ ‒ ‒ ‒ ‒
Louis Hagen, Geh. Kommerzienrat, Dr. phil., Köln
H. Jordan, Dr. jur., Schloß Mallinckrodt b. Wetter/Ruhr
Maximilian Kempner, Geh. Justizrat, Dr. jur., Berlin
Eugen Kleine, Generaldirektor, Bergrat, Dortmund
G. Küchen, Kommerzienr., Dr. med. e. h., Mülheim/Ruhr
Moritz Lipp, Direktor, Berlin ‒ ‒ ‒ ‒ ‒ ‒ ‒ ‒
Carl Pfeiffer, Bankier, Kassel ‒ ‒ ‒ ‒ ‒ ‒ ‒ ‒
Wilhelm Pfeiffer, Kommerzienrat, Düsseldorf ‒ ‒ ‒
Heinrich Roth, Geh. Kommerzienrat, Dessau ‒ ‒ ‒
Emil Schrödter, Dr.-Ing. e. h., Mehlem/Rhein ‒ ‒ ‒
August von Waldthausen, Kommerzienrat, Düsseldorf
Bruno von Waldthausen, Regierungsrat, Gersfeld/Rhön

Vorstand, Direktoren und Prokuristen:

Name		Eintritt am
Wolfgang Reuter, Dr.-Ing. e. h. ‒ ‒ ‒ ‒ ‒ ‒ ‒ ‒ ‒ ‒ ‒ ‒	General-Direktor ‒ ‒ ‒	13. 6. 1888
Heinrich Bilger	Direktor ‒ ‒ ‒ ‒ ‒ ‒ ‒	10. 10. 1900
Otto Bamberger	Direktor ‒ ‒ ‒ ‒ ‒ ‒ ‒	15. 5. 1893
Otto Blank	Direktor ‒ ‒ ‒ ‒ ‒ ‒ ‒	1. 6. 1904
Hermann Hintz — stellvertretender Vorstand ‒ ‒ ‒ ‒ ‒ ‒	Betriebsdirektor ‒ ‒ ‒ ‒	1. 5. 1895
Paul Kessler	Direktor ‒ ‒ ‒ ‒ ‒ ‒ ‒	1. 8. 1883
Theodor Krämer	Direktor ‒ ‒ ‒ ‒ ‒ ‒ ‒	1. 11. 1898
Bernhard Nickel	Direktor ‒ ‒ ‒ ‒ ‒ ‒ ‒	1. 1. 1898
Adolf Frank ‒	Direktor ‒ ‒ ‒ ‒ ‒ ‒ ‒	1. 11. 1900
Paul Günther ‒ ‒ ‒ ‒ ‒ ‒ ‒ ‒ ‒ ‒ ‒ ‒ ‒ ‒ ‒ ‒ ‒ ‒ ‒	Betriebsdirektor ‒ ‒ ‒ ‒	20. 7. 1900
Johannes Hausmann ‒ ‒ ‒ ‒ ‒ ‒ ‒ ‒ ‒ ‒ ‒ ‒ ‒ ‒ ‒ ‒	Direktor ‒ ‒ ‒ ‒ ‒ ‒ ‒	1. 10. 1902
Hermann Kamp ‒ ‒ ‒ ‒ ‒ ‒ ‒ ‒ ‒ ‒ ‒ ‒ ‒ ‒ ‒ ‒ ‒ ‒	Betriebsdirektor ‒ ‒ ‒ ‒	1. 12. 1919
Heinrich Lühdorff ‒ ‒ ‒ ‒ ‒ ‒ ‒ ‒ ‒ ‒ ‒ ‒ ‒ ‒ ‒ ‒ ‒	Direktor ‒ ‒ ‒ ‒ ‒ ‒ ‒	15. 6. 1908
Rudolf Stahl, Assessor ‒ ‒ ‒ ‒ ‒ ‒ ‒ ‒ ‒ ‒ ‒ ‒ ‒ ‒ ‒	Direktor ‒ ‒ ‒ ‒ ‒ ‒ ‒	1. 9. 1919
Paul Thurm ‒	Betriebsdirektor ‒ ‒ ‒ ‒	1. 5. 1889
Otto Berger ‒	Kaufmann ‒ ‒ ‒ ‒ ‒ ‒	2. 4. 1895
Rudolf Berger ‒ ‒ ‒ ‒ ‒ ‒ ‒ ‒ ‒ ‒ ‒ ‒ ‒ ‒ ‒ ‒ ‒ ‒ ‒	Kaufmann ‒ ‒ ‒ ‒ ‒ ‒	1. 4. 1898
Alfred Bergk ‒	Ingenieur und Architekt	1. 11. 1904
Dietrich Böllert ‒ ‒ ‒ ‒ ‒ ‒ ‒ ‒ ‒ ‒ ‒ ‒ ‒ ‒ ‒ ‒ ‒ ‒	Oberingenieur ‒ ‒ ‒ ‒	1. 4. 1898
Karl Böttcher ‒ ‒ ‒ ‒ ‒ ‒ ‒ ‒ ‒ ‒ ‒ ‒ ‒ ‒ ‒ ‒ ‒ ‒ ‒	Oberingenieur ‒ ‒ ‒ ‒	1. 10. 1896
Otto Bünz ‒	Oberingenieur ‒ ‒ ‒ ‒	15. 9. 1902
Bruno Garlepp ‒ ‒ ‒ ‒ ‒ ‒ ‒ ‒ ‒ ‒ ‒ ‒ ‒ ‒ ‒ ‒ ‒ ‒ ‒	Oberingenieur ‒ ‒ ‒ ‒	1. 4. 1921
Eugen Gerlach ‒ ‒ ‒ ‒ ‒ ‒ ‒ ‒ ‒ ‒ ‒ ‒ ‒ ‒ ‒ ‒ ‒ ‒ ‒	Oberingenieur ‒ ‒ ‒ ‒	1. 10. 1905
Eberhard Herker ‒ ‒ ‒ ‒ ‒ ‒ ‒ ‒ ‒ ‒ ‒ ‒ ‒ ‒ ‒ ‒ ‒ ‒	Kaufmann ‒ ‒ ‒ ‒ ‒ ‒	30. 4. 1877
Fritz Heym ‒	Oberingenieur ‒ ‒ ‒ ‒	1. 10. 1902
Julius Höger ‒	Oberingenieur ‒ ‒ ‒ ‒	17. 12. 1906
Friedrich Holtschmit ‒ ‒ ‒ ‒ ‒ ‒ ‒ ‒ ‒ ‒ ‒ ‒ ‒ ‒ ‒ ‒	Oberingenieur ‒ ‒ ‒ ‒	15. 4. 1905
Hans Karenfeld ‒ ‒ ‒ ‒ ‒ ‒ ‒ ‒ ‒ ‒ ‒ ‒ ‒ ‒ ‒ ‒ ‒ ‒	Kaufmann ‒ ‒ ‒ ‒ ‒ ‒	15. 10. 1916
Karl Mutzenbach ‒ ‒ ‒ ‒ ‒ ‒ ‒ ‒ ‒ ‒ ‒ ‒ ‒ ‒ ‒ ‒ ‒ ‒	Oberingenieur ‒ ‒ ‒ ‒	1. 6. 1910
Otto Oehme ‒	Kaufmann ‒ ‒ ‒ ‒ ‒ ‒	1. 10. 1906
Otto Pässler ‒ ‒ ‒ ‒ ‒ ‒ ‒ ‒ ‒ ‒ ‒ ‒ ‒ ‒ ‒ ‒ ‒ ‒ ‒	Oberingenieur ‒ ‒ ‒ ‒	1. 7. 1903
Matthias Peters ‒ ‒ ‒ ‒ ‒ ‒ ‒ ‒ ‒ ‒ ‒ ‒ ‒ ‒ ‒ ‒ ‒ ‒	Oberingenieur ‒ ‒ ‒ ‒	14. 2. 1908
Ernst Piltz ‒	Oberingenieur ‒ ‒ ‒ ‒	16. 4. 1917
Arthur Rasch ‒ ‒ ‒ ‒ ‒ ‒ ‒ ‒ ‒ ‒ ‒ ‒ ‒ ‒ ‒ ‒ ‒ ‒ ‒	Kaufmann ‒ ‒ ‒ ‒ ‒ ‒	1. 1. 1911
Cäsar v. Rhein ‒ ‒ ‒ ‒ ‒ ‒ ‒ ‒ ‒ ‒ ‒ ‒ ‒ ‒ ‒ ‒ ‒ ‒	Oberingenieur ‒ ‒ ‒ ‒	9. 3. 1898
Wilhelm Rothöft ‒ ‒ ‒ ‒ ‒ ‒ ‒ ‒ ‒ ‒ ‒ ‒ ‒ ‒ ‒ ‒ ‒ ‒	Kaufmann ‒ ‒ ‒ ‒ ‒ ‒	6. 1. 1890
Willy Sauerbrey ‒ ‒ ‒ ‒ ‒ ‒ ‒ ‒ ‒ ‒ ‒ ‒ ‒ ‒ ‒ ‒ ‒ ‒	Oberingenieur ‒ ‒ ‒ ‒	1. 12. 1906
Richard Schmid ‒ ‒ ‒ ‒ ‒ ‒ ‒ ‒ ‒ ‒ ‒ ‒ ‒ ‒ ‒ ‒ ‒ ‒	Oberingenieur ‒ ‒ ‒ ‒	1. 7. 1901
Ludwig Setzer ‒ ‒ ‒ ‒ ‒ ‒ ‒ ‒ ‒ ‒ ‒ ‒ ‒ ‒ ‒ ‒ ‒ ‒ ‒	Kaufmann ‒ ‒ ‒ ‒ ‒ ‒	1. 8. 1907
Paul Strucksberg ‒ ‒ ‒ ‒ ‒ ‒ ‒ ‒ ‒ ‒ ‒ ‒ ‒ ‒ ‒ ‒ ‒ ‒	Oberingenieur ‒ ‒ ‒ ‒	1. 4. 1910
Willy Wennekers ‒ ‒ ‒ ‒ ‒ ‒ ‒ ‒ ‒ ‒ ‒ ‒ ‒ ‒ ‒ ‒ ‒ ‒	Kaufmann ‒ ‒ ‒ ‒ ‒ ‒	16. 10. 1911

vier Hauptgruppen zusammengefaßt. Die eine beschäftigt sich mit der Auftrags=
werbung und der Konstruktion, die andere mit der Fabrikation, die dritte mit den
eigentlichen kaufmännischen Arbeiten, die vierte mit der Verwaltung.

Die hier genannten großen Arbeitsgebiete sind in zahlreiche Felder unterteilt.
Eine Übersicht über den heutigen Stand der gesamten Organisation gibt der am
Schluß des Buches angefügte Organisationsplan.

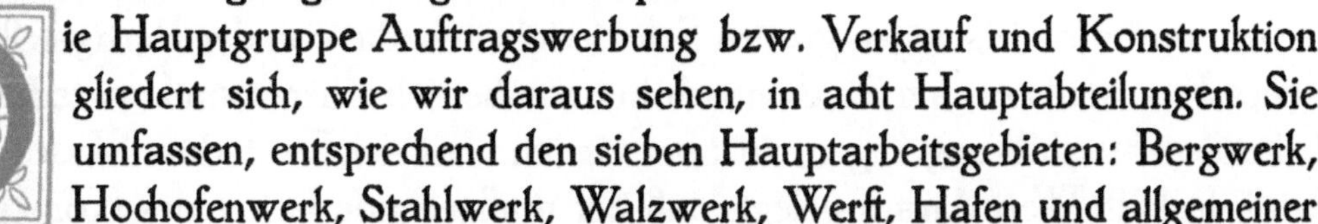

ie Hauptgruppe Auftragswerbung bzw. Verkauf und Konstruktion
gliedert sich, wie wir daraus sehen, in acht Hauptabteilungen. Sie
umfassen, entsprechend den sieben Hauptarbeitsgebieten: Bergwerk,
Hochofenwerk, Stahlwerk, Walzwerk, Werft, Hafen und allgemeiner
Maschinenbau, die Abteilungen für Bergbauanlagen, Hochofenanlagen, Stahl=
werksanlagen, Walzwerksanlagen, Hafen= und Werftanlagen. Daran schließen sich
je eine Abteilung für Eisenbau und Hüttenkrane. Die Abteilungen Hilfsmaschinen
und Spezialmaschinen sind aus verwaltungstechnischen Gründen den Abteilungen
für Walzwerksanlagen bzw. Stahlwerksanlagen angegliedert worden. Das Gebiet
Walzwerke ist in 2 Abteilungen geteilt, während die beiden verwandten Gebiete
Hafen= und Werftanlagen zu einer Abteilung vereinigt sind. Jede dieser Haupt=
abteilungen ist in Geschäftsführung und Abrechnung selbständig. Sie arbeiten
unter eigener Verantwortung, gewissermaßen für eigene Rechnung. Nur ihr
Vorstand wird durch Gewinnbeteiligung am Gesamtergebnis des großen Unter=
nehmens beteiligt. Monatlich werden die geschäftlichen Ergebnisse der Firma
in Form von Teilergebnissen der einzelnen Hauptabteilungen zusammengestellt.

Jede dieser Hauptabteilungen wird geleitet von einem technischen Direktor oder
Oberingenieur. Diese Hauptabteilungsleiter haben durch die Konstruktionen ihrer
technischen Büros die Aufgabe, die Bedürfnisse der Auftraggeber zu erfüllen.
Deshalb legt man Wert darauf, die Einholung der Aufträge, das heißt den un=
mittelbaren Verkehr mit der Kundschaft, und die Durchführung dieser Aufträge
in den Büros aufs engste zu verbinden und in die Hand von Ingenieuren zu legen.
Darüber hinaus haben sich auch die Hauptabteilungsvorstände um die Ausfüh=
rung im Betriebe mit zu bekümmern. Die Verantwortung, die sie zu tragen haben,
wird ihnen ferner dadurch besonders zum Bewußtsein gebracht, daß sie auch für
die betriebsfertige Ablieferung der von ihnen eingeholten und in den Büros durch=
gearbeiteten Aufträge zu sorgen haben. Die Hauptsache aber bleibt naturgemäß
für die Konstrukteure das Konstruieren, das heißt das Schaffen neuer Konstruk=
tionen. Gerade die Deutsche Maschinenfabrik weiß aus ihrer Entwicklungsge=
schichte, wie sehr die Zukunft einer Firma von den Fortschritten auf diesem Ge=
biet abhängig ist. Konstruktive Leistungen werden von der Leitung hoch ein=
geschätzt, und man ist bemüht, hervorragende Konstrukteure an die ihnen ge=
bührende Stelle zu setzen. Hierbei muß der Fehler vermieden werden, gerade die

besten Konstrukteure durch Beförderung zu Abteilungsleitern mit so viel Schreib=
und anderen Nebenarbeiten zu belasten, daß sie weder Zeit noch Lust für ihre
eigentliche Tätigkeit mehr finden. Auf der anderen Seite liegt es in der Natur
der Sache, daß der Konstrukteur, der zu leitender Stellung kommen will, auch be=
fähigt sein muß, über das Zeichenbrett hinaus zu sehen. Er muß es verstehen,
mit den Auftraggebern zu verkehren, die Bedürfnisse der Kundschaft kennen zu
lernen, und die vielseitigen großen Schwierigkeiten, die von der Fertigstellung einer
neuen Konstruktion am Zeichentisch bis zur betriebsicheren und wirtschaftlich ar=
beitenden Ausführung liegen, zu überwinden. Bei der Deutschen Maschinenfabrik
wird deshalb Wert darauf gelegt, daß der maßgebende Leiter des Konstruktions=
büros während der Ausführung seiner Anlagen auch Fühlung mit dem Betrieb
behält. Er bleibt auch in ständigem Briefwechsel mit der Kundschaft.

Sehr umfangreiche Ingenieurarbeit ist bei der Projektierung neuer Anlagen zu
leisten. Gerade bei einer Firma, die, wie die Deutsche Maschinenfabrik, nur in
beschränktem Maße normale Konstruktionen ausführen kann, deren Haupt=
gebiet vielmehr in der Schaffung ständig wechselnder neuer großer Einzelanlagen
besteht, nimmt diese Projektierungsarbeit einen großen Umfang an. Das drückt sich
auch in der hohen Zahl der Ingenieure und Beamten im Verhältnis zur Arbeiter=
zahl aus. Auf drei Arbeiter kommt bereits ein Beamter. Schon vor der Vereinigung
der Firmen betrug dieses Verhältnis bei den einzelnen Werken 1:5.

Es würde interessant sein, den Umfang der Arbeiten festzulegen, die eine sach=
gemäße Beantwortung der vielen Anfragen, die bei einer solchen Firma einlaufen,
mit sich bringt. Auch hier ist es oft viel leichter zu fragen als zu antworten. Häufig
muß, nur um einen leicht ausgesprochenen Wunsch eines Kunden zu befriedigen,
viel wertvolle, zum Schluß doch nutzlose Arbeit geleistet werden. Gerade die
Maschinenfabriken leiden heute noch besonders stark unter der Unsitte des Be=
stellers, sich oft von einer ganzen Reihe von Firmen gleichzeitig kostspielige Pläne
und Kostenanschläge ausarbeiten zu lassen, für die die Anfragenden gar nicht
daran denken, die Firmen zu entschädigen. Die durch den Wettbewerb der Firmen
veranlaßte übergroße Bereitwilligkeit, solche Wünsche zu erfüllen, unterstützt diese
kostenlose Benutzung geistiger Arbeit. Was man nicht bezahlt, pflegt man auch
wenig zu achten, und so kommt noch hinzu, daß oft das geistige Eigentum, das in
solcher Projektierungsarbeit steckt, die ja nur unter Benutzung der großen Erfahrungen
einer Firma geleistet werden kann, nicht anerkannt wird. Hier ist noch ein gutes
Stück Erziehungsarbeit, die vor allem auch auf die Behörden sich ausdehnen müßte,
zu leisten, denn der Grundsatz, jede Arbeit ist ihres Lohnes wert, gilt auch für
diese Art wichtiger Ingenieurarbeit. Das sollten auch die Studierenden und jungen
Ingenieure bedenken, die zuweilen in geradezu naiv wirkender Art ihre Examen=
aufgaben den Firmen zusenden und es ihnen vertrauensvoll überlassen, sie zu lösen.

Heinrich Bilger, geb. 25. 11. 1872   Robert Weitenhiller, geb. 30. 3. 1869, gest. 11. 8. 1920

Die für Doktorarbeiten manchmal verlangten Unterlagen würden, wenn die Firma sie in vollem Umfang lieferte, oft die Arbeit selbst darstellen.

Die zeichnerische Arbeit, die für Projektierung und Konstruktion notwendig ist, ist naturgemäß in der Deutschen Maschinenfabrik sehr beträchtlich. Die Betriebseinrichtungen, die hierfür erforderlich sind, bestehen aus 35 großen Zeichensälen mit 654 Zeichentischen und aus einer Lichtpauserei, in der täglich etwa 2000 qm Lichtpausen hergestellt werden. Die größte der hier verwendeten Pausmaschinen stellt allein bis zu 2000 Blaupausen pro Tag her. Die Höchstleistung der Pauserei kann deshalb auf 2800 qm gesteigert werden. Der Aufbewahrung der Konstruktionszeichnungen im Zentralarchiv, das heute bereits einen Bestand von 360000 Zeichnungen aufweist, muß natürlich besondere Aufmerksamkeit gewidmet werden.

Aus dem riesigen Umfang, den die konstruktive Tätigkeit einnimmt, erklärt sich der naheliegende Wunsch, sie wenn möglich einzuschränken, auf jeden Fall aber ihre noch weitergehende Ausdehnung zu vermeiden. Einen Weg hierzu bietet das in neuester Zeit mit besonderem Nachdruck einsetzende Streben nach Normalisierung. Ohne die Gefahren zu verkennen, die in zu weitgehender Normalisierung durch das Erstarren der Konstruktions=Formen und damit in der Hemmung des weiteren technischen Fortschritts liegen können, wird man doch zugeben müssen, daß gerade der deutsche Maschinenbau im Vergleich zum amerikanischen in der Rücksichtnahme auf besondere Wünsche der Auftraggeber und auf die

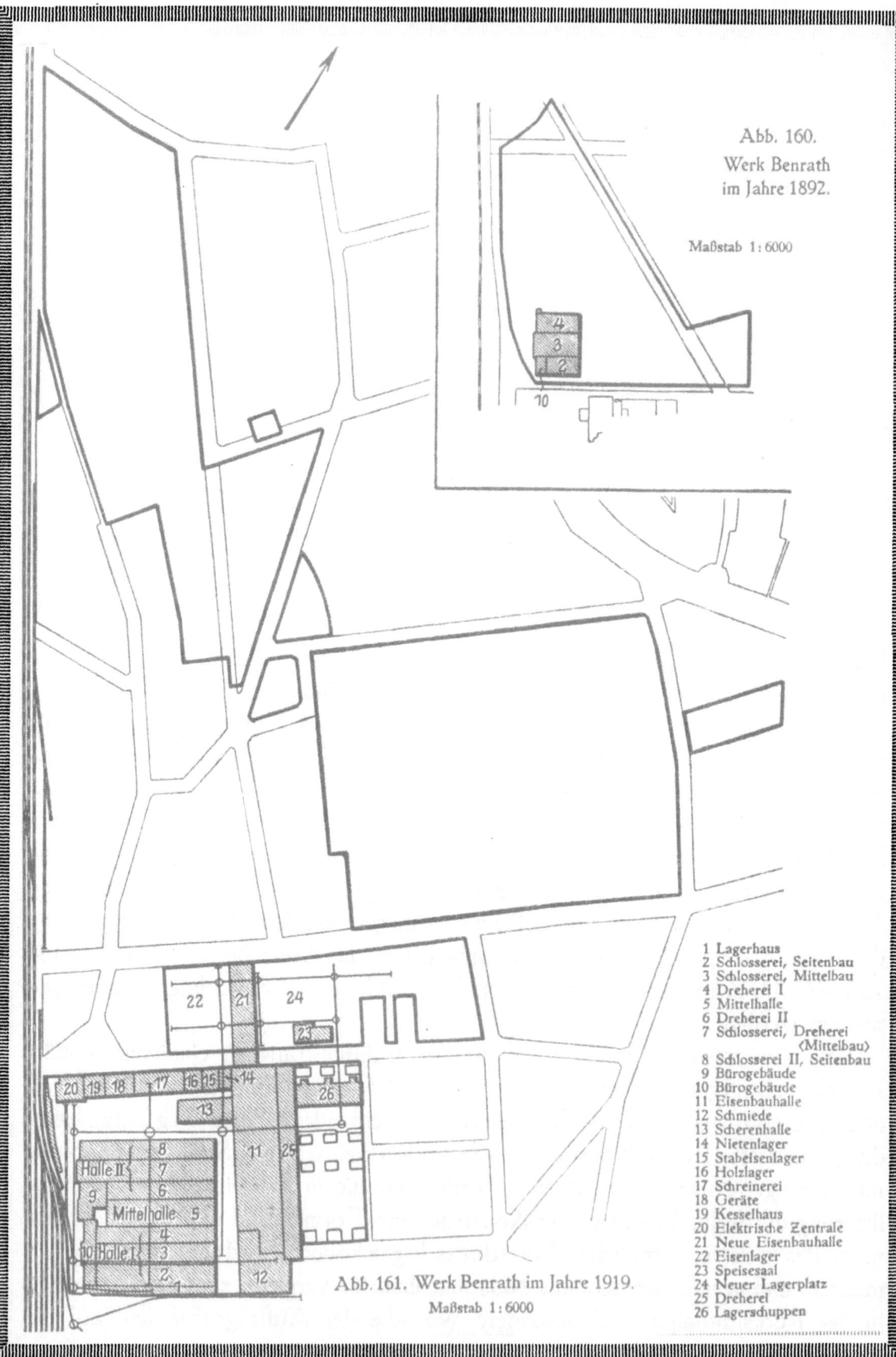

Abb. 161. Werk Benrath im Jahre 1919.
Maßstab 1 : 6000

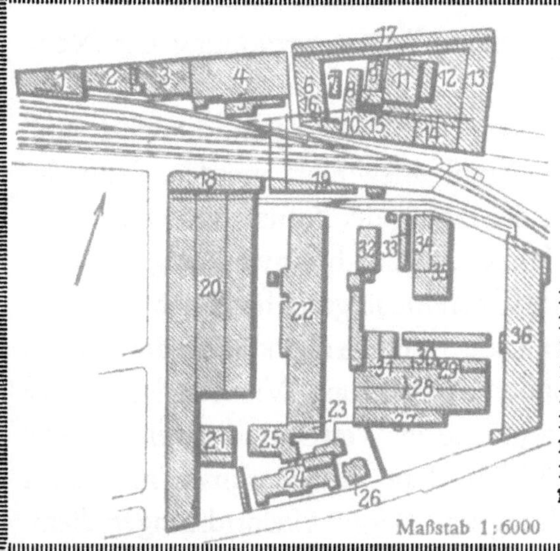

Abb. 162. Werk Duisburg im Jahre 1919.

1 Holzlager	19 Auto=Halle
2 Modellschreinerei	20 Große Montagehalle
3 Offener Lagerplatz	21 Zwischenlager
4 Hammerschmiede	22 Dreherei
5 Kesselhaus und Kohlenbunker	23 Betriebsbüro
6 Stahllager und Magazin	24 Verwaltungsgebäude
7 Eisenlager	25 Anbau dazu
8 Materialprüfanstalt	26 Werbebüro und Modellsaal
9 Kesselhaus	27 Magnetbau
10 Kohlenlagerplatz	28 Eisenbauwerkstatt
11 Kettenschmiede	29 Nietenlager
12 Modellschuppen	30 Vorzeichnerraum
13 Dreherei	31 Magazin
14 Bergbaubüro	32 Eisenlager
15 Kettenprüfanstalt	33 Fahrradschuppen
16 Speisesaal	34 Montagegeräteschuppen
17 Schrämmaschinenbau	35 Lager [lingswerkstatt
18 Fortbildungsschule	36 Kompressorenbau und Lehr=

Maßstab 1:6000

naheliegenden Wünsche der Konstrukteure, ihre eigenen Ideen auch in konstruk=
tiven Einzelheiten zum Ausdruck zu bringen, zu weit gegangen ist. Hier die rich=
tige Mitte zu finden zwischen einer das individuelle Schaffen zu stark beschrän=
kenden Vereinheitlichung und dem zu schnellen planlosen Wechsel in der Durch=
bildung und Ausführung von Einzelheiten, ist die schwere und verantwortungsvolle
Aufgabe der leitenden Männer der einzelnen Abteilungen.

Auch da, wo man, um die weitere Entwicklung nicht zu gefährden, davon ab=
sehen muß, zu normalisieren, wird man doch zu einer weitgehenden Vereinheitlichung
der Maschinenelemente kommen können, wodurch die Zeichenarbeit auf den Kon=
struktionsbüros wesentlich verringert und die Massenanfertigung dieser einzelnen
Teile in den Werkstätten sehr verbilligt werden kann. Deshalb haben gerade die

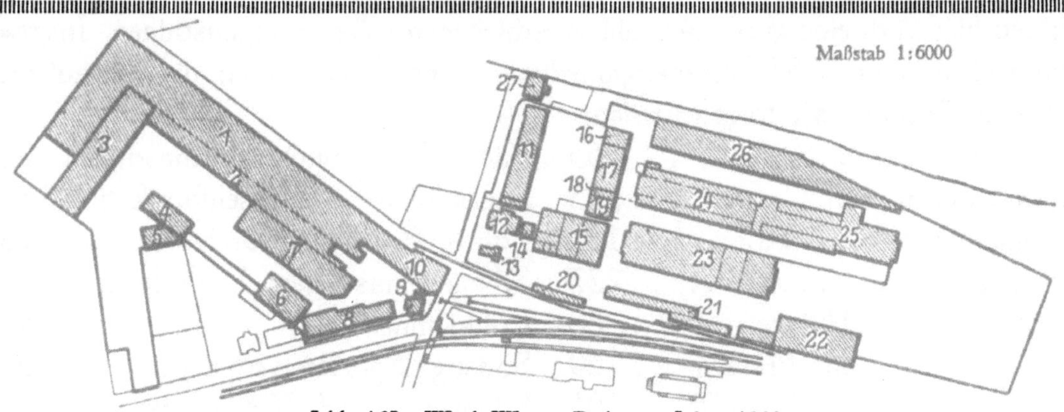

Abb. 163. Werk Wetter/Ruhr im Jahre 1919.

1 Große Montagehalle	10 Kleindreherei	19 Modellager
2 Kranschlosserei, Hobelei	11 Dreherei	20 Schuppen
3 Querhalle zur Montagehalle	12 Wohnhaus	21 Lagerschuppen
4 Bauschreinerei	13 Alter Speisesaal	22 Modellschreinerei
5 Kesselhaus	14 Auto=Halle	23 Kleingießerei
6 Lagerraum	15 Modellager	24 Dreherei
7 Lagerhaus	16 Modellschuppen	25 Großgießerei
8 Verwaltungsgebäude	17 Schmiede	26 Neue Dreherei
9 Altes Verwaltungsgebäude	18 Abort	27 Arbeiterkasino

Werkstätten das größte Interesse an der gesunden Weiterentwicklung der Nor=
malisierungsbestrebungen.

as im Konstruktionsbüro erdacht und zu Papier gebracht wird, muß
in der Werkstatt in Eisen und Stahl ausgeführt werden. Von der
Güte der Werkstattarbeit hängt der Erfolg der Konstruktion wesent=
lich mit ab. Preiswerte billige Herstellung durch Anwendung technisch
gut durchgebildeter Arbeitsmethoden ist heute Grundbedingung für den wirtschaft=
lichen Erfolg im Maschinenbau. Die Organisation und Arbeitsweise der großen
Abteilung Fabrikation ist deshalb von besonderer Bedeutung. Vier Betriebswerk=
stätten stehen zur Verfügung, eine in Benrath, eine in Wetter und zwei Betriebe
in Duisburg, von denen der eine hauptsächlich dem Walzwerkbau mit allem
was dazu gehört und der andere der Herstellung von Bergwerkeinrichtungen dient.
Dieser Abteilung ist auch die Hammer= und Kettenschmiede, die ebenfalls im
wesentlichen der Massenfabrikation gewidmet ist, angeschlossen.

Das Wachsen der Fabrikgrundstücke und der Werkstätten ist aus den bildlichen
Darstellungen auf Seite 256/257 deutlich erkennbar. Heute steht der Firma eine
Gesamtgrundfläche von 537250 qm zur Verfügung. Für Fabrikationszwecke sind
298600 qm ausgenutzt. Auf überdachte Grundfläche kommen 157000 qm. Die
Grundflächen verteilen sich wie folgt auf die Werke: 1. Gesamtgrundfläche: Ben=
rath: 281350 qm, Duisburg: 119935 qm und Wetter: 135965 qm; 2. für Fa=
brikationszwecke ausgenutzte Grundfläche: Benrath: 112000 qm, Duisburg:
73600 qm und Wetter: 113000 qm; 3. überdachte Grundfläche: Benrath 46000 qm,
Duisburg: 53000 qm und Wetter: 58000 qm.

Wer gut erzeugen will, muß auf gute Werkzeuge halten und zum Werkzeug
gehören hier auch eine große Anzahl verschiedenster Werkzeugmaschinen. Insge=
samt stehen heute 2258 Werkzeugmaschinen in den Werkstätten, die sich auf die
einzelnen Gruppen wie folgt verteilen:

Drehbänke	555	Räder=Fräs= und Hobelmaschinen	92
Bohrmaschinen	283	Spezialbänke f. Massenfabrikation	122
Fräsmaschinen	132	Bohr=, Fräs= und Drehwerke	118
Schleifmaschinen	227	Schmiedemaschinen, Dampf= und	
Sägen und Abstechbänke	86	Lufthämmer	59
Stanzen, Scheren und Pressen	69	Sonstige Spezialmaschinen	209
Hobelmaschinen	101	Schmiede= und Kettenfeuer und	
Stoßmaschinen	50	Härteöfen	155

In den drei Werken befinden sich 157 größere und kleinere Laufkrane mit ins=
gesamt 1588 t Tragkraft, 23 Konsol= und Drehkrane mit 41 t Tragkraft und
7 Dampfkrane mit 45 t Tragkraft im Betrieb.

Alle in den Werken vorhandenen Werkzeugmaschinen und alle Betriebs=

vorrichtungen werden elektrisch angetrieben. Das Werk Benrath stellt sich seinen elektrischen Strom in einem Kraftwerk mit 14 Dampfmaschinen von zusammen 3000 Kilowatt Leistung selbst her. Das Werk Duisburg erhält den elektrischen Strom vom Elektrizitätswerk der Stadt Duisburg, das Werk Wetter ist an das Stromnetz des rheinisch-westfälischen Elektrizitätswerks angeschlossen. In den Werkstätten laufen im ganzen 1276 Elektromotoren mit einer Gesamtleistung von rd. 12500 Kilowatt. Transformatoren und Umformeranlagen gestatten, den elektrischen Strom in verschiedene Arten und Spannungen umzuwandeln, um so alle von der Firma gebauten maschinellen Anlagen mit ihren Antriebs-maschinen in der Werkstatt ausprobieren zu können.

In sämtlichen Werkstätten sind heute rd. 5700 Arbeiter beschäftigt. Davon entfallen auf Benrath 1600, auf Duisburg 2200 und auf Wetter 900. Eine besondere Bedeutung hat gerade für eine Firma mit dem Arbeitsgebiet der Deutschen Maschinenfabrik der für die Montage verwendbare, gut ausgebildete Facharbeiter.

Der Ausbildung der Facharbeiterschaft hat man, einer schon von Harkort und Kamp eingeführten Tradition folgend, Aufmerksamkeit gewidmet. In allen drei Werken sind für die städtischen Fortbildungsschulen im Werk selbst Schulzimmer eingerichtet worden, um hier die Lehrlinge des Werkes in unmittelbarem Zu-sammenhang mit den Werkstätten zu unterrichten. In neuester Zeit hat die Deut-sche Maschinenfabrik in jedem der drei Werke eine Lehrlingswerkstatt gegründet, um die Lehrlinge zu tüchtigen, geschickten Fach- und Qualitätsarbeitern heran-zubilden. Die Anzahl der sich meldenden Jungen übersteigt bei weitem den Be-darf, so daß es möglich ist nur die für ihren Berufszweig bestgeeignetsten einzu-stellen. Um diese aus der großen Anzahl der Bewerber herauszufinden, müssen sich alle einer ärztlichen Untersuchung und einer sich unmittelbar anschließenden psychotechnischen Prüfung unterziehen. Diese Prüfung erstreckt sich auf folgende Gebiete: Augenmaß, Tastgefühl, Gefühl der Gelenke, Anschauungsvermögen, Geschicklichkeit, Reaktionsvermögen, Aufmerksamkeit und Wille, Gedächtnis, technische Begabung und Geistesfähigkeiten.

Die eingestellten Lehrlinge erhalten in der Lehrwerkstatt, die mit den neuzeit-lichsten Maschinen und Einrichtungen ausgestattet ist, zunächst alle die gleiche Ausbildung, nach den ersten sechs Monaten erfolgt eine Trennung der weiteren Ausbildung für die verschiedenen Berufe. Die praktische Ausbildung in der Lehr-werkstatt dauert für die gewerblichen Lehrlinge zwei Jahre, und für die technischen Bürolehrlinge sechs Monate. Die restliche Lehrzeit dient zur weiteren Ausbildung in den ihrem Berufe entsprechenden Betriebswerkstätten. Um die Ausbildung möglichst vielseitig zu gestalten, werden die Lehrlinge planmäßig nacheinander in verschiedenen Werkstätten beschäftigt, so daß sie alle wichtigen Arbeiten, sowie die Aufeinanderfolge der Herstellungsverfahren, die Transportmittel und Verkehrseinrichtungen usw. kennen lernen.

In Verbindung mit der praktischen Ausbildung erhalten die Lehrlinge in der Werkschule einen guten theoretischen Unterricht. Die Werkschule soll den Lehrlingen die Kenntnisse und Fähigkeiten, die für ihre spätere Erwerbstätigkeit nötig sind, sowie eine gute Allgemeinbildung vermitteln und sie zu tüchtigen, brauchbaren Menschen erziehen. In den Demag-Werkschulen stehen den Lehrkörpern gute Sammlungen, Modelle und Apparate für den Unterricht zur Verfügung. Dem halbjährigen Eintritte entsprechend werden die Lehrgänge in Semester eingeteilt. Die Unterrichtsstunden sind so zusammengelegt, daß jeder Lehrling einmal in der Woche neun Stunden die Werkschule zu besuchen hat. Alljährlich zu Ostern findet eine Ausstellung der in der Lehrwerkstatt bezw. in der Werkschule gefertigten Werkstücke und Zeichnungen statt.

Am Ende der Lehrzeit haben sämtliche Lehrlinge auf Grund des Lehrvertrages die Gesellenprüfung abzulegen. Der Prüfling muß ein Gesellenstück und eine dazugehörige Werkstattzeichnung mit Stückliste dem Prüfungsausschuß vorlegen. Ferner ist eine ausführliche Beschreibung des Gesellenstückes mit Angabe des Zweckes des Gegenstandes, der Dauer der Herstellung und des Gewichtes der Einzelteile einzureichen. Auf Grund der sich anschließenden mündlichen Prüfung in praktischen und theoretischen Fächern wird das Lehrzeugnis ausgestellt.

In den Werkstätten sind, wie dies heute in großen Fabriken üblich geworden ist, große Umkleide-, Wasch- und Baderäume eingerichtet. Für die Beschaffung guter Wohnungen sorgt in Wetter, Duisburg und Benrath ein von der Firma als Hauptteilnehmerin gegründeter gemeinnütziger Bauverein nach Möglichkeit. In den Ruhrbergen in Wetter ist, wie wir gesehen haben, bereits eine solche Wohnkolonie entstanden. In Benrath lag vor dem Krieg die Absicht vor, eine bestehende Kolonie beträchtlich zu erweitern.

Zur Hauptabteilung „Fabrikation" gehören noch die Lohnbuchhaltungen, die sogenannten Einkaufsabteilungen, die im wesentlichen Terminbüros sind, und die Speditionsabteilungen. Von dem Umfang der hier zu bewältigenden Arbeit kann man sich eine Vorstellung machen, wenn man berücksichtigt, daß 1912 das Gesamtgewicht der zur Ablieferung kommenden Maschinen rd. 70000 Tonnen betrug. Vor dem Krieg ging etwa der dritte Teil des Umsatzes ins Ausland, zum großen Teil nach Übersee. Allein an Frachten wurden über eine halbe Million Mark im Jahr bezahlt.

Ein Zentralbetriebsbüro sorgt für den einheitlichen Verkehr zwischen den technischen Büros und Betriebswerkstätten. Hier werden auch die eingehenden Aufträge unter Berücksichtigung der jeweils vorliegenden Arbeitsbelastung auf die drei Werke verteilt. Nicht minder bedeutsam ist das Zentral-Montagebüro,

von dem aus die Aufstellung aller großen Anlagen einheitlich überwacht wird. Man sucht so mit einer möglichst geringen Anzahl von Monteuren die Arbeiten durchzuführen. Um welch große Aufgaben es sich hier handelt, ergibt sich aus der Tatsache, daß auf großen Baustellen oft Arbeiterkolonnen von 400 bis 500 Mann unterhalten werden müssen. Beim Bau des Riesenkranes für Blohm & Voß in Hamburg im Jahre 1912/13 mußten z. B. in kaum 11 Monaten 1900 Tonnen Eisenkonstruktionen hergestellt und in zum Teil großen Höhen unter besonders schwierigen Verhältnissen eingebaut werden.

Kennzeichnend für die innige Verbindung der heutigen Praxis mit wissenschaftlichen Untersuchungsmethoden ist das Bestreben der Firmen, ihren Betriebsabteilungen gut eingerichtete Materialprüfanstalten anzugliedern. Auch die Deutsche Maschinenfabrik hat in den letzten Jahren diesen Weg beschritten. Die neugegründete Prüfanstalt im Duisburger Werk dient der Untersuchung aller in der Firma verwendeten Metalle und Legierungen auf ihre chemische Zusammensetzung und auf ihre physikalischen Eigenschaften, Festigkeit, Dehnung usw. Zerreißmaschinen, Schlagwerke, Kugeldruckpressen usw. stehen zur Verfügung. Ferner werden Untersuchungen auf chemische Verunreinigung, unsachgemäßes Verarbeiten beim Schmieden oder Vergüten und anderes mehr mit Hilfe der

Metallographie durchgeführt. Die Anstalt prüft auch die zur Verwendung kom=
menden Brennstoffe auf Heizwerte und chemische Zusammensetzung, stellt die
Eigenschaften der gebrauchten Öle fest, prüft die eingehenden Materialien für die
Eisen=, Stahl= und Metallgießerei, kontrolliert die Kesselspeisewasser=Reini=
gung und prüft sämtliche Kranhaken. Außerdem ist ihr die Verarbeitung der
Material=Beanstandungen im eigenen Betrieb und von auswärts zugewiesen.

Die dritte Hauptgruppe umfaßt die kaufmännischen Arbeiten. Ihr ist
angegliedert der Zentraleinkauf, die Buchhaltung, das Nachkalku=
lationswesen. Im Zentraleinkauf wird das in allen Betrieben und
Büros gebrauchte Material nach einheitlichen Gesichtspunkten ein=
gekauft. Bei einem Jahresumsatz von rd. 150 Millionen Mark kann man in die=
ser Anzahl von Bestellungen die Übersicht natürlich nur durch ausgedehnte An=
wendung von Karteien und mechanischen Hilfsmitteln behalten, wobei die Gedächt=
nisarbeit soweit als möglich auszuschalten ist. Sehr wichtig ist die ständige
Kontrolle aller Liefertermine. Die Terminkontrolle beschäftigt daher allein eine
große Anzahl Beamte.

Etwa 45 Beamte arbeiten in der Hauptbuchhaltung. Im Kontokorrentverkehr
sind allein etwa 5500 Konten zu führen, monatlich sind rd. 4200 Rechnungen für
die Nachkalkulation zu bearbeiten. Fast sämtliche Bücher werden, der leichten
Handhabung und Übersichtlichkeit wegen in gewissem Widerspruch zu dem
Begriff Buch auf losen Blättern geführt. Die Buchhaltung hat auch die Mo=
natsbilanzen aufzustellen und die gesamte finanzielle Abwicklung der Geschäfte
zu überwachen. Eine besondere Verrechnungs= und Mahnabteilung, die
aufs engste mit den technischen Abteilungen zusammen arbeiten muß, ist
hierfür tätig. In der Auftragsabteilung werden von etwa 25 Beamten alle kauf=
männischen Arbeiten, die zwischen der Erteilung des Auftrags und seiner Be=
rechnung liegen, erledigt. Etwa 2100 Rechnungen werden von hier monatlich
ausgesandt. Der Kasse liegt der gesamte Geldverkehr ob.

Die Feststellung der Selbstkosten gehört zu den wichtigsten Aufgaben einer
Maschinenfabrik, die positive wirtschaftliche Ergebnisse erzielen will. Die Auf=
gabe ist leichter gestellt als durchgeführt. Die Schwierigkeiten, die hier zu über=
winden sind, haben dazu geführt, daß man sich im Maschinenbau meist mit oft
sehr rohen Schätzungen begnügt hat. Daraus ergaben sich oft recht unliebsame
Überraschungen. Man glaubte zu verdienen und arbeitete mit steigendem Ver=
lust. Gerade in der neuesten Zeit hat man deshalb der einwandfreien Feststellung
der Selbstkosten bei uns und in den Vereinigten Staaten die größte Aufmerksam=
keit zugewendet. Eine umfangreiche wertvolle Arbeit ist hier von Ingenieuren
und Kaufleuten bereits geleistet worden, und es ist im Interesse der wirtschaft=
lichen Gesundung des Maschinenbaues dringend zu wünschen, daß nicht nur von

großen, sondern auch von mittleren und kleineren Fabriken dieser geistigen Arbeit, die hier geleistet werden muß, erhöhte Aufmerksamkeit zugewendet wird.

In der Deutschen Maschinenfabrik hat eine der Abteilung Verwaltung angegliederte Zweigstelle Statistik zunächst allgemeine Grundsätze für die Ermittlung der Unkosten aufzustellen. Die Beamten dieser statistischen Abteilung haben zu ermitteln, welcher Anteil der Generalunkosten auf die gefertigten Maschinen, auf die eingekauften Materialen, die gezahlten Löhne zu verbuchen ist. Die für die Nachkalkulation maßgebenden Grundsätze sind aufzustellen. Die Richtigkeit dieser Vorschriften wird dauernd nachgeprüft. Ebenso liegt dieser Abteilung die Kontrolle der Anlagewerte, der Maschinenbestände, die Prüfung aller Kassen und die Festlegung einheitlicher Grundsätze für die Verbuchung der Unkosten usw. ob. Auf Grund der so gewonnenen Normen wird die Arbeit der Nachkalkulationsabteilung durchgeführt. Sie hat die genauen Kosten für jeden im Betrieb gefertigten Gegenstand festzustellen. Als Unterlage hierzu dienen die monatlich einlaufenden Lohn- und Materialzettel. An den umfangreichen Rechenarbeiten, die hier zu leisten sind, ist auch noch je ein Büro in Wetter und Benrath beteiligt. Soweit das möglich ist, werden auch Maschinen zur Entlastung herangezogen. 26 Rechenmaschinen und 18 Additionsmaschinen, zum Teil elektrisch angetrieben, stehen zur Verfügung. Auch die buchmäßige Lagerkontrolle über alle auf Vorrat gearbeiteten Maschinen und Maschinenteile, sowie die Fertigstellung der jährlichen Inventur über alle Warenvorräte und Halbfabrikate ist diesem Büro zugewiesen.

Die letzte der Hauptabteilungen, die die Bezeichnung Verwaltung führt, gliedert sich in sechs Unterabteilungen. Das Sekretariat bildet die Querverbindung zwischen dem Vorstand und den einzelnen Abteilungen. Es hat die vom Vorstand zu erledigenden Angelegenheiten vorzubereiten und darüber zu berichten. Hierbei wird es unterstützt durch die bereits erwähnte Abteilung Statistik, die die leitenden Persönlichkeiten durch übersichtliche zahlenmäßige Darstellungen über den Stand des Geschäftes dauernd zu unterrichten hat. Laufend werden solche Zahlen über die Entwicklung des Absatzes zeitlich, fachlich und geographisch geordnet aufgestellt. Dabei wird der Fehler so vieler amtlicher Statistiken, bei denen die Unmasse von Zahlen jede schnelle Information oft mehr hindert als unterstützt, vermieden Der vielbeschäftigte Leiter eines großen Unternehmens zieht wenige wichtige Vergleichszahlen seitenlangen, oft recht gelehrt aussehenden Zahlentabellen vor.

Ein großes geschäftliches Unternehmen hat dauernd mit den verschiedensten Rechtsfragen zu tun. Eine besondere juristische Abteilung bearbeitet dieses Gebiet Sie hat auch die Firma bei allen Rechtsstreitigkeiten zu beraten und zu vertreten. Insbesondere liegt ihr jedoch den Traditionen der Firma entsprechend die Aufgabe ob, durch die Abfassung klarer, eindeutiger Verträge die Entstehung von Mei-

nungsverschiedenheiten zwischen der Firma und ihren Geschäftsfreunden von An=
fang an zu verhindern.

Die Personalabteilung hat alle Arbeiten, die mit Anstellung der Beamten, Re=
gelung der Gehaltsangelegenheiten, Urlaubsfragen, Reisen, Versicherungen, Kran=
kenkassen usw. zusammenhängen, zu erledigen. Bei 1974 Beamten, die in der
Firma tätig sind, hat auch diese Abteilung umfassende Arbeit zu leisten.

Die Hausverwaltung hat alle in den Büros nötigen Einrichtungen zu beschaffen
und das Vorhandene instand zu halten. Eine eigene Hausdruckerei liefert ihr einen
großen Teil der für den inneren Betrieb erforderlichen vielen Formulare und Druck=
sachen.

In der Hauptabteilung Verwaltung hat die mit Vertrieb bezeichnete Abteilung
besondere Bedeutung. Sie umfaßt alle Einrichtungen, die dazu dienen, den Ab=
satz der Erzeugnisse sicher zu stellen und zu vermehren. Aufträge wollen ge=
worben sein. Nur selten kommen sie dem Unternehmer auf den Tisch geflogen.
Die Auftragswerbung ist heute fast eine Wissenschaft für sich, die, getragen von
dem persönlichen Interesse W. Reuters, innerhalb der Deutschen Maschinenfabrik
besonders planmäßig gepflegt wird. Es handelt sich hier um die richtige psycho=
logische Behandlung nicht nur derer, die bereits mit der Firma arbeiten, sondern vor

allem auch der Kreise, die man noch gerne als Kunden für das Unternehmen gewinnen will. Der wichtigste Aktivposten für die Werbung ist stets der gute Name einer Firma, den sie sich durch Ausführung erfolgreicher Anlagen in jahrelanger Arbeit erworben hat. Leichtfertige Arbeit, viel versprechen und wenig halten, heißt hier Raubbau treiben an der wichtigsten Grundlage eines Unternehmens. Die Beurteilung „solide" gilt es in erster Linie sich zu erwerben und zu erhalten, wenn man dauernd geschäftlich vorankommen will.

Die Auftragswerbung geschieht durch Wort und Schrift. Die persönliche Arbeit von Mensch zu Mensch ist — daran hat sich gegenüber der alten Zeit nichts geändert — die wichtigste Grundlage für den Erfolg. Wer erfolgreich für eine Firma werben will, muß die Fähigkeit haben, persönliches Vertrauen zu erwerben. Hier spielen rein menschliche Empfindungen innerhalb der großen Betriebe, über deren zu stark mechanisierte Richtung man heute oft klagt, eine größere Rolle, als man beim flüchtigen Betrachten der äußeren Erscheinungsformen der geschäftlichen Abwicklung anzunehmen geneigt ist. Man sollte sich über diese Tatsache freuen und die ethischen Werte, auf die allein dauernd persönliches Vertrauen sich gründen läßt, sorgfältig pflegen. Dieser Gedanke wurde gerade vor dem Kriege in der amerikanischen Ingenieurwelt eifrig behandelt, und er führte dort sogar zur Begründung einer Kommission für Ethik in den großen Ingenieurvereinen. Zu dem technischen Wissen und den kaufmännischen Fähigkeiten gehören für die leitenden Männer persönliche Eigenschaften, durch die sie das Vertrauen der Kreise, mit denen sie zu arbeiten haben, gewinnen können. Die richtige Auswahl seiner Mitarbeiter ist deshalb mit die wichtigste und verantwortungsvollste Aufgabe, die dem Leiter eines Unternehmens obliegt.

Dem Verkehr mit der Kundschaft dient ein ganzes Netz von Vertreter-Organisationen. In erster Linie müssen hierzu — das liegt an den von der Maschinenfabrik bearbeiteten schwierigen technischen Gebieten — Ingenieure verwendet werden, allerdings Ingenieure, die eine ausgedehnte kaufmännische Schulung durchgemacht haben. Eine Geringschätzung kaufmännischer Fähigkeiten würde hier auch dem mit Fachwissen noch so reich ausgestatteten Ingenieur verhängnisvoll werden müssen. Denn für das Unternehmen ist der Gesichtspunkt stets ausschlaggebend, daß man an dem Auftrag Geld verdienen will. Der Wunsch, an einer reizvollen Ingenieuraufgabe sich zu betätigen, muß hier dem wirtschaftlichen Gesichtspunkt gegenüber mehr, wie das früher bei Ingenieuren zuweilen der Fall war, zurücktreten. Der Ruhm, große technische Leistungen ausgeführt zu haben, stand oft im Mißverhältnis zum wirtschaftlichen Ergebnis. Für Ingenieure, die ihren Beruf weiter auffassen, als heute noch in den Aneinanderreihungen zahlreicher rein konstruktiver Vorlesungen in unseren Hochschulprogrammen zum Ausdruck kommt, bietet sich hier ein weites Feld erfolgreicher Tätigkeit. Denn in je größerem Umfange die Technik sich in den Dienst der Wirtschaft stellt, um so notwendiger werden auch für die geschäftliche Tätigkeit hervorragende technische Kenntnisse.

In überseeischen Ländern, wo die Einrichtung eigner Ingenieurbüros noch nicht in Frage kommt, hat die Deutsche Maschinenfabrik mit bestehenden Einfuhrhäusern in der Weise gearbeitet, daß sie in den meisten Fällen diesen kaufmännischen Büros Ingenieure beiordnete, die vor ihrer Ausreise in den verschiedenen Abteilungen des Werks so weit ausgebildet wurden, daß sie die notwendigsten Vorarbeiten an Ort und Stelle selbst ausführen können.

Durch die Abteilung Vertrieb laufen auch sämtliche Anfragen, Aufträge, An= gebote und Absagen, um hier statistisch nach Vertreterbezirken und Fabrikat= gruppen eingeteilt zu werden. So erhält diese Abteilung eine große Übersicht über alle Fragen, die mit dem Vertrieb zusammenhängen. In einem besonderen Büro werden planmäßig alle Nachrichten, die geeignet sind, den Absatz der Fabrikate zu beeinflussen, gesammelt und übersichtlich zusammengestellt. Dies Material wird auch den Vertretern durch ausführliche Berichte zugleich mit der Mitteilung über alle wichtigen Ereignisse des inneren Betriebes zugänglich gemacht. Die persön= liche Fühlung mit der Firma wird deshalb nicht entbehrlich. Am Ende jeden Jahres findet in Duisburg eine Vertreterversammlung statt, die zum persön= lichen Austausch der Erfahrungen und zur eingehenden Kenntnis neu getroffener Einrichtungen und durchgeführter Konstruktionen Gelegenheit gibt.

Ein wichtiges Glied in der Abteilung Vertrieb ist die Werbung durch Schrift und Bild. Die Drucksachen spielen bei der Propaganda eine große Rolle. Es handelt sich hier um Anzeigen in Zeitungen und Zeitschriften nicht minder wie um die Ausgabe von Druckschriften verschiedenster Art. Die Deutsche Maschinenfabrik widmet dieser Art der Werbetätigkeit große Aufmerksamkeit. Besonders anzuerkennen ist das deutlich bemerkbare Streben, durch Heranziehen von Künstlern dieser Werbung eine künstlerische Note zu geben. Wer die Unzahl der oft recht geschmacklosen Anzeigen und Druckschriften, die heute auf die Allgemeinheit wirken sollen, durchsieht, wird, wenn er hiermit die von der Deutschen Maschinenfabrik betriebene Propaganda vergleicht, erkennen, wie es auch vom geschäftlichen Standpunkt aus vorteilhaft ist, hier einen guten Ge= schmack zur Geltung zu bringen. Von dem Umfang der Arbeit, die dabei inner= halb der Firma zu leisten ist, kann man sich eine Vorstellung machen, wenn man hört, daß heute etwa rd. 700 verschiedene Druckschriften, von denen eine ganze Anzahl stattliche Bücher im Umfang von Hunderten von Seiten darstellen, zur Verfügung stehen. Dank der großen Entwicklung der Photographie spielt jetzt in allen Druckschriften das Bild eine ausschlaggebende Rolle. Die photographische Abteilung der Deutschen Maschinenfabrik stellt jährlich etwa 1800 Neuaufnahmen her und liefert monatlich allein rd. 3600 photographische Abzüge. An Original=

266

platten stehen zurzeit etwa 14000 bereit. Für Lichtbildervorträge sind 2000 ver=
schiedene Diapositive und in neuester Zeit auch eine stattliche Anzahl Filme ver=
fügbar. 35000 Bildstöcke, übersichtlich geordnet, dienen zur Ausschmückung der
Werbedruckschriften und Inserate.

Auch das Ausstellungswesen wird in dieser Abteilung bearbeitet. Die Firma
hat von ihren großen Kranen und Transportanlagen in den Einzelheiten ausge=
zeichnet durchgeführte große Modelle anfertigen lassen, die im Maßstab von 1:25
bis 1:50 genau nach den Ausführungszeichnungen gearbeitet, noch besser wie das
Bild dem Beschauer die Konstruktion veranschaulichen.

Hervorragende Leistungen sind stets die beste Reklame. Wenn daher die Firma
die eingehende Veröffentlichung guter Konstruktionen und Anlagen in den ange=
sehenen technischen Zeitschriften durch Hergabe geeigneten Materials ermöglicht
so dient sie hiermit eigenem Interesse und unterstützt auch die für die Allgemein=
heit so notwendige Fortbildung des Ingenieurs. Die Bedeutung, die technisch wert=
vollen Aufsätzen in der Fachliteratur beizumessen ist, sollte man gerade in Deutsch=
land nicht zu gering einschätzen. Vielfach wird der zuweilen befürchtete Nachteil,
es könnte die Konkurrenz zuviel erfahren, wesentlich geringer sein als der Vorteil,
der aus einer eingehenden technischen Darstellung hervorragender Leistungen der
Firma und der Allgemeinheit erwächst.

An die Abteilung Vertrieb ist auch das Patentbüro angegliedert. Die Patent=
angelegenheiten nehmen heute bei großen Firmen, und zumal, wenn sie wie die
DeutscheMaschinenfabrik auf so vielen verschiedenenGebieten arbeiten, einen großen
Umfang an. Der Firma sind bisher etwa 700 deutsche und 650 Auslandspatente
erteilt worden, außerdem noch 900 Gebrauchsmuster. In den letzten Jahren vor
dem Krieg wurden durchschnittlich etwa 75 deutsche und 50 ausländische Patent=
anmeldungen eingereicht, dazu kamen noch 125 Gebrauchsmuster. Angesichts
dieser Zahlen wird man sich von dem Glauben frei machen müssen, der noch
heute in weiten der Technik fernstehenden Kreisen vorkommt, jedes Patent sei
eine amtliche Bescheinigung für eine neue hervorragende technische Leistung, mit
der man ohne weiteres in der Lage sei, sehr viel Geld zu verdienen. Patente
nimmt man heute nicht nur, um sich wertvolles geistiges Eigentum zu sichern,
sondern auch, um anderen die Wege zur Ausführung zu verlegen, die man selber
gehen will. Das Patentamt ist zugleich die Stelle, die den Firmen bei der Prüfung
eingereichter Anmeldungen für billiges Geld nachweist, ob bereits ähnliche Ge=
danken veröffentlicht sind, und wer als Wettbewerber in dieser Richtung etwa in
Frage kommt. Das Patentbüro muß sorgfältig fremde Anmeldungen auf den Ar=
beitsgebieten der Firma überwachen, um gegebenenfalls rechtzeitig verhindern zu
können, daß von anderer Seite der Firma wichtige Ausführungsmöglichkeiten ver=
legt werden. Sonst kann es einem gehen wie James Watt, der die Anwendung der
Kurbel bei seinen Dampfmaschinen für so selbstverständlich hielt wie die Be=
nutzung eines Brotmessers zum Käseschneiden, wie er sich ausdrückte, und
der dann die Erfahrung machen mußte, daß selbst diese technische Anwen=
dung durch das englische Patentamt einem anderen geschützt werden konnte,
wodurch ihm 25 Jahre lang die Benutzung der einfachen Kurbel bei der Dampf=
maschine unmöglich gemacht wurde. Ähnliches kommt auch heute noch vor,
und das Patentbüro einer großen Firma hat deshalb verantwortungsvolle Arbeit
zu leisten.

Zur gesamten hier kurz behandelten Organisation gehört natürlich auch ein
ausgedehnter Betrieb. Der tägliche Postausgang in Duisburg allein beträgt durch=
schnittlich 1900 Briefe. Der tägliche Eingang und Ausgang beläuft sich auf 4000
Postsendungen. Alle Briefe werden bei Aufdruck des Eingangsdatums fortlau=
fend numeriert. Von erfahrenen Beamten geordnet, werden sie gegen Quittung
sofort den einzelnen Hauptabteilungen zugestellt. In spätestens 30 bis 45 Minuten
nach Eingang der Post erhält jede Abteilung die ersten Briefe. Sie hat sofort
einen Briefauszug auf vorgedruckten Formularen und Verzeichnisse der täglich
einlaufenden Post anzufertigen. Das Original dieser Aufstellungen erhält die Re=
gistratur, ein zweites Exemplar geht an den Hauptabteilungs=Vorstand. Weitere
Durchschläge behalten die Abteilungen für eigenen Gebrauch. Der Vorstand der

Hauptabteilung gibt bereits mit seinen Bemerkungen versehen — ebenfalls gegen Quittung — nunmehr die Post an die Abteilungen, wo sie beantwortet wird. Die Schreibarbeit wird von 310 Schreibmaschinen bewältigt. Briefe, die für mehrere Abteilungen Mitteilungen enthalten, gehen gemäß der Briefaufzeichnung in vor= geschriebener Reihenfolge von einer zur anderen Abteilung. Der Verbleib eines Briefes läßt sich an Hand der in jeder Abteilung geführten Quittungsbücher fest= stellen. In der Hauptregistratur werden die einlaufenden Briefe und Kopien zu= nächst in drei Abteilungen geordnet, je nachdem es sich um Anfragen, Aufträge oder Allgemeines handelt. Die ersten beiden werden in Schnellhefter, die letz= teren in Briefordner chronologisch geordnet eingeheftet.

Selbstverständlich wird im inneren und äußeren Verkehr Fernsprecher und Tele= graf ausgiebig benutzt. Im Werk Duisburg vermittelt die Telefonzentrale täg= lich etwa 20000 Gespräche bei 400 angeschlossenen Sprechstellen. Telegramme werden im Werk aufgegeben und empfangen.

Die äußere Abwicklung der gesamten Verwaltungstätigkeit sucht man so ein= fach wie nur möglich zu gestalten. Auf die vielfach üblichen zeitraubenden täg= lichen Besprechungen hat man grundsätzlich verzichtet. Nur in besonders dringen= den Fällen wird ausnahmsweise eine solche Konferenz zusammenberufen. Es werden aber dann nur die unmittelbar daran Beteiligten hinzugezogen. Wenn man unter Bürokratisierung ein Arbeiten unter ein für allemal bestimmt festgelegten Formen versteht, so ist diese Arbeitsform natürlich auch innerhalb der großen Firmen unentbehrlich. Es handelt sich nur darum, auch hier dafür zu sorgen, daß Vernunft nicht Unsinn wird, daß die als zweckmäßig erkannten Formen auch sinn= gemäß angewendet werden.

Besonders wichtig ist es, diese Organisation so einzurichten, daß die leitenden Männer den Kopf für die wirkliche Leitung frei behalten und vom Kleinkram der gleichmäßigen Alltagsarbeit nach Möglichkeit entlastet werden. Ein leitender Mann muß Zeit haben, einen Gedanken auch einmal zu Ende zu denken. Er darf über dem Heute das Morgen nicht vergessen. Der Leiter eines großen Unternehmens, der sich von dem Ehrgeiz, alles selbst machen zu wollen, nicht frei machen kann, wird auch bei größter persönlicher Arbeitskraft über der Unmasse an sich auch sehr wertvoller Kleinarbeit leicht die zielsichere Führung des ganzen Unterneh= mens, die man von ihm erwartet, aus dem Auge verlieren. Dies berücksichtigt die Organisation der Deutschen Maschinenfabrik, indem sie dafür sorgt, daß der Generaldirektion nur besonders wichtige Fälle vorgelegt werden und die Be= sprechungen nach festgelegtem Stundenplan für die Abteilungsvorstände vorge= sehen sind. Das von allen anderen Abteilungen unabhängige Sekretariat hat dafür zu sorgen, daß der Generaldirektion trotzdem alle wichtigen Fälle, in erster Linie ohne Ausnahme alle einlaufenden Klagen und Beschwerden, zur Kenntnis gebracht werden. Es wird hierin unterstützt durch die Abteilung Briefeingang. Diese macht einen nur für die Generaldirektion bestimmten Briefauszug. Die Briefe selbst aber gehen der zuständigen Hauptabteilung zu, deren Leiter dann vom Vorstand zur Rücksprache aufgefordert wird, falls er den Brief nicht selbst vorlegen sollte.

Mitten in die auf gesunder Grundlage vorwärts drängende Entwick= lung brach mit dem Weltkrieg zugleich die heute in ihren ganzen Folgen noch nicht übersehbare schwerste Erschütterung, der jemals ein Wirtschaftskörper ausgesetzt war, herein. Der August 1914 entzog plötzlich die wertvollsten Arbeitskräfte der Firma. In den fünf Kriegs= jahren haben 2317 Beamte und Arbeiter der Deutschen Maschinenfabrik in militä= rischen Diensten gestanden, 178 davon haben im Kampf gegen unsere Feinde das Leben lassen müssen. Die Kriegserklärung zerschnitt das engmaschige Netz wechselseitiger Beziehungen mit dem Ausland. Je länger der Krieg dauerte, um so schwerer mußte Deutschland seine Abhängigkeit in Rohstoffen und Lebens= mitteln vom Ausland empfinden. Außerordentliche große Schwierigkeiten galt es hier von Tag zu Tag zu überwinden.

Die Forderung der Landesverteidigung stellte die Firma vor gewaltige neue Aufgaben. Die unmittelbare Kriegsmaterial=Herstellung trat aber bald gegenüber den Arbeiten auf eigenem Gebiet, die erforderlich wurden, um die anderen Werke zu höchster Leistungsfähigkeit zu bringen, in den Hintergrund. So wurden die Kriegsjahre zu einer Zeit technisch wirtschaftlicher Höchstleistung. Der Geschäfts= bericht über das Jahr 1917 stellt fest, daß das gesamte Aktienkapital von 14 Milli= onen in diesem Jahr neunmal umgesetzt wurde.

Das Aktienkapital, das bei der Vereinigung der drei Firmen 10,5 Millionen Mark betrug, ist bis 1922 auf 130 Millionen gesteigert worden. Der Rohgewinn, der 1908 rd. 0,86 Millionen Mark betrug, stieg nach der Vereinigung 1911 auf über 2 Millionen Mark und betrug im letzten Friedensjahr 3,2 Millionen. Während der Kriegs= und Nachkriegsjahre stiegen zwar die Unkosten ganz erheblich und es stellten sich ständig wachsende Schwierigkeiten ein. Trotzdem gelang es der un= ermüdlichen Arbeit aller Beteiligten und ihrem ersprießlichen Zusammenarbeiten, das der Geschäftsbericht ausdrücklich hervorhebt, durch die außerordentliche Stei= gerung des Umsatzes das Gewinnergebnis befriedigend zu gestalten. Die Firma war deshalb auch in der Lage, durch reichliche Zuwendungen an ihre Angestellten und Arbeiter, an die Familienangehörigen der im Feld befindlichen und an Wohl= fahrtseinrichtungen der verschiedensten Art, die Schäden des Krieges in ihrem Kreise wenigstens teilweise zu beseitigen oder zu lindern. Die in den 5 Kriegs= jahren bis einschließlich April 1919 hierfür aufgewendeten Summen belaufen sich insgesamt auf rd. 10 Millionen Mark. Ein nicht geringer Teil dieses Betrages entfiel auf die durch die Beschaffung billigerer Lebensmittel entstandenen Kosten. Dem Beamten= und Arbeiterunterstützungsfonds wurden von 1911 bis 1921 insgesamt 1770000 Mark zugeführt. In den Jahren 1920 und 1921 wurden 1100000 Mark für Wohltätigkeitszwecke ausgegeben. Diese Summe wurde haupt= sächlich für Kindererholung und Renten verwendet. 1921 wurden rund 200 Kinder und 1922 285 Kinder von Werksangehörigen der drei Werke Benrath, Duisburg und Wetter in verschiedenen Kindererholungsheimen durchschnittlich sechs Wochen untergebracht.

So trocken und nüchtern solche Zahlenangaben, die als kürzeste Zusammen= fassung wirtschaftlicher Ergebnisse anzusehen sind, uns klingen, wir dürfen nicht vergessen, wieviel wertvolle persönliche menschliche Arbeit sie zu ihrer unerläß= lichen Voraussetzung haben. Ein amerikanisches Sprichwort sagt, daß der Mensch hinter der Kanone den Sieg entscheide. Das gilt auch für den Kampf, der täglich von den großen Unternehmungen gekämpft werden muß. Trotz aller Mechanisierung unseres Daseins, über die die einen fortgesetzt klagen, während die anderen hierin nur den notwendigen Übergang zu fortgeschritteneren Ent= wicklungsstufen sehen, ist heute in mindestens dem gleichen Ausmaß wie zu allen Zeiten der Mensch mit seinen menschlichen Eigenschaften der ausschlaggebende Faktor im ganzen Entwicklungsprozesse. Wir müssen immer wieder von neuem lernen, hinter all den eisernen und stählernen Maschinen und hinter all dem vielen beschriebenen und bedruckten Papier, den Organisationsschemas und allem, was sonst zum Aufbau des äußeren Apparates heute für erforderlich gehalten wird, die Menschen von Fleisch und Blut zu erkennen. Die Liebe und Freude an der Arbeit, neidlose Anerkennung auch der Leistungen des anderen, die gegenseitige Wertschätzung menschlicher Eigenschaften sind der Sonnenschein, der für Wachsen und Gedeihen unentbehrlich ist. Wir haben gesehen, daß es an solchen Menschen mit hohen Persönlichkeitswerten und schöpferischer Tatkraft den Firmen, die hier in ihrem geschichtlichen Werdegang zu betrachten waren, nicht gefehlt hat. Wir können aus den Leistungen der Deutschen Maschinenfabrik schließen, daß ihr auch heute diese Männer nicht fehlen, auch wenn es uns zurzeit naturgemäß nicht mög‑ lich ist, das Wirken der mitten im Schaffen stehenden Persönlichkeiten geschichtlich abschließend zu beurteilen.

Der, der später einmal in ausreichendem, geschichtlichem Abstand in der Lage sein wird, auch die persönliche Arbeit des Einzelnen zu würdigen, wird manche der Namen zu nennen haben, bei denen wir heute uns begnügen müssen, sie mit ihrem besonderen Arbeitsgebiet im Stammbaum der Organisation aufzuführen.

Die Wiederkehr des Tages, an dem vor einem Jahrhundert Friedrich Harkort und Heinrich Daniel Kamp in der alten Burg zu Wetter die Mechanische Werk‑ stätte in Betrieb nahmen, fiel in Deutschlands schwerste Zeit. Nach einem Men‑ schenalter unerhört raschen Aufstiegs gelang es der Übermacht einer Welt von Feinden, die Früchte dieser Arbeit zu vernichten, das Vorwärtsdringen aufzu‑ halten. Soll die Niederlage den dauernden Niedergang deutscher Technik und Industrie einleiten, wie manche unserer wirtschaftlichen Gegner zweifelsohne hoffen? Die Beantwortung dieser bangen Frage, die sich auf unser aller Lippen drängt, wird abhängen von dem Maß an Arbeitsfreude, Tatkraft und festen Glaubens an die eigene große Zukunft, allen Schicksalsschlägen zum Trotz, das sich unser Volk aus dem Zusammenbruch noch gerettet hat.

Die Geschichte der technischen und industriellen Entwicklung zeigt, welch aus‑ schlaggebende Bedeutung diesen Eigenschaften innewohnt. Der Geist ist es, der die Tat bestimmt. Ohne hervorragende Männer von großen persönlichen Eigenschaften, die in begeisterter Liebe zum Beruf sich mit ihrer ganzen Person für ihre Lebensarbeit einsetzen, sind dauernde Erfolge nicht zu erzielen. Das konnte uns auch dieser Aus‑ schnitt aus der deutschen Industriegeschichte, der vor uns liegt, lehren. Möge es der Deutschen Maschinenfabrik im neuen Jahrhundert nicht an Männern fehlen wie Harkort und Kamp, Trappen und Bredt, Bechem und Keetman, um nur einige hier zu nennen von denen, die von uns gegangen sind. Die Entwicklung wird dann auch in der Zukunft nach aufwärts führen.

V. DIE WEITERENTWICKLUNG DER DEUTSCHEN MASCHINEN-FABRIK A.-G. VON 1919–1922

Vervollkommnung der Organisation und der Herstellungsverfahren. / Maschinenfabrik Schieß A.-G. / Gewerkschaft Orange. / Koxit G. m. b. H. / Madruck G. m. b. H.

er Neudruck des vorliegenden Buches ermöglicht es, über Fortschritte in den letzten drei Jahren kurz zu berichten. Die Kurve der Entwicklung, wie sie sich aus der bisherigen Darstellung ergeben würde, ist weiter verfolgt worden. Das zeigt sich zunächst im Ausbau der geschäftlichen Organisation. Eine Reihe anderer Unternehmungen haben sich der Deutschen Maschinenfabrik angegliedert, hiermit den Arbeitskreis des Gesamtunternehmens ergänzend und erweiternd.

Der Werkzeugmaschinenbau, der besonders auf dem Sondergebiet der schweren Blechbearbeitungsmaschinen, in der Stammfirma Bechem & Keetman schon eine erfolgreiche Pflegestätte gefunden hatte, ist durch enge Annäherung der Firma Schieß in großem Ausmaß in das gemeinsame Arbeitsfeld mit einbezogen worden. Die Gewerkschaft Orange, die seit langem in engster Beziehung mit dem Bergbau, aus dem heraus sie entstanden ist, gearbeitet hat, ist ebenfalls ein Glied der Deutschen Maschinenfabrik geworden.

Die Not der Zeit hat die Brennstoffragen immer mehr in den Vordergrund gerückt. Die Deutsche Maschinenfabrik arbeitet hier in zwei Unternehmungen, die heute Abteilungen der Firma darstellen, mit Namen Koxit und Madruck, die aus der üblich gewordenen Zusammenziehung von Anfangsteilen der Worte enstanden sind.

Diese Erweiterungen ermöglichen es, wechselseitig Erfahrungen in technischen und vor allem auch geschäftlichen Beziehungen auszutauschen und auszunutzen. So sieht man, wie hier die Zusammenfassung, die von der Leitung der Deutschen Maschinenfabrik mit Erfolg seit Jahren eingeleitet worden ist, weitere Fortschritte zu verzeichnen hat.

Mit der Vergrößerung des Arbeitskreises mußte die technische Vervollkommnung der einzelnen Arbeiten ergänzend Schritt halten. Aufmerksam wurden die Veränderungen im Arbeitsbedürfnis der verschiedenen Kundengruppen verfolgt.

Bei der Schilderung der in den letzten drei Jahren erzielten Leistungen kann se sich hier nur um einige Beispiele handeln, die kennzeichnend sind für die Weiter= entwicklung in konstruktiver oder fabrikationstechnischer Richtung.

Im Großmaschinenbau sind in den letzten Jahren hervorragende Leistungen aus der Firma hervorgegangen. Es sind hier zunächst die Großkompressoren, die für stündliche Ansaugeleistungen von 14000 bis 18000 cbm konstruiert wurden, zu nennen. Weiter wurden einige große Turbo=Kompressoren bis zu einer Ansauge= leistung von 25000 bis 30000 cbm in der Stunde geliefert. Besonders erwähnens= wert sind die von der Deutschen Maschinenfabrik ausgeführten Hochdruckkom= pressoren. Diese großen Hochdruckkompressoren komprimieren die angesaugte Luft bis zu einem Enddruck von 175 bis 200 at und darüber. Die angesaugte Luft wird, je nachdem ob vorgepreßte oder atmosphärische Luft zur Verfügung steht, in 3 oder 5 Stufen auf den gewünschten Überdruck komprimiert.

Eine ganz hervorragende Leistung im Großmaschinenbau, sowohl der Leitung wie der Arbeiterschaft, war die Herstellung der für die Sowjet=Regierung gebauten Madruckringpresse mit 48 Preßelementen, die in nicht ganz 5 Monaten erfolgte. Die gewaltigen Abmessungen dieser Presse gehen aus der Abb. 193 hervor.

Seit einigen Jahren hat man auch den Bau von Öfen für die Hüttenindustrie

Abb. 169. Zwei fünfstufige Hochdruckkompressoren mit einer Saugleistung von je 3000 cbm jn der Stunde und einem Enddruck von 175 Atmosphären.

aufgenommen. Es werden alle Arten solcher Öfen, wie Tieföfen, Wärmöfen, Schmelzöfen zum Teil mit neuartigen Feuerungen nach den Gesichtspunkten höch= ster Wirtschaftlichkeit gebaut. Um das schon seit Jahren gepflegte Gebiet der elek= trischen Schmelzöfen noch intensiver bearbeiten zu können, erwarb die Abteilung Stahlwerksbau die Ausführungsrechte für die meisten Länder der der Fiat=Gesell= schaft in Turin auf ihre Lichtbogenöfen erteilten Patente und traf ein entsprechendes Abkommen mit der A. E. G. bezüglich eines innigen Zusammenarbeitens beim Bau solcher Öfen, die berufen scheinen, den Betrieb der Elektro=Stahlwerke wesentlich wirtschaftlicher zu gestalten und das Ausbringen der Öfen zu steigern.

Die Abteilung Hochofenbau studierte die Frage, den Betrieb des Hochofens dadurch umzugestalten, daß man mit Hilfe der Gebläseluft einen Teil des Erzes — und zwar hauptsächlich den sich im Staubsack absetzenden Gichtstaub — und Brennstoff in Staubform durch die Düsen unmittelbar in die Schmelzzone einführte. Durch dieses neue „Demag=Diepschlag=Verfahren" wird der Hochofenbetrieb ge= nauer einstellbar und regelbar in bezug auf Zusammensetzung und Beschaffenheit des erblasenen Roheisens, als dies bisher möglich war. Eine derartige Anlage befindet sich seit geraumer Zeit auf einem Werk am Niederrhein in zufriedenstellendem Betrieb.

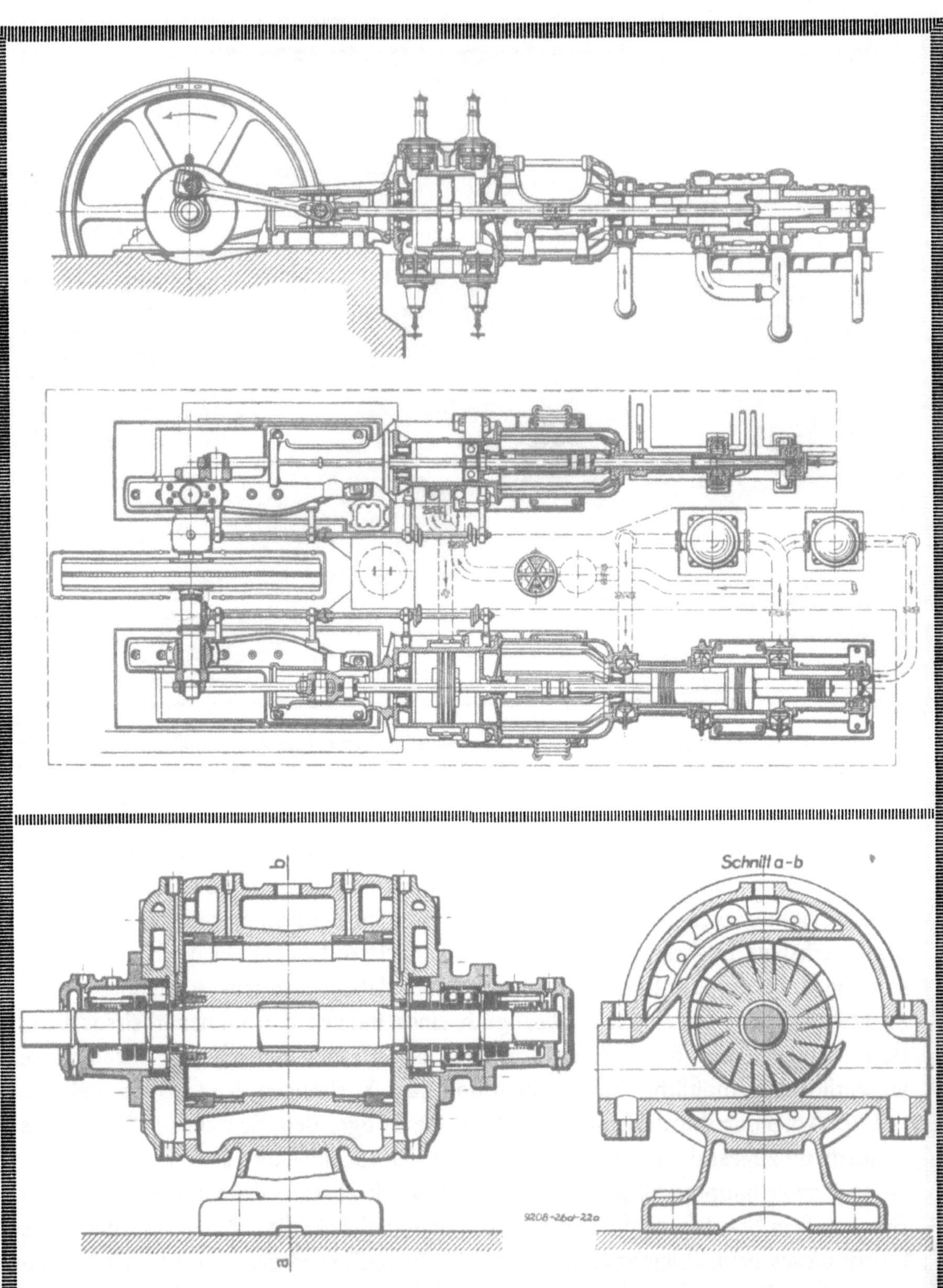

Abb. 171. Schnitt durch einen einstufigen Rotationskompressor. Die stündliche Saugleistung der Demag-Rotations-Kompressoren und -Gebläse beträgt je nach Bauart und Verwendungszweck 22 bis 2500 cbm in der Stunde bei einem Endüberdruck von 1 bis 7 Atmosphären.

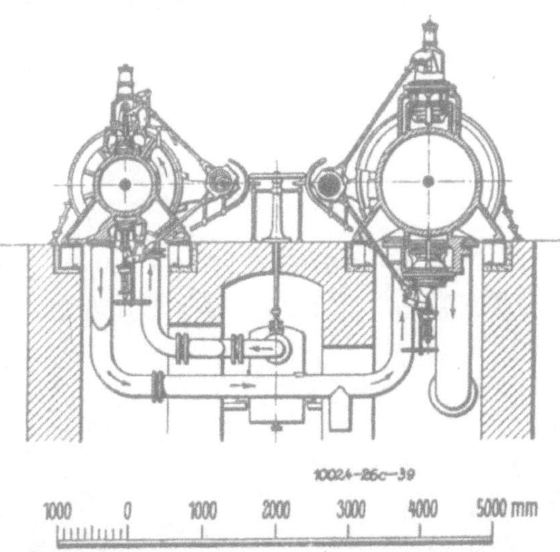

Abb. 170. Fünfstufiger Hochdruckkompressor, geliefert für die Gewerkschaft Friedrich Thyssen,
Hamborn, Schacht 3—7, mit einer Saugleistung von
50 cbm in der Minute und einem Enddruck von
175 at. Die Leistung der Dampfmaschine beträgt
875—895 PS bei einem Hub von 1000 mm, 9—10 at
Dampfüberdruck und 81 Umdrehungen in der Minute.

Diese Abteilung hat inzwischen auch den Bau von Gichtgasreinigungen aufgenommen. Davon ausgehend hat sie ihr Arbeitsgebiet auf den Bau von Entstaubungsanlagen für die verschiedensten Industrien ausgedehnt und dabei neue vielversprechende Wege beschritten.

Die technische Entwicklung bewegte sich somit in den an anderer Stelle schon geschilderten Linien. Aber nicht minder wichtig als die Verfolgung bahnbrechender, das Bisherige umstürzende, Ideen, weitreichender neuer konstruktiver Gedanken ist die unermüdliche Kleinarbeit, die sich auf die technische Vervollkommnung der vorhandenen Konstruktion, auf ihre größere Betriebssicherheit, und vor allem auch auf die Verbilligung in der Herstellung erstreckt. Gerade die großen Aufgaben, die der deutschen mechanischen Industrie auf dem Gebiete der Fertigung gestellt sind, haben auch die Firma sehr eingehend beschäftigt. An den Aufgaben der Normalisierung, Typisierung und Spezialisierung kann keine Firma achtlos vorüber gehen, die gezwungen ist, ihre Erzeugnisse so billig als möglich herzustellen. Daß hierbei der Qualitätsgedanke nicht zu kurz kommen darf, daß es heißen muß, billiger und gleichzeitig besser zu fabrizieren ist heute in Deutschland Gemeingut geworden.

Zur sogenannten Massenerzeugung eignen sich natürlich nicht alle Erzeugnisse der Arbeitsgebiete einer Maschinenfabrik, die sich gerade durch ihre großen Einzelleistungen einen besonderen Ruf erworben hat. Die Elektrozüge, Zahnräder, sowie Kompressoren, Gesteinbohrmaschinen und Preßluftwerkzeuge sind aber der Durchführung der Massenfabrikation sehr zugänglich, weil es Maschinen sind, für die infolge ihrer vielseitigen Verwendungsmöglichkeiten bzw. großen Bedarfes auch die erforderlichen großen Absatzgebiete vorhanden sind. In den letzten Jahren hat die Deutsche Maschinenfabrik deshalb die Produktion dieser Erzeugnisse durch Einführung der Massenherstellung erheblich gesteigert und bedeutende Erfolge damit erzielt.

In fabrikationstechnischer Beziehung ist die Entwicklung in der Massenfabrikation der Elektrozüge bemerkenswert. Eine eigene große Elektrozugfabrik ist in Wetter a. d. Ruhr entstanden. Die ungewöhnlich vielseitigen Anwendungsmöglichkeiten dieser Elektrozüge erklären ihre Verbreitung und damit die Möglichkeit der ge-

Abb. 172. Die Elektrozug-Fabrik in Wetter a. d. Ruhr.

regelten Massenfabrikation. Der alte von Hand betriebene Flaschenzug reicht in den meisten Fällen nicht mehr aus, wo elektrisch betriebene Laufkrane oder Auf= züge wirtschaftlich noch nicht vollständig ausgenutzt werden können. Der Elektro= zug dagegen, verbunden mit einfachem Gerüst genügt in den meisten Fällen voll= kommen den Bedürfnissen. Auch kleine Laufkatzen von sehr gedrungener Bauart werden hergestellt, um die Lasten, die am Elektrozug hängen, auch verfahren zu können. Die Elektrozüge werden mit Drehstrom= oder Gleichstrom=Motoren für die gebräuchlichen Spannungen bis zu 500 Volt ausgerüstet. Ihre Herstellung er= folgt in 5 verschiedenen Größen, deren Tragkraft zwischen 500 und 5000 kg schwankt. Die normale Hubhöhe der Patent=Demag=Elektrozüge beträgt 6 bis 7,5 m. Es werden aber auch Elektrozüge mit Hubhöhen bis zu 12, 16 und 20 m gebaut.

In ähnlicher Weise wie die Massenerzeugung der Demag=Züge hat die Deutsche Maschinenfabrik auch den Bau kleinerer Kolben= und Rotationskompressoren für die verschiedensten Verwendungsgebiete ausgestaltet. Neben den Kolbenkom= pressoren, die in einstufiger und zweistufiger Bauart ja schon seit mehr als 25 Jahren hergestellt werden, verspricht besonders der Rotationskompressor infolge seiner Vorzüge ein großes Absatzgebiet zu erobern. Es handelt sich bei dieser

||||||||||| Abb. 173. Ein Lager der Elektrozug=Fabrik, 776 Elektrozüge von 500 bis 5000 kg Tragkraft. |||||||||||

Maschine um eine Art Kapselgebläse, die vor den Kolbenkompressoren den Vor=
zug hat, daß sie keinerlei Ventile u. dergl. besitzt, infolge Fortfalls aller hin= und
hergehenden Maschinenteile ziemlich klein ausfällt und sehr ruhig läuft und einen
praktisch ganz gleichmäßigen Strom Preßluft liefert. Dabei läßt sich die Maschine
unmittelbar mit jedem normalen Elektromotor oder einer kleinen Dampfturbine
kuppeln und bedarf nur geringer Wartung.

In geschäftlicher Beziehung mußte die Aufmerksamkeit der Leitung in erster
Linie auf das Ausland gerichtet sein. Nur lohnende Auslandsaufträge können es
bei der heutigen furchtbaren Lage Deutschlands der Industrie ermöglichen, die
vielen tausend Arbeiter und Angestellten weiter zu beschäftigen. Der Ruf, den die
Erzeugnisse der Firma sich schon vor dem Kriege im Auslande erworben hatten,
erleichtern es, diese Beziehungen wieder anzuknüpfen und weiter auszubauen.
Ohne die Möglichkeit zu haben, im Rahmen dieser Arbeit auf Einzelheiten ein=
zugehen, sei im folgenden versucht, chronikartig einiges vom Werdegang
der in den Arbeitskreis der Deutschen Maschinenfabrik
einbezogenen Firmen zu berichten.

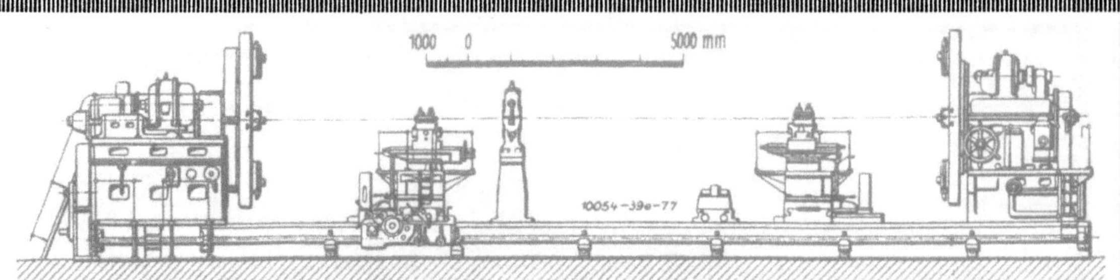

Abb. 174. Schwere Spitzendrehbank mit elektrischem Antrieb. Die Drehbank dient zur Bearbeitung größerer Arbeitsstücke. Sie hat eine Spitzenweite von 16000 mm und eine Spitzenhöhe von 2400 mm, die sich durch Unterbaustücke leicht auf 2900 mm erhöhen läßt. Der größte Drehdurchmesser beträgt 4500 mm, der durch eingebaute Erhöhungsstücke auf 5500 mm vergrößert werden kann. Die Gesamtbettlänge der Drehbank ist 23500 mm und die Bettbreite 5300 mm.

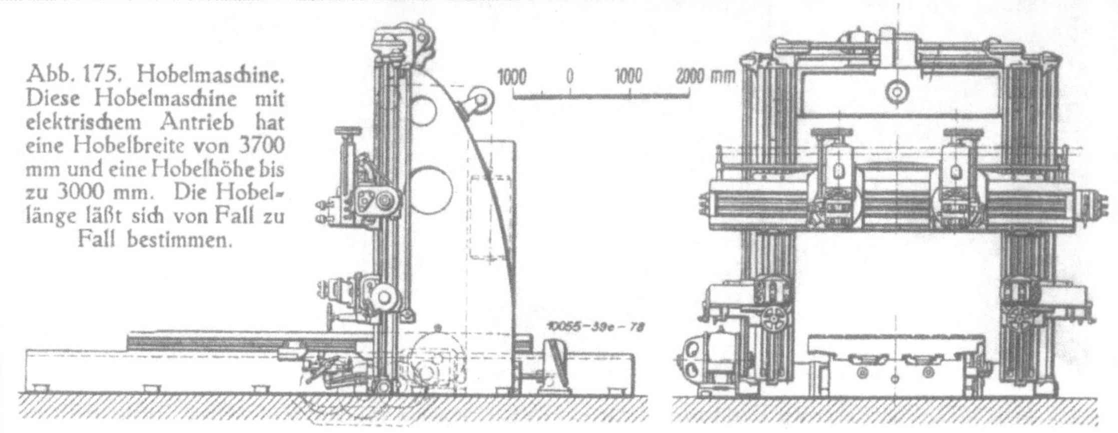

Abb. 175. Hobelmaschine. Diese Hobelmaschine mit elektrischem Antrieb hat eine Hobelbreite von 3700 mm und eine Hobelhöhe bis zu 3000 mm. Die Hobellänge läßt sich von Fall zu Fall bestimmen.

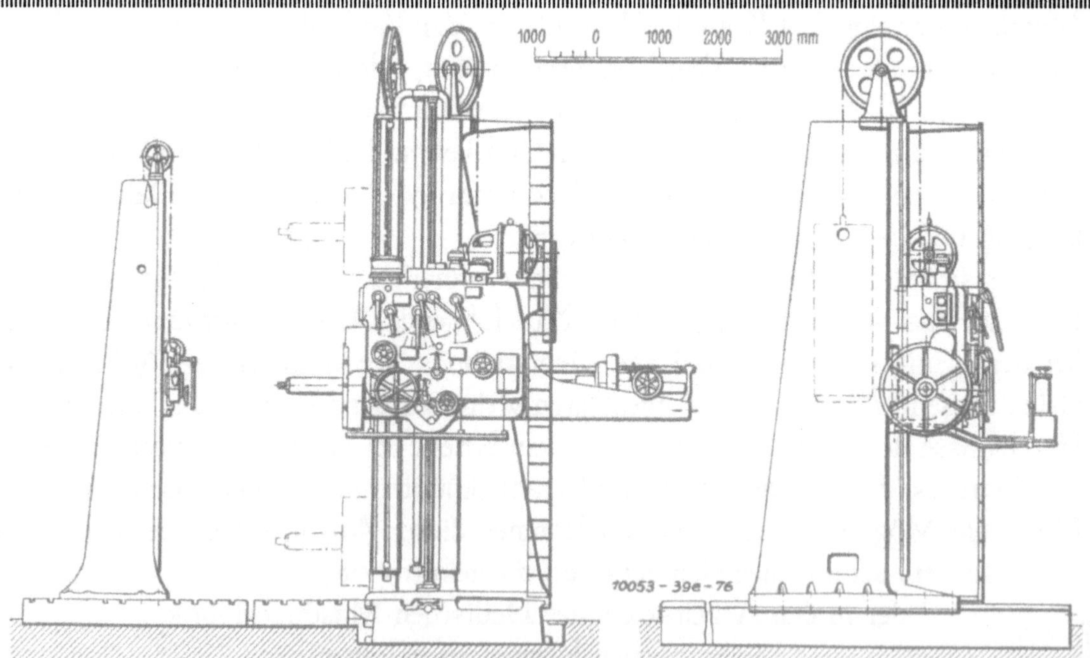

Abb. 176. Wagerecht=Bohr= und Fräsmaschine. Die Fräsmaschine mit elektrischem Antrieb hat einen Spindeldurchmesser von 250 mm. Sie ist mit schnellaufender Spindel für leichtere Bohrarbeiten und unabhängige Schnelleinstellung maschinell oder von Hand für Wagerecht=, Senkrecht= und Axialbewegung ausgeführt.

280

Maschinenfabrik Schieß A.=G. Düsseldorf.

er Name Schieß ist mit der Entwicklung des deutschen Werkzeug=
maschinenbaues aufs engste verbunden. Gehört doch das von dem
1915 verstorbenen Geheimen Kommerzienrat Dr.=Ing. e. h. Ernst
Schieß begründete Unternehmen zu den bedeutendsten Firmen des
Werkzeugmaschinenbaues und mit zu den ersten, die erfolgreich diesen Zweig des
Maschinenbaues im rheinisch=westfälischen Industriegebiet eingeführt haben.

Ernst Schieß wurde am 14. September 1840 in Magdeburg geboren. Sein Vater
war Bankier, der seinem jüngsten Sohn eine sorgfältige Erziehung angedeihen ließ.
Nach dem Besuch des Gymnasiums seiner Vaterstadt und nachdem er praktisch
gearbeitet hatte, studierte er auf den technischen Hochschulen in Hannover, Karls=
ruhe und Zürich Maschinenbau. Der Übergang zur Praxis gestaltete sich zunächst
nicht so einfach. Der junge Ingenieur fand keine Stellung, und so suchte er sich als
Lokomotivheizer zunächst ein geringes Einkommen zu sichern. Dann war er in
einigen technischen Büros in Deutschland tätig, um dann seinen Wunsch, das Aus=
land kennen zu lernen, auszuführen. In Belgien fand er keine Stellung, die Geschäfte
gingen zu schlecht. Schieß fuhr nach England, wo er bei einem Zivilingenieur in
London und dann später in Manchester in einer Werkzeugfabrik Arbeit fand.
Ende 1865 kam er nach Düsseldorf zurück, und hier war es der Industrielle Albert
Poensgen, der ihm den Weg zu der ersehnten Selbständigkeit ebnete. Poensgen
verkaufte ihm unter günstigen Bedingungen die Einrichtung einer kleinen Maschinen=

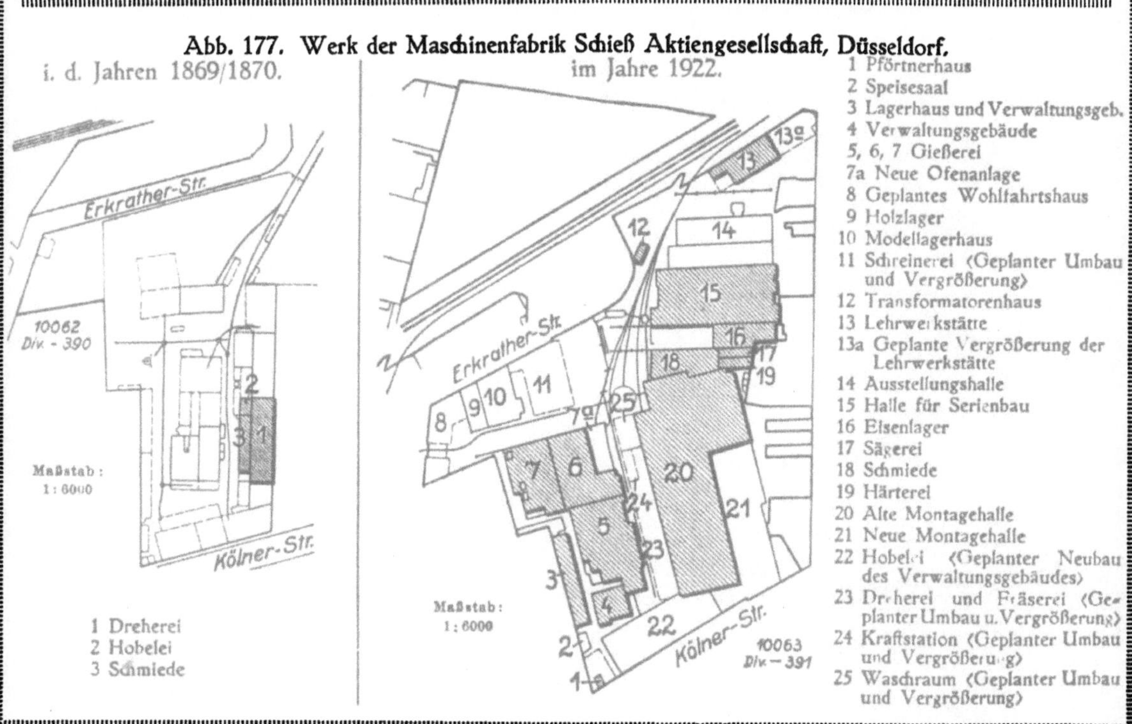

Abb. 177. Werk der Maschinenfabrik Schieß Aktiengesellschaft, Düsseldorf.

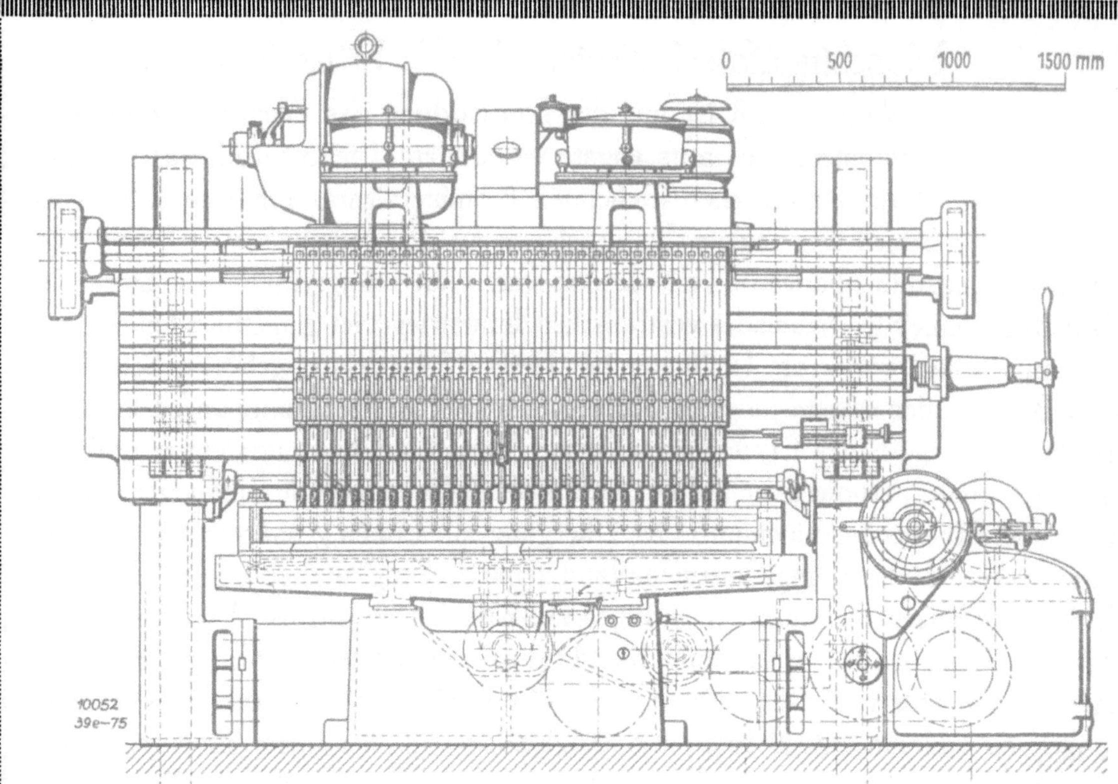

Abb. 178. Vielspindelbohrmaschine. 32-spindelige Sondermaschine zum paketweisen Bohren von Schiffs-
platten mit elektrischem Antrieb. Für den zehnfach beschleunigten Bohrerrückzug und die Tischhaltung sind
besondere selbsttätig arbeitende Antriebsmotore vorgesehen.

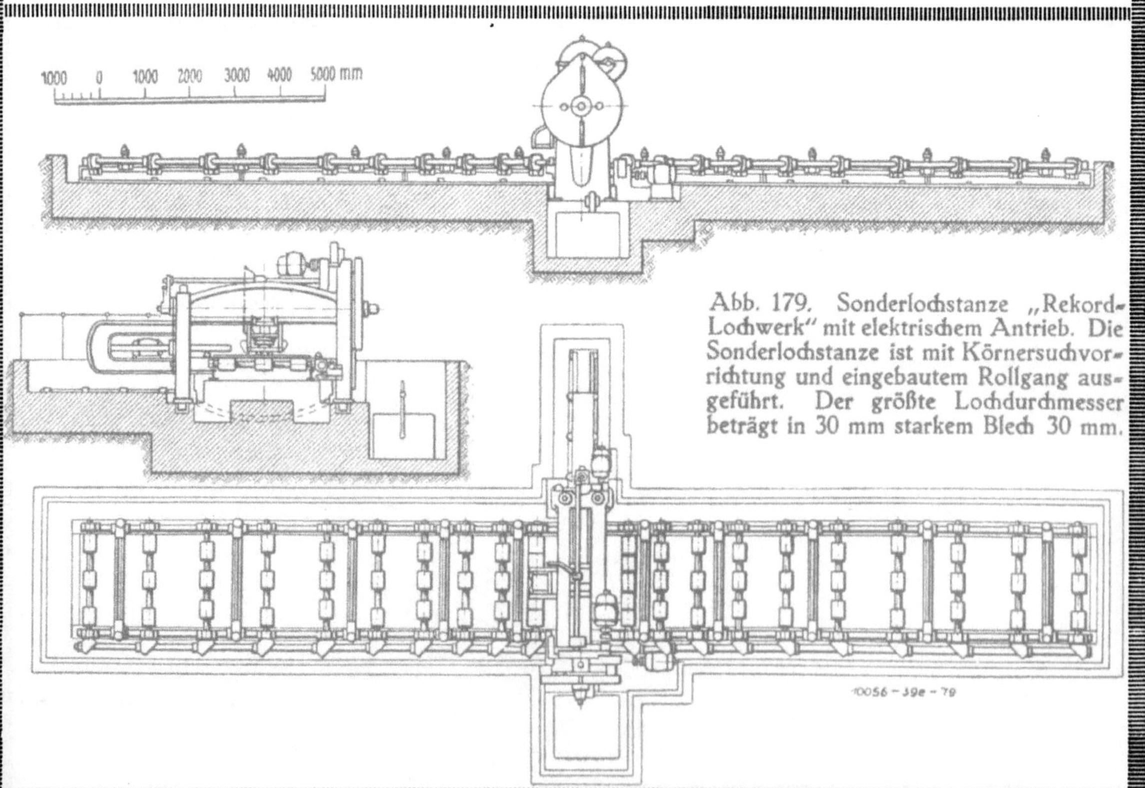

Abb. 179. Sonderlochstanze „Rekord-
Lochwerk" mit elektrischem Antrieb. Die
Sonderlochstanze ist mit Körnersuchvor-
richtung und eingebautem Rollgang ausgeführt. Der größte Lochdurchmesser
beträgt in 30 mm starkem Blech 30 mm.

Abb. 180. Schwere Karussell=Drehbank der Maschinenfabrik Schieß A.=G. Düsseldorf von 11 000 mm Plan=
scheibendurchmesser mit 227 Arbeitern besetzt. Im Vordergrund zum Vergleich ein Einständerkarussell
von 600 mm Planscheibendurchmesser.

fabrik. Schieß mietete sich Räume und konnte am 1. Januar 1866 mit 6 Arbeitern
seine Fabrik eröffnen. Auch hier war der Anfang schwer. Es fehlte zunächst jede
persönliche Beziehung zu industriellen Kreisen, durch die er Aufträge hätte er=
halten können. Geschulte Arbeitskräfte zu bekommen war nicht minder schwer.
Er mußte sich begnügen, Reparaturen für benachbarte Fabriken auszuführen und
auch Schlosserarbeiten, wie z. B. eiserne Straßengitter und anderes verschmähte er
nicht. Schieß versuchte dann den Bau von Lokomobilen mit stehendem Kessel
aufzunehmen. Doch das war alles nur Notbehelf. Der Plan von Schieß bei Grün=
dung seiner Fabrik, angeregt durch die große Entwicklung, die damals der englische
Werkzeugmaschinenbau bereits aufzuweisen hatte, war es, dem Werkzeugmaschi=
nenbau in Rheinland=Westfalen in der eigenen Fabrik eine besondere Heimstätte zu
schaffen. Nach wenigen Jahren war es ihm gelungen, hier bereits lohnende Beschäftig=
ung zu erhalten, die es ihm ermöglichte, auf andere Arbeiten zu verzichten. Zwei Jahre
nach der Eröffnung seiner Fabrik konnte er schon an die ersten Vergrößerungen denken,
die ihn bereits auf das heutige Fabrikgrundstück führten. Der Krieg 1870/71 führte
zu so großen Aufträgen, daß jetzt auch daran gedacht werden konnte, eine eigene
Eisengießerei zu begründen, die im Februar 1872 den ersten Guß liefern konnte.

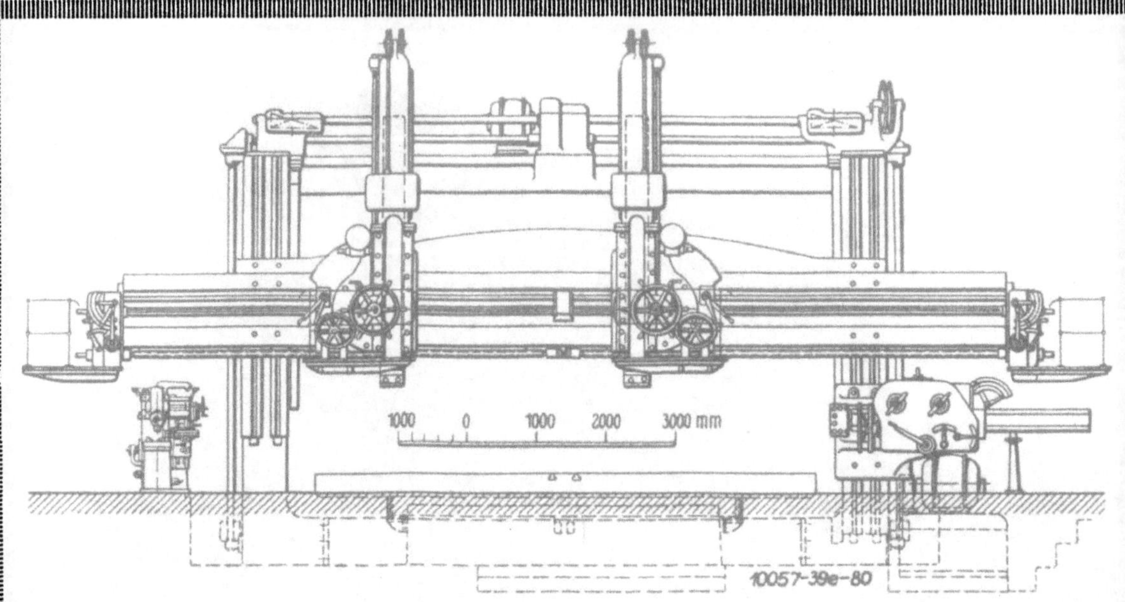

Abb. 181. Karussell-Drehbank, schwere Bauart, mit elektrischem Antrieb und Einständerkarussell mit elektrischem Einzelantrieb. Die Zweiständerkarussell-Drehbank hat einen Planscheibendurchmesser von 7200 mm. Der größte Drehdurchmesser beträgt 8000 mm. Sie dient zur Bearbeitung von Werkstücken bis zu einer Arbeitshöhe von 3200 mm bei einem Meißelweg von 1700 mm. Zum Vergleich ist bei dieser Abbildung links neben der schweren Drehbank die kleinste Karussell-Drehbank, Bauart Schieß, mit 600 m Drehdurchmesser und einer Arbeitshöhe von 400 mm gezeichnet. Sie ist mit je einem Querbalken- und Seitensupport zur wirtschaftlichsten Bearbeitung von Massenteilen aller Art ausgerüstet. Diese Einständerkarussell-Drehbänke werden reihenweise in sechs verschiedenen Größen von 600 bis 1450 mm Drehdurchmesser hergestellt.

Es lag nahe, mit dem Werkzeugmaschinenbau sich den besonderen Bedürfnissen der immer mächtiger emporwachsenden rheinisch-westfälischen Großindustrie anzupassen. Das führte von selbst zur Entwicklung des Baues schwerer Werkzeugmaschinen, die heute noch das Hauptgewicht der Firma bilden. 1906 hat Schieß seine Firma in die Form einer Aktiengesellschaft übergeführt unter dem Namen Ernst Schieß, Werkzeugmaschinenfabrik A.-G., Düsseldorf. Seit dem Jahre 1916 hat die Firma den in der Überschrift genannten Namen angenommen.

Unter den hervorragenden Mitarbeitern, die Schieß gehabt hat, sei hier nur sein Direktor Albert Kösel erwähnt, der von 1880 bis zu seinem Tode 1915 an der Entwicklung der Firma mitgewirkt hat.

Der Initiative von Ernst Schieß ist noch zu verdanken, daß es gelang, den jetzigen Leiter, August Kauermann, für die Firma zu gewinnen. An anderer Stelle dieses Werkes ist berichtet worden, wie Kauermann unter Leitung Bredts als vorzüglicher Ingenieur ausgebildet, bei Bechem & Keetman den Kranbau in großem Maßstabe eingeführt hat und dann als General-Direktor der Deutschen Maschinenfabrik die Zeit der großen Zusammenfassung miterlebte. Auch auf diesem neuen Arbeitsgebiet des Werkzeugmaschinenbaues hat Kauermann große Aufgaben an der weiteren Entwicklung des Werkes in organisatorischer Richtung vorgefunden. Es ist das Verdienst der leitenden Männer der Firma, die großen Aufgaben, die

die Umstellung von Kriegs- zur Friedensarbeit gerade im Werkzeugmaschinenbau mitbrachte, in vollem Maße erkannt zu haben. Aus der kleinen Maschinenfabrik der 70er Jahre ist eine große, ausgezeichnet eingerichtete Pflegstätte des Werk-zeugmaschinenbaues geworden, die auf einem Grundstück von über 75000 qm von denen nach Fertigstellung der jetzt in Ausführung begriffenen Erweiterungs-bauten etwa 50000 qm bebaut sein werden.

Es ist selbstverständlich, daß eine Werkzeugmaschinenfabrik, die auf große Lei-stungen hält, über ausgezeichnete Fabrikationseinrichtungen verfügen muß. Das Fabrikationsprogramm ist, dem Zug der Entwicklung entsprechend immer mehr ins Einzelne gegangen. Eine Übersicht hierüber gibt die Zusammenstellung auf Seite 286. Neben der allgemeinen Einteilung in Drehbänke, Hobelbänke, Bohr-maschinen, Fräsmaschinen usw. ist es bemerkenswert, wie man planmäßig sich bestimmten Arbeitsgebieten auch mit den Werkzeugmaschinen anzupassen ver-sucht hat. Die Massenfabrikation verlangt immer neue Sondermaschinen, wenn sie zur größten Vollendung durchgeführt werden soll. Die Werkzeugmaschinenfabriken müssen deshalb diese Gebiete ganz besonders eingehend studieren, und daraus ergeben sich in enger Zusammenarbeit mit den Nutzern der Maschinen große Vorteile auf dem Gebiete der Fertigung. So hat die Firma Schieß die vielen Sonder-maschinen für den Schiffs- und Schiffsmaschinenbau, die sich unter dem Begriff der Werftmaschinen zusammenfassen lassen, vorzüglich ausgebildet, von denen als be-sonders typisch die Sonderlochstanze und Vielspindelbohrmaschine mit elektrischer Spezialsteuerung erwähnt seien, ferner Sonderausführungen für den Großmaschinen-bau, insbesondere für Hütten- und Stahlwerke. Andere Maschinengruppen suchen sich den Bedürfnissen der elektrischen Industrie, andere wieder dem Lokomotiv-und Wagenbau hervorragend anzupassen. Der Ausbau der Verkehrsmittel ist eines der wichtigsten Gebiete bei der Umstellung auf die Friedensarbeit. Was der Krieg hier verbraucht hat, sollte möglichst schnell wieder ersetzt werden. Die Maschinen-fabrik Schieß hat deshalb ihre besondere Aufmerksamkeit den Maschinen zur Achsen- und Räderbearbeitung zugewandt und hat dadurch die volle Ausnutzung bester Schnelldrehwerkzeuge ermöglicht. In ihren Veröffentlichungen, die technisch viel Bemerkenswertes bieten, stellte die Firma 16 Sondermaschinen in einer Arbeits-folge zusammen, mit denen es möglich ist, 25 bis 30 Wagenradsätze in 10 bezw. 8 Arbeitsstunden zur Abnahme fertig herzustellen. Nicht minder interessant ist auch hier die Entwicklung eines neuen Bearbeitungsverfahrens für Lokomotiv-Barren-rahmen, das in engster Zusammenarbeit mit der Firma A. Borsig in Berlin entwickelt worden war. Bis zu welchen Abmessungen die Ausführung der größten bisher hergestellten Werkzeugmaschinen, die in der Düsseldorfer Firma entstanden sind, geführt hat, zeigt eine Karussell-Drehbank, Abb.180, zum Bearbeiten von Werk-stücken bis zu 12 m Durchmesser und 3,35 m Höhe, die nicht weniger als 300 t wiegt.

ARBEITSGEBIET DER MASCHINENFABRIK SCHIESS A.-G., DÜSSELDORF 1922

1. Bohr= und Fräsmaschinen

Bohr= und Fräsmaschinen für den Großmaschinenbau
Bohr= und Fräsmaschinen für die Tübbingsbearbeitung
Feuerbüchs=Bodenring=Fräsmaschinen
Feuerbüchs=Bohrmaschinen
Kaltsägen
Kessel=Bohrmaschinen
Langfräsmaschinen
Laschen=Bohrmaschinen
Lokomotivrahmen=Bohranlagen
Lokomotivrahmen=Fräsmaschinen
Mitnehmer=Lochbohrmaschinen

Planfräsmaschinen
Pleuelstangen=Bohr= und Fräsmaschinen
Portalfräswerke
Probestab=Fräsmaschinen
Radialbohrmaschinen
Rohrwand=Bohrmaschinen
Schienen=Bohrmaschinen
Schleifmaschinen, selbsttätige
Senkrechtfräsmaschinen
Sonder=Zylinder=Bohrmaschinen für Dampfturbinen, Dieselmotoren, Lokomotivzylinder usw.
Stirnfräsmaschinen

Vereinigte Bohr= und Fräswerke
Versenkbohrmaschinen
Viellochbohrmaschinen, selbsttätige
Wagerechtbohrmaschinen
Wagerechtbohr= und Fräsmaschinen
Wagerechtfräsmaschinen
Walzenzapfen=Fräsmaschinen
Werkzeuge für Bohr= und Fräsmaschinen
Zentrierbohrmaschinen
Zylinder=Ausbohrmaschinen
Zylinder=Bohrmaschinen, Bohrstange, fest und verschiebbar

2. Drehbänke

Abstechdrehbänke
Achsendrehbänke
Blockteilmaschinen
Hohlbohrbänke

Hochleistungsdrehbänke für schwere und schwerste Arbeiten
Kopfdrehbänke
Kurbelwellen=Drehbänke

Plandrehbänke
Sonder-Schruppdrehbänke
Spitzendrehbänke
Versuchsdrehbänke

3. Scheren, Stanzen, Biege= und Richtmaschinen

Abgratmaschinen
Ausklinkmaschinen
Balkenbiegemaschinen
Blechbiegemaschinen, wagerechte und senkrechte
Blechrichtmaschinen
Bodenstückstanzen
Exzentermaschinen

Exzenterscheren
Formeisenscheren
Hebel=Lochmaschinen
Hebelscheren
Jogglingmaschinen
Kesselblech=Biegemaschinen, stehend
Kielplatten=Biegemaschinen
Mannlochstanzen

Richtmaschinen
Richtpressen
Scheren für Bleche, Knüppel= und Formeisen
Schmiegemaschinen
Sonder-Lochmaschinen
Tafelscheren

4. Karussell=Drehbänke und Drehwerke

Einständerkarussell-Drehbänke, kleine und große
Einständerkarussell-Drehbänke zum Fertigbohren der Radnaben

Karussell-Drehapparate
Zweiständerkarussell-Drehbänke
Zweiständerkarussell-Drehbänke für Radscheiben und Reifen

Zweiständer-Radreifen-Karussell-Drehbänke
Zweiständ.-Radscheiben-Karussell-Drehbänke

5. Hobelmaschinen

Barrenrahmen-Hobelmaschinen
Blechkanthobelmaschinen
Doppelte Ausschärfmaschinen
Grubenhobelmaschinen
Lokomotivrahmen-Stoß- und Fräsmaschinen

Lokomotivrahmen=Stoßmaschinen
Senkrecht- und Wagerechthobelmaschinen
Shapingmaschinen
Stoßmaschinen, einständrig und zweiständrig

Tischhobelmaschinen
Universalblechkanten- od. -Platten-Hobelmaschinen
Wagerechtstoßmaschinen, transportabel
Weichenzungen-Hobelmaschinen

6. Verschiedenes

Dorn=Eintreibepressen und Werkzeuge

Hebeldornpressen
Knebeldornpressen
Aufspannwerkzeuge

Fräser
Gewindeschneidwerkzeuge
Meßwerkzeuge

Reibahlen
Senken
Spiralbohrer

Ungemein reizvoll würde es sein, im einzelnen gerade die technische Entwicklung innerhalb der Firma Schieß zu verfolgen. Dabei würde auch hier wieder in die Erscheinung treten, welch außerordentliche Fortschritte die Benutzung des elektrischen Stromes im Werkzeugmaschinenbau gezeitigt hat. Schieß hat sehr früh den elektrischen Einzelantrieb angewendet. Seitdem die Elektrotechnik in den ersten Jahren dieses Jahrhunderts den Regelmotor angewendet hat, wurde diese Antriebsart fast ausnahmslos benutzt. Mit Hilfe des elektrischen Stromes gelang es auch, die Bedienungseinrichtungen wesentlich zu vervollkommnen. So entstand, um nur eines zu erwähnen, der Antrieb von Hobel- und Stoßmaschinen durch Umkehrmotore, die zuerst in Deutschland eingeführt zu haben, das Verdienst der Firma ist. Natürlich waren auch hier große Schwierigkeiten zu überwinden, insbesondere war gegen beträchtliche Vorurteile und Mißtrauen anzukämpfen. Es war sogar nicht immer leicht, die deutschen Firmen der Elektrotechnik dazu zu bewegen, den Bau solcher Maschinen aufzunehmen. Ferner sei hingewiesen auf die Druckknopf-Fernsteuerungen, die elektrischen Sicherheitseinrichtungen gegen Anrennen, Blokkieren usw. Neuerdings sind sehr interessante Arbeitsregler für Scheren, Pressen und ähnliche Maschinen eingeführt worden.

Neben den mittleren und schweren Werkzeugmaschinen hat Schieß auch die Reihenfabrikation der in größerer Zahl gebrauchten Werkzeugmaschinen für die Massenfabrikation durchgeführt. In der letzten Zeit hat die Firma eine große Werkzeugabteilung ins Leben gerufen, die insbesondere Schneidstähle, Reibahlen, Fräser usw. liefert. Dieser Abteilung ist auch eine eigene kleinere Werkzeugmaschinenfabrik in Süddeutschland zur Herstellung von Gewindebohrern, Spiralbohrern und aller sonstigen neuzeitlichen Schneidewerkzeuge angegliedert worden. Eine weitere Abteilung für Herstellung von anderen Werkzeugarten, wie Spann-, Maß- und sonstigen Werkzeugen soll noch folgen.

Die eingehende Beschäftigung mit der Fabrikation verschiedenster Teile, die für eine führende Werkzeugmaschinenfabrik selbstverständlich ist, führte naturgemäß dazu, auch der Gesamtorganisation einer Maschinenfabrik erhöhte Aufmerksamkeit zuzuwenden, hängt doch hiervon sehr wesentlich der Wirkungsgrad des Unternehmens ab. Auch hier ist es das Streben der Firma gewesen, ihren eigenen Betrieb mustergültig einzurichten, um diese Erfahrungen dann auch ihren Abnehmern nutzbar zu machen. Hierüber beabsichtigt die Firma in einer besonderen Druckschrift demnächst ausführlich zu berichten. In diesem Zusammenhange genüge es, zu erwähnen, daß etwa 1300 Arbeiter und Angestellte durch die Organisation zu fruchtbringender Gemeinschaftsarbeit verbunden werden.

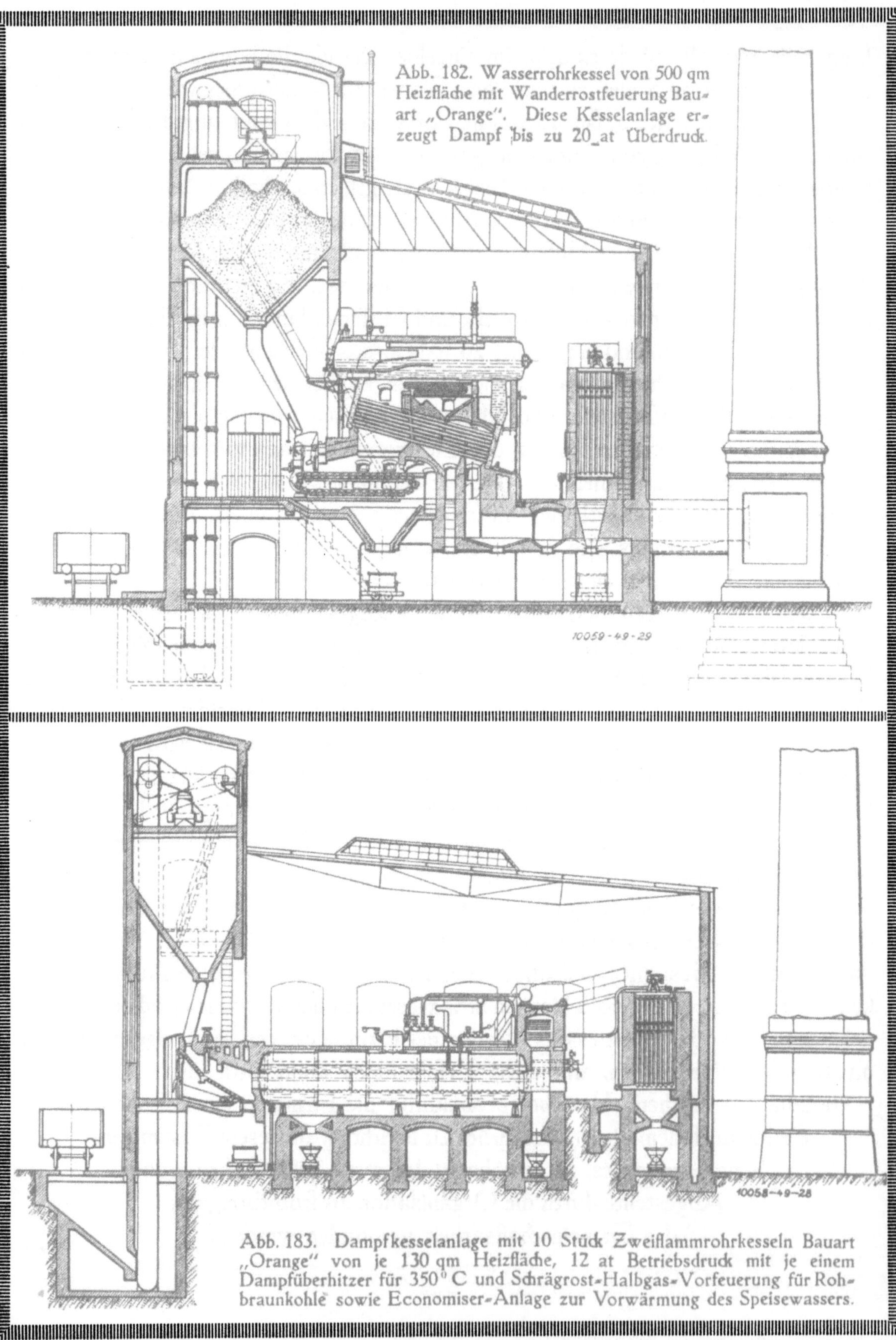

Abb. 182. Wasserrohrkessel von 500 qm Heizfläche mit Wanderrostfeuerung Bauart „Orange". Diese Kesselanlage erzeugt Dampf bis zu 20 at Überdruck.

Abb. 183. Dampfkesselanlage mit 10 Stück Zweiflammrohrkesseln Bauart „Orange" von je 130 qm Heizfläche, 12 at Betriebsdruck mit je einem Dampfüberhitzer für 350° C und Schrägrost-Halbgas-Vorfeuerung für Rohbraunkohle sowie Economiser-Anlage zur Vorwärmung des Speisewassers.

Gewerkschaft Orange,
Fabrik für Dampfkessel und Eisenkonstruktionen.

er Großindustrielle des rheinisch-westfälischen Kohlenbergbaues, Fritz Grillo, hat unter den vielen von ihm begründeten Unternehmungen 1873 die Aktiengesellschaft Schalker Verein für Kesselfabrikation mit 720000 Mark Aktienkapital geschaffen, die am 1. Januar 1879 in die Form einer Gewerkschaft übergeführt wurde. Hierfür war Grubenbesitz nachzuweisen. Man fügte deshalb die Eisensteingruben Orange und Georgine dem Unternehmen an und nannte die Firma nach dem Namen der erstgenannten Grube, die ihre Bezeichnung der Orangefarbe des Roteisensteins zu verdanken hatte. Als Vorsitzender des Grubenvorstandes war nach der Umwandlung der Firma der Gründer, Herr Fritz Grillo, tätig. Darauf hatten die Herren Generaldirektor Boniver, Kommerzienrat Beer und Geheimer Kommerzienrat Müser den Vorsitz des Grubenvorstandes inne, letzterer bekleidet dieses Amt noch heute. Am 1. Januar 1921 ging die Gewerkschaft in den Besitz der Deutschen Maschinenfabrik über.

Mit Rücksicht auf die günstige Lage der Stadt Gelsenkirchen, im Mittelpunkt des rheinisch-westfälischen Industriegebietes, ist es natürlich, daß die Gewerkschaft

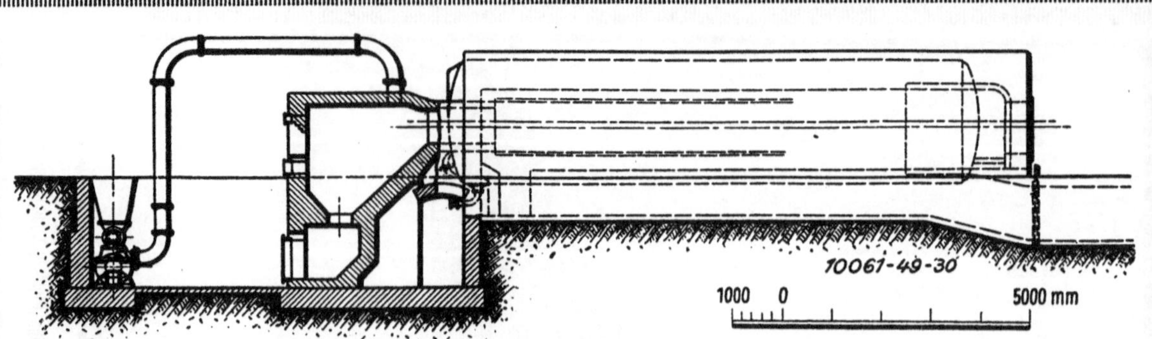

Abb. 185. Zweiflammrohrkessel von 120 qm Heizfläche mit Kohlenstaubfeuerung Bauart „Orange". Diese Anlage besteht aus der Kohlenstaubmühle, die mit einem Ventilator kombiniert ist, der Rohrleitung und der aus feuerfestem Stein ausgeführten Verbrennungskammer. Unter der Verbrennungskammer befindet sich ein Schlackenraum. Der Kohlenstaub wird mit dem Ventilator durch die Rohrleitung in den Verbrennungsraum geblasen. Dieses Feuerungssystem, daß einen Betrieb mit fast jedem Brennstoff ermöglicht, beansprucht wenig Raum, da ein Heizerstand wie bei den bisher bekannten Rostanlagen nicht erforderlich ist. Die Kohlenstaubfeuerungen lassen sich auch bei allen anderen Kesselsystemen anbringen.

Abb. 186. Doppeltrümmiges Fördergerüst für die Bergwerks-Aktien-Gesellschaft Consolidation, Gelsenkirchen, ausgeführt von der Gewerkschaft Orange. Das Gerüst ist für eine Seilbruchlast von 380000 kg berechnet, die Höhe des Gerüstes beträgt 53 m, das Gesamtgewicht der Eisenkonstruktion 500000 kg.

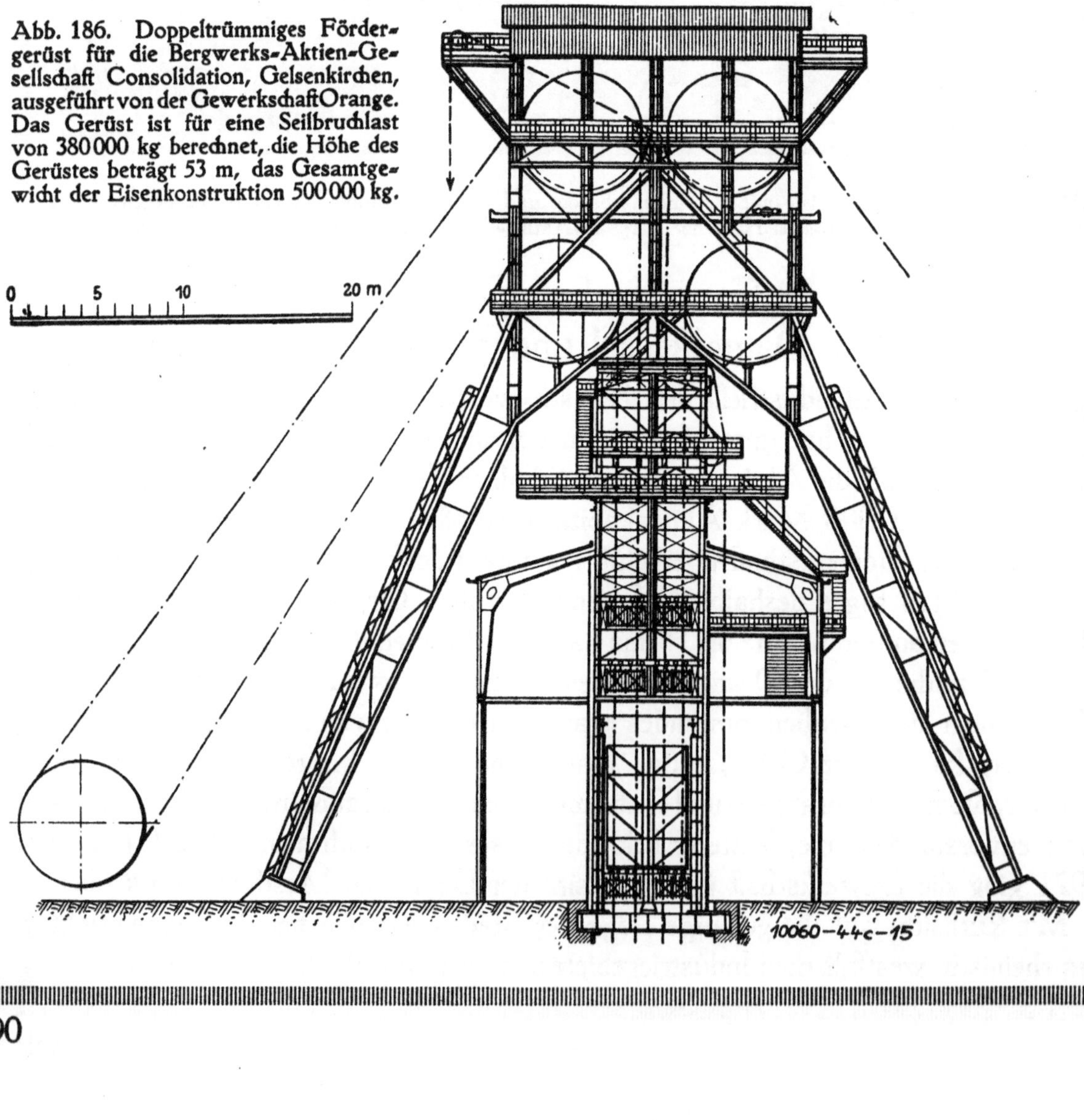

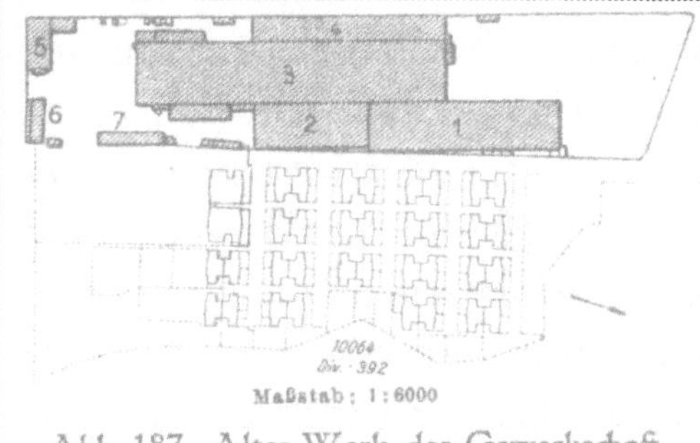

Abb. 187. Altes Werk der Gewerkschaft
Orange, Gelsenkirchen, im Jahre 1922.

1 Montagehalle für Eisenhoch= und Brückenbau
2 Vorzeichnerhalle für Eisenhoch= und Brückenbau
3 Fabrikgebäude für Dampfkessel und Behälterbau
4 Vorzeichnerhalle für Dampfkessel= und Behälterbau
5 Verwaltungsgebäude
6 Lagerhaus
7 Kesselhaus und elektrische Zentrale

Orange ihr Fabrikationsprogramm haupt=
sächlich nach dem Bedarf der Steinkohlen=
bergwerke und der Eisenhütten einstellte.
Das Arbeitsgebiet der Orange erstreckte sich
in erster Linie auf den Dampfkesselbau, von
dem seit Bestehen der Firma bis heute rund
5000 Dampfkessel jeder Größe und Kon=
struktion mit einer Gesamtheizfläche von
550000 qm geliefert wurden. Das Gewicht
dieser Kessel beträgt etwa 125000 Tonnen.
Allein an die Harpener Bergbau=Aktien=
Gesellschaft in Dortmund wurden 400
Dampfkessel mit einer Heizfläche von 45000
qm in Serien von 20 bis 24 Stück geliefert.

Die Eisenkonstruktionen des Berg= und Hüttenwesens bildeten ein weiteres
Betätigungsfeld der Firma. Eine bedeutende Anzahl Förder= und Hochofengerüste,
ferner Schachtanlagen und andere Konstruktionen, zu denen Blech= und Eisenarbeit
erforderlich war, sind entstanden. Auf den Seiten 292 u. 293 ist eine Zusammenstellung

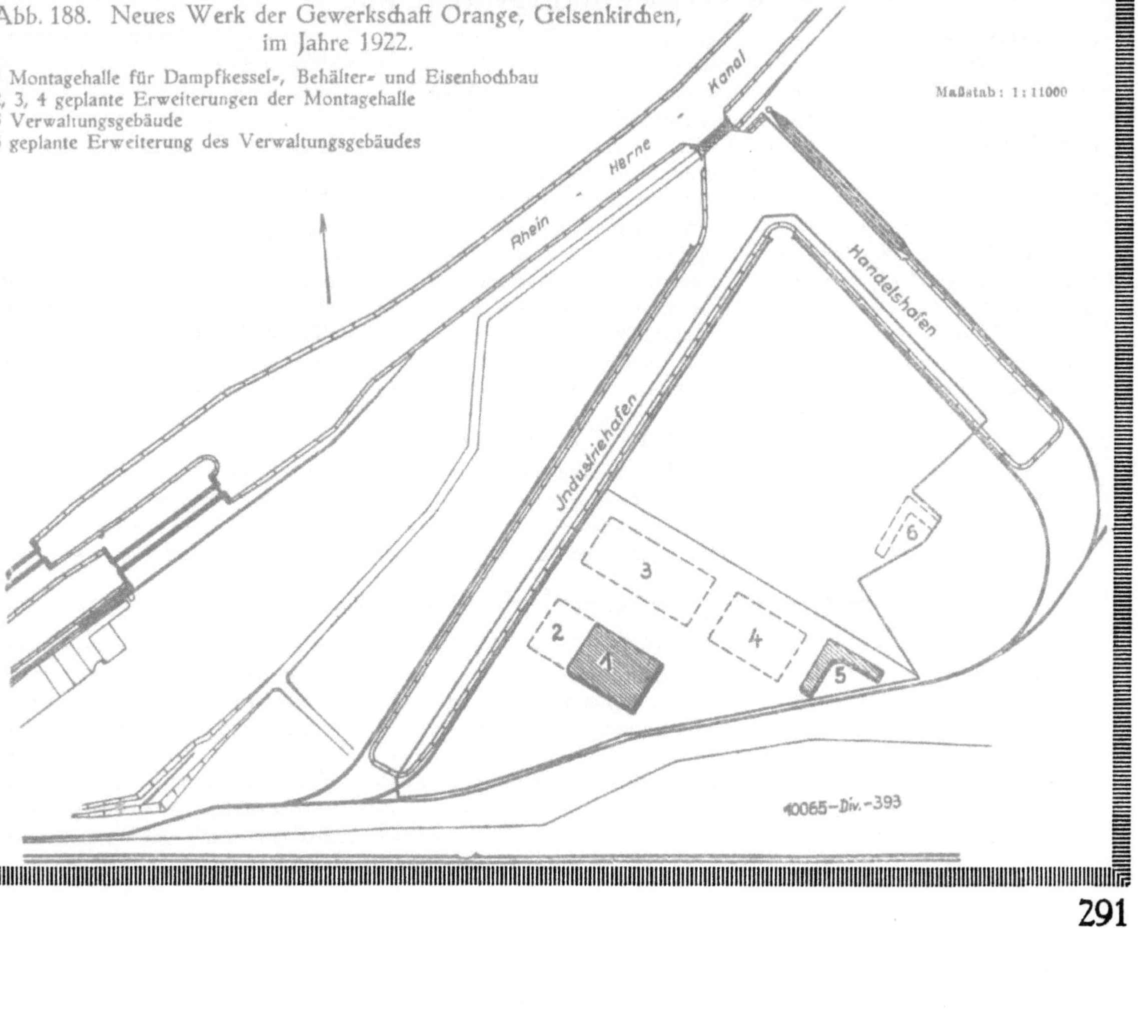

Abb. 188. Neues Werk der Gewerkschaft Orange, Gelsenkirchen,
im Jahre 1922.

1 Montagehalle für Dampfkessel=, Behälter= und Eisenhochbau
2, 3, 4 geplante Erweiterungen der Montagehalle
5 Verwaltungsgebäude
6 geplante Erweiterung des Verwaltungsgebäudes

der Erzeugnisse der Gewerkschaft Orange vorhanden. Die Betriebseinrichtungen des Unternehmens, in dem heute 600 Beamte und Arbeiter beschäftigt sind, hat man in steigendem Maße versucht, den Forderungen einer rationellen Fertigung anzupassen. Es war stets das Bestreben der Gewerkschaft, die für den Bergbau- und Hüttenbetrieb erforderlichen Dampfkessel, Apparate und Eisenkonstruktionen nach den neuesten Erfahrungen und wissenschaftlichen Grundsätzen herzustellen. Neuzeitliche Bearbeitungsmaschinen mit elektrischen, hydraulischen und Preßluft-Antriebsmaschinen stehen zur Verfügung. Eine der größten Nietmaschinen Deutschlands, hydraulisch angetrieben, mit 4,5 m Ausladung, arbeitet in der Gewerkschaft Orange.

Ein Neubau der Werkstätten wird zurzeit am Stadthafen Gelsenkirchen ausgeführt. Das Gelände umfaßt 312 500 qm und hat 1,5 km Hafenfront. Hier sollen besonders Hochdruck-Dampfbehälter hergestellt werden. Die Gewerkschaft verfügt heute über einen Grundbesitz von rund 55000 qm, von denen 20000 qm für Fabrikationsanlagen und 35000 qm für Beamten- und Arbeiterwohnungen Verwendung finden.

ARBEITSGEBIET DER GEWERKSCHAFT ORANGE, GELSENKIRCHEN 1922

1. Kessel und Druckgefäße

Autoclaven	Feuerungen für Dampfkessel	Sattelkessel für Zentralheizungen
Cellulosekocher	Flammrohr-Doppelkessel	Schiffskessel
Dampffässer	Flammrohrröhren-Doppelkessel	Seitenwellrohrkessel
Dampfleitungen	Flammrohrkessel f. Zentralheizungen	Siederohrkessel
Dampfsammler	Galloway-Kessel	Speisewasservorwärmer, stehend und
Dampfüberhitzer	Großfeuerraumkessel	liegend
Dreiflammrohrkessel	Heizrohrkessel, Röhrenbündel fest	Steinhärtekessel
Druckwindkessel	und ausziehbar	Tomsonkessel
Druckluft-Zwischenkühler	Imprägnierkessel	Treppenroste
Einflammrohrkessel	Kokereimaschinen-Kessel	Vorfeuerung f. minderwertige Brenn-
Etagenkessel	Kugelkocher	stoffe
Fairbairn-Kessel	Lokomobilkessel	Vulkanisierkessel
Fettabscheider	Lokomotivkessel	Wasserabscheider
Feuerbüchskessel, stehend u. liegend	Röhrenkessel für Zentralheizungen	Wasserrohrkessel

2. Behälter und Tanks

Dampfspeicher	Kugelhochbehälter	Spiritustanks
Gasbehälter	Öltanks	Teerhochbehälter
Intze-Behälter	Petroleumtanks	Teertanks
Kaminbehälter	Schwimmbassins für Badeanstalten	Wasserhochbehälter

3. Apparate für die chemische Industrie, Zuckerfabriken usw.

Ammoniakbehälter	Lagerbehälter	Salzpfannen
Benzolblasen	Naphthalinkessel	Säurebehälter, verbleite
Diffuseure	Naphthalinpfannen	Teerretorten
Flammrohr-Teerblasen	Ölvorwärmer	Trockentrommeln
Gaskühler	Pechkühler	Waggonkessel zum Transport von
Gasreiniger	Rezipienten	Teer, Petroleum usw.
Gasvorlagen für Koksofenbatterien	Rührwerke	Wellrohrkühler
Gaswascher	Saftbehälter	Zwischenkühler

4. Blechkonstruktionen für die Eisen= und Stahlindustrie

Drehofenzylinder	Granulierbehälter	Stahlpfannen
Gaskühler	Hochofenpanzer	Standrohre
Gasreiniger	Konverter	Staubsilos
Gas= und Windleitungen	Kupolöfenmäntel	Winderhitzer
Gichtverschlüsse	Roheisenmischer	Zink=Schmelzpfannen
Gießpfannen	Senkzylinder	

5. Kohlen= und Kalibergbau

Brikettierungsanlagen	Hängebänke	Kreiselwipper
Eisenkonstruktionen für Kohlen=wäschen	Heben und Stützen von Gebäuden und Gerüsten, die durch Boden=senkungen usw. einzufallen drohen	Maschinenhäuser
Eisenkonstruktionen f. Separationen		Schachtgebäude
Fördergerüste	Kesselhäuser	Transportbrücken
Förderkörbe	Kohlenbunker	Verladehallen
Förderwagen	Kohlentürme	Waschkauen
		Werkstatthallen

6. Eisenkonstruktionen für die Eisen= und Stahlindustrie

Adjustagehallen	Gießereigebäude	Kranbahnen
Drehofenhallen	Hochofengerüste	Schrägbrücken
Generatorgebäude	Kaminkühlergerüste	Walzwerkhallen
Gießbetten		

7. Eisenkonstruktion für staatliche und private Behörden

Badeanstalten	Geschäftshäuser	Straßenbrücken
Bahnsteighallen	Hospitalgebäude	Tressorgebäude für Banken
Eisenbahnbrücken	Leitungsmaste	Verwaltungsgebäude
Eisenkonstruktionen für Kirchen	Lokomotivschuppen	Waggonhallen
Fußgängerbrücken	Saalbauten	

Koxit G. m. b. H.

Die Deutsche Maschinenfabrik hat sich planmäßig auch immer mehr mit der Weiterverarbeitung der Kohle beschäftigt. Die Firma hat sich deshalb bereits 1918 bei der Gründung der Koxit G. m. b. H. zur Hälfte beteiligt, um dann im März 1920 alleiniger Inhaber dieser Firma zu werden. Die Koxit G. m. b. H. bildet heute innerhalb der Deutschen Maschinenfabrik eine Abteilung für Brikettierungsanlagen, Schlammverladeanlagen und ähnliche Einrichtungen. Es werden hier vollständige Brikettierungsanlagen her=gestellt mit Eiformbrikettpressen oder sogenannten Couffinhalpressen.

Die Eiformbrikettpresse der Koxit G. m. b. H. hat verschiedene durch D.R.G.M. und durch D.R.P. geschützte Vorteile, welche die Zugängigkeit und Ausbaumög=lichkeit der Preßwalzen, die Entlastung der Pressenrahmen und die Nachstellbar=keit der Preßwalzen unabhängig vom Eingriff der Zahnräder betreffen. Die Preß=walzenformen können während des Betriebes durch eine einfache Vorrichtung nachträglich eingestellt werden, falls die Briketthälften gegeneinander versetzt sind.

Die Couffinhalpresse, eine Stempelpresse mit wagerechtem Drehtische, die den Namen nach ihrem Erfinder führt, dient zur Erzeugung von Kohle= und Erz=briketts. Der Koxit G. m. b. H. ist es gelungen, durch eine neue Konstruktion der Presse, ohne ihre bewährte Grundform zu ändern, folgende Vorteile zu ver=

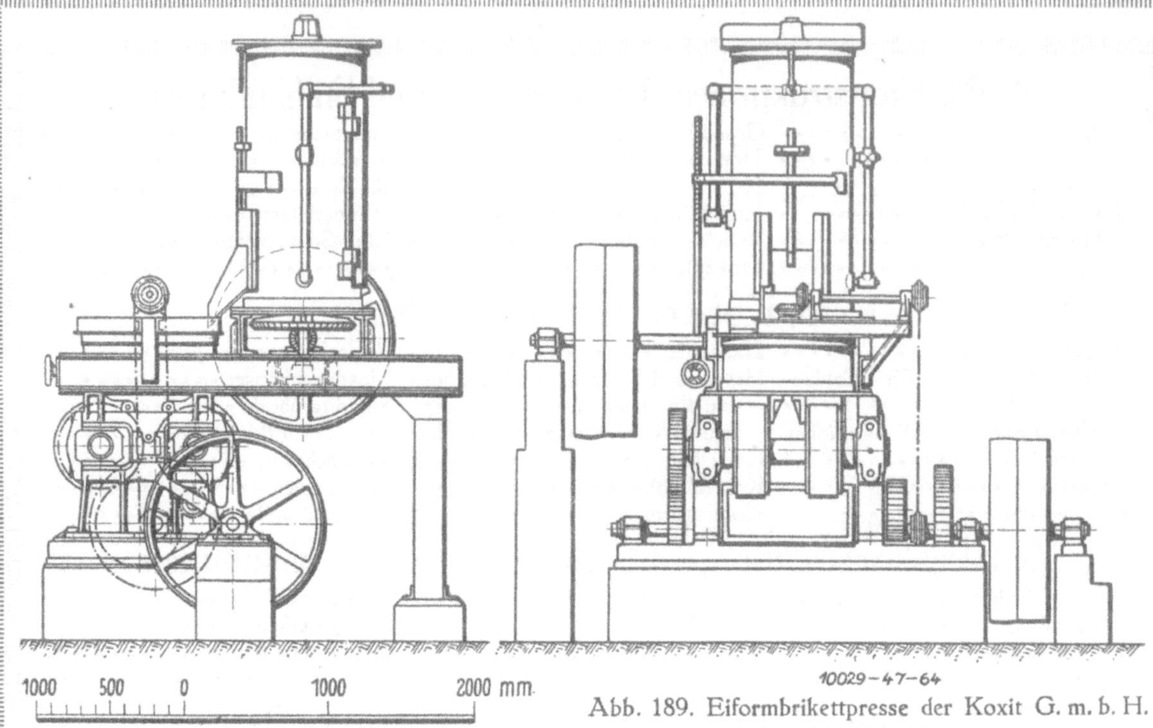

Abb. 189. Eiformbrikettpresse der Koxit G. m. b. H.

Abb. 190. Verbesserte Couffinhalpresse zur Herstellung von Briketts mit rechteckigem Querschnitt im Gewicht von 1 bis 10 kg.

schaffen: 1. zwangläufige Bewegung des Unterstempels, 2. Sicherung gegen Festklemmen des Unterstempels und 3. selbsttätige Betätigung der Klappe zur Aufnahme des ausgestoßenen fertigen Briketts.

Um eine bessere Verbrennung der Briketts und damit eine bessere Ausnutzung des Brennstoffes herbeizuführen, hat die Koxit G. m. b. H. ihre Pressen mit Einrichtungen versehen, die auf jeder Oberseite eine Rille in das Brikett einpressen, so daß sich beim Aufschichten der Briketts auf dem Rost Luftkanäle in genügender Masse bilden.

Es ist beabsichtigt, die Herstellung weiterer maschineller Anlagen, die für die Kohlenverarbeitung in Frage kommen, aufzunehmen, um später vollständige Brikettfabriken für Zechen, Hüttenwerke, Kohlenhandelsgesellschaften und städtische Betriebe liefern zu können.

Madruck,
Gesellschaft für maschinelle Druckentwässerung m. b. H.

Die wirtschaftliche Verwendung der im Verhältnis zur Steinkohle minder=
wertigen Brennstoffe, zu denen auch Torf neben Braunkohle gehört, hat
auch vor dem Kriege bereits die Technik eingehend beschäftigt. Zu den
Männern, die hier ihr Arbeitsfeld suchen, gehören von 1909 an auch die
Ingenieure Brune und Horst. Ihre Erfahrungen legten sie in einer Anzahl Patente
nieder und begründeten 1911 die Naßpreß=Gesellschaft m. b. H. in Wiesbaden,
um die ihnen geschützten Verfahren praktisch auszubilden. Die erste Presse baute
die Firma Schüchtermann & Kremer in Dortmund. Der Weltkrieg unterbrach diese
Arbeiten. Nach Beendigung des Krieges wurde die Studiengesellschaft in die Ge=
sellschaft für maschinelle Druckentwässerung m. b. H., abgekürzt Madruck genannt,
übergeführt. Im Dezember 1921 wurde die Firma von der Deutschen Maschinenfabrik
übernommen. Von da standen nunmehr die weitgehenden Erfahrungen dieser auf dem
Gebiet des Maschinenbaues dem neuen Unternehmen zur Verfügung, das natur=
gemäß durch die große Brennstoffnot, in die Deutschland der Friedensvertrag ver=
setzte, volle Beachtung fand. Die Ausnutzung der großen Torfmoore, die vielfach
gerade da zu finden sind, wo der Brennstoff in Form der Stein= oder Braunkohle
fehlt, ist sehr erschwert durch die auf ausgedehnten Trockenflächen im landwirt=
schaftlichen Saisonbetrieb durchgeführte Lufttrocknung des Torfs. Während die Torf=
gewinnung und Verarbeitung noch als Saisonbetrieb aufzufassen ist, ist die Verar=
beitung der Braunkohle im ununterbrochenen Betriebe längst gelöst. Brune und
Horst stellten sich nun die Aufgabe, auch hier zum ununterbrochenen Betriebe über=
zugehen und es gelang ihnen, ihr Verfahren auf der Erkenntnis des kolloidchemischen
Charakters des Torfes so aufzubauen, daß sie den sonst maschinell nicht entwässer=
baren Rohtorf von rd. 90% Wassergehalt durch einen Zusatz von bereits getrock=
netem Torf entwässerbar machten. Es zeigt sich, daß dann die Entwässerung
durch geringen Druck leicht durchführbar ist. Auf diese Weise wurde es möglich,
dem Rohtorf etwa 75% der in ihm enthaltenen Wassermenge zu entziehen. Mit einer
solchen Torfgewinnungsanlage konnte man das halbtrockene Gut, das die Brikett=
presse weiter zu verarbeiten vermochte, so wirtschaftlich herstellen, daß es mit
Braunkohle in Wettbewerb treten kann. Berücksichtigt man, daß nach neuzeitlichen
Berechnungen, die aus den deutschen Hochmooren erzeugbaren Wärmemengen etwa
15800 Milliarden PS st betragen sollen, so ergibt sich hieraus die wirtschaftliche
Bedeutung eines Verfahrens, daß die Herstellung guter Torfbriketts ermöglicht.
Anstelle der Brikettierung des mit der Madruckpresse entwässerten Torfes kann
auch die Herstellung von Torfstaub treten, der sich dann ähnlich wie Kohlenstaub

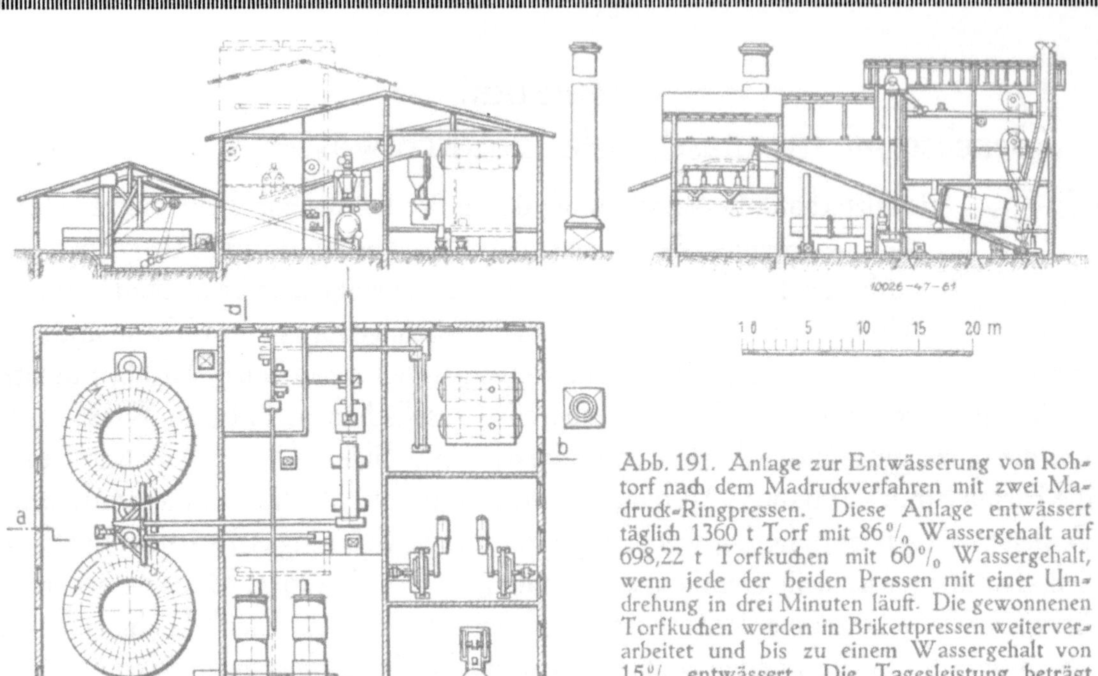

Abb. 191. Anlage zur Entwässerung von Roh=
torf nach dem Madruckverfahren mit zwei Ma=
druck=Ringpressen. Diese Anlage entwässert
täglich 1360 t Torf mit 86% Wassergehalt auf
698,22 t Torfkuchen mit 60% Wassergehalt,
wenn jede der beiden Pressen mit einer Um=
drehung in drei Minuten läuft. Die gewonnenen
Torfkuchen werden in Brikettpressen weiterver=
arbeitet und bis zu einem Wassergehalt von
15% entwässert. Die Tagesleistung beträgt
109,94 t Briketts.

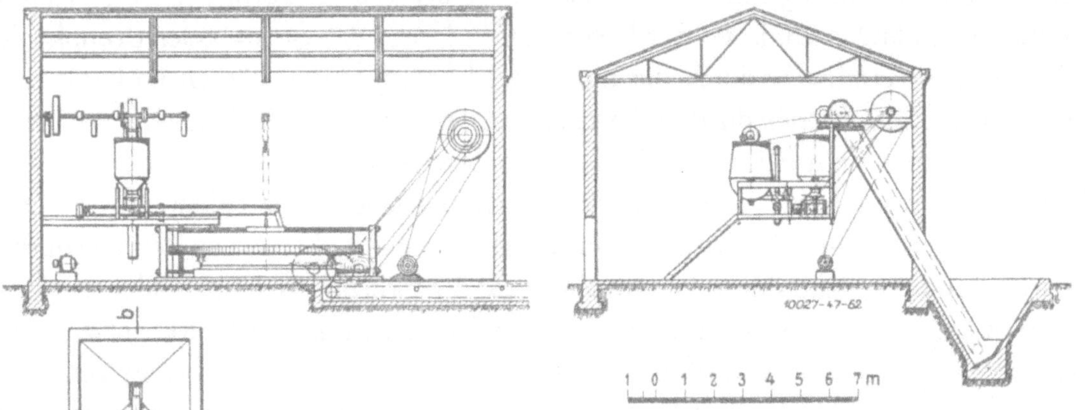

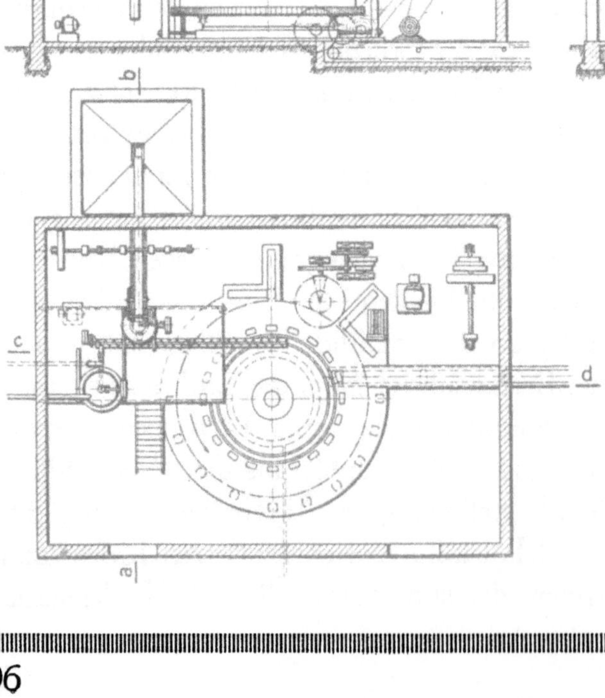

Abb. 192. Anlage zur Veredelung und Ent=
wässerung von minderwertigen Brennstoffen
wie Kohlenschlamm, Koksgrus und ähnlichen
Abfallprodukten nach dem Madruckverfahren
mit einer Ringpresse. Diese Anlage stellt aus
einer Mischung von 81,6 t bei einem Misch=
verhältnis von drei Teilen Kohlenschlamm und
einem Teil Koksgrus täglich 56,3 t Mischbriketts
von 20% Wassergehalt her. Der Kohlen=
schlamm hat urspünglich 50% Wassergehalt.

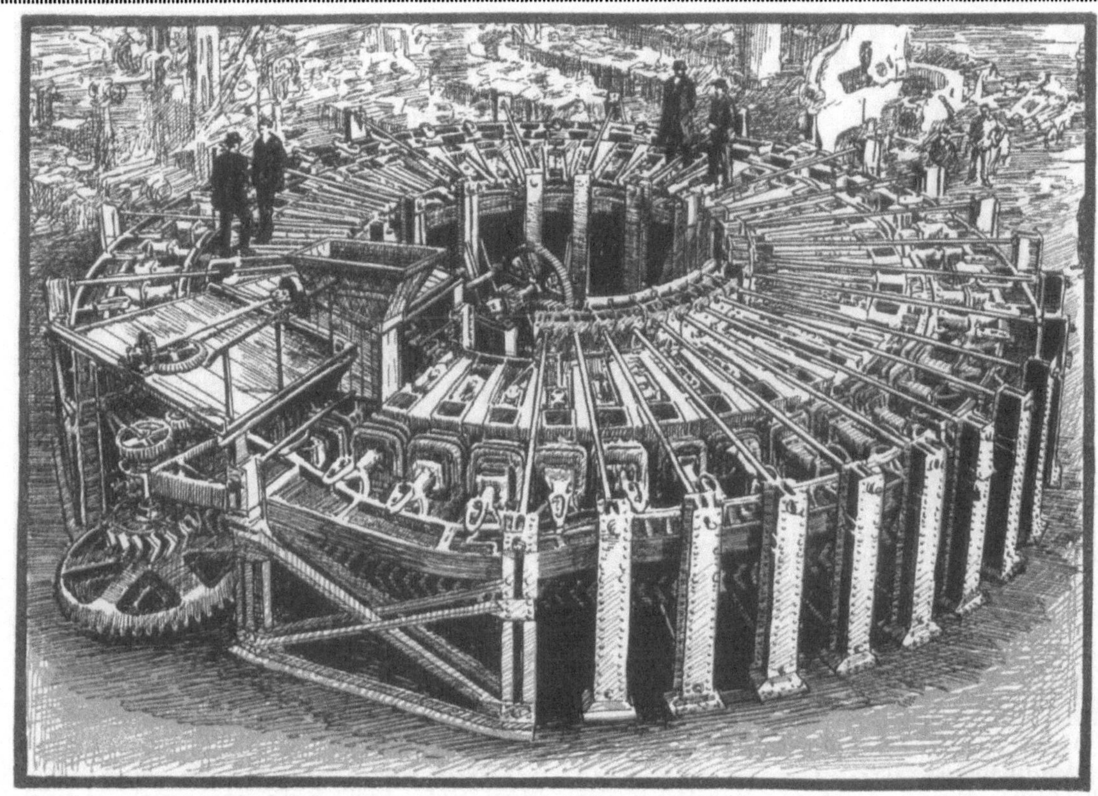

verfeuern läßt. Mit solchen Torfstaubfeuerungen hat man auch schon gute Erfolge in Stahlwerksbetrieben erzielt.

Man hat diese maschinelle Entwässerung auch bereits auf andere minderwertige Kohlensorten und Abfälle erfolgreich angewendet. Die Zechen haben sich mit ver= schiedenen bei der Aufbereitung der Steinkohle und der Koksgewinnung entstan= denen Abfallprodukten zu plagen. Hierher gehören Staubkohle, der Kohlenschlamm und der Koksgrus. Alle diese Abfälle haben noch einen hohen Heizwert, aber sie zu verwenden war bisher zum mindesten sehr erschwert.

Der Kohlenschlamm schlägt sich aus dem Waschwasser der Kohlenaufbereitung, der Kohlenstaub in feinster Verteilung enthält, nieder. Die in Klärteichen ange= sammelten großen Schlamm=Massen waren infolge ihrer zähen klebrigen Beschaffen= heit schwer zu beseitigen. Nicht minder unangenehm war der Abrieb des gelöschten Koks, der Koksgrus. Die geringe Korngröße gestattete auch hier sehr schlecht die Verfeuerung. Nach dem Madruckverfahren gelang es nun, Schlamm und Grus so zu mischen, daß man diese Mischung durch langsamen, allmählich ansteigenden Druck ähnlich wie den Rohtorf entwässern konnte. Das so hergestellte Preßgut konnte nunmehr ohne Schwierigkeit in jeder Feuerung vorteilhaft verbrannt werden. Bei der Bedeutung der Brennstoffrage hat auch dies Verfahren Aussicht auf weitgehende Verwendung.

BENUTZTE QUELLEN

Urkundliches Material,

das für die vorliegende Arbeit von großer Bedeutung war, wurde in Wetter in den alten Fabrikräumen gefunden. Für die Zeit von 1819 bis 1832 liegen über 18000 Briefe an die Mechanische Werkstätte Harkort & Co. vor. In 12 Kopierbüchern sind etwa 12000 Briefe enthalten. Außerdem sind für diese Zeit noch 66 Geschäftsbücher und mehrere hundert Aktenstücke vorhanden. Aus den Jahren 1832 bis 1871 sind fast 35000 Briefe an die Firma Kamp & Co., ferner 14 Kopierbücher mit rund 32000 Briefen und 28 Geschäftsbücher vorhanden. Ferner liegen handschriftliche Aufzeichnungen vor von Ludwig Stuckenholz, Alfred Trappen, Wilhelm de Fries und August Augustin.

Briefliche und mündliche Mitteilungen machten:

BAMBERGER, Otto, Duisburg. Walzwerke, Rohr- und Spezialwalzwerke.

BLANK, Eugen, Berlin-Zehlendorf. Stammbaum der Familien Kamp und Blank.

BLANK, Otto, Duisburg. Mitteilungen über die Familie Blank. Bildnisse.

BILGER, Heinrich, Duisburg. Gesteinbohranlagen. Förderanlagen.

BODE, Alfred, Hamburg. Geschichte der Benrather Maschinenfabrik. Beiträge zur Geschichte der elektrischen Hebezeuge.

BÖLLERT, Dietrich, Duisburg. Entwicklung der Hüttenkrane und Gießwagen.

BÖTTCHER, Karl, Duisburg. Entwicklung der Werftkrane, Kipperanlagen.

BREDT, Frau Rudolf, Wetter. Biographie Rudolf Bredt. Bildnisse.

BRIEDE, Otto jun., Berlin. Über Benrath. Biographie von Otto Briede, Bildnis.

FÖPPL, Professor, München. Über wissenschaftliche Arbeiten Bredts.

FRANK, Adolf, Duisburg. Entwicklung der Hochofenbegichtungsanlagen.

DE FRIES, Ernst, Düsseldorf. Schriftstücke aus dem Nachlaß von Wilhelm de Fries.

DE FRIES, Hans, Düsseldorf. Mitteilungen über Wilhelm de Fries.

GEYER, Reg.-Baumeister, Berlin. Über Einführung des elektrischen Antriebes beim Bau von Hebezeugen.

GRUBER, Carl, Rheydt. Erinng. an Alfred Trappen.

HARKORT, Hermann, Berlin-Grunewald. Stammbaum der Familie Harkort.

HAUSMANN, Johannes, Duisburg. Zur Entwicklung des Stahlwerkbaues.

HEYM, Friedrich, Duisburg. Über Benrath und die Deutsche Maschinenfabrik A.-G., Duisburg.

HINTZ, Herm., Benrath. Werk Benrath, Werkspläne.

HORN, Friedrich, Kolberg. Mitteilungen über die Märkische Maschinenbau-Anstalt in Wetter und die Duisburger Maschinenbau-A.-G. vormals Bechem & Keetman in Duisburg. Biographisches.

KAMP, Heinr., Berlin-Grunewald. Über Familie Kamp und ältere Zeit der Firma Kamp & Co. Bildnisse.

KAUERMANN, August, Düsseldorf. Mitteilungen über die Duisburger Maschinenbau A.-G. vormals Bechem & Keetman und die Deutsche Maschinenfabrik A.-G. Duisburg. Biographisches.

KESSLER, Paul, Duisburg. Über die Märkische Maschinenbau-Anstalt vorm. Kamp & Comp., Gedicht z. 50jähr. Jubiläum. Sammlg. alter Geschäftsberichte.

KRAEMER, Theodor, Duisburg. Kranbau.

LEBUS, Richard, Wetter. Werk Wetter, Werkspläne.

LIEBE-HARKORT, Frau Marie, Harkorten. Mitteilungen über Friedrich Harkort.

MARTELL, Paul, Berlin-Johannisthal, Material-Sammlung.

MAYER, Karl, Kattowitz. Mitteilg. über Alfred Trappen, Rudolf Bredt und führende Ingenieure der Märkischen Maschinenbau-Anstalt in Wetter und der Deutschen Maschinenfabrik A.-G. in Duisburg.

NICKEL, Bernhard, Duisburg. Walzwerke.

NIKOLAI, Georg, Düsseldorf. Biographie Wilhelm de Fries. Bildnis.

REUTER, Wolfgang, Duisburg. Mitteilungen über Ludw. Stuckenholz. Biographie Bredt. Entstehung u. Entwicklung der Deutschen Maschinenfabrik A.-G.

RUDOLPH, Paul, Goslar. Über Friedrich Harkort. Jugendbildnisse.

SAUTER, Emil, Duisburg. Hilfsmaschinen, Scheren.

SPIESS, Emil, Duisburg. Ausführungen über das Arbeitsgebiet der Duisburger Maschinenbau A.-G. vormals Bechem & Keetman beim Bergbau, über den Walzwerkbau in der Zeit von 1869 - 1907 und über die Entwicklung der Fabrikanlagen bis 1907.

SPRENGER, Benrath. Anfänge der Benrather Maschinenfabrik.

SCHMID, Rich., Duisburg. Hüttenkrane, Gießmaschin.

STEWENS, Hermann, Duisburg. Märkische Maschinenbau-Anstalt.

TRAPPEN, Frau, Aßling ⟨Krain⟩. Alte Zeichnungen aus dem Nachlaß Alfred Trappens.

TRAPPEN, Walter, Honnef. Alte Schriftstücke aus dem Nachlaß von Alfred Trappen.

WEITTENHILLER, Rob., Duisburg. Hüttenkrane.

XANDRY, Benrath. Anfänge der Benrather Maschinenfabrik.

Aus der Literatur wurden benutzt:

AUMUND, Heinrich: Hebe- und Förderanlagen. Bd. 1. Berlin 1916.

BECK, Ludwig: Die Geschichte des Eisens in technischer und kulturgeschichtlicher Beziehung. Bd.IV-V. Braunschweig 1884—1903.

BERGER, Ludwig: Der alte Harkort. Ein westfälisches Lebens- und Zeitbild. Volksausgabe. 4. Aufl. Leipzig 1902.

BONTE, Friedrich: Über kontinuierliche Walzwerke. Mit besonderer Berücksichtigung ihrer geschichtlichen Entwicklung und ihrer Bedeutung für die deutsche Eisenindustrie. Dissertation. Düsseldorf 1913.

BREDT, Rudolf: Aufsätze in: Zeitschrift des Vereines deutscher Ingenieure. Jahrgang 1885, 1886, 1887, 1892—1901.

BREDT, Rudolf: Aufsätze in „Stahl und Eisen", Jahrgang 1883, 1885.

BUSCHMANN, Rudolf: Wetter a d. Ruhr. Ein Beitrag z. Geschichte d. Heimat. Wetter/Ruhr 1901.

Die ENTWICKLUNG des Niederrheinisch-Westfälischen Steinkohlen-Bergbaues in der zweiten Hälfte des 19. Jahrhunderts. Berlin 1912.

FUCHS, H., u. A. GÜNTHER: Die ersten betriebsfähigen Dampfmaschinen in Böhmen. In: Beiträge zur Geschichte der Technik und Industrie. Jahrbuch des Vereines deutscher Ingenieure. Herausgegeben von C. Matschoß. Bd. 5. (1913.)

HANSEN, Joseph: Gustav von Mewissen. Ein rhein. Lebensbild 1815—1899. Bd. 1. 2. Berlin 1906.

HARKORT, Friedrich: Bemerkungen über die Preußische Volksschule und ihre Lehrer. Den Elementarlehrern in Rheinland und Westfalen gewidmet. Iserlohn 1842.

HARKORT. Friedrich: Die preußische Volksschule und ihre Vertretung im Abgeordnetenhause von 1848—1873. Hagen 1875.

HARKORT, Friedrich: Arbeiterspiegel. Vorwort von Alfred Krupp. Hagen 1875—77.

HARKORT, Friedrich: Bemerkungen über die Hindernisse der Civilisation und Emancipation der unteren Klassen. Elberfeld 1844.

HARKORT, Friedrich: Beiträge zur Geschichte Westfalens und der Grafschaft Mark. Als Manuskript gedruckt 1880.

HARKORT, Friedrich: Geschichte des Dorfes, der Burg und der Freiheit Wetter. Hagen 1856.

HARKORT, Friedrich: Die Eisenbahn von Minden nach Köln. Hagen 1833.

„HERMANN." Zeitschrift von und für Westfalen oder die Lande zwischen Weser und Maas. Schwelm. Jahrgang 1826—1830.

JANSSEN, F.: Eine elektrisch betriebene Feinstraße. Union-Electricitäts-Gesellschaft Berlin. Sonderabdruck aus „Stahl und Eisen". Jg. 23. 1903. Nr. 2.

KAMMERER, OTTO: Die Technik der Lastenförderung einst und jetzt. München u. Berlin 1907.

KARSTEN, C. J. B.: Handbuch der Eisenhüttenkunde. Teil 1—5. 3. Aufl. Berlin 1841.

KLÖNNE, Theodor: Verringerung der Selbstkosten in Adjustagen und Lagern von Stabeisenwalzwerken. Berlin 1910.

KRAHN-TYPEN der Firma Ludwig Stuckenholz. Wetter a. d. Ruhr. Zusammengestellt von Rudolf Bredt. Düsseldorf o. J.

LASCHE, O.: Elektrischer Antrieb in Hütten- und Walzwerken. Sonderabdruck aus „Stahl und Eisen". Jg. 19. 1899. Nr. 19.

Die Grafschaft MARK. Festschrift zum Gedächtnis der 300 jähr. Vereinigung mit Brandenburg-Preußen. Herausgegeben von A. Meister. Dortmund 1909.

MASCHINEN und Apparate für Gesteinsbohrung von Wortmann & Frölich in Düsseldorf-Rheinpreußen. Ausgabe 1880.

MATSCHOSS, Conrad: Franz Dinnendahl, ein hundertjähriges Dampfmaschinen-Jubiläum. Berlin 1903.

MATSCHOSS. Conrad: Die Entwicklung der Dampfmaschine. Band 1. 2. Berlin 1908.

MIETHE, A.: Die Technik im zwanzigsten Jahrhundert. Band 1—4. Braunschweig 1911.

PRÜMER, Karl: Unsere westfälische Heimat und ihre Nachbargebiete. Bielefeld 1910.

REICHERT, Jakob: Theodor Keetman. Sein Leben und sein Wirken. Duisburg 1912. (Nicht im Buchh.)

RHEINISCH-WESTFÄLISCHER ANZEIGER. Hamm und Soest. Jahrgang 1825—1827.

SCHELL, Otto: Elberfeld im ersten Vierteljahrhundert der Hohenzollernherrschaft 1815—1840. Elberfeld 1918.

SCHMOLLER, Gustav: Grundriß der allgemeinen Volkswirtschaftslehre. Band 1, 2. Leipzig.

SOMBART, Werner: Die deutsche Volkswirtschaft im 19. Jahrhundert. 3. Aufl. Volksausgabe. Berlin 1913.

TRAPPEN, Alfred: Aufsätze in „Stahl und Eisen". Jg. 1881, 1882, 1884, 1885, 1886, 1890, 1892 u. 1906.

Zum 100 jährigen Bestehen der Firma Krupp und der Gußstahlfabrik zu Essen-Ruhr. Hrsg. auf den 100. Geburtstag Alfred Krupps. Jena 1912.

DRUCKSCHRIFTEN DER FIRMEN: Märkische Maschinenbau-Anstalt vormals Kamp & Comp., Wetter/Ruhr.
Märkische Maschinenbau-Anstalt Ludwig Stuckenholz A.-G., Wetter/Ruhr.
Duisburger MaschinenbauA.-G. vormals Bechem & Keetman, Duisburg.
Benrather Maschinenfabrik A.-G., Benrath.
Deutsche Maschinenfabrik A.-G., Duisburg.

GESCHÄFTSBERICHTE DER FIRMEN: Märkische Maschinenbau-Anstalt vormals Kamp & Comp., Wetter/Ruhr. 1874—1906.
Märkische Maschinenbau-Anstalt Ludwig Stuckenholz A.-G., Wetter/Ruhr. 1907—1910.
Duisburger Maschinenbau A.-G. vormals Bechem & Keetman, Duisburg. 1878—1906.
Benrath. Maschinenfabrik A.-G., Benrath. 1898-1909.
Deutsche Maschinenfabrik A.-G., Duisbg. 1910-1917.

PERSONEN- UND SACHREGISTER

Additional information of this book

Ein Jahrhundert deutscher Maschinenbau; 978-3-642-93743-9_OSFO) is provided:

http://Extras.Springer.com